"十二五"普通高等教育本科国家级规

普通高等教育"十一五"国家级规划教材

面向21世纪课程教材

化工安全概论

第三版

李振花　王　虹　许　文　编

化学工业出版社

·北京·

《化工安全概论》主要包括绪论，国际化学品安全管理体系，中国化学品安全管理体系，化学品的性质特征及其危险性，燃烧、爆炸与防火防爆安全技术，职业毒害与防毒措施，化学品泄漏与扩散模型，化工厂设计与装置安全，压力容器的设计与使用安全，化工厂安全操作与维护，化工事故调查与案例分析。全书内容丰富、针对性强，具有专业突出、与时俱进的特点。

　　《化工安全概论》可作为高等学校化工、制药、安全工程等相关专业的本科教材，也可作为化工、制药、生物、冶金、过程机械等领域相关研究人员、工程技术人员和管理人员的参考用书。

图书在版编目（CIP）数据

化工安全概论/李振花，王虹，许文编. —3 版.
北京：化学工业出版社，2017.8（2019.5重印）
"十二五"普通高等教育国家级规划教材
普通高等教育"十一五"国家级规划教材
面向 21 世纪课程教材
ISBN 978-7-122-30177-2

Ⅰ. ①化… Ⅱ. ①李…②王…③许… Ⅲ. ①化工安全-
学校-教材 Ⅳ. ①TQ086

版本图书馆 CIP 数据核字（2017）第 164142 号

徐雅妮　　杜进祥　　　　　　　　　文字编辑：丁建华　任睿婷
王素芹　　　　　　　　　　　　　　装帧设计：关　飞

学工业出版社（北京市东城区青年湖南街 13 号　邮政编码 100011）
聚鑫印刷有限责任公司
1/16　印张 17¾　字数 438 千字　2019 年 5 月北京第 3 版第 3 次印刷

18888　　　　　　　　　　　　　　售后服务：010-64518899
www. cip. com. cn
质量问题，本社销售中心负责调换。

前　言

在很多国家，化工以及相关的加工制造业一直是国民经济的支柱产业，包括石油、化工、材料、冶金、过程机械、制药、生物、轻工、食品等，其中大多数都会涉及危险品或危险过程。一旦发生事故，不仅造成巨额经济损失，还可能对人身造成严重伤害。安全与生产之间的密切关系越来越被人们所重视，化工安全逐渐成为全球性的课题而引起广泛注意。随着化学工业的发展，化工过程日益呈现出大型化、工艺复杂化以及化工产品种类复杂多样化等趋势，化工安全也呈现出新的特点。高新技术的发展促进了专用产品、高增值产品和具有先进功能的产品开发，使得化工事故的不可预测性、严重性和危害性更大。因此，有必要对化工类专业的大专院校学生开设化工安全课程并进行安全技术基础训练，以提高学生的安全意识，增长学生的安全知识与技能，为他们在将来的工作中实现安全生产打下良好的基础。

世界上许多大学都设置了安全课程，而我国在 20 世纪仅有几所院校开设安全课，加之缺乏有针对性的教材，使我国化工高等教育在这方面滞后于发达国家。2002 年天津大学许文教授编著的面向 21 世纪课程教材《化工安全工程概论》弥补了这一空缺，为化工类学校学生学习化工安全知识提供了第一本教材。该教材介绍了化工安全新理论、新方法和新技术，注重教材的通用性，侧重于知识介绍，对学生了解安全基础知识并从一些事故案例中获得实际安全经验很有帮助。2011 年《化工安全工程概论》（第二版）由张毅民副教授修订再版，并被评选为普通高等教育"十一五"国家级规划教材。

为了使将来从事化工领域的管理者和从业者掌握全面的化工安全知识，以便了解化工安全工程的基础理论及具体实践，本次教材修订过程中，作者们综合研究化工过程的发展所带来的安全问题，查阅了国内外相关书籍，并结合多年的授课经验，在原版教材基础上做了较大改动。《化工安全概论》（第三版）第 1～6 章主要讲述了化学品危险性及安全管理体系，包括绪论，国际化学品安全管理体系，中国化学品安全管理体系，化学品的性质特征及其危险性，燃烧、爆炸与防火防爆安全技术，职业毒害与防毒措施等；第 7～11 章主要讲述了化学品生产过程安全，包括化学品泄漏与扩散模型、化工厂设计与装置安全、压力容器的设计与使用安全、化工厂安全操作与维护、化工事故调查与案例分析等。

本书作为高等学校化工学科安全方面的教材，重点面向化工与制药类专业、安全工程类专业学生，注重理论知识与实践的结合，使学生能系统掌握化工安全的基本概念、知识和技能，在将来的工作中无论从事化工过程的设计、研究、生产或者管理，都能够肩负起化工安全生产重任。本书也可供化工、制药、生物、冶金、过程机械等领域的研究人员、工程技术人员及管理人员参考使用。

本书第 1～6 章由天津大学王虹副教授编写，第 7～11 章由天津大学李振花教授编写。

由于编者水平有限，书中难免存在疏漏和不当之处，恳请广大读者批评指正。

编者

2017 年 6 月

目 录

第1章 绪论 / 1

1.1 现代化学工业中的安全问题 …………… 1
1.2 化学工业安全问题的特点 …………… 2
1.3 化工安全理论与技术 …………… 5
  1.3.1 化工危险性的分析与识别技术 …… 5
  1.3.2 人机工程学、劳动心理学和人体测量学

的应用 …………… 6
  1.3.3 化工安全技术的新进展 …………… 7
  1.3.4 化工安全工程及其基本内容 …… 8
思考题 …………… 9

第2章 国际化学品安全管理体系 / 10

2.1 管理组织与机构 …………… 10
2.2 管理体系与制度框架 …………… 12
  2.2.1 《21世纪议程》 …………… 12
  2.2.2 《可持续发展问题世界首脑会议实施
      计划》 …………… 13
  2.2.3 《维也纳公约》和《蒙特利尔议
      定书》 …………… 14
  2.2.4 《巴塞尔公约》 …………… 14
  2.2.5 《鹿特丹公约》 …………… 15
  2.2.6 《斯德哥尔摩公约》 …………… 15
  2.2.7 《关于汞的水俣公约》 …………… 16
  2.2.8 《作业场所安全使用化学品公约》 … 16
  2.2.9 《国际化学品管理战略方针》 …… 17
  2.2.10 《全球化学品统一分类和标签
       制度》 …………… 17
  2.2.11 《国际危规》 …………… 20
思考题 …………… 22

第3章 中国化学品安全管理体系 / 23

3.1 管理组织与机构 …………… 23
  3.1.1 政府管理部门 …………… 23
  3.1.2 行业协会 …………… 24
  3.1.3 其他相关组织与服务机构 …… 24
  3.1.4 化学品安全相关网站 …………… 24
3.2 管理体系与制度框架 …………… 25
  3.2.1 国家发展规划 …………… 25
  3.2.2 法律法规与部门规章 …………… 25
  3.2.3 标准体系 …………… 26
  3.2.4 国际公约与协定 …………… 30
思考题 …………… 31

第4章 化学品的性质特征及其危险性 / 32

4.1 化学品的分类和危险性 …………… 32
  4.1.1 理化危险 …………… 33
  4.1.2 健康危险 …………… 34
  4.1.3 环境危险 …………… 36

4.2 易燃物质的性质和特征 …………………… 36
　4.2.1 易燃物质的性质 …………………… 36
　4.2.2 物质易燃性分类和火险等级 ……… 37
　4.2.3 物质易燃性评估 …………………… 38
4.3 毒性物质的性质和特征 …………………… 39
　4.3.1 毒性物质的临界限度和致死剂量 … 39
　4.3.2 毒性物质的判别和危险等级划分 … 40
4.4 反应性物质的性质和特征 ………………… 40
　4.4.1 具自燃性质的化学品 ……………… 40
　4.4.2 具过氧化性质的化学品 …………… 41

4.4.3 具水敏性质的化学品 ……………… 41
　4.4.4 具不稳定结构基团的化学品 ……… 42
4.5 压力系统危险性及其影响因素 …………… 43
　4.5.1 温度对蒸气压的影响 ……………… 43
　4.5.2 相变引起的体积变化 ……………… 45
　4.5.3 不同物质蒸气和液体的密度 ……… 47
4.6 化学反应危险性的动力学分析 …………… 48
4.7 化学物质的非互容性 ……………………… 49
4.8 化学反应类型及其危险性 ………………… 51
思考题 …………………………………………… 53

第5章　燃烧、爆炸与防火防爆安全技术 / 54

5.1 燃烧概述 …………………………………… 54
　5.1.1 燃烧三要素 ………………………… 54
　5.1.2 燃烧形式 …………………………… 57
　5.1.3 燃烧类别 …………………………… 58
　5.1.4 燃烧类型及其特征参数 …………… 58
5.2 燃烧过程与燃烧原理 ……………………… 60
　5.2.1 燃烧过程 …………………………… 60
　5.2.2 燃烧的活化能理论 ………………… 61
　5.2.3 燃烧的过氧化物理论 ……………… 62
　5.2.4 燃烧的链反应理论 ………………… 62
5.3 燃烧的特征参数 …………………………… 62
　5.3.1 燃烧温度 …………………………… 62
　5.3.2 燃烧速率 …………………………… 63
　5.3.3 燃烧热 ……………………………… 64
5.4 爆炸及其类型 ……………………………… 65
　5.4.1 爆炸概述 …………………………… 65
　5.4.2 爆炸分类 …………………………… 65
　5.4.3 常见爆炸类型 ……………………… 66
5.5 爆炸极限理论与计算 ……………………… 69
　5.5.1 爆炸极限理论 ……………………… 69
　5.5.2 影响爆炸极限的因素 ……………… 71
　5.5.3 爆炸极限的计算 …………………… 74
5.6 燃烧性物质的储存和运输 ………………… 76
　5.6.1 燃烧性物质概述 …………………… 76
　5.6.2 燃烧性物质的危险性 ……………… 77
　5.6.3 燃烧性物质的储存安全 …………… 78
　5.6.4 燃烧性物质的装卸和运输 ………… 80

5.7 爆炸性物质的储存和销毁 ………………… 81
　5.7.1 爆炸性物质概述 …………………… 81
　5.7.2 爆炸性物质的储存 ………………… 82
　5.7.3 爆炸性物质的销毁 ………………… 83
5.8 火灾爆炸危险与防火防爆措施 …………… 84
　5.8.1 物料的火灾爆炸危险 ……………… 84
　5.8.2 化学反应的火灾爆炸危险 ………… 85
　5.8.3 工艺装置的火灾爆炸危险 ………… 86
　5.8.4 防火防爆措施 ……………………… 87
5.9 有火灾爆炸危险性物质的加工处理 ……… 88
　5.9.1 用难燃溶剂代替可燃溶剂 ………… 89
　5.9.2 根据燃烧性物质的特性分别处理 … 89
　5.9.3 密闭和通风措施 …………………… 90
　5.9.4 惰性介质的惰化和稀释作用 ……… 90
　5.9.5 减压操作 …………………………… 91
　5.9.6 燃烧爆炸性物料的处理 …………… 92
5.10 燃烧爆炸敏感性工艺参数的控制 ……… 92
　5.10.1 反应温度的控制 ………………… 92
　5.10.2 物料配比和投料速率控制 ……… 93
　5.10.3 物料成分和过反应的控制 ……… 94
　5.10.4 自动控制系统和安全保险装置 … 95
5.11 灭火剂与灭火措施 ……………………… 96
　5.11.1 灭火的原理及措施 ……………… 96
　5.11.2 灭火剂及其应用 ………………… 97
　5.11.3 灭火器及其应用 ………………… 98
　5.11.4 灭火设施 ………………………… 98
思考题 …………………………………………… 100

第6章　职业毒害与防毒措施 / 101

6.1 毒性物质及其有效剂量 …………………… 101
　6.1.1 毒性物质的来源及其毒害作用 …… 101

6.1.2 毒性物质的分类 …………………… 102
　6.1.3 毒性物质有效剂量 ………………… 102

6.2 化工常见物质的毒性作用 ……… 103
　6.2.1 刺激性气体 ……………… 104
　6.2.2 窒息性气体 ……………… 104
　6.2.3 金属及其化合物 ………… 105
　6.2.4 有机化合物 ……………… 105
6.3 化学物质毒性的影响因素 ……… 106
　6.3.1 化学结构对毒性的影响 …… 106
　6.3.2 物理性质对毒性的影响 …… 107
　6.3.3 环境条件对毒性的影响 …… 108
　6.3.4 个体因素对毒性的影响 …… 108
6.4 毒性物质侵入人体途径与毒理作用 …… 109
　6.4.1 毒性物质侵入人体途径 …… 109
　6.4.2 毒性物质毒理作用 ……… 110
6.5 物质毒性资料的应用 …………… 111
　6.5.1 毒性物质化学结构与分子量 … 112
　6.5.2 毒性物质的物性 ………… 112
　6.5.3 动物试验和毒性等级 …… 113
6.6 职业中毒及其诊断过程 ………… 113
　6.6.1 职业中毒分类 …………… 113

6.6.2 职业中毒特点 …………… 114
　6.6.3 职业中毒诊断依据 ……… 114
　6.6.4 职业中毒诊断过程 ……… 115
6.7 职业中毒的临床表现 …………… 115
　6.7.1 呼吸系统 ………………… 115
　6.7.2 神经系统 ………………… 116
　6.7.3 血液系统 ………………… 116
　6.7.4 消化系统和泌尿系统 …… 117
6.8 防止职业毒害的技术措施 ……… 117
　6.8.1 替代或排除有毒或高毒物料 … 117
　6.8.2 采用危害性小的工艺 …… 118
　6.8.3 密闭化、机械化、连续化措施 … 118
　6.8.4 隔离操作和自动控制 …… 119
6.9 工业毒物的通风排毒与净化吸收 … 119
　6.9.1 通风排毒措施 …………… 119
　6.9.2 燃烧净化方法 …………… 120
　6.9.3 冷凝净化方法 …………… 121
　6.9.4 吸收和吸附净化方法 …… 121
思考题 ……………………………… 122

第7章　化学品泄漏与扩散模型 / 123

7.1 化工中常见的泄漏源 …………… 124
7.2 化学品泄漏模型 ………………… 125
　7.2.1 液体泄漏 ………………… 125
　7.2.2 气体或蒸气泄漏 ………… 134
　7.2.3 液体闪蒸 ………………… 143
　7.2.4 液池蒸发或沸腾 ………… 145

7.3 扩散方式及扩散模型 …………… 147
　7.3.1 扩散方式及其影响因素 …… 147
　7.3.2 中性浮力扩散模型 ……… 149
　7.3.3 重气扩散模型 …………… 152
　7.3.4 释放动量和浮力的影响 …… 157
思考题 ……………………………… 157

第8章　化工厂设计与装置安全 / 159

8.1 化工厂设计安全 ………………… 159
　8.1.1 危险和防护的一般考虑 …… 160
　8.1.2 化工厂的定位 …………… 161
　8.1.3 化工厂选址 ……………… 162
　8.1.4 化工厂布局 ……………… 162
　8.1.5 化工单元区域规划 ……… 164
8.2 化工工艺设计安全 ……………… 165
　8.2.1 什么是化工工艺设计 …… 165
　8.2.2 从实验室到工业化的实验过程 …… 165
　8.2.3 装置工艺设计安全分析 …… 168
8.3 化工过程装置与设备设计安全 …… 174
　8.3.1 过程装置设计安全 ……… 174
　8.3.2 典型设备设计安全 ……… 176

8.4 储存设备安全设计 ……………… 181
　8.4.1 储存液化气体、危险液体的装备
　　　　技术安全 ………………… 181
　8.4.2 呼吸阀的安全设计 ……… 184
8.5 化工厂其他安全附属装置设计 …… 186
　8.5.1 阻火器安全设计 ………… 186
　8.5.2 火炬系统安全设计 ……… 189
8.6 化工设计安全校核、安全评价及
　　环境评价 ………………………… 196
　8.6.1 评价的目的 ……………… 196
　8.6.2 安全评价的依据和原则 …… 197
　8.6.3 环境评价依据 …………… 198
8.7 危险与可操作性(HAZOP)分析 …… 200

8.7.1　HAZOP 分析原理及技术进展 …… 200　　8.7.4　HAZOP 分析步骤及分析举例 …… 201

8.7.2　什么是 HAZOP 分析? …… 200　　思考题 …………………………………… 203

8.7.3　HAZOP 分析小组成员及职责 …… 200

第 9 章　压力容器的设计与使用安全 / 204

9.1　压力容器概述和分类 ……………… 204

9.1.1　压力容器安全概述 …………… 205

9.1.2　压力容器的操作与维护 ……… 207

9.2　压力容器的设计、制造和检验 …… 208

9.2.1　压力容器设计 ………………… 208

9.2.2　压力容器的制造和安装 ……… 210

9.2.3　压力容器检验 ………………… 212

9.3　高压工艺管道的安全技术管理 …… 212

9.3.1　高压工艺管道概述 …………… 212

9.3.2　高压工艺管道的设计、制造和
　　　　安装 ……………………………… 213

9.3.3　高压工艺管道操作与维护 …… 214

9.3.4　高压工艺管道技术检验 ……… 214

9.4　压力容器安全附属装置设计 ……… 216

9.4.1　压力容器常用安全附件 ……… 217

9.4.2　安全阀的安全设计 …………… 218

9.4.3　爆破片的安全设计 …………… 221

思考题 ……………………………………… 224

第 10 章　化工厂安全操作与维护 / 225

10.1　化工厂安全管理制度 …………… 225

10.1.1　制定并遵守安全生产管理制度 … 225

10.1.2　开、停车安全操作及管理 …… 226

10.1.3　装置的安全停车与处理 …… 227

10.1.4　开、停车过程中的置换过程
　　　　　安全考虑 ………………… 231

10.1.5　化工装置检修 …………… 235

10.2　化工厂单元操作安全 …………… 237

10.2.1　物料输送 ………………… 237

10.2.2　熔融和干燥 ……………… 238

10.2.3　蒸发和蒸馏 ……………… 239

10.2.4　冷却、冷凝和冷冻 ………… 241

10.2.5　筛分和过滤 ……………… 243

10.2.6　粉碎和混合 ……………… 244

10.3　化学反应工艺操作安全 ………… 245

10.3.1　国家首批重点监管的 18 种
　　　　　化工工艺 ………………… 245

10.3.2　化学反应过程危险分析 …… 245

10.4　工艺变更管理 …………………… 258

10.4.1　工艺和设备变更管理 ……… 258

10.4.2　变更申请、审批 …………… 259

10.4.3　变更实施 ………………… 260

10.4.4　变更结束 ………………… 260

思考题 …………………………………… 261

第 11 章　化工事故调查与案例分析 / 262

11.1　化工事故调查的目的和意义 …… 262

11.2　化工事故调查程序 ……………… 263

11.3　化工事故调查报告内容 ………… 266

11.4　化工事故案例分析 ……………… 267

11.4.1　火灾事故案例 …………… 267

11.4.2　爆炸事故案例 …………… 268

11.4.3　中毒事故案例 …………… 271

参考文献 / 274

第1章

绪 论

作为一个基础工业门类，化学工业在国民经济中占有极为重要的地位。在当今的激烈国际竞争中，化学工业的规模与质量，既是一个国家发达程度的标志，综合国力的具体体现，也是构成其现代文明生活方式的物质基础。世界上几乎所有的工业发达国家，如美国、英国、德国、法国、日本、瑞士等，同时也都是化学工业大国和强国。随着国民经济的快速发展，我国在化学品的生产、销售和使用上，已超越美国跃居世界第一，且持续快速增长。国民经济中的石油、医药、农业、能源、电子、生物、通信、材料、航空航天乃至军工等产业和领域的发展，没有强大的化学工业作为支撑，是完全无法实现的。

同时在另一方面也应看到，高度发达的化学工业以及数目众多的化学产品，在为提高人类生活水平和促进文明进步做出重要贡献的同时，也给人类自身以及周边环境带来了日益严重的危害。化学工业各个环节不时出现的火灾、爆炸、毒副作用以及环境伤害，经互联网时代新兴媒体的不断报道和快速传播，持续强化了化学工业在大众心目中的负面形象，为化学工业的健康和可持续发展蒙上了巨大阴影。

1.1 现代化学工业中的安全问题

伴随着现代化学工业的迅速发展及生产规模的不断扩大，各种不同类型的环境污染和恶性重大工业事故时有发生。1930 年 12 月比利时发生了"马斯河谷事件"。在马斯河谷地区由于铁工厂、玻璃厂和锌冶炼厂等排出的污染物被封闭在逆温层下，浓度急剧增加，使人感到胸痛、呼吸困难，一周之内造成 60 人死亡，许多家畜也相继死去。1948 年 10 月美国宾夕法尼亚州的多诺拉、1952 年底英国的伦敦都相继发生类似事件，其中"伦敦烟雾事件"使当地在 1952 年 11 月 1 日至 12 月 12 日期间的死亡人数比历史同期多了 3500～4000 人。1961 年 9 月 14 日，日本富山市一家化工厂因管道破裂，氯气外泄，使 9000 余人受害，532 人中毒，大片农田被毁。1974 年英国 Flixborough 地区化工厂环己烷泄漏导致的蒸气云爆炸和 1984 年印度博帕尔发生的异氰酸甲酯泄漏所造成的中毒事故，都是震惊世界的灾难。1960～1977 年的 18 年中，美国和西欧发生重大火灾和爆炸事故 360 余起，死伤 1979 人，损失数十亿美元。

在我国，化学工业事故也是频繁发生。据统计，1950～1999 年的 50 年中，发生各类伤亡事故 23425 起，死伤 25714 人，其中因火灾和爆炸事故死伤 4043 人。仅以 2015 年 8 月 12 日，位于天津市滨海新区天津港的瑞海国际物流有限公司危险品仓库发生的特别重大火灾爆炸事故为例，就可看出我国化工安全面临的严峻形势。根据官方最终公布的事故调查报告，事故共造成 165 人遇难，8 人失踪，798 人受伤住院治疗；304 幢建筑物、12428 辆商品汽车、7533 个集装箱受损。截至 2015 年 12 月 10 日，事故调查组依据《企业职工伤亡事故经济损失统计标准》（GB 6721—1986）等标准和规定统计，已核定直接经济损失 68.66 亿元（人民币）。

事故还造成了严重的环境污染。通过分析事发时肇事公司储存的 111 种危险货物的化学组分，确定至少有 129 种化学物质发生爆炸燃烧或泄漏扩散；其中，氢氧化钠、硝酸钾、硝酸铵、氰化钠、金属镁和硫化钠这 6 种物质的重量占到总重量的 50%。同时，爆炸还引燃了周边建筑物以及大量汽车、焦炭等普通货物。本次事故残留的化学品与产生的二次污染物逾百种，对局部区域的大气环境、水环境和土壤环境造成了不同程度的污染。

1.2 化学工业安全问题的特点

随着技术的进步和市场的迅速扩大，化学工业目前已在整个制造业中占有了相当的比例。在化工生产中，从原料、中间体到成品，大都具有易燃、易爆、毒性等化学危险性；化工工艺过程复杂多样化，高温、高压、深冷等不安全的因素很多。事故的多发性和严重性是化学工业独有的特点。

大多数化工危险都具有潜在的性质，即存在着"危险源"，危险源在一定的条件下可以发展成为"事故隐患"，而事故隐患继续失去控制，则转化为"事故"的可能性会大大增加。因此，可以得出以下结论，即**危险失控，可导致事故；危险受控，能获得安全**。所以辨识危险源成为重要问题。目前国内外流行的安全评价技术，就是在危险源辨识的基础上，对存在的事故危险源进行定性和定量评价，并根据评价结果采取优化的安全措施。提高化工生产的安全性，需要增加设备的可靠性，同样也需要加强现代化的安全管理。

美国保险协会（American Insurance Association，AIA）对化学工业的 317 起火灾、爆炸事故进行调查，分析了主要和次要原因，把化学工业危险因素归纳为以下九个类型。

（1）工厂选址问题
① 易遭受地震、洪水、暴风雨等自然灾害；
② 水源不充足；
③ 缺少公共消防设施的支援；

④ 有高湿度、温度变化显著等气候问题；

⑤ 受邻近危险性大的工业装置影响；

⑥ 邻近公路、铁路、机场等运输设施；

⑦ 在紧急状态下难以把人和车辆疏散至安全地带。

（2）工厂布局问题

① 工艺设备和储存设备过于密集；

② 有显著危险性和无危险性的工艺装置间的安全距离不够；

③ 昂贵设备过于集中；

④ 对不能替换的装置没有有效的防护；

⑤ 锅炉、加热器等火源与可燃物工艺装置之间距离太小；

⑥ 有地形障碍。

（3）结构问题

① 支撑物、门、墙等不是防火结构；

② 电气设备无防险措施；

③ 防爆、通风、换气能力不足；

④ 控制和管理的指示装置无防护措施；

⑤ 装置基础薄弱。

（4）对加工物质的危险性认识不足

① 在装置中原料混合，在催化剂作用下自然分解；

② 对处理的气体、粉尘等在其工艺条件下的爆炸范围不明确；

③ 没有充分掌握因误操作、控制不良而使工艺过程处于不正常状态时的物料和产品的详细情况。

（5）化工工艺问题

① 没有足够的有关化学反应的动力学数据；

② 对有危险的副反应认识不足；

③ 没有根据热力学研究确定爆炸能量；

④ 对工艺异常情况检测不够。

（6）物料输送问题

① 各种单元操作时不能对物料流动进行良好控制；

② 产品的标示不充分；

③ 风送装置内的粉尘爆炸；

④ 废气、废水和废渣的处理；

⑤ 装置内的装卸设施。

（7）误操作问题

① 忽略关于运转和维修的操作教育；

② 没有充分发挥管理人员的监督作用；

③ 开车、停车计划不适当；

④ 缺乏紧急停车的操作训练；

⑤ 没有建立操作人员和安全人员之间的协作体制。

（8）设备缺陷问题

① 因选材不当而引起装置腐蚀、损坏；

② 设备不完善，如缺少可靠的控制仪表等；

③ 材料的疲劳；

④ 对金属材料没有进行充分的无损探伤检查或没有经过专家验收；

⑤ 结构上有缺陷，如不能停车而无法定期检查或进行预防维修；

⑥ 设备在超过设计极限的工艺条件下运行；

⑦ 对运转中存在的问题或不完善的防灾措施没有及时改进；

⑧ 没有连续记录温度、压力、开停车情况及中间罐和受压罐内的压力变动。

（9）防灾计划不充分

① 没有得到管理部门的大力支持；

② 责任分工不明确；

③ 装置运行异常或故障仅从属于安全部门，只是单线起作用；

④ 没有预防事故的计划，或即使有也很差；

⑤ 遇有紧急情况未采取得力措施；

⑥ 没有实行由管理部门和生产部门共同进行的定期安全检查；

⑦ 没有对生产负责人和技术人员进行安全生产的继续教育和必要的防灾培训。

　　瑞士再保险公司统计了化学工业和石油工业的102起事故案例，分析了上述九类危险因素所起的作用，表1-1为统计结果。

表 1-1　化学工业和石油工业的危险因素

类　别	危险因素	危险因素的比例/%	
		化学工业	石油工业
1	工厂选址问题	3.5	7.0
2	工厂布局问题	2.0	12.0
3	结构问题	3.0	14.0
4	对加工物质的危险性认识不足	20.2	2.0
5	化工工艺问题	10.6	3.0
6	物料输送问题	4.4	4.0
7	误操作问题	17.2	10.0
8	设备缺陷问题	31.1	46.0
9	防灾计划不充分	8.0	2.0

　　由表1-1可以看出，设备缺陷问题是第一位的危险，若能消除此项危险因素，则化学工业和石油工业的安全就会获得有效改善。在化学工业中，"4 对加工物质的危险性认识不足"和"5 化工工艺问题"两类危险因素占较大比例，这是由以化学反应为主的化学工业的特征所决定的。在石油工业中，"2 工厂布局问题"和"3 结构问题"两类危险因素占较大比例。石油工业的特点是需要处理大量可燃物质，由于火灾、爆炸的能量很大，所以装置的安全间距和建筑物的防火层不适当时就会形成较大的危险。另外，误操作问题在两种工业危险中都占较大比例。操作人员的疏忽常常是两种工业事故的共同原因，而在化学工业中所占比重更大一些。在以化学反应为主体的装置中，误操作常常是事故的重要原因。

1.3　化工安全理论与技术

化工安全理论与技术包括的内容极为丰富、涉及范围很广。它既涉及数学、物理、化学、生物、天文、地理等基础科学的知识，也有电工学、材料力学、劳动卫生学等应用科学方面的内容，又与化工、机械、电力、冶金、建筑、交通运输等工程技术科学密切相关。在过去几十年中，化工安全的理论和技术随着化学工业的发展和各学科知识的不断深化，取得了较大进展。除了对火灾、爆炸、静电、辐射、噪声、职业病和职业中毒等方面的研究不断深入外，还把系统工程学的理论和方法应用于安全领域，派生出了一个新的分支——安全系统工程学。化工装置和控制技术的可靠性研究发展很快，化工设备故障诊断技术、化工安全评价技术，以及防火、防爆和防毒的技术和手段都有了很大发展。

1.3.1　化工危险性的分析与识别技术

目前常用的化工危险性分析与识别技术主要有以下几种。

（1）**安全检查表法**（Safety Checklist Analysis，SCA）

为了查找工程、系统中各种设备设施、物料、工件的操作、管理和组织措施中的危险和有害因素，事先把检查对象加以分解，将大系统分割成若干小的子系统，以疑问或打分的形式，将检查项目列表逐项检查，避免遗漏。这样通过问题表格进行分析的方式，称为安全检查表法。

安全检查表法广泛用于安全检查、潜在风险发现、安全规章及制度的实施检查等，是一个常用的、易于理解与掌握，且行之有效的安全风险分析方法。

（2）**故障假设分析法**（What-If Analysis，WIA）

故障假设分析是一种对系统工艺过程或操作过程的创造性分析方法。它要求参与分析的专业人员采用"What…if"（如果……怎样）作为开头的方式进行思考，任何与工艺安全相关的问题、任何与装置有关的不正常生产条件等都可提出并加以讨论，而不仅仅是设备故障或工艺参数变化。所有提出的问题和讨论的结果均需以表格的形式记录下来，旨在识别可能存在的危险情况，提出降低风险的建议，消除已有安全措施的漏洞，提高工艺过程的安全水平。

（3）**故障类型和影响分析法**（Failure Mode and Effects Analysis，FMEA）

故障类型和影响分析起源于可靠性分析技术，故而有时也被称为失效模式与影响分析，其早期的应用领域主要是航空航天，其后逐渐扩大其应用范围，现已成为一种通用的安全分析手段。在运用故障类型和影响分析方法时，需根据分析对象的特点，将其划分为系统、子系统、设备及元件等不同的分析层级，然后再分析这些层级上可能发生的故障模式及其产生的影响，以便采取相应的对策，提高系统的安全可靠性。

早期的故障类型和影响分析只能做定性分析，后来加入了故障发生难易程度的评价或概率的内容，进一步发展成为更加全面的故障类型和影响、危害度分析（Failure Mode,Effects and Criticality Analysis，FMECA）方法。这样的话，从基层开始，如果确定了个别元件的故障发生概率，就可逐层往上确定设备、子系统、系统的故障发生率，定量分析故障影响。

（4）危险与可操作性分析法（Hazard and Operability Analysis，HAZOP）

危险与可操作性分析是英国帝国化学工业有限公司（Imperial Chemical Industries Ltd，ICI）蒙德分部于 20 世纪 70 年代发展起来的以引导词为核心的一种系统危险分析方法，广泛用于识别化工装置在设计和操作阶段的工艺危害，具有科学、系统的突出特点，近年来在风险分析领域备受推崇。危险与可操作性分析的基本模式是，由一组具有不同专业背景人员组成的专家团队，采用会议的形式，通过引导词的带领，找出过程中工艺状态的变化以及其与设计工艺条件的偏差，分析偏差出现的原因、后果，寻求与制定可采取的对策。

危险与可操作性分析方法尤其适用于化工、石油化工等生产装置，可以对处于设计、运行、报废等各阶段的全过程进行危险分析，既适合连续过程也适合间歇过程。自其提出以来，历经 40 多年的不断发展和完善，现已成为世界上各大化工生产企业用于确保其设计和运行安全的标准风险分析方法。

（5）事故树分析法（Fault Tree Analysis，FTA）

事故树分析也被称作故障树分析，是一种常用的系统安全分析方法。它使用带有逻辑关系的图形符号，把系统可能发生的事故与导致事故发生的各种因素联系起来，形成树状的、带有逻辑关联的事故图，并对事故图进行分析，以找出导致事故发生的原因，通过采取安全措施来降低事故发生概率。

事故树分析方法在化工安全领域有着广泛的应用，既可用作定性分析，也可用作定量分析，尤其适用于复杂系统。

（6）事件树分析法（Event Tree Analysis，ETA）

事件树分析是一种利用图形进行演绎的逻辑分析方法，常用于分析设备故障、工艺异常等事件导致事故发生的可能性。它按照事故发展的时间顺序，由初始事件开始推论可能的后果，进行安全风险辨识。事件树分析法在具体应用时，将系统可能发生的事故与导致事故发生的原因以一种被称为事件树的图形关联起来，通过对事件树的定性与定量分析，寻找事故发生的主要原因，为确定安全对策提供依据，预防事故发生。

事件树分析方法适用于多环节事件或多重保护系统的安全风险分析，用于建立导致事故的事件与初始事件之间的逻辑关联，以消除事故隐患，降低系统风险。

上述各种方法在不同的领域、情形下应用时，各有其优势和特点。具体的企业或部门可根据自身的需要和满足条件，选择采用。

1.3.2　人机工程学、劳动心理学和人体测量学的应用

统计表明，多数工业事故都是由于人员失误造成的。在工业生产中，人的作用日益受到重视。围绕人展开的研究，如人机工程学、劳动心理学、人体测量学等方面都取得了较大进展。

（1）人机工程学

人机工程学是现代管理科学的重要组成部分。它应用生物学、人类学、心理学、人体测量学和工程技术科学的成就，研究人与机器的关系，使工作效率达到最佳状态。主要研究内容如下。

① 人机协作。人的优点是对工作状况有认知能力和适应能力，但容易受精神状态和情绪变化的支配。而且人易于疲劳，缺乏耐久性。机械则能持久运转，输出能量较大，但对故障和外界干扰没有自适应能力。人和机械都取其长、弃其短，密切配合，组成一个有机体，从根本上提高人机系统的安全性和可靠性，获得最佳工作效率。

② 改善工作条件。人在高温、辐射、噪声、粉尘、烟雾、昏暗、潮湿等恶劣条件下容易失误，引发事故，改善工作条件则可以保证人身安全，提高工作效率。

③ 改进机具设施。机具设施的设计应该适合人体的生理特点，这样可以减少失误行为。比如按照以上人机工程学原理设计控制室和操作程序，可以强化安全，提高工作效率。

④ 提高工作技能。对操作者进行必要的操作训练，提高其操作技能，并根据操作技能水平选评其所承担的工作。

⑤ 因人制宜。研究特殊工种对劳动者体能和心智的要求，选派适宜的人员从事特殊工作。

（2）劳动心理学

劳动心理学是从心理学的角度研究照明、色调、音响、温度、湿度、家庭生活与劳动者劳动效率的关系。主要内容如下。

① 根据操作者在不同工作条件下的心理和生理变化情况，制订适宜的工作和作息制度，促进安全生产，提高劳动效率。

② 发生事故时除分析设备、工艺、原材料、防护装置等方面存在的问题外，同时考虑事故发生前后操作者的心理状态。从而可以从技术上和管理上采取防范措施。

（3）人体测量学

人体测量学是通过人体的测量指导工作场所安全设计、劳动负荷和作息制度的确定以及有关的安全标准的制定。它需要测定人体各部分的相关尺寸，执行器官活动所涉及的范围。除了生理方面的测定外，还要进行心理方面的测试。人体测量学的成果为人机工程学、安全系统工程等现代安全技术科学所采用。

1.3.3　化工安全技术的新进展

近几十年来，安全技术领域广泛吸收了各个学科的最新科学技术成果，在防火、防爆、防中毒，防止机械装置破损，预防工伤事故和环境污染等方面，都取得了较大发展，安全技术已发展成为一个独立的科学技术体系。特别是进入新世纪后，以计算机、自动控制、现场实时监控、移动互联网技术等为代表的新兴技术手段的飞速发展，加上对安全问题的认识的不断深化，在制定严格制度的基础上，通过技术方式实现安全生产、避免化工安全事故的发生，已日趋成为今后发展的主流。

（1）设备故障诊断技术和安全评价技术迅速发展

随着化学工业的发展、高压技术的应用，对压力容器的安全监测变得极为重要。无损探伤技术得到迅速发展，声发射技术和红外热像技术在探测容器的裂纹方面，断裂力学在评价压力容器寿命方面都得到了重要应用。

危险性具有潜在的性质，在一定条件下可以发展成事故，也可以采取措施抑制其发展。所以危险性辨识成为重要问题。目前国内外积极推行的安全评价技术，就是在危险性辨识的基础上，对危险性进行定性和定量评价，并根据评价结果采取优化的安全措施。

（2）**监测危险状况、消除危险因素的新技术不断出现**

危险状况测试、监视和报警的新仪器不断投入应用。不少国家广泛采用了烟雾报警器、火焰监视器。感光报警器、可燃性气体检测报警仪、有毒气体浓度测定仪、噪声测定仪、电荷密度测定仪、嗅敏仪等仪器也相继投入使用。

消除危险因素的新技术、新材料和新装置的研究不断深入。橡胶和纺织工业部门已有效地采用了放射性同位素静电中和剂，在烃类燃料和聚合物溶液中，抗静电添加剂已投入使用。压力、温度、流速、液位等工艺参数自动控制与超限保护装置被许多化工企业所采用。

（3）**救人灭火技术有了很大进展**

许多国家在研制高效能灭火剂、灭火机和自动灭火系统等方面取得了很大进展。如美国研制成功的新灭火抢救设备空中飞行悬挂机动系统，具有救人救火等多种功能。法国研制的含有玻璃纤维的弹性软管，能耐 800℃ 的高温，当人在软管中迅速滑落时，不会灼伤，手和脸部的皮肤也不会擦伤。

（4）**预防职业危害的安全技术有了很大进步**

在防尘、防毒、通风采暖、照明采光、噪声治理、振动消除、高频和射频辐射防护、放射性防护、现场急救等方面都取得了很大进展。

（5）**严格技术操作规范与先进管理技术的发展**

化工生产和化学品储运工艺安全技术、设施和器具等的操作规程及岗位操作规定，化工设备设计、制造和安装的安全技术规范不断趋于完善，管理水平也有了很大提高。

1.3.4 化工安全工程及其基本内容

如同许多的其他学科一样，对于化工安全工程这门学科，要想简洁地给出一个准确的定义，或者对其所涵盖的范围、包含的内容做出较为严格且广为接受的界定，并不是一件容易的事情。原则上讲，化工安全工程至少应包含两大部分内容，即有关化学品危害的基础知识及其在制备等环节所牵涉的安全问题。前者是化工安全工程区别于其他学科领域的安全工程问题的前提与基础，也是讨论所有化学工业领域安全问题的出发点，而后者则是所谓的化学工艺及过程安全所需考虑的相关问题的核心。

任何工业过程的最终目的都是制造某种特定的产品。化学工业也不例外，它的产品就是当下已无处不在的化学品。化学工业的安全问题既来自其制造过程本身，也来自其所制造的产品。从现今广为接受的对化学品实施全生命周期的管理以防范其对人类健康和环境造成危害的角度看，化工过程安全可以视作是化学品整个生命周期安全管理中的一个环节，或曰一个"时段"。在内容特征上，为了尽量减少化学品在储存、运输、终端使用或消费乃至最终弃置等生命阶段的安全风险，制定严格的管理规范及健全的制度措施是关键，有效实施是保障，法律法规及制度建设层面的内容较多。而在涉及化学品制备环节的安全问题，即考虑过程安全时，除了保障安全的具体措施及规章制度外，系统的科学理论分析与一系列工程技术手段的采纳与运用，则是这部分内容的主体与核心。

本书的叙述基本遵循了上述原则，首先分国际和国内两个部分，介绍有关化学品安全管理的一些基本制度框架、与化学品安全相关的理论知识及防范措施，然后在此基础上，将化学品制备过程涉及的一些基本安全问题分为若干章节，逐一展开进行讨论，以便对化工安全工程所包含的内容能有一个较为全面的理解与掌握。

1. 为什么说化工安全问题是伴随着化学工业的发展而来的？

2. 化工安全风险可以通过理论分析事先加以辨识并预防吗？

3. 化工安全工程这门学科都包含哪些基本内容？它与人类在其他领域所遇到的安全问题的根本区别在哪里？

4. 高度发达的化学工业以及数目众多的化学产品，在为提高人类生活水平和促进文明进步做出重要贡献的同时，也给人类自身以及周边环境带来了日益严重的危害。人类该如何取舍呢？"利"、"弊"两者间是否能找到一个平衡？

第2章

国际化学品安全管理体系

化学工业的发展，在为人类带来前所未有的文明生活方式的同时，也对人类健康及周边环境造成了巨大的伤害，因而引起了广泛的关注。特别值得注意的是，近几十年来，伴随着经济的迅猛发展及全球化进程的不断加快，化学品伤害事件的影响也由过去的一时、一地，逐步发展到持续、多国、跨地区，使其成为国际社会需要共同面对的全球性严重问题。通过加强国际合作，制定统一的管理规范，在同样的制度框架下共同面对化学品危害的呼声日益高涨。

对化学品实施安全管理，确保化学品在其整个生命周期内的安全，减少乃至消除其对人类及环境的危害，意义重大。为此，联合国及其所属机构、国际劳工组织、欧盟等国际组织以及世界各国政府，均从不同层面制定并颁布施行了一系列化学品安全方面的法律法规、技术条例与各级标准，通过强制执行、规范管理等手段与技术措施，对化学品相关企业及从业人员进行严格要求，以期尽可能地降低化学品的安全风险，减少其对人身和环境的危害，从根本上实现化学品的安全生产、储存、使用、消费以及作为废弃物的最终处置。

2.1 管理组织与机构

国际上与化学品管理相关的组织、机构众多，既有代表各国、各地区的政府组织机构，也有反映民间意愿的非政府组织，有的是全球性的，有的则属于若干国家组成的地区级的。尽管关注点和侧重有所不同，但其宗旨都是保护环境，消除化学品在生产、运输和使用等各个环节对人类可能造成的暂时或持久伤害。

比较重要且发挥了巨大影响的国际组织主要包括：

国际劳工组织（International Labour Organization，ILO）

世界卫生组织（World Health Organization，WHO）

联合国环境规划署（United Nations Environment Programme，UNEP）

联合国危险货物运输专家委员会（UN Committee of Experts on the Transport of Dangerous Goods，UN CETDG)

联合国政府间化学品安全论坛（Intergovernmental Forum on Chemical Safety，IFCS)

国际化学品管理战略方针制定工作筹备委员会（Preparatory Committee for the Development of a Strategic Approach to International Chemicals Management，SAICM/PREPCOM)

欧盟（European Union，EU）及其与化学品管理相关的附属机构

国际上最先要求对危险化学品制定管理规范的是国际劳工组织（ILO），其目的在于对劳动者提供所需的劳动保护，使其免受工作环境可能遇到的化学品所带来的人身伤害。为此，1952 年，国际劳工组织（ILO）下设的化学工作委员会对危险化学品及其危害特征进行分类研究，以就相关问题提供应对政策。1953 年，联合国经济及社会理事会（Economic and Social Council，ECOSOC）出于便利世界经济发展、促进国际贸易中危险货物的安全流通的考虑，设立了联合国危险货物运输专家委员会（UN CETDG），专门研究国际危险货物安全运输问题。现今国际普遍接受且已获得广泛应用的危险货物分类、编号、包装、标志、标签、托运程序等，就是联合国危险货物运输专家委员会（UN CETDG）以建议书和工作报告形式提出的工作结果。如联合国《关于危险货物运输的建议书·规章范本》（UN Recommendations on the Transport of Dangerous Goods. Model Regulations，又称"橘皮书"，以下简称《规章范本》），每两年出版一次。

由于联合国危险货物运输专家委员会（UN CETDG）工作的侧重点是交通运输，聚焦于流通中的货物，对危险化学品可能给生产场所的工人、消费者以及环境带来的影响考虑较少，加之世界各国针对危险化学品的定义、分类和标签在法律法规上存在不少差异，导致不同国家或地区的同一化学品的安全信息有着明显不同，给及时、正确理解该化学品的危险特征带来延误与困扰。

1992 年，在联合国的领导和协调下，由国际劳工组织（ILO）、经济合作与发展组织（Organization for Economic Co-operation and Development，OECD）、联合国危险货物运输专家委员会（UN CETDG）一起，决定共同研究起草一份名为《全球化学品统一分类和标签制度》（Globally Harmonized System of Classification and Labeling of Chemicals，GHS，又称"紫皮书"）的国际文件，以协调各国不同的化学品管理制度，在实施严格管控的同时，促进化学品国际贸易的便利化。最初版本的 GHS 于 2001 年形成。

2001 年 7 月，联合国危险货物运输专家委员会改组为联合国危险货物运输和全球化学品统一分类标签制度专家委员会（United Nations Committee of Experts on the Transport of Dangerous Goods and on the Globally Harmonized System of Classification and Labeling of Chemicals，UN CETDG/GHS），委员会下设两个分委员会，即联合国全球化学品统一分类标签制度专家分委员会（United Nations Sub-Committee of Experts on the Globally Harmonized System of Classification and Labeling of Chemicals，UN SCEGHS）和联合国危险货物运输专家分委员会（United Nations Sub-Committee of Experts on the Transport of Dangerous Goods，UN SCETDG），相关的 GHS 工作由此转至联合国全球化学品统一分类标签制度专家分委员会（UN SCEGHS）继续进行。至此，两个联合国名义下运作的、都与国际化学品相关但侧重有所不同的管理组织框架得以确立，并一直运行至今。

除全球范围国际组织以外，在地区一级发挥了重要作用和影响的当首属欧盟及其下设机构，它们包括欧盟组织框架内与化学品管理相关的欧盟理事会（Council of the European Union）、欧洲议会（European Parliament）、欧洲法院（European Court of Justice）、欧盟

委员会（European Commission）以及欧洲化学品管理局（European Chemicals Agency，ECHA）。作为目前世界上最大的区域一体化组织，欧盟人口众多，经济发达，化学品生产、使用、运输与消费等均居世界前列，拥有全球范围内最健全的化学品管理法规及最完善的管理体制。2006 年 12 月 18 日，欧盟议会和欧盟理事会正式通过《化学品的注册、评估、授权和限制》（Regulation Concerning the Registration，Evaluation，Authorization and Restriction of Chemicals，REACH），对进入欧盟市场的所有化学品进行预防性管理。2007 年 6 月 1 日，REACH 法规正式生效。2008 年 5 月 30 日，为了配合 REACH 法规的实施，欧盟发布《欧洲议会和欧盟理事会关于化学品注册、评估、许可和限制（REACH）的测试方法法规》［Regulation of the Test Methods of the European Parliament and of the Council on the Registration，Evaluation，Authorization and Restriction of Chemicals（REACH）］，旨在为化学品提供系统的理化、毒理、降解蓄积和生态毒理测试方法。作为跟进手段，2009 年 1 月 20 日，欧盟又推出了《物质和混合物的分类、标签和包装法规》（European Regulations on Classification，Labeling and Packaging of Substances and Mixtures，CLP），作为其配合 REACH 法规实施、执行联合国 GHS 制度的欧盟文本。这三部法规相辅相成，围绕着 REACH，构成了欧盟化学品管理法规体系的基本框架。欧洲化学品管理局（ECHA），就是欧盟为实施 REACH 法规专门设立的欧盟执法部门。

2.2 管理体系与制度框架

国际化学品管理的基础主要是一系列有关的国际文书，其中既有纲领性的、指导意义的政治文件，也有在此基础上制定的实施计划、专业技术规范以及国家间达成的一系列公约、协议，这些国际文书中的条款和规章一起构成了基本的国际化学品管理体系和框架，是各国建立自己的化学品安全管理体系时的根本依据和参考。

2.2.1 《21 世纪议程》

1992 年 6 月 3 日至 14 日，联合国于巴西里约热内卢召开了联合国环境与发展会议，通过了一系列对人类社会发展和未来极为重要的文件和宣言。作为大会通过的重要政治文件之一，《21 世纪议程》（Agenda 21）明确了人类在环境保护与可持续发展之间应做出的选择和行动方案，是各国政府、联合国组织以及各种国际机构为避免人类活动对环境产生不利影响而采取综合行动的一份计划蓝图。

《21 世纪议程》所传递的基本思想是，人类正处于历史的关键时刻，我们正面对着国家之间和各国内部长期存在且在不断加剧的贫困、饥饿、疾病和文盲等迫切问题，面对着与人类福祉息息相关的生态系统的持续恶化。人类需要对问题的紧迫性给予高度关注，将环境问题和发展问题结合起来进行综合处理，以使我们在基本需求得到满足的同时，生活水平也得以改善，赖以生存的生态系统和周边环境得以保存，人类能享有一个更安全、更繁荣的未来。

《21 世纪议程》全文分为序言和 4 个部分，共 40 章内容，它们是：社会和经济方面

（第 1 部分）、保存和管理资源以促进发展（第 2 部分）、加强主要团体的作用（第 3 部分）及实施手段（第 4 部分）。其中第 2 部分第 19 章的标题是"有毒化学品的无害环境管理，包括防止在国际上非法贩运有毒的危险产品"，内含 76 条内容，专门叙述了化学品的管理问题。第 19 章在其导言中指出："为达到国际社会的经济和社会目标，大量使用化学品必不可少；今日最妥善的做法也证明，化学品可以以成本效益高的方式广泛使用且高度安全。但为了确保有毒化学品的无害环境管理，在持续发展和改善人类生活品质方面还有大量工作要作。"

《21 世纪议程》第 19 章建议成立联合国政府间化学品安全论坛（IFCS）以及化学品无害化管理组织间方案（Inter-Organization Programme for the Sound Management of Chemicals，IOMC）这两个重要的国际化学品管理组织与协调机制，共同保护人类健康与生态环境。在《21 世纪议程》第 19 章的号召下，《关于在国际贸易中对某些危险化学品和农药采用事先知情同意程序的鹿特丹公约》（以下简称《鹿特丹公约》）和《全球化学品统一分类和标签制度》等多项有关化学品管控的国际公约、协定或框架制度得以签署或制定，有力地推动了国际危险化学品监管计划的贯彻实施，为建设可持续发展社会提供了坚实的制度基础。

2.2.2　《可持续发展问题世界首脑会议实施计划》

2002 年 8 月 26 日～9 月 4 日，可持续发展世界首脑会议在南非约翰内斯堡召开。首脑会议获得的具有里程碑式意义的成果之一，就是通过了《可持续发展问题世界首脑会议实施计划》（Plan of Implementation of the World Summit on Sustainable Development）。《可持续发展问题世界首脑会议实施计划》重申了里约峰会原则以及全面贯彻实施《21 世纪议程》的承诺，明确了未来一段时间人类拯救地球、保护环境、消除贫困、促进繁荣的具体路线图。同时，针对里约峰会以来在消除贫困、保护地球环境方面存在的问题和不足，要求各国政府采取切实行动，努力实现全球的可持续发展。

《可持续发展问题世界首脑会议实施计划》的主要内容有：

① 导言；
② 消除贫困；
③ 改变不可持续的消费和生产方式；
④ 保护和管理经济与社会发展所需的自然资源基础；
⑤ 全球化世界中的可持续发展；
⑥ 健康与可持续发展；
⑦ 小岛屿发展中国家的可持续发展；
⑧ 非洲的可持续发展；
⑨ 其他区域倡议；
⑩ 实施手段；
⑪ 可持续发展的体制框架。

在第 3 部分"改变不可持续的消费和生产方式"中，有关对化学品实施管理的章节强调，要重申《21 世纪议程》提出的承诺，对化学品在整个生命周期中进行良好管理，对危险废物实施健全管理，以促进可持续发展，保护人类健康和环境，确保到 2020 年通过透明、科学的风险评估和风险管理程序，尽可能减少化学品的使用和生产对人类健康和环境产生严重的有害影响。同时要考虑《关于环境与发展的里约宣言》原则 15 确定的预防方法，通过提供技术和资金援助支持发展中国家加强健全管理化学品和危险废物的能力。

在第 4 部分"保护和管理经济与社会发展所需的自然资源基础"中，要求促进《关于消耗臭氧层物质的蒙特利尔议定书》（以下简称《蒙特利尔议定书》）的实施，支持《保护臭氧层维也纳公约》（以下简称《维也纳公约》）和《关于消耗臭氧层物质的蒙特利尔议定书》所设的保护臭氧层的有效机制的有效运作。

《可持续发展问题世界首脑会议实施计划》旨在通过制定宏观的规划措施，落实世界首脑会议精神，减少并控制包括工业活动在内的人类行为对人类和环境造成的负面影响，努力建设一个可持续发展的人类社会。

2.2.3　《维也纳公约》和《蒙特利尔议定书》

《维也纳公约》和《蒙特利尔议定书》是国际社会于 1985 年在奥地利维也纳签署的《保护臭氧层维也纳公约》（Vienna Convention for Protection of the Ozone Layer），以及于 1987 年在加拿大蒙特利尔签署的《关于消耗臭氧层物质的蒙特利尔议定书》（Montreal Protocol on Substances that Deplete the Ozone Layer）的简称，其宗旨是通过国际协同合作，共同保护大气臭氧层、淘汰消耗臭氧层的化学物质。

两份国际文件的签署背景是，从 20 世纪 70 年代开始，人们发现地球大气上层的臭氧层中的臭氧浓度在逐渐减少；尤其是在南北两极地区的部分季节里，臭氧递减速度甚至还一度超过了每 10 年 4%，形成了所谓的臭氧空洞。导致大气层中臭氧消耗的主要原因是人类大量使用的氟氯烃，也就是通常所说的商品名称为氟利昂的一类化合物，这些主要用于制冷等目的、地面释放、然后逸散到大气层中的有机物，对大气层中的臭氧的大量分解起到至关重要的作用。

《维也纳公约》旨在通过国际协调行动，促进各国就保护臭氧层这一问题进行合作研究和情况交流，采取适当的方法和行政措施，控制或禁止一切破坏大气臭氧层的活动，减少其对臭氧层变化的影响，保护人类健康和生存环境，避免臭氧层破坏对人类活动造成的不利影响。

为进一步落实《维也纳公约》精神，1987 年 9 月在加拿大蒙特利尔召开了控制氟氯烃的各国全权代表会议，制定具体的数量控制指标。会议通过了控制耗减臭氧层物质的国际文件《关于消耗臭氧层物质的蒙特利尔议定书》，于 1989 年 1 月 1 日生效。

截至 2014 年 8 月底，在《蒙特利尔议定书》上签字的缔约方共有 197 个。中国于 1991 年 6 月 14 日加入该议定书。

2.2.4　《巴塞尔公约》

《巴塞尔公约》的全称是《控制危险废物越境转移及其处置巴塞尔公约》（Basel Convention on the Control of Transboundary Movements of Hazardous Wastes and Their Disposal），1989 年 3 月 22 日在联合国环境规划署（UNEP）于瑞士巴塞尔召开的世界环境保护会议上通过，1992 年 5 月正式生效。1995 年 9 月 22 日，在日内瓦又通过了《巴塞尔公约》的修正案。目前，国际上已逐步建设形成了一个围绕《巴塞尔公约》制定的控制危险废物越境转移的法律框架，通过颁布环境无害化管理技术准则和手册、建设和发展区域协调中心等机制，有效地制止了危险废物越境转移，促进了危险废物环境无害化管理。中国已于 1990 年 3 月 22 日在该公约上签字。

《巴塞尔公约》的制定背景是，20 世纪 80 年代，一些发达国家将其自身无法处理或难以处理的危险废物大量地向发展中国家转移，而发展中国家又由于自身条件所限，在资金、技术、设施、监测、执法等方面存在严重缺陷，致使越境转移危险废物的问题日益严重，逐渐成为国际上普遍关注的全球性环境问题。公约中所谓的越境转移的危险废物，指的是那些公认为具有爆炸性、易燃性、腐蚀性、化学反应性、急性毒性、慢性毒性、生态毒性和传染性等特性中一种或几种特性的生产性垃圾和生活性垃圾，前者包括废料、废渣、废水和废气等，后者包括废食、废纸、废瓶罐、废塑料和废旧日用品等，这些垃圾给环境和人类健康带来危害。两者的共同特点是，数量众多、难以处理，会对环境带来严重伤害。

《巴塞尔公约》旨在遏止越境转移危险废物，特别是向发展中国家出口和转移危险废物。公约要求各国把危险废物数量减到最低限度，用最有利于环境保护的方式尽可能就地储存和处理。

2.2.5 《鹿特丹公约》

《鹿特丹公约》的全称是《关于在国际贸易中对某些危险化学品和农药采用事先知情同意程序的鹿特丹公约》（Rotterdam Convention on International Prior Informed Consent Procedure for Certain Trade Hazardous Chemicals and Pesticides in International Trade），由联合国环境规划署（UNEP）和联合国其他组织 1998 年 9 月 10 日在荷兰鹿特丹制定，于 2004 年 2 月 24 日生效。公约根据联合国《经修正的关于化学品国际贸易资料交流的伦敦准则》和《农药的销售与使用国际行为守则》以及《国际化学品贸易道德守则》中规定的原则制定，其目的在于促使各缔约方在公约关注的化学品的国际贸易中分担责任和开展合作，就国际贸易中的某些危险化学品的特性进行充分沟通与交流，为此类化学品的进出口规定一套国家决策程序并将这些决定通知缔约方，保护包括消费者和工人健康在内的人类健康和环境免受国际贸易中某些危险化学品和农药的潜在有害影响。

中国于 1999 年 8 月签署《鹿特丹公约》，2005 年 6 月 20 日公约对中国正式生效。

2.2.6 《斯德哥尔摩公约》

《斯德哥尔摩公约》的全称是《关于持久性有机污染物的斯德哥尔摩公约》（Stockholm Convention on Persistent Organic Pollutants），是一份旨在制止持久性有机污染物对人类及环境造成危害的国际公约，2001 年 5 月在联合国环境规划署（UNEP）主持下，包括中国政府在内的 92 个国家和区域经济一体化组织在瑞典的斯德哥尔摩签署通过。首批提出的受控持久性有机污染物名单上一共有 12 种化学物质，包括艾氏剂、滴滴涕、氯丹、六氯苯、狄氏剂、异狄氏剂、七氯、灭蚁灵、毒杀芬、多氯联苯、二噁英、呋喃，此后又将名单逐渐扩大，把 5 种杀虫剂（林丹、α-六六六、β-六六六、十氯酮、硫丹）、3 种阻燃剂（六溴联苯、五溴代二苯醚、八溴代二苯醚）、2 种工业品及表面活性剂（五氯苯、全氟辛烷磺酸）列入受控有害化合物名单。

公约签署的背景是，人类社会已认识到持久性有机污染物（Persistent Organic Pollutants，POPs），能通过各种环境介质（大气、水、生物体等）长距离迁移，具有长期残留性、生物蓄积性、挥发性和高毒性，且能通过食物链积聚，对人类健康和环境具有严重危害，因而需要在全球范围内对 POPs 采取行动。中国于 2004 年 8 月 13 日递交批准书，同年

11 月 11 日公约对中国生效。

2.2.7 《关于汞的水俣公约》

《关于汞的水俣公约》也称《国际汞公约》、《水俣汞防治公约》、《水俣汞公约》或《水俣公约》（Minamata Convention on Mercury），是继《巴塞尔公约》和《鹿特丹公约》等多边国际环境协议后达成的又一项极为重要的国际公约。公约于 2013 年 10 月 10 日在联合国环境规划署于日本熊本市主办的《关于汞的水俣公约》外交大会上签署。公约旨在保护人类健康和环境免受汞和汞化合物人为排放及释放的危害，对含汞类产品的生产、使用进行了限制。公约规定，2020 年前禁止生产和进出口的含汞类产品，包括含汞或是生产工艺中涉及汞及其化合物的电池、开关和继电器、某些类型的荧光灯、肥皂和化妆品等，部分加汞医疗用品如温度计和血压计等。2013 年 10 月 10 日，中国签署《关于汞的水俣公约》。2016 年 4 月 25 日，十二届全国人大常委会第二十次会议举行第一次全体会议批准了该公约。

2.2.8 《作业场所安全使用化学品公约》

《作业场所安全使用化学品公约》（Convention Concerning Safety in the Use of Chemicals at Work，Chemicals Convention），由于它在国际劳工组织（ILO）的公约编号是 170，因此有时也叫 C170 或 170 公约，于 1990 年 6 月 25 日在瑞士日内瓦国际劳工局理事会召集的第 77 届会议上通过。

公约在内容上分为范围和定义、总则、分类和有关措施、雇主的责任、工人的义务、工人及其代表的权利、出口国的责任共 7 部分 27 条。公约对所称的"化学品"给出了定义，即"可能使工人接触化学制品的任何作业活动，包括化学品的生产、化学品的搬运、化学品的储存、化学品的运输、化学品废料的处置或处理、因作业活动导致的化学品的排放以及化学品设备和容器的保养、维修和清洁"。公约明确了其适用范围是"使用化品的所有经济活动部门，包括公共服务机构"，区别了雇主的责任和工人的义务。公约对雇主的要求是：应"使工人了解作业场所使用的化学品的有关危害；指导工人如何获得和应用标签和化学品安全技术说明书所提供的资料；依据化学品安全技术说明书（Safety Data Sheet，SDS），结合现场的具体情况，为工人制订作业须知（如适宜，应采用书面形式）；对工人不断地进行作业场所使用化学品的安全注意事项和作业程序的培训教育"。公约对工人的要求是："在雇主履行其责任时，工人应尽可能与其雇主密切合作，并遵守与作业场所安全使用化学品问题有关的所有程序和规则；工人应采取一切合理步骤将作业场所化学品可能产生的危害加以消除或减到最低程度"。公约声明："如在安全和健康方面认为适当，主管当局有权禁止或限制某些有害化学品的使用"。

《作业场所安全使用化学品公约》旨在保护劳动者的基本权益与安全，使之免受作业场所化学品的伤害，为各国制定相应的劳保标准提供法律框架与实施建议。我国的全国人民代表大会常务委员会已于 1994 年 10 月 27 日的第八届全国人民代表大会常务委员会第十次会议上，通过了批准《作业场所安全使用化学品公约》的决定。

2.2.9　《国际化学品管理战略方针》

作为一份重要的国际文书，《国际化学品管理战略方针》（Strategic Approach to International Chemicals Management，SAICM）提供了一个基本的政策框架，用以促进化学品的良性管理、全面推动国际层面化学品管理进程，减少化学品对人类健康和环境的有害影响，实现里约可持续发展问题世界首脑会议制定的目标。

SAICM 的核心内容主要由《迪拜宣言》（Dubai Declaration）、《总体政策战略》（Overarching Policy Strategy）和《全球行动计划》（Global Plan of Action）3 部分构成。

2.2.10　《全球化学品统一分类和标签制度》

《全球化学品统一分类和标签制度》，即如前所称的 GHS，是由联合国出版的一套指导各国控制化学品危害和保护人类健康与环境的规范性文件，其核心是所制定的全球统一的化学品分类和危险性公示体系。在国际层面负责对 GHS 进行维护、更新和促进的是联合国经济及社会理事会全球化学品统一分类标签制度专家分委员会（UN SCEGHS），2003 年 7 月，第 1 版 GHS 经联合国批准正式出版发行。此后，GHS 每两年发布一次修订版，目前的最新版本是 2015 年的第 6 修订版。

GHS 旨在为所有国家提供一个危险化学品分类和标签的统一框架，确保各国对相同化学品所提供资料能连贯、一致，为国际化学物品无害化管理的规范化提供依据。实施 GHS 的主体是企业，上游化学品供应商及制造商应当向下游用户提供符合要求的化学品安全标签，并提供化学品安全技术说明书（SDS）。GHS 的适用对象包括化学品的使用者、消费者、运输工人以及需要应对紧急情况的相关人员。GHS 分类适用于所有的化学物质、稀释溶液以及化学物质组成的混合物（药物、食品添加剂、化妆品、食品中残留的杀虫剂等因属于有意识摄入，不属于 GHS 协调范围）。

GHS 主要包含 4 个部分内容：对范围、定义、危险信息公示要素（包括标签）的概括性介绍；物理危险的分类标准；健康危险的分类标准；环境危害的分类标准。它们可以被进一步地概括归纳为分类原则和危险性公示体系两大部分。

2.2.10.1　分类原则

识别化学品的内在风险并将其分类，然后在此基础上，制定相应的危险性公示体系，是建立任何化学品管理制度的基本前提。GHS 提供了评估化学品危险的系统性方法，然后通过 3 个步骤对化学品进行分类以区分它们的特性：识别与某种物质或混合物的危险相关数据；然后审查这些数据以弄清与该物质或混合物有关的危险；将数据与公认的危险分类标准进行比较，从而决定是否将该物质或混合物分类为危险物质或混合物，并视情况确定危险的程度。

基于物理、健康、环境标准，GHS 将化学品的危险性分为 28 个类别。

物理危险（16 类）

① 爆炸物；　　　　　　　　　　　　　③ 易燃烟雾剂；

② 易燃气体（包括化学不稳定气体）；　④ 氧化性气体；

⑤ 高压气体；

⑥ 易燃液体；

⑦ 易燃固体；

⑧ 自反应物质和混合物；

⑨ 发火液体；

⑩ 发火固体；

⑪ 自热物质和混合物；

⑫ 遇水放出易燃气体的物质和混合物；

⑬ 氧化性液体；

⑭ 氧化性固体；

⑮ 有机过氧化物；

⑯ 金属腐蚀剂。

健康危险（10 类）

⑰ 急性毒性；

⑱ 皮肤腐蚀/刺激；

⑲ 严重眼损伤/眼刺激；

⑳ 呼吸或皮肤过敏；

㉑ 生殖细胞致突变性；

㉒ 致癌性；

㉓ 生殖毒性；

㉔ 特定目标器官毒性——单次接触；

㉕ 特定目标器官毒性——重复接触；

㉖ 吸入危险。

环境危险（2 类）

㉗ 危害水生环境；

㉘ 危害臭氧层。

根据 GHS 分类时，在 28 类危险中，按照危险的程度和特征不同，有些类再分成若干项，详见 GHS 文本，此处不展开介绍。

需要说明的是，在上述 28 类别以外，随着科学的进步以及认识的发展，未来可能还会有新的危险种类加入到 GHS 中。

2.2.10.2　危险性公示体系

一旦危险被确认，有关化学品的危险信息就应及时、准确地提供给所有的下游使用者、搬运者和提供服务或设计保护措施的专家。

常见的提供化学品危险性信息的方式有 3 种：培训、标签和安全数据单。GHS 认为在可行的领域推行培训是重要的，也期望并鼓励推行 GHS 的国家能够在不同领域提供培训，然而出于种种现实考虑及规范制定上的困难，GHS 本身没有提供统一的培训条款。GHS 提供的用于表述危险性的公示手段有 2 个：标签（Label）和化学品安全技术说明书（Safety Data Sheet，SDS）。两相比较，前者的特点是简洁形象、使用方便，后者的特点是专业性强、信息全面、内容丰富。

（1）危险公示手段之一：标签

GHS 强调的几个标签要素包括图形符号、警示词、危险说明。

① 图形符号（Symbol），是指用来简明地传达信息的、总是出现在 GHS 标签上的象形图内的图形要素。象形图的具体构成是黑色的图形符号、白底和红色菱形边框。GHS 标签要素中使用了 9 个危险性图形符号（见图 2-1）来表达不同危险性，每个图形符号适用于指定的 1 个或多个危险性类别。其中 6 个是联合国《关于危险货物运输的建议书·规章范本》中已经使用的符号，GHS 新增了 3 个图形符号，分别用于某些健康危险性的健康危害符号、感叹号符号以及表示环境危害性的环境符号。图形符号和象形图一起，以视觉图形的形式直观表示危险。

② 警示词（Signal Word），又称"信号词"，指标签上用来表明危险的相对严重程度和提醒注意潜在危险的单词。GHS 标签要素中使用 2 个信号词，分别为"危险"和"警告"。"危险"用于较为严重的危险性类别，而"警告"用于较轻的危险性类别。

③ 危险说明（Hazard Statement），是指对危险的描述。每一危险种类和类别都有相应

图 2-1　GHS 标准象形图中表达危险性的 9 种图形符号

的说明。危险说明既描述了危险本身，同时也反映了危险的严重程度。一旦化学品生产商对一种化学品进行了分类，该化学品就可以使用 GHS 已经规定了的图形符号、信号词和危险说明。同时，GHS 还为危险说明进行了整理编码，以方便查询。

除了统一的核心信息以外，GHS 还要求化学品的供应商或生产厂家提供产品标识符、供应商标识和防范说明。

产品标识符（Product Identifier）是指标签或化学品安全技术说明书上用于危险产品的名称或编号。

供应商标识（Supplier Identification）是指是物质或混合物的生产商或供应商的名称、地址和电话号码，其目的是在紧急情况下或需要额外信息时，能够联系到供应商。

防范说明（Precautionary Statement）是指说明所采取的推荐措施的短语，目的是使化学品的使用者或搬运者意识到采取何种措施来保护自己。GHS 有 5 种类型的防范说明：一般（说明适用于范围广泛的产品，例如"使用前阅读"）、预防（例如"戴面部保护罩"）、反应（适用于事故溢漏或接触，应急反应和紧急救助的情况，例如"立即请医生处理"）、储存（"保证容器紧闭"）以及处置（例如"根据当地/地区/国家/国际/的规定，处置内容物/容器到……"）。文字是 GHS 中的防范说明中用以传递防范信息的主要方法（有时也使用象形图）。GHS 为每个危险种类和类别均提供了相应的防范说明。

（2）危险公示手段之二：化学品安全技术说明书（SDS）

GHS 标签一般附着在产品的容器上，能够展示的信息数量有限。在这种情况下，化学品安全技术说明书（SDS）就成为获知物质和混合物的性质及其危险性的广泛信息来源。使用者利用化学品安全技术说明书（SDS）可以方便地搜索出化学品的某种特定信息，帮助接触化学品的工人建立保护措施，提供保护环境所需的安全信息。

化学品安全技术说明书（SDS）提供的信息包括：化学品及企业标识；危险性概述；组成/成分信息；急救措施；消防措施；泄漏应急处理；操作处置与储存；接触控制/个体防护；理化特性；稳定性和反应性；毒理学信息；生态学信息；废弃处置；运输信息；法规信息和其他信息。

化学品安全技术说明书（SDS）有时也被称为"安全数据单"、"化学品安全信息卡"、

"安全数据表"、"安全说明书"等。与此相关但又不完全相同的是 MSDS（Material Safety Data Sheet），中文译为"物质安全数据表"或"物质安全说明书"。MSDS 与化学品安全技术说明书（SDS）在许多方面所起的作用几乎完全一样，格式也十分近似，仅在内容上有一些细微的差别。美国、加拿大等常用 MSDS，而欧盟（EU）和国际标准化组织（International Standard Organization，ISO）均采用 SDS。

2.2.11 《国际危规》

交通运输领域一般将运输的对象分为人和货物两大类。其中的货物又可进一步分为危险货物和非危险货物两种。如果货物具有自燃、易燃、爆炸、腐蚀、毒害、放射等性质，那么这类货物就是危险货物。危险货物与危险化学品是有区别的，危险货物包含的范围更大、更广。

联合国《关于危险货物运输的建议书》是目前各国政府以及联合国各有关机构制定危险货物运输立法的基础。联合国《关于危险货物运输的建议书》中的内容又可分为两部分：一个是联合国《关于危险货物运输的建议书·规章范本》；另一个是联合国《关于危险货物运输的建议书·试验和标准手册》。前者俗称"大橘皮书"，后者俗称"小橘皮书"。鉴于联合国《关于危险货物运输的建议书·规章范本》的普适性与权威性，目前与危险货物运输相关的各种国际规则、各国制定出台的法律法规等，均已向其靠拢，并与其在框架与格式、规范上形成统一，以利于不同国家、地区间危险货物运输的进行。

《国际危规》其实是包括了"大橘皮书"在内的 6 部有关危险货物运输的国际规则文本的简称，即联合国《关于危险货物运输的建议书·规章范本》、《国际海运危险货物规则》、《国际空运危险货物规则》、《国际公路运输危险货物协定》、《国际铁路运输危险货物规则》和《国际内河运输危险货物协定》。其中的联合国《关于危险货物运输的建议书·规章范本》建议的模式范本、分类原则以及规范要求等，为其余 5 部规则的制定奠定了基础。

(1)《关于危险货物运输的建议书·规章范本》

《关于危险货物运输的建议书·规章范本》（以下简称《规章范本》），由联合国危险货物运输专家委员会（UN CETDG）编写。建议书的对象是各国政府和负责管理危险货物运输的国际组织，具体内容随时间变化不断更新。关于危险货物运输的建议，是作为文件的附件提出的，适用于所有运输方式。《规章范本》包含了分类原则和类别的定义、主要危险货物一览表、一般包装要求、试验程序、标记、标签或揭示牌、运输单据等，还对一些特定类别的货物规定了特殊要求。由于"危险货物运输"这个短语对应的英文 Transport of Dangerous Goods 三个单词的首字母缩写为 TDG，因此用于描述危险货物运输的术语、规章前，也常冠以 TDG 这个前缀，如 TDG 规则、TDG 分类系统等，或直接简称其为 TDG。

例如，《规章范本》提出了一套与 GHS 分类既有联系、又有区别、侧重不同的 TDG 分类系统，广泛用于各类危险货物的交通运输领域。两相比较，GHS 关注的是有害化学品，将其按照物理危险、健康危险和环境危险三项标准，分为 28 类；TDG 关注的是处于运输环节中的危险货物，将其依据运输货物的性质和特征，分为 9 类；9 类危险货物当中的有些类别，再分成若干项。划分出的 9 类危险货物中，既包括化学品，也包括没有划入 GHS 分类的其他物质，如棉花、鱼粉、电池、安全气囊等。显然，并非所有的危险货物都是有害化学品或有 GHS 分类的。这 9 类危险货物分别是：①爆炸品；②气体；③易燃液体；④易燃固体，易于自燃的物质，遇水放出易燃气体的物质；⑤氧化性物质和有机过氧化物；⑥毒性物质和感染性物质；⑦放射性物质；⑧腐蚀性物质；⑨杂项危险物质和物品。

《规章范本》的涉及范围，是所有直接或间接参与危险货物运输的人，其目的是提出一套规定，协调各国和国际上对各种方式的危险货物运输的管理要求，按照《规章范本》提出的原则，形成世界范围内的统一规范。

(2)《国际海运危险货物规则》

《国际海运危险货物规则》(International Maritime Dangerous Goods Code，IMDG Code) 即通常所说的《国际海运危规》。《国际海运危规》制定和产生的背景是：随着第二次世界大战的结束，国际贸易中的危险品数量日益增多，各种与危险品海运相关的事故急剧增加，给海上运输安全和海洋环境带来了严重的威胁，因此亟须制定一个国际间统一的危险货物海运规则。通过一系列的国际会议、多方商讨与协调，最终由国际海事组织（IMO）和联合国危险货物运输专家委员会（UN CETDG）一起，编写出了现今通行的《国际海运危规》，并于1965年9月27日由国际海事组织（IMO）以 A. 81（Ⅳ）决议形式通过。在内容上，《国际海运危规》主要包含有七大部分：危险货物的分类，危险货物明细表，包装和罐柜的规定，托运程序，容器、中型散装容器、大型容器、可移动罐柜和公路槽车的构造和试验，运输作业等。

(3)《国际空运危险货物规则》

《国际空运危险货物规则》(Technical Instructions for the Safe Transport of Dangerous Goods by Air，TI)，简称《国际空运危规》，由国际民用航空组织（International Civil Aviation Organization，ICAO）制定，故在书写时常将两者的缩写连在一起，简写成 ICAO-TI，属于强制执行的法律性文件。

《国际空运危规》主要包括危险品分类、危险物品表、特殊规定和限制数量与例外数量、包装说明、托运人责任、包装术语、标记要求和试验、运营人责任、有关旅客和机组成员的规定等。与 ICAO-TI 关联的《国际航空运输协会-危险品规则》(International Air Transport Association-Dangerous Goods Regulations，IATA-DGR)，由国际航空运输协会（International Air Transport Association，IATA）制定。在具体内容上，IATA-DGR 实际是基于 ICAO-TI 规则制定的一本使用手册，以 IATA 的附加要求和有关文件的细节作为补充。IATA-DGR 每年更新发布一次，新版规则于每年的1月1日生效。IATA-DGR 虽然不是法律，但它使用方便，包含了 ICAO-TI 的全部内容，可操作性强，因而在国际航空运输领域广泛使用，是国际通行的有关危险货物空运的操作性文件。两者合在一起，也常常被称作空运 ICAO-TI / IATA-DGR 规则（或规定）。

(4)《国际公路运输危险货物协定》

《国际公路运输危险货物协定》(European Agreement Concerning the International Carriage of Dangerous Goods by Road，ADR) 于1957年由联合国欧洲经济委员会（United Nations Economic Commission for Europe，UNECE）制定。《国际公路运输危险货物协定》对危险货物道路运输所涉及的分类鉴定、包装容器、托运程序、运输操作等各个环节进行了系统规定，该协定最初只是用于原欧共体国家间的危险货物道路运输，后来逐渐为其他国家采用，成为普遍接受的危险货物公路安全运输国际规则。

(5)《国际铁路运输危险货物规则》

《国际铁路运输危险货物规则》(Regulations Concerning the International Carriage of

Dangerous Goods by Rail，RID)，适用于危险货物的铁路运输。《国际铁路运输危险货物规则》由欧洲铁路运输中心局制定，每两年修订一次。该规则对铁路运输危险货物的分类、性质、包装规格、检验、许可运输工具类型、驾驶员培训等一系列问题作了详细规定，提出了具体要求。鉴于它与《国际公路运输危险货物协定》都属于陆路危险货物交通运输规范的范畴，两者又有许多相近之处，且在绝大多数情况下适用于公路运输的罐箱等标准也同样适用于铁路货运，有利于公路、铁路联运的进行，因而在引用时，也常将其与《国际公路运输危险货物协定》文本一起统称为"陆运 ADR/RID"（规则）或《国际陆运危规》。

(6)《国际内河运输危险货物协定》

《国际内河运输危险货物协定》（European Agreement Concerning the International Carriage of Dangerous Goods by Inland Waterways，ADN）由联合国欧洲经济委员会（UN-ECE）和莱茵河航运中央委员会于 2000 年提出。经多年实践，现已逐渐为国际上越来越多的国家在制定其国内相关法律文件时加以援引与采纳。《国际内河运输危险货物协定》旨在确保国际间通过内河运输危险货物时的高水平安全性，防止内河运输危险货物发生事故时可能造成的污染，有效保护内河环境安全，降低风险，促进内河水域危险货物国际贸易和运输的安全进行。《国际内河运输危险货物协定》包括法律条款和规则，对通过内河运输危险货物给出了明确规定，如某些危险货物禁止以任何形式通过内河运输，而另外一些则不得以散装形式经内河运输等。

思考题

1. 化学品安全为什么成为国际社会共同关注的问题？
2. TDG 和 GHS 分类体系各有何特点？分别适用于什么领域？
3. 国际社会为什么要制定《国际化学品管理战略方针》？其背景是什么？
4. 国际社会为什么要签署《斯德哥尔摩公约》？公约关注的化合物都有哪些共同特征？
5. 现阶段我国履行《关于汞的水俣公约》义务面临着哪些困难？如何解决？能否给出一些有益的建议呢？

第3章 >>>
中国化学品安全管理体系

近年来，中国政府从生产、储存、运输到使用、经营、废弃等各环节，以不同层级和角度，颁布并实施了一系列法律法规以及具有法律效力的技术规范，在对化学品实施更为严格的全方位监管的同时，以前所未有的力度，试图扭转过去被动的、经验性的、事后补救处理式的化学品安全管理模式。

从根本上讲，以各种安全法律法规、技术规范、化学品安全管理制度与规章为核心的管理制度，是对化学品实施全生命周期安全管理的核心。完善的政府监管与执法，加上健全的化学品安全管理体系，构成了我国化学品安全管理的基础。

3.1 管理组织与机构

我国与化学品安全管理相关的机构和组织主要包括：各级政府部门、行业协会和其他相关组织与机构；前者偏重管理、监督，后两者偏重协调、咨询、服务，提供专业的技术支持。三者以不同方式，协同配合，共同努力，推动我国化学品安全管理工作持续进步，促进安全生产法律法规、政策法令的贯彻实施。

3.1.1 政府管理部门

在国务院所属的国家行政体系内，负责全国安全生产工作的最高组织机构是国务院安全生产委员会，其主要职责是：研究部署、指导与协调全国安全生产工作；研究提出全国安全生产工作的重大方针政策；分析全国安全生产形势，研究解决安全生产工作中的重大问题；必要时，协调总参谋部和武警总部调集部队参加特大生产安全事故应急救援工作；完成国务院交办的其他安全生产工作。

在化学品安全生产领域，从国务院及其下属各部委、直属机构，到地方各级政府相关管理部门，根据职能范围的不同，以国务院颁发的《危险化学品安全管理条例》为依据，对化学品在生产、加工、使用、储存、销售、运输以及进出口的各个环节，从不同角度进行监督管理，行使职责。

国家安全生产监督管理总局，是国务院直属机构，对全国的安全生产工作进行全面的监督管理。

此外，依据国务院出台的《危险化学品安全管理条例》，工业和信息化部门主要负责石油和化学行业的生产管理，环境保护部门负责化学品的污染防治及环境管理，卫生部门负责化学品的职业卫生监督管理，质检部门主要负责化学品进出口和包装管理，交通运输部门和铁道部门负责危险化学品的运输安全管理，农业部门负责农药和肥料化学品的安全使用和管理，公安部门负责易燃易爆化学品的消防安全监督管理以及爆炸、剧毒化学品的社会治安管理等。

3.1.2 行业协会

行业协会是介于政府、企业之间起着沟通、协调作用的民间组织，不属于政府管理部门，它的主要功能是为行业内的企业、机构提供咨询和服务。目前，我国有数十家与化学品相关的行业协会，如中国化学品安全协会、中国石油和化学工业联合会、中国化工学会、中国化工企业管理协会等，它们按照国家的相关法律、行政法规和部门规章，从不同角度、各有侧重地为化学品生产经营单位提供安全方面的信息、培训等服务，促进生产经营单位加强安全生产管理，协助企业与国际组织、国际同行之间的沟通和联系。

3.1.3 其他相关组织与服务机构

由于化学品的安全管理涉及诸多的行业和部门，除了政府部门与行业协会以外，一些跨部门成立的组织机构也居中发挥协调作用。这方面的组织机构包括：化学品安全部际间协调组、编写国家化学品档案协调组、国家有毒化学品评审委员会、《鹿特丹公约》国内协调机制等。

此外，为了对化学品实施有效监督与规范管理，国家还在国务院下属的环境保护部和国家安全生产监督管理总局设立了化学品登记中心，建立相关化学品的名录及数据档案。

3.1.4 化学品安全相关网站

互联网技术的飞速发展，为化学品安全管理、危险化学品的监督掌控，重大事项中相关信息、图文资料等的迅速传播，提供了极为便捷的条件。各级政府部门、行业协会以及与化学品安全领域相关的组织、社团，一些公益服务性质的机构，大力加强网络平台建设，努力为客户、公众乃至被监管者，提供全面的化学品安全信息服务，以满足日益增长的行业与社会需求。

国家安全生产监督管理总局网站是一个全方位地提供各种安全信息的综合平台，服务内容包括：关键部门链接（国家安全生产应急救援指挥中心、各省市区安全监管网站等），安全生产网站导航、事故举报、事故查询、事故查处挂牌督办信息，安全生产方面法律、法规、标准及规范性文件查询，危险化学品查询系统，安全生产形势分析与情况通报等。

常用的化学品安全信息可通过以下网站进行查询：中国化学品安全网，中国化学品安全协会网，中国化学工程安全网，中国化工过程安全网，中国化工安全网，国际化学品安全卡网，以及若干家 SDS、MSDS 查询网等。

3.2　管理体系与制度框架

我国现行的化学品管理体系大致由 4 个部分组成：国家发展规划、法律法规与部门规章、标准体系以及我国签署的若干国际公约与协定。

3.2.1　国家发展规划

为了贯彻和实施《中华人民共和国国民经济和社会发展第十三个五年规划纲要》提出的战略目标，国务院、各级地方人民政府、各领域、行业等依据纲要精神，制订本部门、本行业的规划类文件，用以组织实施，指导发展。例如在化工生产行业、危险化学品安全管理领域，就需要编制这类文件，用以指导我国化工领域的安全生产，确保危险化学品的安全生产、经营、使用等。它们是我国在国家一级层面上指导化工安全生产的纲领性文件，是化工安全管理体系中极为重要的组成部分。

例如，"十二五"期间国务院发布的《安全生产"十二五"规划》、国家安全生产监督管理总局发布的《危险化学品安全生产"十二五"规划》、环境保护部发布的《化学品环境风险防控"十二五"规划》等。

3.2.2　法律法规与部门规章

经过多年努力，目前我国已初步形成了一个自上而下，由有关法律、行政法规、部门规章、地方性法规、地方性规章等组成的化学品安全管理综合体系。

在与化学品安全相关的法律条文中，最重要的当属 2014 年修订的《中华人民共和国安全生产法》，其与国务院公布的、经过 2013 年重新修订的《危险化学品安全管理条例》，以及由有关部门发布的与《危险化学品安全管理条例》配套实施的若干部门规章，一起构成了我国化学品安全管理的基本框架。

（1）《中华人民共和国安全生产法》

《中华人民共和国安全生产法》（以下简称《安全生产法》）包括 7 章 114 条内容，是事关中华人民共和国境内所有单位、行业、部门安全生产活动的基础性法律。除了第 7 章附则，主要给出"危险物品"、"重大危险源"这两个定义，以及规定事故划分标准的权利归国务院以外，所有其余的法律条文分布于总则、生产经营单位的安全生产保障、从业人员的安全生产权利义务、安全生产的监督管理、生产安全事故的应急救援与调查处理、法律责任这 6 个章节中。

（2）《危险化学品安全管理条例》

《危险化学品安全管理条例》（以下简称《条例》）属于行政法规，最初是在 2002 年 1 月 26 日以中华人民共和国国务院令第 344 号形式公布的，后又根据 2013 年 12 月 7 日《国务院关于修改部分行政法规的决定》进行修订。在法律效力上，是仅次于《安全生产法》的一部行政法规。《条例》对其中包含的 102 条内容，分为总则、生产和储存安全、使用安全、经营安全、运输安全、危险化学品登记与事故应急救援、法律责任、附则共 8 个章节进行了详细阐述，权责分明，责任到位。

（3）《条例》配套的部门规章

为了贯彻执行《条例》的要求，国务院下属的国家安全生产监督管理总局、环境保护部等，又组织制定（或修订）了若干部门规章，以配合《条例》法规的实施，从不同的角度和多个环节，落实与细化了对危险化学品的监管措施，使《条例》在运用时具有更强的可执行性与可操作性。这些部门规章包括：

① 《危险化学品生产企业安全生产许可证实施办法》

② 《危险化学品安全使用许可证实施办法》

③ 《危险化学品经营许可证管理办法》

④ 《危险化学品建设项目安全监督管理办法》

⑤ 《危险化学品重大危险源监督管理暂行规定》

⑥ 《危险化学品输送管道安全管理规定》

⑦ 《危险化学品登记管理办法》

⑧ 《化学品物理危险性鉴定与分类管理办法》

⑨ 《化工（危险化学品）企业保障生产安全十条规定》

3.2.3 标准体系

化学品安全标准体系是我国化学品管理框架的一个重要组成部分，有关内容涉及面广、包含化学品种类众多，而具体针对事项则又各不相同，散布于许多名称不同的标准中。仅以国家标准为例，有些内容就仅是针对某一单项化学品的，如《溶解乙炔气瓶充装规定》GB 13591—2009、《氢气使用安全技术规程》GB 4962—2008，以及《氯气安全规程》GB 11984—2008 等；有些则具有通用性质，为专门针对某一事项实施的标准化规定，为综合类标准，如《危险化学品重大危险源辨识》GB 18218—2014、《化学品安全评定规程》GB/T 24775—2009、《化学品安全标签编写规定》GB 15258—2009 以及对应于国际上 GHS 制度的 GB 30000 系列标准等。

下面以若干综合类国家标准为例，简要介绍我国化学品安全标准体系。其中的系列标准为介绍重点，包括危险货物管理类标准、化学品分类和标签类标准、化学品检测方法类标准以及良好实验室规范系列国家标准共 4 个部分；内容相对独立的单一标准中，仅以《危险化学品重大危险源辨识》一项标准中的内容，予以介绍说明。

3.2.3.1 系列标准

（1）危险货物管理类系列国家标准

我国的危险货物管理类系列国家标准对应于国际上有关危险货物运输的 TDG 系列标准，基本通过对其的援引、转化而来。其中比较重要的几个标准简介如下。

①《危险货物分类和品名编号》GB 6944—2012，规定了危险货物分类、危险货物危险性的先后顺序和危险货物编号，适用于危险货物运输、储存、经销及相关活动，与联合国《关于危险货物运输的建议书·规章范本》（第 16 修订版）的"第 2 部分：分类"的技术内容一致。标准包含"范围"、"规范性引用文件"、"术语和定义"、"危险货物分类"、"危险货物危险性的先后顺序"以及"危险货物编号"共 6 部分内容，将危险货物分为了 9 类，并对每一类给出了详细的定义，明确了危险货物的品名编号采用联合国编号的原则。

②《危险货物品名表》GB 12268—2012，与联合国《关于危险货物运输的建议书·规章范本》（第 16 修订版）"第 3 部分：危险货物一览表、特殊规定和例外"的技术内容一致，适用于危险货物运输、储存、经销及相关活动。标准规定了危险货物品名表的一般要求、结构，列出了运输、储存、经销及相关活动等过程中最常见的危险货物名单。危险货物品名表在结构上分为"联合国编号"、"名称和说明"、"英文名称"、"类别或项别"、"次要危险性"、"包装类别"以及"特殊规定"共 7 个栏目，方便查询和使用。

③《危险货物运输包装类别划分方法》GB 15098—2008，规定了划分各类危险货物运输包装类别的方法，用于危险货物生产、储存、运输和检验部门对危险货物运输包装进行性能试验和检验时确定包装类别的依据。标准明确了按照危险程度划分的三个危险货物包装类别：Ⅰ、Ⅱ、Ⅲ类包装，依次用于危险程度从大到小排列的不同危险货物；按照《危险货物分类与品名编号》GB 6499—2005 中危险货物的不同类项及有关的定量值，确定其包装类别。

④《危险货物包装标志》GB 190—2009，规定了危险货物包装图示标志的种类、名称、尺寸及颜色等，引用《危险货物分类与品名编号》GB 6499—2005 以及《危险货物品名表》GB 12268—2005 标准中确立的分类、品名及品名编号原则，给出标志图形共 21 种，19 个名称，标示了 9 类危险货物的主要特性，适用于危险货物的运输包装。

与此同时，我国还进一步制定了用于鉴别运输货物危险性的一系列试验方法，如《危险品磁性试验方法》GB/T 21565—2008、《危险品爆炸品摩擦感度试验方法》GB/T 21566—2008、《危险品爆炸品撞击感度试验方法》GB/T 21567—2008 以及《危险品易燃固体自燃试验方法》GB/T 21611—2008、《危险品 喷雾剂泡沫可燃性试验方法》GB/T 21632—2008 等数十项推荐性国家标准，与发布的危险货物运输系列国家标准相配套，形成管理我国危险货物运输的系列国家标准体系。

（2）化学品分类和标签类系列国家标准

我国的化学品分类和标签类系列国家标准对应于国际 GHS 规范，相关的规划与部署工作由全国危险化学品管理标准化技术委员会负责。目前实施的 GB 30000—2013 系列标准，就是基于联合国 GHS 第四修订版（2011 版）的中国版 GHS 系列标准。GB 30000—2013 系列标准现已发布的是其中的 2～29 部分，共计 28 部分内容；代号为 GB 30000.1 的"通则"和 GB 30000.30"化学品作业场所安全警示标志"的两部分尚未发布，相关规范暂以 GB 13690—2009《化学品分类和危险性公示 通则》和 AQ 3047—2013《化学品作业场所安全警示标志规范》中的对应内容分别代替。

GB 30000—2013 系列标准清单见表 3-1。

表 3-1 GB 30000—2013 系列标准

序号	标准编号	标准名称
1	GB 30000.1	《化学品分类和标签规范 第 1 部分:通则》
2	GB 30000.2—2013	《化学品分类和标签规范 第 2 部分:爆炸物》
3	GB 30000.3—2013	《化学品分类和标签规范 第 3 部分:易燃气体》
4	GB 30000.4—2013	《化学品分类和标签规范 第 4 部分:气溶胶》
5	GB 30000.5—2013	《化学品分类和标签规范 第 5 部分:氧化性气体》
6	GB 30000.6—2013	《化学品分类和标签规范 第 6 部分:加压气体》
7	GB 30000.7—2013	《化学品分类和标签规范 第 7 部分:易燃液体》
8	GB 30000.8—2013	《化学品分类和标签规范 第 8 部分:易燃固体》
9	GB 30000.9—2013	《化学品分类和标签规范 第 9 部分:自反应物质和混合物》
10	GB 30000.10—2013	《化学品分类和标签规范 第 10 部分:自燃液体》
11	GB 30000.11—2013	《化学品分类和标签规范 第 11 部分:自燃固体》
12	GB 30000.12—2013	《化学品分类和标签规范 第 12 部分:自热物质和混合物》
13	GB 30000.13—2013	《化学品分类和标签规范 第 13 部分:遇水放出易燃气体的物质和混合物》
14	GB 30000.14—2013	《化学品分类和标签规范 第 14 部分:氧化性液体》
15	GB 30000.15—2013	《化学品分类和标签规范 第 15 部分:氧化性固体》
16	GB 30000.16—2013	《化学品分类和标签规范 第 16 部分:有机过氧化物》
17	GB 30000.17—2013	《化学品分类和标签规范 第 17 部分:金属腐蚀物》
18	GB 30000.18—2013	《化学品分类和标签规范 第 18 部分:急性毒性》
19	GB 30000.19—2013	《化学品分类和标签规范 第 19 部分:皮肤腐蚀刺激》
20	GB 30000.20—2013	《化学品分类和标签规范 第 20 部分:严重眼损伤/眼刺激》
21	GB 30000.21—2013	《化学品分类和标签规范 第 21 部分:呼吸道或皮肤致敏》
22	GB 30000.22—2013	《化学品分类和标签规范 第 22 部分:生殖细胞致突变性》
23	GB 30000.23—2013	《化学品分类和标签规范 第 23 部分:致癌性》
24	GB 30000.24—2013	《化学品分类和标签规范 第 24 部分:生殖毒性》
25	GB 30000.25—2013	《化学品分类和标签规范 第 25 部分:特异性靶器官毒性 一次接触》
26	GB 30000.26—2013	《化学品分类和标签规范 第 26 部分:特异性靶器官毒性 反复接触》
27	GB 30000.27—2013	《化学品分类和标签规范 第 27 部分:吸入危害》
28	GB 30000.28—2013	《化学品分类和标签规范 第 28 部分:对水生环境的危害》
29	GB 30000.29—2013	《化学品分类和标签规范 第 29 部分:对臭氧层的危害》
30	GB 30000.30	《化学品分类和标签规范 第 30 部分:化学品作业场所安全警示标志》

除了上述 28 个"化学品分类和标签规范"国家标准外，还有 4 个关于"化学品标签"和"化学品安全技术说明书"的国家标准，其清单详见表 3-2。

表 3-2　化学品标签和安全技术说明书相关国家标准清单

序号	标准编号	标准名称
1	GB 15258—2009	《化学品安全标签编写规定》
2	GB/T 22234—2008	《基于 GHS 的化学品标签规范》
3	GB/T 16483—2008	《化学品安全技术说明书 内容和项目顺序》
4	GB/T 17519—2013	《化学品安全技术说明书编写指南》

（3）化学品检测方法类系列国家标准

化学品安全数据的准确获得与检测方法的规范化、标准化密不可分，是构建化学品安全管理体系的基础。2005 年，我国卫生部颁布了《化学品毒性鉴定技术规范》，规定了化学品毒性鉴定的毒理学检测程序、项目和方法，明确了其适用范围。

近年来，我国陆续发布了一系列涉及化学品毒性危害检测试验方法类的国家标准，期望通过国家标准体系的逐步建立，在应对欧盟 REACH 法规实施的同时，制定统一的、与国际接轨的检测方法，确保化学品安全数据的可靠性和一致性。例如 2008 年发布的代号 GB/T 21603～21610—2008 系列化学品动物毒性检测方法：《化学品急性经口毒性试验方法》GB/T 21603—2008、《化学品急性皮肤刺激性/腐蚀性试验方法》GB/T 21604—2008 以及《化学品急性吸入毒性试验方法》GB/T 21605—2008 等。

（4）良好实验室规范系列国家标准

良好实验室规范系列国家标准也就是国际上的 GLP（Good Laboratory Practice）实验室规范，是有关实验室管理的一套规章制度，内容包括实验室建设、设备和人员条件、各种管理制度和操作规程，以及实验室及其出证资格的认可等。符合 GLP 规范的研究实验室，称为 GLP 实验室。目前 GLP 的范围覆盖了与人类健康有关的几乎所有实验室研究工作，并有进一步向与整个环境和生物圈有关的实验室研究工作扩展的趋势。建立 GLP 的根本目的在于严格控制化学品安全性评价试验的各个环节，确保试验结果的准确性、真实性和可靠性，促进试验质量的提高，提高登记、许可评审的科学性、正确性和公正性，更好地保护人类健康和环境安全。

2008 年 8 月，为了进一步提高我国实验室检测水平，推动能力建设并与国际接轨，国家质量监督检验检疫总局会同国家标准化管理委员会，联合发布了 15 项"良好实验室规范（GLP）"系列国家标准（见表 3-3），并宣布其于 2009 年 4 月 1 日其正式实施，为我国实验室能力建设提供规范性指导。

表 3-3　15 项 GLP 国家标准名录

序号	标准编号	标准名称
1	GB/T 22278—2008	《良好实验室规范原则》
2	GB/T 22274.1—2008	《良好实验室规范符合性监督程序指南》
3	GB/T 22274.2—2008	《执行实验室检查和研究审核的指南》
4	GB/T 22274.3—2008	《良好实验室规范检查报告的编制指南》

序号	标准编号	标准名称
5	GB/T 22275.1—2008	《质量保证与良好实验室规范》
6	GB/T 22275.2 2008	《良好实验室规范研究中项目负责人的任务和职责》
7	GB/T 22275.3—2008	《实验室供应商对良好实验室规范原则的符合情况》
8	GB/T 22275.4—2008	《良好实验室规范原则在现场研究中的应用》
9	GB/T 22275.5—2008	《良好实验室规范原则在短期研究中的应用》
10	GB/T 22275.6—2008	《良好实验室规范原则在计算机化的系统中的应用》
11	GB/T 22275.7—2008	《良好实验室规范原则在多场所研究的组织和管理中的应用》
12	GB/T 22272—2008	《建立和管理符合良好实验室规范原则的档案》
13	GB/T 22273—2008	《良好实验室规范原则在体外研究中的应用》
14	GB/T 22276—2008	《在另一国家中要求和执行检查与研究审核》
15	GB/T 22277—2008	《在良好实验室规范原则的应用中委托方的任务和职责》

3.2.3.2 单一标准

以《危险化学品重大危险源辨识》GB 18218—2009 为例，对单一类标准进行介绍。标准正文内容分为范围、规范性引用文件、术语和定义以及危险化学品重大危险源辨识 4 个部分。标准规定了辨识危险化学品重大危险源的依据和方法，声明其适用于危险化学品的生产、使用、储存和经营等各企业或组织。标准对其用到的几个重要术语"危险化学品"、"单元"、"临界量"和"危险化学品重大危险源"给出了准确定义及对应的英文表述，以避免引起歧义和误解。标准将辨识依据分为"表1"和"表2"两部分内容。"表1"列出了容易引发事故的 78 种典型危险化学品，并将其按照《危险货物分类和品名编号》制定的规则，划分为爆炸品、易燃气体、毒性气体、易燃液体、易于自燃的物质、遇水放出易燃气体的物质、氧化性物质、有机过氧化物以及毒性物质共 9 个小类，给出了其对应的临界量。"表2"则列出了未在"表1"中列举的其他危险化学品的类别和临界量。

3.2.4 国际公约与协定

这里所说的国际公约与协定，指的是我国签署并实施的直接与化学品管控相关的若干重要国际文书，是我国在控制化学品对人类健康和环境造成危害的人类共同行动中，对国际社会做出的庄严承诺。它们与国家发展规划、我国颁布的法律法规及部门规章、标准体系，一起构成了我国化学品安全管理的基本框架；位于我国境内的涉及行业、企业单位等，同样必须依据公约与协定中的约束性条款，遵照执行。

它们主要包括：《维也纳公约》、《蒙特利尔议定书》、《巴塞尔公约》、《鹿特丹公约》、《斯德哥尔摩公约》、《关于汞的水俣公约》以及《作业场所安全使用化学品公约》等。

有关上述国际公约的具体介绍，详见本书第 2 章"国际化学品安全管理体系"相关章节。还有一些与防范化学品危害相关的规定、条款，零星分布于我国政府签署的其他国际法律文书中，此处不再一一列举。

1. 国务院颁布《危险化学品安全管理条例》有何重要意义？它在我国化学品管理相关的法律法规体系中占有怎样的地位？

2. 制定《危险化学品目录》的法律依据是什么？其中的危险性又是如何划分的？

3. 我国负责化学品安全管理的有哪些机构？

4. 什么是 GLP 标准？我国制定这些标准具有怎样的重要意义？

第4章

化学品的性质特征及其危险性

化学品安全问题涉及国民经济的几乎所有领域，包括石油、化工、医药、食品、冶金、电子、军工等。尽管出于需要，许多基本的化学品安全问题常常会放在不同领域以不同名义进行讨论和研究。但是，在对化学品的危险性进行分类的基础上，认识相关化学品的性质和特征，并据此判断其安全风险，进而了解体系的热力学、动力学参数以及不同类型化学反应与危险性的关系，是理解所有这些领域的化学品安全问题的基础与出发点。

4.1 化学品的分类和危险性

按照国家标准 GB 13690—2009《化学品分类和危险性公示 通则》，化学品按照其可能具有的理化危险、健康危险和环境危险，共划分为 27 个类别，其中理化危险 16 类，健康危险 10 类，环境危险 1 类。而在由国家包括国家安全生产监督管理总局在内的十部委公布的"2015 版"《危险化学品目录》中，已参照 GHS 的第四修订版的内容，将化学品的危险性统一划分出了 28 类，比 GB 13690—2009《化学品分类和危险性公示 通则》中增加了一个危险类别——"危害臭氧层"，列在"环境危险"的条目下。同时，"2015 版"的《危险化学品目录》与 GB 13690—2009《化学品分类和危险性公示 通则》在术语上还有一些小的差别，此处不再赘述。

以下叙述的内容，主要是以 GB 13690—2009《化学品分类和危险性公示 通则》中的术语和定义为基本依据，同时参照了"2015 版"《危险化学品目录》的内容，增加了"臭氧层危害"一项；至于"臭氧层危害"物质的具体定义，则是来自国家标准 GB 30000.29—2013《化学品分类和标签规范 第 29 部分：对臭氧层的危害》。其余部分的内容，有选择地参照了 GB 30000 系列标准。按照这样的划分，在理化危险、健康危险和环境危险三个条目下，可将化学品的危险性分为总共 28 个类别，其中理化危险 16 类，健康危险 10 类，环境危险 2 类。

4.1.1 理化危险

(1) 爆炸物

爆炸物质（或混合物）是一种固态或液态物质（或物质的混合物），其本身能够通过化学反应产生气体，而产生气体的温度、压力和速度能对周围环境造成破坏。其中也包括发火物质，即使它们不放出气体。

发火物质（或发火混合物）是一种物质或物质的混合物，它旨在通过非爆炸自持放热化学反应产生的热、光、声、气体、烟或所有这些的组合来产生效应。

爆炸性物品是含有一种或多种爆炸物质或混合物的物品。

烟火物品是包含一种或多种发火物质或混合物的物品。

(2) 易燃气体

易燃气体是在 20℃ 和 101.3kPa 标准压力下，与空气有易燃范围的气体。

(3) 易燃气溶胶

气溶胶是指气溶胶喷雾罐，即任何不可重新罐装的容器，该容器由金属、玻璃或塑料制成，内装强制压缩、液化或溶解的气体，包含或不包含液体、膏剂或粉末，配有释放装置，可使所装物质喷射出来，形成在气体中悬浮的固态或液态微粒或形成泡沫、膏剂或粉末或处于液态或气态。如果气溶胶含有任何根据 GHS 分类为易燃物成分时，该气溶胶为易燃气溶胶。

(4) 氧化性气体

氧化性气体是一般通过提供氧气，比空气更能导致或促使其他物质燃烧的任何气体。

(5) 压力下气体

压力下气体是指高压气体在压力等于或大于 200kPa（表压）下装入储器的气体，或是液化气体或冷冻液化气体。

压力下气体包括压缩气体、液化气体、溶解液体、冷冻液化气体。

(6) 易燃液体

易燃液体是指闪点不高于 93℃ 的液体。

(7) 易燃固体

易燃固体是容易燃烧或通过摩擦可能引燃或助燃的固体。易于燃烧的固体为粉状、颗粒状或糊状物质，它们在与燃烧着的火柴等火源短暂接触即可点燃和火焰迅速蔓延的情况下，都非常危险。

(8) 自反应物质或混合物

自反应物质或混合物是即使没有氧（空气）也容易发生激烈放热分解的热不稳定液态或固态物质或者混合物。

定义中不包括根据统一分类制度分类为爆炸物、有机过氧化物或氧化物质的物质和混合物。自反应物质或混合物如果在实验室试验中容易起爆、迅速爆燃或在封闭条件下加热时显示剧烈效应，应视为具有爆炸性质。

(9) 自燃液体

自燃液体是即使数量小也能在与空气接触后 5min 之内引燃的液体。

(10) 自燃固体

自燃固体是即使数量小也能在与空气接触后 5min 之内引燃的固体。

（11）自热物质和混合物

自热物质是除发火液体或固体以外，与空气反应不需要能源供应就能够自己发热的固体或液体物质或混合物；这类物质或混合物与发火液体或固体不同，因为这类物质只有数量很大（公斤级）并经过长时间（几小时或几天）才会燃烧。

注：物质或混合物的自热导致自发燃烧是由于物质或混合物与氧气（空气中的氧气）发生反应并且所产生的热没有足够迅速地传导到外界而引起的。当热产生的速度超过热损耗的速度而达到自燃温度时，自燃便会发生。

（12）遇水放出易燃气体的物质或混合物

遇水放出易燃气体的物质或混合物是通过与水作用，容易具有自燃性或放出危险数量的易燃气体的固态或液态物质或混合物。

（13）氧化性液体

氧化性液体是本身未必燃烧，但通常因放出氧气可能引起或促使其他物质燃烧的液体。

（14）氧化性固体

氧化性固体是本身未必燃烧，但通常因放出氧气可能引起或促使其他物质燃烧的固体。

（15）有机过氧化物

有机过氧化物是含有二价—O—O—结构的液态或固态有机物质，可以看作是一个或两个氢原子被有机基替代的过氧化氢衍生物。该术语也包括有机过氧化物配方（混合物）。有机过氧化物是热不稳定物质或混合物，容易放热自加速分解。另外，它们可能具有这样一种或几种性质：①易于爆炸分解；②迅速燃烧；③对撞击或摩擦敏感；④与其他物质发生危险反应。

如果有机过氧化物在实验室试验中，在封闭条件下加热时组分容易爆炸、迅速爆燃或表现出剧烈效应，则可认为它具有爆炸性质。

（16）金属腐蚀剂

腐蚀金属的物质或混合物是通过化学作用显著损坏或毁坏金属的物质或混合物。

4.1.2 健康危险

（1）急性毒性

急性毒性是指在单剂量或在 24h 内多剂量口服或皮肤接触一种物质或吸入接触 4h 之后出现的有害效应。

（2）皮肤腐蚀/刺激

皮肤腐蚀是对皮肤造成不可逆损伤；即施用试验物质达到 4h 后，可观察到表皮和真皮坏死。腐蚀反应的特征是溃疡、出血、有血的结痂，而且在观察期 14 天结束时，皮肤、完全脱发区域和结痂处由于漂白而褪色。应考虑通过组织病理学来评估可疑的病变。

皮肤刺激是施用试验物质达到 4h 后对皮肤造成可逆损伤。

（3）严重眼损伤/眼刺激

严重眼损伤是在眼前部表面施加试验物质之后，对眼部造成在施用 21 天内并不完全可逆的组织损伤，或严重的视觉物理衰退。

眼刺激是在眼前部表面施加试验物质之后，在眼部产生在施用 21 天内完全可逆的变化。

（4）呼吸或皮肤过敏

呼吸过敏物是吸入后会导致气管超敏反应的物质。皮肤过敏物是皮肤接触后会导致过敏反应的物质。

过敏包含两个阶段：第一个阶段是某人因接触某种变应原而引起特定免疫记忆；第二阶段是引发，即某一致敏个人因接触某种变应原而产生细胞介导或抗体介导的过敏反应。就呼吸过敏而言，随后为引发阶段的诱发，其形态与皮肤过敏相同。对于皮肤过敏，需有一个让免疫系统能学会作出反应的诱发阶段；此后，可出现临床症状，这时的接触就足以引发可见的皮肤反应（引发阶段）。因此，预测性的试验通常取这种形态，其中有一个诱发阶段，对该阶段的反应则通过标准的引发阶段加以计量，典型做法是使用斑贴试验。直接计量诱发反应的局部淋巴结试验则是例外做法。人体皮肤过敏的证据通常通过诊断性斑贴试验加以评估。就皮肤过敏和呼吸过敏而言，对于诱发所需的数值一般低于引发所需数值。

（5）生殖细胞致突变性

生殖细胞致突变性涉及的主要是可能导致人类生殖细胞发生可传播给后代的突变的化学品。

此处的突变，定义为细胞中遗传物质的数量或结构发生永久性改变，用于可能表现于表型水平的可遗传的基因改变和已知的基本 DNA 改性（例如，包括特定的碱基对改变和染色体易位）。

（6）致癌性

致癌物是指可导致癌症或增加癌症发生率的化学物质或化学物质混合物。

需要注意的是，在实施良好的动物实验性研究中诱发良性和恶性肿瘤的物质也被认为是假定的或可疑的人类致癌物，除非有确凿证据显示该肿瘤形成机制与人类无关。

（7）生殖毒性

生殖毒性包括对成年雄性和雌性性功能和生育能力的有害影响，以及在后代中的发育毒性。有些生殖毒性效应不能明确地归因于性功能和生育能力受损害或者发育毒性。尽管如此，具有这些效应的化学品将划为生殖有毒物并附加一般危险说明。

对性功能和生育能力的有害影响指的是化学品干扰生殖能力的任何效应。对哺乳期的有害影响或通过哺乳期产生的有害影响也属于生殖毒性的范围，但为了分类目的，对这样的效应进行了单独处理。这是因为对化学品对哺乳期的有害影响最好进行专门分类，这样就可以为处于哺乳期的母亲提供有关这种效应的具体危险警告。

对后代发育的有害影响指的是发育毒性，包括在出生前或出生后干扰孕体正常发育的任何效应，这种效应的产生是由于受孕前父母一方的接触，或者正在发育之中的后代在出生前或出生后性成熟之前这一期间的接触。

（8）特异性靶器官系统毒性——一次接触

指的是由于单次接触而产生特异性、非致命性目标器官/毒性的物质。所有可能损害机能的，可逆和不可逆的，即时和/或延迟的并且在上面的"急性毒性"至"生殖毒性"中未具体论述的显著健康影响都包括在内。

分类可将化学物质划为特定靶器官有毒物，这些化学物质可能对接触者的健康产生潜在有害影响。分类取决于是否拥有可靠证据，表明在该物质的单次接触中对人类或试验动物产生了一致的、可识别的毒性效应，影响组织/器官的机能或形态的毒理学显著变化，或者使生物体的生物化学或血液学发生严重变化，而且这些变化与人类健康有关。人类数据是这种危险分类的主要证据来源。

进行评估时，不仅要考虑单一器官或生物系统中的显著变化，而且还要考虑涉及多个器官的严重性较低的普遍变化。特定靶器官毒性可能以与人类有关的任何途径发生，即主要以口服、皮肤接触或吸入途径发生。

(9) 特异性靶器官系统毒性——反复接触

指的是由于反复接触而产生特定靶器官/毒性的物质。所有可能损害机能的，可逆和不可逆的，即时和/或延迟的显著健康影响都包括在内。

(10) 吸入危险

列出"吸入危险"条款的目的是对可能对人类造成吸入毒性危险的物质或混合物进行分类。目前，吸入危险性在我国还未转化成为国家标准。

所谓的"吸入"，是指液态或固态化学品的气态形式通过口腔或鼻腔直接进入或者因呕吐间接进入气管和下呼吸系统。吸入毒性包括化学性肺炎、不同程度的肺损伤或吸入后死亡等严重急性效应。吸入开始是在吸气的瞬间，在吸一口气所需的时间内，引起效应的物质停留在咽喉部位的上呼吸道和上消化道交界处时。物质或混合物的吸入可能在消化后呕吐出来时发生。这可能影响到标签，特别是如果由于急性毒性，可能考虑消化后引起呕吐的建议。不过，如果物质/混合物也呈现吸入毒性危险，引起呕吐的建议可能需要修改。

4.1.3 环境危险

(1) 危害水生环境

对水生环境的危害分为急性水生毒性和慢性水生毒性。其中：急性水生毒性是指物质对短期接触它的生物体造成伤害的固有性质。慢性水生毒性是指物质在与生物体生命周期相关的接触期间对水生生物产生有害影响的潜在性质或实际性质。

慢性毒性数据不像急性数据那么容易得到，而且试验程序范围也未标准化。

(2) 危害臭氧层

指的是《关于消耗臭氧层物质的蒙特利尔议定书》附件中列出的任何受管制物质；或在任何混合物中，至少含有一种浓度不小于 0.1% 的被列入该议定书的物质的组分。

4.2 易燃物质的性质和特征

燃烧就是氧化物和还原物之间发生的一种同时发光发热的氧化还原反应。顾名思义，易燃物质就是在一定的环境条件下，可以与氧化剂发生燃烧反应的物质。常见的易燃物有氢气、一氧化碳、酒精、硫黄、磷、镁粉、铝粉等，大多数的石油制品均为易燃物。几种易燃物质类别，如易燃气体、易燃液体、易燃固体等，列于 GB 13690—2009《化学品分类和危险性公示 通则》中的"理化危险"一栏下。

4.2.1 易燃物质的性质

(1) 闪点

闪点定义为易挥发可燃物质表面形成的蒸气和空气的混合物遇火燃烧的最低温度。液体的闪点一般采用闭杯测试仪根据闪点测定的标准方法测定。另一种常用的闪点测定方法是开杯法。闭杯法测定的是饱和蒸气和空气的混合物，而开杯法测定的则是蒸气与可自由流动空气接触所形成的混合物，所以闭杯法闪点测定值一般要比开杯法低几度。基于以上原因，开杯法测定值比闭杯法更接近实际情况。闪点的定义有几个不同的字面表述，彼此间大同小异。此处选择了比较常见的一种。

（2）着火点

着火点是指蒸气和空气的混合物在开口容器中可以点燃并持续燃烧的最低温度。着火点一般高于闪点。当缺少闪点数据时，可用着火点的温度值作为替代，间接标示出物质的火险。

（3）自燃温度

自燃温度是指物质无火源自动起火并持续燃烧的温度。这个量值受加热表面的大小、形状、加热速率以及其他因素的影响。

（4）蒸气相对密度

蒸气相对密度代表的是蒸气密度与空气密度之比。绝大多数易燃液体的蒸气比空气重，它们极易积聚在低位区域、下水道和类似场所。因此，厂房的排气口应设在近地平面处。对于比空气轻的可燃气体或蒸气，排气口应设在厂房内最高处或近顶板处。

（5）熔点

熔点定义为固液两相平衡共存的温度。熔点指示出了室温下为固体的易燃物质成为易燃液体的温度。

（6）沸点

沸点一般是指常压沸点，定义为1atm（101325Pa）下气液平衡共存的温度。沸点可表征物质的挥发性，是易燃液体所包含的火险的直接量度。

（7）分子式

在缺少物性信息的情形下，物质的分子式可以提供物质火险的线索。例如，组成只有碳和氢的烃类物质是可燃的，甚至是易燃的。如果是低沸点烃类，即可认为具有火险。

（8）爆炸范围

爆炸范围也称为爆炸极限或燃烧极限，用可燃蒸气或气体在空气中的体积分数表示，是可燃蒸气或气体与空气的混合物遇引爆源引爆即能发生爆炸或燃烧的浓度范围。上述浓度范围用爆炸下限和爆炸上限来表示。可燃气体爆炸范围一般是在常温、常压下测定的。

（9）蒸发潜热

蒸发潜热定义为单位质量的液体完全汽化所需要的热量。在压力一定时，蒸发潜热随温度的改变而变，文献中给出的一般是常压沸点的值。

（10）燃烧热

文献中给出的大多是物质的标准燃烧热，是指单位质量的物质在25℃的氧中燃烧所释放出的热量。燃烧产物，包括水，都假定为气态。

4.2.2 物质易燃性分类和火险等级

在美国国家消防协会（National Fire Protection Association，NFPA）制定的NFPA 704鉴别标准中，根据物质的易燃性不同，把物质划分为以下5个类别：

"0"：不能燃烧的物质；

"1"：必须预热方能引燃的物质；

"2"：必须适度加热或暴露在相当高的环境温度中方能引燃的物质；

"3"：在任意环境温度下都能引燃的液体和固体；

"4"：在常温大气压下能够迅速或完全汽化，或容易分散到空气中，并且容易燃烧的物质。

显然，上面列举的所谓易燃物质，对应的是"3"、"4"两个类别，因而具有很高的易燃性危险。

根据物质的易燃程度，美国科学院把物质的火险划分为危险程度依次递增的以下五个等级：

"0"：无危险；

"1"：闪点在60℃以上；

"2"：闪点在38～60℃之间；

"3"：闪点在38℃以下，而沸点在38℃以上；

"4"：闪点在38℃以下，沸点也在38℃以下。

对于符合GB 13690—2009《化学品分类和危险性公示 通则》定义的所有易燃液体，即"闪点不高于93℃的液体"，按照这个标准，其火险等级均位于"1"～"4"之间。换句话说，只要是发生了易燃液体的燃烧事件，其火险程度至少是"1"级。

4.2.3 物质易燃性评估

在化学上，易燃性物质都是些容易被氧化的物质，如无机化合物中的钠、钾、钙、镁一类碱金属和碱土金属，硫、磷一类非金属，有机物中的乙醇、甲苯一类化合物等。它们能够通过燃烧反应，释放出大量能量，转变为较低能量状态的物质。反应越容易进行，触发条件越低，物质越容易燃烧。

评估气体的易燃性需要测定气体在空气中的燃烧极限、最大爆炸压力、自燃温度、爆炸混合物的类别、与基于水的灭火剂反应的类型、最小发火能、表示爆炸性危险的氧含量、完全燃烧的速率、最大安全（火焰熄灭）距离或直径。可依据以上气体物性数据对气体易燃性做出评估。

评估可燃液体的易燃性需要测定蒸气的闪点、着火点、桶装灭火剂的最小灭火浓度、燃烧速率以及燃烧过程中的温升速率。

评估可燃固体的易燃性需要测定其可燃性类别、着火点及自燃温度、与基于水的灭火剂反应的类型。对于疏松的、纤维状或块状的固体，还需要测定其自热温度、不完全燃烧温度和自燃温度。如果固体是粉状的，容易形成粉尘云，则另需测定的参数有燃烧低限、最大爆炸压力、空气中粉尘爆炸所需的最小能量以及表示爆炸性危险的最小氧含量。

评估物质的易燃性必须研究物质的性质，考虑物质在一定条件下应用时随时间变化的可能性。可燃物质易燃性评估一般是在实验室中进行，一些参数偶尔可在中试生产阶段测得。只有在用作建筑材料或被加工的易燃物质的火险资料齐备后才能着手工业化和中试工厂、储存和运输设备的设计。

4.3　毒性物质的性质和特征

　　有些物质进入机体并积累到一定量后，就会与机体组织和体液发生生物化学或生物物理学作用，扰乱或破坏机体的正常生理功能，进而引起暂时性或永久性的病变，甚至危及生命。这些物质称为毒性物质。性质上符合《化学品分类和危险性公示 通则》GB 13690—2009 "健康危险"一栏下可能造成 10 类危害的危险化学品中，大多属于此处定义的毒性物质。

4.3.1　毒性物质的临界限度和致死剂量

　　化学品的毒性涉及进入人体某个部位的物质与机体间的作用。几乎所有物质与皮肤直接作用一定时间后，或者吸入、经食道摄入后，都能对机体造成某种程度的伤害。伤害的程度与毒性物质的有效剂量直接相关。有关有效剂量的诸多因素中，最重要的是：物质的量或浓度；物质的分散状态和暴露时间；物质在人体组织液中的溶解度和对人体组织的亲和力。很显然，上述各因素变化范围很宽且存在多种可能性。

　　对于毒性物质的有效剂量，美国工业卫生学家联合会设定的临界限度已被广泛接受。临界限度表示的是所有工人日复一日地重复暴露在环境中而不会受到危害的最高浓度。临界限度值是指一个标准工作日的时间加权平均浓度。临界限度的概念与美国标准协会颁布的最大可接受浓度的概念类似，但并不相同。这些概念定义的都是永远不应超越的极限浓度。

　　对于气体和蒸气，临界限度一般是用在空气中的百万分数来表示；对于烟尘、烟雾和某些粉尘，临界限度则由每立方米的质量（毫克）（$mg \cdot m^{-3}$）给出；对于某些粉尘，特别是含有二氧化硅的粉尘，临界限度用每立方英尺空气中粒子的百万个数表示。

　　单纯从字面上理解和应用临界限度是危险的，这是因为：

　　① 在所有已出版的临界限度数据中，大多是以推测、判断或实验室有限的动物试验数据为基础的。几乎没有多少数据是建立在以人为对象，并联系足够的环境观测严格考察的基础上。

　　② 对于一切工作环境，有毒有害物质的浓度在整个工作日中很少保持恒定。产生波动是经常的。

　　③ 化工暴露往往是混合物而不是单一的化合物，而对于混合物的毒性作用，人们还知之甚少。

　　④ 不同个体对毒性物质的敏感性截然不同，其原因目前还无法清楚了解。因而不能假定对某个个人是安全的条件对所有的人都安全。

　　⑤ 对于以不同溶解度的盐或化合物、或以不同物态的形式存在的物质，给出的往往是单一的临界限度值。

　　如果了解和接受以上限定条件，临界限度文献数据会发挥很大的作用。临界限度值主要用在通风系统的设计中，是通风设备设计的基础数据。

　　在试验工业毒理学中，使一组试验动物中恰恰一个致死的单位体重的毒物量称为最小致死剂量，使一组试验动物中一半致死的量，称为半致死剂量或百分之五十致死剂量，用 LD_{50} 来表示。致死剂量的单位是 $mg \cdot kg^{-1}$ 体重。有时也把染毒环境空气中毒物的浓度作为毒性评价指标，对应的有半致死浓度 LC_{50} （$mg \cdot m^{-3}$）。

4.3.2 毒性物质的判别和危险等级划分

一种物质是否有毒，以及是否可能造成现实的危害，既取决于其性质本身，也与其数量、发挥作用的环境等因素有着密切的关系。许多情况下，可通过简单的方法，从物性角度对物质毒性给出一个初步的判断。例如对无机物，可以通过该无机物中所含元素的性质、其在化合物中与其他元素、基团的结合方式、结合状态等，对其毒性进行简单的判断；而对有机物，则主要看其化学结构，一些元素之间的特定组合方式，结构中是否有杂原子等；这些特征的组合与结构信息的出现，往往可以提供极为有用的、有关物质毒性方面的判定线索。当然，目前还没有一个完善的用于确定物质毒性的理论方法，通常都是凭借已有的化学、毒理学知识，先对物质可能具有的毒性进行定性分析，再结合一些具体的实测数据，对特定毒性物质的性质和特点给出一个相对可靠的综合结论。

在表征物质毒性的诸多实测数据中，半致死剂量的概念十分有用，可以依据其大小获取物质毒性危险程度方面的信息。美国科学院就是根据物质的 LD_{50} 值，将物质的毒性危险划分为 5 个等级：

"0" 无毒性，$LD_{50} > 15g \cdot kg^{-1}$；

"1" 实际无毒性，$5g \cdot kg^{-1} < LD_{50} < 15g \cdot kg^{-1}$；

"2" 轻度毒性，$500mg \cdot kg^{-1} < LD_{50} < 5g \cdot kg^{-1}$；

"3" 中度毒性，$50mg \cdot kg^{-1} < LD_{50} < 500mg \cdot kg^{-1}$；

"4" 毒性，$LD_{50} < 50mg \cdot kg^{-1}$。

实际应用时，对于不同的化学品，从 "0" 到 "4"，按递升顺序，等级越高的，毒性危险越大；同一等级中，LD_{50} 值越小的，毒性危险越大。

4.4 反应性物质的性质和特征

传统上，具有自燃、过氧化、水敏一类活泼性质以及易爆特征的不稳定结构基团的化合物，统称为反应性物质。在 GB 13690—2009《化学品分类和危险性公示 通则》中，它们被归类在具有 "理化危险" 的化学品的栏目下，如爆炸物、自燃固体、有机过氧化物、遇水放出易燃气体的物质等。

4.4.1 具自燃性质的化学品

有些物质极具反应性，与空气接触会引起氧化，以相当高的速度水解会引起燃烧，这些物质称为自燃性化学品。它们主要包括：

① 粉状金属（钙、钛等）；

② 金属氢化物（氢化钾、氢化锗等）；

③ 部分或完全烷基化的金属氢化物（氢化三乙基铝、三乙基铋等）；

④ 烷基金属衍生物（二乙基乙氧基铝、氯化二甲基铋等）；

⑤ 非金属的类似衍生物（乙硼烷、二甲基亚磷酸酯、三乙基砷等）；

⑥ 金属羰基化合物（五羰基铁、八羰基二钴等）。

在应用上述物质时，为了避免可能的火灾或爆炸，需要在惰性气氛下对其进行处置，并采用适当的处理技术和设备以确保安全。

4.4.2　具过氧化性质的化学品

有些液体物质与空气有限接触、对光暴露储存都会发生缓慢的氧化反应，初始生成氢的过氧化物，继续反应生成聚合过氧化物。许多聚合过氧化物在蒸馏过程中浓缩和加热时极不稳定。可过氧化的有机化合物的一般结构特征是存在对自氧化转变为过氧化氢基团敏感的氢原子。对过氧化反应敏感的典型结构有：

① 在醚、环醚中的 $-\overset{|}{\underset{|}{O-C}}-H$ ；

② 在异丙基化合物、十氢萘中的 $(-CH_2)_2\overset{|}{C}-H$ ；

③ 在烯丙基化合物中的 $\overset{|}{C}=\overset{|}{C}-\overset{|}{C}-H$ ；

④ 在乙烯基化合物中的 $-\overset{|}{C}=\overset{|}{C}-H$ ；

⑤ 在异丙基苯、四氢萘、苯乙烯中的 $-\overset{|}{\underset{|}{C}}-CH-Ar$ 。

几种常用的有机溶剂，如乙醚、四氢呋喃、二氢杂环己烷、1,2-二甲氧基乙烷等，一般不加抗氧剂储存，因而对过氧化反应非常敏感，有不少涉及应用含过氧化物的溶剂进行蒸馏的事故见诸报道。这些溶剂在使用前应作过氧化物检验，一旦发现有过氧化物，则要采取适当方法消除。需要特别提到的是二异丙基醚，由于下述原因而极具危险性。二异丙基醚具有过氧化反应的理想结构，而从醚溶液中分离出的过氧化物是易爆燃的晶体。该溶剂如果使用不慎，就会造成伤亡事故。一些单体，如1,1-二氯乙烯或丁二烯，其过氧化物极具爆炸性。在储存中，即使不发生爆炸，过氧化物的存在也常会引发乙烯单体间的聚合作用，进而放出大量的热量。但是，含有的空气不应用氮气取代，因为有效的抗氧化需要一些空气。少数无机化合物，如钾和较强的碱金属、氨基钠，能够自动氧化生成危险的过氧化物或类似产物。许多金属有机物也能够自动氧化，需要按自燃化合物相同的方法处理。

除此之外，有时也人为地利用过氧基结构不稳定的特点，合成一些有机过氧化物，用于化学反应，如过氧化苯甲酰、过氧化月桂酰、过氧化环己酮、过氧化苯甲酸叔丁酯等。它们常作为引发剂，用于聚合物合成过程。

4.4.3　具水敏性质的化学品

可与水，特别是与有限量的水剧烈反应的化合物有：

① 碱金属和碱土金属（钾、钙等）；

② 无水金属卤化物（三溴化铝、四氯化锗等）；

③ 无水金属氧化物（氧化钙等）；

④ 非金属卤化物（三溴化硼、五氯化磷等）；

⑤ 非金属卤化氧化物（无机酸卤化物、磷酰氯、硫酰氯、氯磺酸等）；

⑥ 非金属氧化物（酸酐、三氧化硫等）。

4.4.4 具不稳定结构基团的化学品

（1）不稳定结构基团

大量的化学品安全事故调查表明，存在于化合物中的一些不稳定结构基团，常常是导致安全事故发生的重要原因。表 4-1 列出了一些常见的具有潜在不稳定性的结构基团。

表 4-1 一些常见的具有潜在不稳定性的结构基团

结构基团	物　质	结构基团	物　质
—C≡C—金属	乙炔金属化合物	—O—X	次石（岩）盐
≡N—O—	氨基氧化物	—O—NO₂	硝酸盐
—N=N=N—	叠氮化合物	—O—NO	亚硝酸盐
—ClO₃	氯酸盐	—NO₂	硝基化合物
—N=N—	重氮化合物	—NO	亚硝基化合物
—N=NX	重氮卤代物	—OOO—	臭氧化合物
—O—N=C	雷酸盐	—CO—O—O—H	过酸化合物
—N(ClX)	N-卤代胺	—ClO₄	高氯酸盐
—O—O—H	过氧化氢物	—O—O—	过氧化物

（2）不稳定结构基团危险性的热力学分析

根据热力学稳定性条件，只有反应过程的 Gibbs 自由能变化为负，反应才能自发进行。Gibbs 自由能变化的热力学关系式为：

$$\Delta G = \Delta H - T\Delta S \tag{4-1}$$

式中，ΔG 为反应过程的 Gibbs 自由能变化；ΔH、ΔS 分别为产物和反应物间的焓差和熵差。在通常温度下，$T\Delta S$ 的量值一般很小，ΔH 与之相比则相当大。所以只有当 ΔH 的量值很小时，$T\Delta S$ 对反应的影响才变得重要，这样，评估反应物质的不稳定性和反应的潜在危险，应特别注意 ΔH 为负，即放热反应的情形，尤其是大量放热的情形。

（3）不稳定性的氧平衡值判别法

研究发现，与不稳定结构基团相关的化学品安全事故多涉及氧化体系，涉及化合物的元素组成。特别是在有机体系中，氧含量的多少与化合物的元素组成间的关系是一个重要判据。对含有不稳定结构基团化合物的危险性进行具体判断时，有两个与化合物元素组成相关的概念十分重要，一个是氧差额，一个是氧平衡值。两个概念既有区别又有联系，容易混淆。

氧差额定义为化合物的氧含量与化合物中的碳、氢和其他可氧化元素完全氧化所需的氧量之间的差值。换句话说，它是 1mol 化合物发生完全的氧化反应时，所需氧原子的物质的量；简单地列出反应式并加以配平，即可获得该化合物的氧差额的具体数值。化合物缺氧，氧差额为负；化合物剩余氧，氧差额为正；如果化合物中所含的氧元素正好可供其中的碳、氢和其他可氧化元素完全氧化之用，则氧差额为零。

实例如下:

① 负氧差额的化合物,如三硝基甲苯、过乙酸:

$$C_7H_5N_3O_6+10.5O \longrightarrow 7CO_2+2.5H_2O+1.5N_2$$

$$C_2H_4O_3+3O \longrightarrow 2CO_2+2H_2O$$

② 零氧差额的化合物,如过甲酸、重铬酸铵:

$$CH_2O_3 \longrightarrow CO_2+H_2O$$

$$Cr_2H_8N_2O_7 \longrightarrow Cr_2O_3+4H_2O+N_2$$

③ 正氧差额的化合物,如硝酸铵、七氧化二锰:

$$H_4N_2O_3 \longrightarrow 2H_2O+N_2+O$$

$$Mn_2O_7 \longrightarrow Mn_2O_3+4O$$

如果将得到的氧差额数值与化合物的总元素组成进行比较,则可得到所谓的氧平衡值(Oxygen Balance Value):

$$氧平衡值 = 1600 \times 氧差额/M \qquad (4-2)$$

式中,M 为化合物分子量。由于氧差额可以为正、负和零,氧平衡值也可以是从正到负的任意数,包括零。事实上,大量的研究表明,这个既包含化合物发生完全氧化反应时,其自身所具有的氧是否满足需要的信息,又反映了所"欠缺"的氧在总组成中所占百分比数据的氧平衡值,与含有不稳定结构基团一类易爆品的爆炸危险性密切相关,可以用于判断含有不稳定结构基团化合物的安全风险。如果氧平衡值大于 +160 或小于 -240,危险性较低;如果氧平衡值位于 +80~+160 之间,或是 -240~-120 之间,危险性中等;如果氧平衡值居于 +80~-120 之间,危险性较高;趋于 0 时,危险性最大。

通过前面的反应式已知三硝基甲苯的氧差额为 -10.5,另外其分子量 M 为 227,代入公式计算,可得三硝基甲苯的氧平衡值为 -74。

氧平衡值的另一个计算公式是:

$$氧平衡值 = -1600 \times (2x+y/2-z)/M \qquad (4-3)$$

式中,x、y 和 z 是分子式形如 $C_xH_yO_z$ 的化合物中反映各元素含量比例的三个下标;M 是化合物的分子量。例如,对于三硝基甲苯 $C_7H_5N_3O_6$,其 x、y 和 z 分别为 7、5 和 6,分子量 M 为 227,代入上式计算得到氧平衡值 -74,与前面计算结果一致。

它与上面给出的氧平衡值计算公式是等价的,可以相互推换,不过是把氧差额计算的代数式带进去罢了。

需要提醒的是,氧平衡值计算公式用于判别化合物危险性时,化合物中含有不稳定结构基团是前提条件。

4.5 压力系统危险性及其影响因素

4.5.1 温度对蒸气压的影响

(1) 蒸气压关系式

物质的蒸气压是物质挥发度的量度。除非在很高的压力下,物质的蒸气压几乎与总压力无关。这样，纯物质蒸气压与温度合理的近似关系可有以下形式：

$$\ln p = A/T + B \tag{4-4}$$

式中，A 和 B 是经验常数；p 是纯物质蒸气压；T 为热力学温度。A 为负值，纯物质蒸气压只是温度的函数。很显然，物质的蒸气压随温度的增加明显增加。

在蒸气混合物中，组元 i 的分压 p_i 是在同温同组成下组元 i 施加的压力。蒸气混合物的总压等于各组元分压之和：

$$p = \sum p_i \tag{4-5}$$

对于理想气相混合物，组元 i 的分压与其摩尔分数 y_i 成正比，有：

$$p_i = y_i p \tag{4-6}$$

对于理想气液系统，组元 i 的分压与液相摩尔分数 x_i 有关，可表示为：

$$p_i = p_i^s x_i \tag{4-7}$$

式中，p_i^s 是纯组元 i 在系统温度下的饱和蒸气压。

由式(4-6)和式(4-7)，气相组成可表示为：

$$y_i = p_i^s x_i / p \tag{4-8}$$

由上式可见，空气中 i 组元的摩尔分数与其饱和蒸气压成正比，并且随温度的增加而增加。换言之，任何易燃或毒性物质暴露在空气中时，达到的平衡浓度与其饱和蒸气压成正比。式(4-7)表明，少许易挥发杂质的存在会降低液体的闪点，如通常为 60℃ 的粗柴油的闪点，当含有 3% 的汽油时，会降至环境温度以下。在应用混合溶剂时，应该重点考虑。一个 1000m³ 半满储烃罐发生的火灾就是这样一个典型的案例。烃的闪点为 35℃，储罐有排气孔就有空气存在。没有鉴定出火源，只因为烃中含有丙酮杂质而使其闪点降至环境温度以下。

(2) 空气中易燃蒸气的产生

由于环境温度的较大增加，例如在世界较热地区运输和应用易燃溶剂，可能会出现闪点被超过的情形。又如，在冬季用明火烘烤柴油桶使柴油熔化，烘烤油脂或沥青桶降低其内装物的黏度以便倾倒出来，这些实例都会产生易燃蒸气和空气的混合物，同时有火源提供，就会产生危险。如果进行火焰切割、熔焊接或电焊操作而又没有充分的预防措施，也会出现危险。例如，有人试图热切割开一个曾装有易燃脂蜡状固体的圆桶，切割围绕圆桶的钢箍释放出的热引起黏附在其中的残余物的蒸发。在切断顶盖时，割炬的火焰点燃了圆桶中的内装物形成的爆炸混合物，造成人员伤亡。这类事故的预测由于残余物裂解产生更易挥发的组元而复杂化。

一般来说，操作产生了相对不挥发的易燃物质，温升超过其闪点的化工操作还没有引起广泛重视。还有，把装过易燃物质的空桶用作管件或钢制件火焰切割或焊接的支撑物都包含严重危险。因此，用过的桶除非清除或洗净所有残余物及排净所有蒸气，一般不能作为空桶处理。

(3) 空气中毒性蒸气过高浓度的产生

前面提到，空气中 i 组元的浓度与其饱和蒸气压成正比，并且随温度的增加而增加。现以汞为例说明。汞虽然可以通过饮食或皮肤吸收进入人体，但汞加工主要的潜在危险是通过呼吸道吸入人体。人在无防护措施的条件下回收汞蒸气锅炉洒落的汞，汞的温度不太高，工作 5h 后就会染上急性汞局部肺炎，3 日后死亡。

汞在 0℃ 和 150℃ 之间的蒸气压可以由以下方程计算出来：

$$\lg p^s = -3212/T + 8 \tag{4-9}$$

式中，p^s 是汞的蒸气压，mmHg（1mmHg=133.322Pa）；T 为热力学温度，K。一些典型

数据列于表 4-2，从中可以看出温度对蒸气压的重要影响。

表 4-2　汞的蒸气压数据

温度/℃	15	25	128
蒸气压/Pa(mmHg)	0.0933(0.0007)	0.2133(0.0016)	133.322(1.0000)

环境温度升高 10℃ 左右，汞的蒸气压增加一倍。20℃ 的空气以 $1dm^3 \cdot min^{-1}$ 的速率在表面积为 $0.1dm^2$ 的汞液上方通过，出口空气中汞的浓度近于 $3mg \cdot m^{-3}$。经验表明，在通常室温下，如果通风不充分，工作间空气中汞蒸气的浓度可达 $1mg \cdot m^{-3}$。目前汞的时间加权职业暴露极限即临界限度值经比较确定为 $0.05mg \cdot m^{-3}$。

（4）不同情形的过压问题

尽管压力容器上一般都配备有压力释放系统，但依然会因各种不同原因引起的过压现象而导致罐体破裂。常见的过压原因主要有以下三种：

① 超常吸热引起的过压　化学加工装置对火焰的暴露或装有低于环境温度流体的设备保温的失效，都会引起设备压力的迅速升高。无夹套的过程设备和液体储罐暴露在无约束燃烧的火焰中，其液体润湿表面的吸热速率高达 $390000kJ \cdot h^{-1} \cdot m^{-2}$。上述情况极易引起沸腾液体膨胀而发生蒸气爆炸。含有低温流体的管线和容器保温的失效会形成高吸热速率，但一般说来，比火焰暴露形成的吸热速率要低。蒸气伴随产生的问题可以由流体的热力学性质和可靠的暴露区域选择的知识估算出来。

② 偏离预期反应引起的过压　对于有活泼物质参与的放热反应，如果工艺控制参数一旦发生偏移，则极易发生瞬间大量蒸气生成导致的过压危险。当这些极短时间内产生的大量气体无法通过常规设计的压力释放装置加以正常排出时，容器罐体将会不可避免地发生破裂。此外，许多预期化学反应进行的同时，也常伴随着一些副反应的发生，对于非所需要的副反应可能带来的过压危险，可以通过有针对性地加入阻滞剂等方式提前予以预防，避免该副反应的发生。

③ 故障或失误引起的过压　设备故障或人员失误，会导致加工装置的过压化。液化气体的满液是导致容器、钢瓶和管道过压从而爆破成灾的常见原因。另一原因是液体进入装置中没有泄压设备的部分。一般来说，过程装置的每一部分都可能由于阀门的关闭而与其他部分隔绝，因而都应装有泄压阀。通过对设备故障和操作的可能失误的可靠模型的详尽分析，在不同实际操作条件下各个系统所需要的泄压能力和泄压部位都可以预测出来。

4.5.2　相变引起的体积变化

液体蒸发变为蒸气的过程会伴随巨大的体积变化。例如，在 1atm（101325Pa）下一体积的水产生 1600 体积的蒸气。在水的闪蒸引起的所谓蒸气爆炸中，由于热膨胀体积增加甚至更大。类似的，4.10L 的汽油在环境条件下完全蒸发会产生净蒸气 $0.84m^3$，如果均匀扩散，能充满 $60m^3$ 的整个房间或储罐，形成的蒸气和空气的混合物将达到爆炸下限蒸气浓度 1.4%。事实上，由于重蒸气底层分布的影响而不会形成蒸气和空气的均质混合物，但这可以说明相当少量的挥发性易燃液体泄漏的危险性。液体蒸发引起体积的巨大变化可以用简单的物理化学方法估算出来。1mol 任意气体在标准状态(273K、101325Pa)下都占有 22.4L 的体积。如溴的分子量是 160，液溴的密度是 $3.12kg \cdot L^{-1}$，0.16kg 液溴体积为 $0.16/3.12 \approx$

0.051L，而相同量的溴蒸气在20℃的体积却是 $22.4 \times 293/273 \approx 24L$。相反地，凝结过程会引起体积的显著减小。类似地由固体到液体或反向的相变过程也会有体积变化。正是由于这些体积变化可能会造成事故，在过程设计或操作时应格外注意。下面就不同情况进行说明。

(1)"蒸汽爆炸"引起物料喷射

热油罐的操作极具危险，如，沥青或重质燃料油罐在100℃以上操作，其中罐底积水将发生蒸汽并伴有油泡沫形成，如果"过沸"相当强烈，常会发生油品向罐外喷溢，甚至造成罐体破裂。这些现象也出现在密封容器装有热液体和少量易挥发液体的混合物的情形。

水可以通过出料口蒸汽的凝结或蒸汽管路的泄漏进入罐体。像这类含有水传热类型的罐体危险，可以通过以下过程设计和操作程序减轻或避免。

① 保持油温低于100℃，通常维持在85～90℃；

② 在进油管线安装高温报警装置；

③ 定期抽除水；

④ 在任何传热用装置中，添加液应小于罐容量的10%；

⑤ 在严密监控下缓慢启动传热装置，逐渐达到满负荷运转。

然而，简单的计算表明，只是抽水不可能满意地解决平底罐的问题。如果罐底油渣层中只要有3mm的水，一旦转化为蒸气就会占据4.8m深的空间。封顶贮油罐起火的一些情形也会有"过沸"现象。一些燃烧的原油产生的"热波"由燃烧表面传至底层，热波中的油温高达250～300℃，如果罐底有水或底层油中悬浮着相当量的水，就会有剧烈的"过沸"发生。

熔融的金属与含有大量水分的潮气混合常会产生"蒸汽爆炸"。如，把湿金属块装入冶炼炉或把熔融的金属倾倒在其上，都会产生蒸汽爆炸。在这些事故中，熔融的金属会从炉口或铸勺抛射至相当远处，有可能造成人员伤亡或引起火灾。熔盐池也应注意防止"蒸汽爆炸"。

(2)少量易燃或毒性液体在有限空间内汽化

对于易燃物质，环境浓度超过其燃烧下限1%，便认为形成了燃烧气氛；而毒性物质，其暴露程度达到百万分数（10^{-6}）量级，往往就会有健康危险。表4-3列出了几种毒性液体的蒸发体积变化以及相应的形成毒性气氛的空气的体积。表中所列的只是几种常见物质，有些毒性物质液体蒸发的影响更为显著。

表 4-3　毒性液体蒸发体积变化

化合物	液体体积	净蒸气体积	毒性气氛空气体积
液氨	1	1.2×10^3	4.9×10^6
二氧化硫	1	5.0×10^2	1.0×10^8
液氯	1	4.7×10^2	4.7×10^8
四氯化碳	1	2.3×10^2	2.3×10^7
溴	1	4.4×10^2	4.4×10^9

(3)蒸气冷凝或被其他液体吸收引起的内爆

时有这样的事故案例发生，充满蒸气而没有真空释放阀的釜，由于误操作而喷射入冷水，蒸气迅速冷凝形成内真空，釜体被外大气压力压扁。储罐用蒸气试压，在试压时，所有的阀门都是关闭的，试压后蒸气冷凝形成内真空而引起罐体变形。在后一种情况下，应用水压往往可使罐体复原。也有这样的事故案例，一个大氨水罐被抽空，水由其上部喷管喷入，氨气则由其底管进入，产生内爆炸，罐体塌陷至原体积的一半。后检查事故原因发现，氨气极易溶于水而迅速被水吸收，在操作过程中没有打开通风口引起迅速内压降。

4.5.3 不同物质蒸气和液体的密度

(1) 气体或蒸气的密度差异

对于绝大多数气体或蒸气，设 T 为温度，其恒压密度都近似服从：

$$气体或蒸气的密度 \propto 分子量/T \qquad (4\text{-}10)$$

因此，分子量越大，气体或蒸气的恒温密度就越大，而恒压密度总是与温度成反比。多数气体或蒸气的密度都比空气大，只有少数例外，如氢、甲烷、氨等。

① 密度比空气大的蒸气倾向于在低位区扩散和聚集，形成燃烧和爆炸危险、毒性危险或局部区域的缺氧。表 4-4 列出了一些毒性物质的密度数据。

表 4-4 一些毒性物质的密度数据

物质名称	分子量	20℃ 密度/kg·m^{-3}	相对密度
氯	71	2.95	2.46
氨	17	0.71	0.59
二氧化硫	64	2.66	2.22
光气	99	4.12	3.43
HF 蒸气	20	0.83	0.69
HCN 蒸气	27	1.12	0.94
溴蒸气	160	6.65	5.54
丙烯腈蒸气	53	2.20	1.84

氨的密度比空气小，压力容器突然毁坏排出的氨蒸气云似乎应该向上飘浮而安全扩散，事实上多数情况并非如此。蒸气云的组成、物理和化学变化对其形态和密度影响很大。冷氨和空气的混合物的密度一般要比周围的空气大。又比如，尽管氟化氢（HF）的分子量仅为20，但由于其处于饱和蒸气状态下的分子间存在高度缔合，因此 HF 蒸气密度实测显示，在20℃、101325Pa 下 HF 的平均"分子量"应在 70～80 之间，导致未被空气稀释的纯 HF 蒸气云的密度比周围的空气大。

② 在环境温度下密度比空气小的蒸气，当其冷却时仍在低位区扩散，如从液氨或液化天然气产生的蒸气就是如此。

③ 密度比空气小的气体在装置或通风不良的建筑物的高位区聚集。

④ 热气由于"热推举"而上升，一般会扩散至大气。

(2) 液体的密度差异

液体的相对密度一般定义为物质和水的密度比。正如气体和空气的密度比可以表示出气体在空气中上升或是下降一样，液体的相对密度可以表示出液体比水重或是轻。天然油和脂肪等物质相对密度大于1，而汽油和煤油等物质相对密度小于1。液体的密度一般随温度的升高而降低。

① 非互溶液体在加工和储存装置中分层。在装料时无搅拌造成反应物的分层，一旦启动搅拌往往会激发剧烈的化学反应。在酚和苛性碱液混合物的配制中，酚无搅拌加入混合器会形成液体分层，启动搅拌将发生剧烈反应并释放出大量热引起爆炸。类似的事故案例屡见

不鲜。

② 密度较小的液体分布或聚集在较重液体之上。汽油、煤油及许多有机液体密度比水小，当其向污水排放系统排放时，由于这些液体在水面之上而具有火险和毒性危险。

③ 两种非互溶液体混合时会有各自独立的特征蒸气压，总压为两种液体的蒸气压之和，而混合物的沸点一般要远在两个纯组元沸点之下。

4.6 化学反应危险性的动力学分析

评估化学品在反应过程中的危险性时，动力学方面的因素同样不容忽视。

以放热反应过程为例，在 Gibss 自由能变化有利于正向反应发生、ΔH 为负且其绝对值较大的情况下，若出于某种条件制约，反应以相对较慢速率进行，那么预期中的反应性危险也将大为降低。同样的体系，能量在短时间内集中释放和在相对较长的时间周期内逐渐释放，两者的实际效果有着天壤之别。不考虑时间效应的影响，是无法对化学品的现实危险性做出准确评估的。比如前面讨论过的含有不稳定结构基团的化合物，其根本的危险在于常通过爆炸的方式来消除内含的不稳定因素，在极短的时间内将能量集中释放，造成巨大危害。失去了瞬间变化这个速度因素，不稳定结构基团的安全风险也就不复存在。

时间以外的另一个重要动力学因素就是反应物的浓度。在绝大多数情况下，化学品的危险都是通过具体的化学反应体现出来的。一个现实的化学反应发生时，改变参与反应的各化学物质的浓度，常可使结果大相径庭，因而需要面对的化学品的安全风险也大不相同。此外催化剂的添加、反应物分子碰撞时的环境因素效应等，也会直接或是间接地对反应结果施加影响，改变反应预期。

化工生产包含着物质的转化过程。有些转化反应比较简单，危险性很小；有些则相当复杂，难以控制和了解。当反应物和产物的化学性质已知时，似乎应用已知的化学定律，就可以准确评估化工生产的危险性。事实上并非如此。物质的转化途径常是复杂而曲折的，只是温度、压力或组成的微小变化就可能使物质转化历经危险的途径。包括预料不到的剧烈反应的化工事故的发生，往往就是由于忽视简单的物理化学因素对实际反应系统动力学的影响而造成的。

温度是使反应偏离预期速率的最常见的因素。如无可用的信息或数据，有机反应温度升高 10℃ 速率加倍常是比较满意的假定。表达温度对反应速率的影响，Arrhenius 方程比经验方法更准确，其形式为：

$$k = A\exp(-E/RT) \qquad (4-11)$$

式中，k 为反应速率常数；A 为常数；E 为反应活化能；R 为气体常数；T 为热力学温度。依据 Arrhenius 方程，反应速率随温度呈指数律增加。不充分的温度控制常是放热反应（如聚合、分解等）失控的主要因素。如，硫酸加入 2-氰基-2-丙醇而无充分的冷却措施会形成爆炸分解；对-硝基苯磺酸在 150℃ 以下绝热条件下储存，放热分解发生剧烈爆炸，都是明显的例子。

浓度也是影响反应速率的重要因素。例如，一个恒容均相反应的速率可表示为：

$$r = kc_A{}^a c_B{}^b \qquad (4-12)$$

式中，r 是反应速率；k 是反应速率常数；c_A 和 c_B 分别为反应物 A 和 B 的浓度；a、b 分别为反应式中分子式 A 和 B 前的系数。a 和 b 的和为反应级数。几乎所有反应级数都是经验的。依据上述速率公式（4-12），各反应物的浓度直接影响着反应速率和放热速率。所以重要的是不应该用太浓的反应物溶液，特别是进行没有经历过的反应时，更应该如此。在许多制备中，如果条件允许，10％左右是常用的浓度水平。但如果已知会发生剧烈反应，取5％甚至是 2％的浓度可能是更安全的选择。许多情况下，或出于偶然，或未经认真考虑即随意增加了反应物浓度，结果使原本安全的过程转变成了危险的事故。如，用浓氨溶液代替稀溶液消除硫酸二甲酯会发生爆炸反应；硝基苯和甲酸钠的热混合物的制备过程中除去大部分甲醇，会引起反应器的爆裂。

速率按照 Arrhenius 方程随温度变化的反应一般称为普通反应。还有大量特殊类型的反应，连同 Arrhenius 型反应，可概括为：

① 普通反应　速率随温度升高迅速增加；

② 某些非均相反应　速率被相间扩散阻力所控制，速率随温度升高缓慢增加；

③ 爆炸反应　在着火点速率剧增；

④ 催化反应　反应速率被吸附速率所控制，而吸附量随温度升高而减少；

⑤ 某些复杂反应　由于随温度升高副反应加剧而复杂化；

⑥ 某些平衡反应　低温有利于平衡转化，速率有赖于平衡移动，速率随温度升高而减小。

4.7　化学物质的非互容性

许多化学物质彼此互不相容，它们必须在严格控制的条件下接触，否则会生成剧毒物质或发生强烈化学反应，甚至引起爆炸，因此，需对潜在的安全风险格外关注。

（1）毒性危险

表 4-5 列出了一些非互容物质的毒性危险。A 列与 B 列的物质必须完全隔绝，否则会生成 C 列的毒性物质。

表 4-5　一些非互容物质的毒性危险

A	B	C	A	B	C
含砷物质	任何还原剂	砷化氢	亚硝酸盐	酸	亚硝酸烟雾
叠氮化物	酸	叠氮化氢	磷	苛性碱或还原剂	磷化氢
氰化物	酸	氢氰酸	硒化物	还原剂	砷化氢
次氯酸盐	酸	氯或次氯酸	硫化物	酸	硫化氢
硝酸盐	硫酸	二氧化氮	碲化物	还原剂	碲化氢
硝酸	铜或重金属	二氧化氮			

（2）反应危险

表 4-6 列出了一些会发生危险反应的非互容物质。A 列和 B 列物质不能在无控制条件下接触，否则会发生剧烈反应。

表 4-6   一些有反应危险的非互容物质

A	B
醋酸	铬酸、硝酸、含羟基化合物、乙二醇、高氯酸、过氧化物、高锰酸盐
丙酮	浓硝酸和硫酸混合物
乙炔	氟气、氯气、溴、铜、银、汞
碱金属和碱土金属	二氧化碳、四氯化碳、烃氯代衍生物
氨(无水)	汞、氯气、溴、碘、次氯酸钙、氟化氢
硝酸铵	酸、金属粉、可燃液体、氯酸盐、亚硝酸盐、硫黄、粉碎的有机物或可燃物
苯胺	硝酸、过氧化氢
溴	氨、乙炔、丁二烯、丁烷和其他石油气、氢气、碳化钠、松节油、苯、粉碎的金属
氧化钙	水
活性炭	次氯酸钙
氯酸盐	氨盐、酸、金属粉、硫、粉碎的有机物或可燃物
铬酸(三氧化铬)	醋酸、萘、樟脑、甘油、松节油、乙醇和其他易燃液体
氯气	氨、乙炔、丁二烯、丁烷和其他石油气、氢气、碳化钠、松节油、苯、粉碎的金属
二氧化氯	氨、甲烷、亚磷酸盐、硫化氢
铜	乙炔、过氧化氢
氟气	与任何物质隔绝
肼	过氧化氢、硝酸和其他氧化物
烃(苯、丙烷、丁烷、汽油、松节油等)	过氧化物
氢氰酸	硝酸、碱金属
氟化氢	氨(含水或无水)
过氧化氢	铜、铬、铁、大多数金属及其盐类、任何易燃液体、可燃物质、苯胺、硝基甲烷
硫化氢	发烟硝酸、氧化性气体
碘	乙炔、氨(无水或含水)
汞	乙炔、雷酸(产生于硝酸-乙醇的混合物)、氨
浓硝酸	醋酸、丙酮、乙醇、苯胺、铬酸、氢氰酸、硫化氢、可硝化物质(纸张、纸板、布匹等)
硝基烷烃	无机碱、胺
草酸	银、汞
氧气	油、脂、氢气、易燃液体、固体或气体
高氯酸	醋酐、铋及其合金、乙醇、纸张、木材、脂、油
有机过氧化物	酸(有机或无机,避免摩擦或低温贮存)
磷(白)	空气、氧气
氯酸钾	酸、其余与氯酸盐同
高氯酸钾	酸、其余与高氯酸同
高锰酸钾	甘油、乙二醇、苯甲醛、硫酸
银	乙炔、草酸、酒石酸、雷酸、氨化合物
亚硝酸钠	硝酸铵或其他铵盐
过氧化钠	任何可氧化的物质,如乙醇、甲醇、冰醋酸、醋酐、苯甲醛、二硫化碳、甘油、乙二醇、醋酸乙酯、醋酸甲酯以及糠醛等
硫酸	氯酸盐、高氯酸盐、高锰酸盐

（3）水敏性危险

水敏性是非互容现象中的常见类型。一些化学物质，如钾和碳化钙与水接触会产生易燃气体：

$$2K+2H_2O \Longrightarrow 2KOH+H_2\uparrow$$
$$CaC_2+2H_2O \Longrightarrow Ca(OH)_2+C_2H_2\uparrow$$

有时水解热足以点燃释放出的气体，造成火险。注意不可使水敏性物质暴露于过程冷却水、冷凝水或雨水等，否则会酿成安全风险。在某些情况下，水敏性物质与水反应产生的气体可以造成封闭设备或管件的过压，需加以警惕。

4.8 化学反应类型及其危险性

化学品的危险性是通过特定类型的化学反应体现出来的。以化工中常见反应过程的热效应为重点，对不同类型的化学反应进行分析，加深对其危险性的认识，有助于化学品安全风险的防范。

（1）燃烧反应

这类反应一般是指固体、液体或气体燃料氧化产生热量。对于绝大多数的有机物，完全燃烧意味着最终有 CO_2 和 H_2O 产生。普通燃烧的反应速率很快但可以控制。许多物质在空气或氧气中燃烧可控制的速率范围是已知的。燃烧炉点火时应特别注意物质的爆炸或燃烧极限。燃烧速率可以用调节温度、氧化剂或燃料的加入量控制。多数情况下燃烧需要点火，但对于反应性极强的物质，可以自燃。

（2）氧化反应

氧化与燃烧的不同之处仅在反应受到控制。与燃烧相比，同样是有机物，氧化反应的最终产物不一定是 CO_2 和 H_2O。如果有足够的氧化剂和燃料，就存在燃烧的可能性。氧化反应都是强放热反应。化学平衡几乎总是有利于完全反应。为了防止产物损失，必须采取措施限制氧化的程度。当使用高锰酸盐、次氯酸及其盐、亚氯酸钠、二氧化氯、所有的氯酸盐、所有的过氧化物、硝酸、四氧化氮和臭氧等强氧化剂作反应物时，要特别注意安全。为降低风险，常采用低浓度的反应物或低温条件。

（3）中和反应

中和反应的危险主要来源于热量的释放；反应进行的速度越快，热量的释放过程也越集中，危险性也就越大。降低反应物浓度，控制反应温度，都是行之有效的安全措施。

（4）电解反应

电解几乎不存在反应危险。只存在高电流强度的危险，氰化物应用的毒性危险，以及可燃气体和高氧化态产物生成的爆炸危险。

（5）复分解反应

这类反应一般归入有很小驱动力、反应热较低的平衡类型，危险性较小。

（6）硝化反应

由于硝化试剂是强氧化剂，而硝化产物又常具有爆炸性，因而应高度重视硝化反应的危险性。硝化反应迅速而又难以控制，常有许多副产物生成。硝化反应本身以及氧化反应都是强放热反应。为避免反应失常或产生爆炸，必须精心控制反应温度。硝化反应的最大允许温度可以从最终产物的温度敏感度估算出，而温度敏感度则可以从相关的化工手册一类的书刊查阅出。存在杂质会增加对温度的敏感度，特别是液相硝化中的氮的氧化物，对进一步氧化起催化作用。有时会发生无爆炸的迅速的自动催化分解反应，放出热量并生成氮气、氮的氧化物和游离碳。

苯的硝化热为 1769.83J·g^{-1}，而工业装置的反应热却大于 2083.63J·g^{-1}，这是因为反应生成水产生大量的稀释热，而硝化用的混酸热容不大。因而液相硝化的温度控制极为重要。硝化的连续过程限制了过程中的物质量，因而可大大减少爆炸危险。气相硝化常伴有不需要的氧化反应，因而反应物浓度需要精心调节，热交换装置的设计要留有余量。

（7）酯化反应

有机和无机酯化反应一般都很慢，常需要催化剂加快反应速率。除非酯化物质是强还原剂，如硝酸酯或高氯酸酯等，或是反应物或产物不稳定，一般的酯化反应危险性均较低。

（8）还原反应

任何还原反应均伴随着氧化过程，因而还原反应危险与氧化反应相同。

（9）氨化反应

氨化剂通常是氨，一般为二级反应。因为需要应用大量过量的氨，反应表现为一级反应。气相反应需要加压。多数反应是放热的，但并不强烈。氨化反应的危险主要来自气体泄漏可能产生的中毒危害以及碱性腐蚀危险。

（10）卤化反应

氟、氯、溴、碘是有重要工业价值的卤族元素。氯的衍生物因其低值而最为重要。卤化反应为强放热反应，氟化反应放热最强。在液相、气相加成或取代中进行的链式反应在相当宽的浓度范围都能产生爆炸。卤素的腐蚀作用难以解决。

① 氯化　在加成和取代反应中大量应用的氯化试剂为：氯气、次氯酸和次氯酸钠、磷酰氯、亚硫酰氯、硫酰氯、磷的氯化物等。常见的是液相和气相氯化，会有完全不同的反应途径，不经实验而对反应途径进行预测是极不可靠的。所有氯化反应都具有危险性。

② 氟化　氟是最活泼的元素，其反应最难控制。氟与烃类的直接反应很剧烈，常引起爆炸，并伴有不需要的 C—C 键的断裂。应特别注意，氟和其他物质间极易形成新键，并释放出大量的热。气相反应一般要用惰性气体稀释以降低危险。

③ 溴化或碘化　反应类似氯化，但反应条件要缓和得多，危险相对较低。

（11）磺化反应

多数磺化反应应用硫酸作磺化剂，反应需要高浓度提供较大的驱动力，一般是在高温下进行。反应中度放热，比较容易控制。多数磺化反应需注意硫酸应用过程的潜在危险。

（12）水解反应

水解是指用水分解，但只有少数反应（一般为无机反应）单独用水。石灰消化、硫酸和磷酸制备等无机反应与通常的有机反应不同。无机水解有控制问题，需要不断移出水解热。有机水解是在液相和气相中操作，应用以下反应试剂：单纯的水、酸溶液、碱溶液、碱熔融液、酶。绝大多数有机水解反应比较缓慢，仅轻微放热，故危险性一般不大。

（13）加氢反应

加氢反应常需要应用催化剂，一般是放热反应。在催化剂表面释放出的反应热，可使催化剂局部温度极高，甚至引起催化剂的烧结。工业上高压氢的应用具有相当的危险性，需给予高度关注。许多加氢反应在高压下操作进行，需对反应条件加以控制。

（14）烷基化反应

烷基化一般为中度放热反应，即使是在高温、高压和催化剂存在的条件下，反应速率仍然很慢。在用烯烃对异构烷烃和芳香烃催化烷基化时，会发生如聚合、异构化、氢转移、取消烷基化等竞争反应。热烷基化需要高温和高压，与催化烷基化相比，很少应用。烷基化的危险主要在于把强腐蚀剂，如氟化氢和二甲基硫酸酯等，用作烷基化试剂或催化剂，而反应本身一般并不具有危险。

（15）缩合反应

缩合是平衡反应，为使反应向着高分子量的方向进行，必须移去分裂出的通常是水的缩合产物。随着分子量变高，反应物质越来越黏稠，搅拌和热量移出越来越困难，反应不断放热可能会酿成火险甚至爆炸。所有缩合反应都是分步进行的，一般不难控制。

（16）聚合反应

聚合反应一般都是放热反应，反应具有相当的危险性，需给予足够的关注。反应危险一般来自以下几个方面：

① 聚合反应使用的单体、溶剂、引发剂、催化剂等多为易燃、易爆化合物，且反应大多需在高压反应釜进行，因而会有火灾与爆炸危险；

② 随着聚合反应的进行，聚合产物的分子量逐渐增高、黏度逐渐加大，聚合反应热不易导出，一旦遇到停水、停电、搅拌故障时，容易挂壁和堵塞，造成局部过热或反应釜飞温，发生爆炸；

③ 聚合反应中加入的引发剂都是化学活性很强的过氧化物或偶氮类化合物，如过氧化苯甲酰、偶氮二异丁腈等，一旦物料配比控制不当引起爆聚，会导致反应体系压力骤增，引起爆炸。

思 考 题

1. 按照现行国家标准，我国是如何对危险化学品进行分类的？
2. 易燃物质的性质和特征都有哪些？如何评估物质的易燃性？
3. 毒性物质的性质和特征都有哪些？如何划分毒性物质的危险等级？
4. 反应性物质具有什么危险？该如何预防？
5. 如何用热力学和反应动力学原理判断化学反应过程的危险性？

第5章 燃烧、爆炸与防火防爆安全技术

燃烧是可燃物质与助燃物质（氧或其他助燃物质）之间发生的一种发光发热的氧化反应。在化学反应中，失掉电子的物质被氧化，获得电子的物质被还原。所以，氧化反应并不限于与氧的反应。例如，氢在氯中燃烧生成氯化氢。氢原子失掉一个电子被氧化，氯原子获得一个电子被还原。类似地，金属钠在氯气中燃烧，炽热的铁在氯气中燃烧，都是激烈的氧化反应，并伴有光和热的发生。金属和酸反应生成盐也是氧化反应，但没有同时发光发热，所以不能称作燃烧。灯泡中的灯丝通电后同时发光发热，但并非氧化反应，所以也不能称作燃烧。只有同时发光发热的氧化反应才被界定为燃烧。

5.1 燃烧概述

5.1.1 燃烧三要素

可燃物质（一切可氧化的物质）、助燃物质（氧化剂）和火源（能够提供一定的温度或热量），是可燃物质燃烧的三个基本要素。缺少三个要素中的任何一个，燃烧便不会发生。对于正在进行的燃烧，只要充分控制三个要素中的任何一个，使燃烧三要素不能满足，燃烧就会终止。所以，防火防爆安全技术可以归结为这三个要素的控制问题。例如，在无惰性气体覆盖的条件下加工处理一种如丙酮之类的易燃物质，一开始便具备了燃烧三要素中的前两个要素，即可燃物质和氧化气氛。丙酮的闪点是 $-10℃$，这意味着在高于 $-10℃$ 的任何温度，丙酮都可以释放出足够量的蒸气，与空气形成易燃混合物，一旦遭遇火花、火焰或其他火源就会引发燃烧。为了达到防火的目的，至少要实现下列四个条件中的一个条件：

① 环境温度保持在 $-10℃$ 以下；
② 切断大气氧的供应；
③ 在区域内清除任何形式的火源；
④ 在区域内安装良好的通风设施。

丙酮蒸气一旦释放出来，排气装置就应迅速将其排离出区域，使丙酮蒸气和空气的混合物不至于达到危险的浓度。

条件①和②在工业规模上很难达到，而条件③和④则不难实现。固然，完全清除燃烧三要素中的任何一个，都可以杜绝燃烧的发生。然而，对工业操作施加如此严格的限制在经济上很少是可行的。工业物料安全加工研究的一个重要目的是，确定在兼顾经济和杜绝燃烧的可行性方面还留有多大余地。为此，人们知道如何防火还不够，降低防火的消费成本在工业防火中有着同样重要的作用。

燃烧反应在温度、压力、组成和点火能等方面都存在极限值。可燃物质和助燃物质达到一定的浓度，火源具备足够的温度或热量，才会引发燃烧。如果可燃物质和助燃物质在某个浓度值以下，或者火源不能提供足够的温度或热量，即使表面上看似乎具备了燃烧的三个要素，燃烧仍不会发生。例如，氢气在空气中的浓度低于 4% 时便不能点燃，而一般可燃物质当空气中氧含量低于 14% 时便不会引发燃烧。总之，可燃物质的浓度在其上下极限浓度以外，燃烧便不会发生。

近代燃烧理论用链反应来解释可燃物质燃烧的本质，认为多数可燃物质的氧化反应不是直接进行的，而是通过游离基团和原子这些中间产物经链反应进行。有些学者在燃烧的三角形理论基础上，提出了燃烧的四面体学说。这种学说认为，燃烧除具备可燃物质、助燃物质和火源三角形的三个边以外，还应该保证可燃物质和助燃物质之间的反应不受干扰，即进行"不受抑制的链反应"。

多数情况下，燃烧可以理解为燃料和氧间伴有发光发热的化学反应。除自燃现象外，都需要用点火源引发燃烧。所以，燃烧要素可以简单地表示为燃料、氧和火源这三个基本条件。通过对三个基本条件进行的讨论，可以探寻降低火灾危险的途径。

5.1.1.1 燃料

防火的一个重要内容是考虑燃烧的物质，即燃料本身。处于蒸气或其他微小分散状态的燃料和氧之间极易引发燃烧。固体研磨成粉状或加热蒸发极易起火。但也有少数例外，有些固体蒸发所需的温度远高于通常的环境温度。液体则显现出很大的不同。有些液体在远低于室温时就有较高的蒸气压，就能释放出危险量的易燃蒸气。另外一些液体在略高于室温时才有较高的蒸气压，还有一些液体在相当高的温度才有较高的蒸气压。很显然，液体释放出蒸气与空气形成易燃混合物的温度是其潜在危险的量度，这可以用闪点来表示。换句话说，液体闪点的高低，是衡量其火险大小的标志。

排除潜在火险对于防火安全是重要的。为此，必须用密封的有排气管的罐盛装易燃液体。这样，当与罐隔开一段距离的物料意外起火时，液罐被引燃的可能性将会大大减小。因为燃烧的液体产生大量的热，会引发存放液罐的建筑物起火，把易燃物料置于耐火建筑中对于防火安全也是重要的。易燃液体安全的关键是防止蒸气的爆炸浓度在封闭空间中的积累。当应用或储存中度或高度易燃液体时，通风是必要的安全措施。通风量的大小取决于物料及其所处的条件。因为有些蒸气密度较大，向下沉降，仅凭蒸气的气味作为警示是极不可靠的。用爆炸或易燃蒸气指示器连续检测才是安全的方法。

5.1.1.2 氧

绝大多数的燃烧，都少不了氧的参与。而且，反应气氛中氧的浓度越高，燃烧得就越迅速、越完全。反之，则燃烧难以正常进行。不过，由于通常阻止发火的氧浓度远低于正常浓度，因而工业上很难通过调节加工区氧浓度的手段来降低火险，否则会影响现场人员呼吸。当然对于那些在通常温度下暴露在空气中就会起火燃烧的物料，采取措施将其与空气隔绝是完全必要的。常用的手段包括，将物料的操作放在真空容器或充满惰性气体，如氩、氦和氮的容器内进行等。

5.1.1.3 火源

需要牢记的是，可以引发事故的火源并不仅限于明火。下面给出的就是一些常见的火源以及与之有关的安全建议。

（1）明火

在易燃物附近，必须核查这一类火源，如喷枪、火柴、电灯、焊枪、探照灯、手灯、手炉等，必须考虑裂解气或油品管线成为火源的可能性。为了防火安全，常常用隔墙的方法实现充分隔离。隔墙应该相当坚固，以在喷水器或其他救火装置灭火时能够有效地遏止火焰。一般推荐使用耐火材料来建筑隔墙，如混凝土等。

易燃液体在应用时需要采取限制措施。在加工区，即使运输或储存少量易燃液体，也要用安全罐盛装。为了防止易燃蒸气的扩散，应该尽可能采用密封系统。在火灾中，防止火焰扩散是绝对必要的。所有罐都应该设置通往安全地的溢流管道，因而必须用拦液堤容纳溢流的燃烧液体，否则火焰会大面积扩散，造成人员或财产的更大损失。除采取上述防火措施外，降低起火后的总消耗也是重要的。高位储存易燃液体的装置应该通过采用防水地板、排液沟、溢流管等措施，防止燃烧液体流向楼梯井、管道开口、墙的裂缝等。

（2）热源

热可以源自燃烧，也可以源自普通的化学反应，源自容器、管路表面、干燥炉等。事实上，只需要把很少量的燃料和氧的混合物加热到一定程度就能引发燃烧。超过引发燃烧所需阈值的热量常常是引发火灾事故的重要原因。这样的热量可以由不同的点火源提供，如高的环境温度、热表面等。易燃蒸气与燃烧室、干燥器、烤炉、导线管、以及蒸气管线接触，常引发易燃蒸气起火。如果设备运行时的温度有可能会超过一些材料的自燃点，要把这些材料与设备隔开至安全距离。这样的设备应该仔细地监视和维护，防止偶发的过热。

有时，在封闭的没有通风的仓库中积累的热量足以使氧化反应加速至着火点，发生自燃现象。其实，这只是环境提供的热量超过了物质自燃所需的触发条件，其火源就是过热环境这个热源。因此，处理易燃液体，特别是容易自热的易燃液体时，要特别注意通风问题。在所有设备和建筑物中，都应该避免废料、烂布条等的积累或淤积，以免引发易燃物的自燃。

（3）火花

机具和设备发生的火花，吸烟的热灰、无防护的灯、锅炉、焚烧炉以及汽油发动机的回火，都是起火的潜在因素。在储存和应用易燃液体的区域应该禁止吸烟。这种区域的所有设备都应该进行一级条件的维护，应该尽可能地应用防火花或无火花的器具和材料。

（4）静电

许多操作可以在物质表面产生电荷即所谓静电。在湿度比较小的季节或人工加热的情形，静电起火更容易发生。在应用易燃液体的场所，保持相对湿度在 40%～50%之间，会大大降低产生静电火花的可能性。为了消除静电火花，必须采用电接地、静电释放设施等。所有易燃液体罐、管线和设备，都应该互相连接并接地。对于上述设施，禁止使用传送带，尽可能采用直接的或链条的传动装置。如果不得不使用传送带，传送带的速度必须限定在45.7m/min 以下，或者采用会降低产生静电火花可能性特殊装配的传送带。

（5）摩擦

许多起火是由机械摩擦引发的，如通风机叶片与保护罩的摩擦、润滑性能很差的轴承、研磨或其他机械过程，都有可能引发起火。对于通风机和其他设备，应该经常检查并维持在尽可能好的状态。对于摩擦产生大量热的过程，应该和储存或应用易燃液体的场所隔开。

（6）电源

电源在这里指的是电力供应和发电装置，以及电加热和电照明设施。在危险地域安装电力设施时，以下电力规范措施是应该认真遵守的公认的准则。

① 应用特殊的导线和导线管。

② 应用防爆电动机，特别是在地平面或低洼地安装时，更应该如此。

③ 应用特殊设计的加热设备，警惕加热设备材质的自燃温度，推荐应用热水或蒸气加热设备。

④ 电气控制元件，如热断路器、开关、中继器、变压器、接触器等，容易发出火花或变热，这些元件不宜安装在易燃液体储存区。在易燃液体储存区只能用防爆按钮控制开关。

⑤ 在危险气氛中或在库房中，仅可应用不透气的球灯。在良好通风的区域才可以用普通灯。最好用固定的吊灯，手提安全灯也可以应用。

⑥ 在危险区，只有在防爆的条件下，才可以安装保险丝和电路闸开关。

⑦ 电动机座、控制盒、导线管等都应该按照普通的电力安装要求接地。

5.1.2　燃烧形式

可燃物质和助燃物质存在的相态、混合程度和燃烧过程不尽相同，其燃烧形式是多种多样的。

（1）均相燃烧和非均相燃烧

按照可燃物质和助燃物质相态的异同，可分为均相燃烧和非均相燃烧。均相燃烧是指可燃物质和助燃物质间的燃烧反应在同一相中进行，如氢气在氧气中的燃烧，煤气在空气中的燃烧。非均相燃烧是指可燃物质和助燃物质并非同相，如石油（液相）、木材（固相）在空气（气相）中的燃烧。与均相燃烧比较，非均相燃烧比较复杂，需要考虑可燃液体或固体的加热，以及由此产生的相变化。

（2）混合燃烧和扩散燃烧

可燃气体与助燃气体燃烧反应有混合燃烧和扩散燃烧两种形式。可燃气体与助燃气体预先混合而后进行的燃烧称为混合燃烧。可燃气体由容器或管道中喷出，与周围的空气（或氧气）互相接触扩散而产生的燃烧，称为扩散燃烧。与扩散燃烧相比，混合燃烧速度快、温度高，一般爆炸反应属于这种形式。在扩散燃烧中，由于与可燃气体接触的氧气量偏低，通常会产生不完全燃烧的炭黑。

（3）蒸发燃烧、分解燃烧和表面燃烧

可燃固体或液体的燃烧反应有蒸发燃烧、分解燃烧和表面燃烧几种形式。

蒸发燃烧是指可燃液体蒸发出的可燃蒸气的燃烧。通常液体本身并不燃烧，只是由液体蒸发出的蒸气进行燃烧。很多固体或不挥发性液体经热分解产生的可燃气体的燃烧称为分解燃烧。如木材和煤大都是由热分解产生的可燃气体进行燃烧。而硫黄和萘这类可燃固体是先熔融、蒸发，而后进行燃烧，也可视为蒸发燃烧。

可燃固体和液体的蒸发燃烧和分解燃烧，均有火焰产生，属火焰型燃烧。当可燃固体燃烧至分解不出可燃气体时，便没有火焰，燃烧继续在所剩固体的表面进行，称为表面燃烧。金属燃烧即属表面燃烧，无汽化过程，无需吸收蒸发热，燃烧温度较高。

此外，根据燃烧产物或燃烧进行的程度，还可分为完全燃烧和不完全燃烧。

5.1.3 燃烧类别

依据可燃物质的性质，燃烧一般可划分为 4 个基本类别。

(1) A 类燃烧

A 类燃烧定义为如木材、纤维织品、纸张等普通可燃物质的燃烧。此类燃烧都生成灼烧余烬，如木炭。容易忽略的是木炭本身也是 A 类燃烧物质。需要特别注意，水和基于碳氢盐的干燥化学品并不是有效的灭火剂。还有，橡胶和橡胶类的物质以及塑料，在燃烧的早期更像是下面定义的 B 类燃烧物质，而后期肯定是 A 类燃烧物质。

(2) B 类燃烧

B 类燃烧定义为易燃石油制品或其他易燃液体、油脂等的燃烧。然而，有些固体，比如萘是一个明显的例子，燃烧时熔化并显示出易燃液体燃烧的一切特征，而且无灰烬。近些年来，金属烷基化合物频繁地用于化学工业中，这些易燃液体由于其自燃温度极低，而且在许多情况下与水剧烈反应，从而提出一个特殊的问题。

尽管单从定义上讲，化学工业中常用的易燃气体无法直接划分到这几个燃烧类别中的任何一个，但在实际上应用上，应将其当作 B 类燃烧物质处理。多年来，由于泄漏气体灭火后仍继续流动形成爆炸混合物，随之起火燃烧，对泄漏气体的普通做法是不采取灭火措施。但是，实际经验表明，在某些情况下，必须先灭火方能停止气体泄漏。以液体形式储存的气体，如液化天然气、丙烷、氯乙烯等，液态泄漏比气态泄漏会发生更严重的火灾。

(3) C 类燃烧

C 类燃烧定义为供电设备的燃烧。对于这类燃烧，首先要求灭火介质具有电绝缘性。电器设备一经切断电源，除非含有易燃液体如变压器油等，即可采用适用于 A 类燃烧的灭火器材。对于含有毒性易燃液体的情形，应采用适用于 B 类燃烧的灭火器材。如果含有 A 类和 B 类燃烧物的复合物，应该用水喷雾或多功能干燥化学品作灭火剂。

(4) D 类燃烧

D 类燃烧定义为可燃金属的燃烧。对于钠和钾等低熔点金属的燃烧，由于很快会成为低密度液体的燃烧，会使大多数灭火干粉沉没，而液体金属仍继续暴露在空气中，从而给灭火带来困难。这些金属会自发地与水反应，有时很剧烈，也会出现问题。

高熔点金属会以各种形式存在：粉末型、薄片型、切削型、浇铸型、挤压型。适用于浇铸型燃烧的灭火剂用于粉末型或切削型燃烧时会有很大危险。常用的金属镁在低熔点和高熔点金属之间，一般总是以固体形式存在，但在燃烧时很容易熔化而成为液体，因而表现得与前述两者都不同。

5.1.4 燃烧类型及其特征参数

如果按照燃烧起因，燃烧可分为闪燃、点燃和自燃三种类型。闪点、着火点和自燃点分别是上述三种燃烧类型的特征参数,这三种特征参数已在第 4 章 4.2 节易燃物质的性质和特征中作过简单介绍。

(1) 闪燃和闪点

液体表面都有一定量的蒸气存在,由于蒸气压的大小取决于液体所处的温度,因此,蒸气的浓度也由液体的温度所决定。可燃液体表面的蒸气与空气形成的混合气体与火源接近时会发生瞬间燃烧,出现瞬间火苗或闪光。这种现象称为闪燃。闪燃的最低温度称为闪点。可燃液体的温度高于其闪点时,随时都有被火点燃的危险。

闪点这个概念主要适用于可燃液体。某些可燃固体,如樟脑和萘等,也能蒸发或升华为蒸气,因此也有闪点。一些可燃液体的闪点列于表 5-1,一些油品的闪点则列于表 5-2。

表 5-1　一些可燃液体的闪点和自燃点

物质名称	闪点/℃	自燃点/℃	物质名称	闪点/℃	自燃点/℃	物质名称	闪点/℃	自燃点/℃
丁烷	−60	365	苯	11.1	555	四氢呋喃	−13.0	230
戊烷	<−40.0	285	甲苯	4.4	535	醋酸	38	—
己烷	−21.7	233	邻二甲苯	72.0	463	醋酐	49.0	315
庚烷	−4.0	215	间二甲苯	25.0	525	丁二酸酐	88	—
辛烷	36	—	对二甲苯	25.0	525	甲酸甲酯	<−20	450
壬烷	31	205	乙苯	15	430	环氧乙烷	—	428
癸烷	46.0	205	萘	80	540	环氧丙烷	−37.2	430
乙烯	—	425	甲醇	11.0	455	乙胺	−18	—
丁烯	−80	—	乙醇	14	422	丙胺	<−20	—
乙炔	—	305	丙醇	15	405	二甲胺	−6.2	—
1,3-丁二烯	—	415	丁醇	29	340	二乙胺	−26	—
异戊间二烯	−53.8	220	戊醇	32.7	300	二丙胺	7.2	—
环戊烷	<−20	380	乙醚	−45.0	170	氢	—	560
环己烷	−20.0	260	丙酮	−10	—	硫化氢	—	260
氯乙烷	—	510	丁酮	−14	—	二硫化碳	−30	102
氯丙烷	<−20	520	甲乙酮	−14	—	六氢吡啶	16	—
二氯丙烷	15	555	乙醛	−17	—	水杨醛	90	—
溴乙烷	<−20.0	511	丙醛	15	—	水杨酸甲酯	101	—
氯丁烷	12.0	210	丁醛	−16	—	水杨酸乙酯	107	—
氯乙烯	—	413	呋喃	—	390	丙烯腈	−5	—

表 5-2　一些油品的闪点和自燃点

油品名称	闪点/℃	自燃点/℃
汽油	<28	510～530
煤油	28～45	380～425
轻柴油	45～120	350～380
重柴油	>120	300～330
蜡油	>120	300～380
渣油	>120	230～240

（2）点燃和着火点

可燃物质在空气充足的条件下，达到一定温度与火源接触即行着火，移去火源后仍能持续燃烧达 5min 以上，这种现象称为点燃。点燃的最低温度称为着火点。可燃液体的着火点约高于其闪点 5～20℃。但闪点在 100℃ 以下时，二者往往相同。在没有闪点数据的情况下，也可以用着火点表征物质的火险。

（3）自燃和自燃点

在无外界火源的条件下，物质自行引发的燃烧称为自燃。自燃的最低温度称为自燃点。表 5-1 和表 5-2 也列出了一些可燃液体的自燃点。自燃点的具体温度量值与许多因素有关，压力、组成和催化剂性能等对可燃物质自燃点的温度量值都有很大影响。压力越高，自燃点越低。可燃气体与空气混合，其组成为化学计量比时自燃点最低。活性催化剂能降低物质的自燃点；而钝性催化剂则能提高物质的自燃点。

有机化合物的自燃点则呈现下述规律性：同系物中自燃点随分子量的增加而降低；直链结构的自燃点低于其异构物的自燃点；饱和链烃比相应的不饱和链烃的自燃点更高；芳香族低碳烃的自燃点高于同碳数脂肪烃的自燃点；较低级脂肪酸、酮的自燃点较高；较低级醇类和醋酸酯类的自燃点较低。

可燃性固体粉碎得越细、粒度越小，其自燃点越低。固体受热分解，产生的气体量越大，自燃点越低。对于有些固体物质，受热时间较长，自燃点也较低。

物质的自燃受诸多因素的影响。其中热量生成速率就是影响自燃的一个重要因素。热量生成速率可以用氧化热、分解热、聚合热、吸附热、发酵热等过程热与反应速率的乘积表示。因此，物质的过程热越大，热量生成速率也越大；温度越高，反应速率增加，热量生成速率亦增加。热量积累是影响自燃的另一个重要因素。保温状况良好，热导率低；可燃物质紧密堆积，中心部分处于绝热状态，热量都易于积累引发自燃。空气流通利于散热，则很少发生自燃。

物质自燃有受热自燃和自热燃烧两种类型。

① 受热自燃　可燃物质在外部热源作用下温度升高，达到其自燃点而自行燃烧称为受热自燃。可燃物质与空气一起被加热时，首先缓慢氧化，氧化反应热使物质温度升高，同时由于散热也有部分热损失。若反应热大于损失热，氧化反应加快，温度继续升高，达到物质的自燃点而自燃。在化工生产中，可燃物质由于接触高温热表面、加热或烘烤、撞击或摩擦等，均有可能导致自燃。

② 自热燃烧　可燃物质在无外部热源的影响下，其内部发生物理、化学或生化变化而产生热量，并不断积累使物质温度上升，达到其自燃点而燃烧。这种现象称为自热燃烧。引起物质自热的原因有：氧化热（如不饱和油脂）、分解热（如赛璐珞）、聚合热（如液相氰化氢）、吸附热（如活性炭）、发酵热（如植物）等。

5.2　燃烧过程与燃烧原理

5.2.1　燃烧过程

可燃物质的燃烧一般是在气相中进行。由于可燃物质的状态不同，其燃烧过程也不相同。

气体最易燃烧，燃烧所需要的热量用于本身的氧化分解，并使其达到着火点。气体在极短的时间内就能全部燃尽。

液体在火源作用下，先蒸发成蒸气，而后氧化分解进行燃烧。与气体燃烧相比，液体燃烧需要多消耗液体变为蒸气的蒸发热。

固体燃烧有两种情况：对于硫、磷等简单物质，受热时首先熔化，而后蒸发为蒸气进行燃烧，无分解过程；对于复合物质，受热时首先分解成小组成部分，生成气态和液态产物，而后气态产物和液态产物蒸气着火燃烧。

任何物质的燃烧都要经历氧化分解、着火、燃烧等阶段。物质燃烧过程的温度变化如图 5-1 所示。$T_{初}$ 为可燃物质开始加热的温度。初始阶段，加热的大部分热量用于可燃物质的熔化或分解，温度上升比较缓慢。当温度继续上升到达 $T_{氧}$，可燃物质开始氧化。由于温度较低，氧化速度不快，氧化产生的热量尚不足以抵消向外界的散热。此时若停止加热，尚不会引起燃烧。如继续加热，温度上升很快，到达 $T_{自}$，即使停止加热，温度仍自行升高，到达 $T'_{自}$ 就着火燃烧起来。这里，$T_{自}$ 是理论上的自燃点，$T'_{自}$ 是开始出现火焰的温度，为实际测得的自燃点。$T_{燃}$ 为物质的燃烧温度。$T_{自} \sim T'_{自}$ 间的时间间隔称为燃烧诱导期，在安全上有一定实际意义。

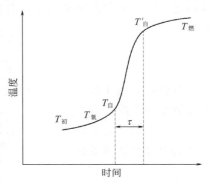

图 5-1 物质燃烧过程的温度变化

5.2.2 燃烧的活化能理论

燃烧是化学反应，分子间发生化学反应的必要条件是互相碰撞。在标准状况下，$1dm^3$ 体积内分子互相碰撞约 10^{28} 次/s。但并不是所有碰撞的分子都能发生化学反应，只有少数具有一定能量的分子互相碰撞才会发生反应，这些少数分子称为活化分子。活化分子的能量要比分子平均能量超出一定值，超出分子平均能量的定值称为活化能。活化分子碰撞发生化学反应，故称为有效碰撞。

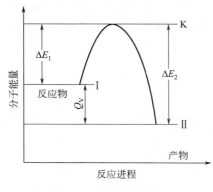

图 5-2 活化能示意图

活化能的概念可以用图 5-2 说明，横坐标表示反应进程，纵坐标表示分子能量。由图可见，能级 I 的能量大于能级 II 的能量，所以能级 I 的反应物转变为能级 II 的产物，反应过程是放热的。反应的热效应 Q_V 等于能级 II 与能级 I 的能量差。能级 K 的能量是反应发生所必需的能量。所以，正向反应的活化能 ΔE_1 等于能级 K 与能级 I 的能量差，而逆向反应的活化能 ΔE_2 则等于能级 K 与能级 II 的能量差。ΔE_2 和 ΔE_1 的差值即为反应的热效应。

当明火接触可燃物质时，部分分子获得能量成为活化分子，有效碰撞次数增加而发生燃烧反应。例如，氧原子与氢反应的活化能为 $25.10kJ \cdot mol^{-1}$，在 27℃、0.1MPa 时，有效碰撞仅为碰撞总数的十万分之一，不会引发燃烧反应。而当明火接触时，活化分子增多，有效碰撞次数大大增加而发生燃烧反应。

5.2.3 燃烧的过氧化物理论

在燃烧反应中，氧首先在热能作用下被活化而形成过氧键 —O—O—，可燃物质与过氧键加和成为过氧化物。过氧化物不稳定，在受热、撞击、摩擦等条件下，容易分解甚至燃烧或爆炸。过氧化物是强氧化剂，不仅能氧化可形成过氧化物的物质，也能氧化其他较难氧化的物质。如氢和氧的燃烧反应，首先生成过氧化氢，而后过氧化氢与氢反应生成水。反应式如下：

$$H_2 + O_2 \longrightarrow H_2O_2$$
$$H_2O_2 + H_2 \longrightarrow 2H_2O$$

有机过氧化物可视为过氧化氢 H—O—O—H 的衍生物，即过氧化氢中的一个或两个氢原子被烷基所取代，生成 H—O—O—R 或 R—O—O—R'。所以过氧化物是可燃物质被氧化的最初产物，是不稳定的化合物，极易燃烧或爆炸。如蒸馏乙醚的残渣中常由于形成过氧乙醚而引起自燃或爆炸。

5.2.4 燃烧的链反应理论

在燃烧反应中，气体分子间互相作用，往往不是两个分子直接反应生成最后产物，而是活性分子自由基与分子间的作用。活性分子自由基与另一个分子作用产生新的自由基，新自由基又迅速参加反应，如此延续下去形成一系列链反应。

链反应通常分为直链反应和支链反应两种类型。直链反应的特点是，自由基与价键饱和的分子反应时活化能很低，反应后仅生成一个新的自由基。氯和氢的反应是典型的直链反应。在氯和氢的反应中，只要引入一个光子，便能生成上万个氯化氢分子，这正是由于链反应的结果。支链反应的特点是，一个自由基能生成一个以上的自由基活性中心。任何链反应均由三个阶段构成，即链的引发、链的传递（包括支化）和链的终止。链的引发需有外来能量激发，以破坏分子键生成第一个自由基，然后自由基再与分子反应生成新的自由基，形成链的传递，或是支化，直至两个自由基碰撞导致链的终止。氧和氢的反应是典型的支链反应。

5.3 燃烧的特征参数

5.3.1 燃烧温度

可燃物质燃烧所产生的热量在火焰燃烧区域释放出来，火焰温度即是燃烧温度。表 5-3 列出了一些常见可燃物质的燃烧温度。

表 5-3　一些常见可燃物质的燃烧温度

物质	温度/℃	物质	温度/℃	物质	温度/℃	物质	温度/℃
甲烷	1800	原油	1100	木材	1000~1170	液化气	2100
乙烷	1895	汽油	1200	镁	3000	天然气	2020
乙炔	2127	煤油	700~1030	钠	1400	石油气	2120
甲醇	1100	重油	1000	石蜡	1427	火柴火焰	750~850
乙醇	1180	烟煤	1647	一氧化碳	1680	燃着香烟	700~800
乙醚	2861	氢气	2130	硫	1820	橡胶	1600
丙酮	1000	煤气	1600~1850	二硫化碳	2195		

5.3.2　燃烧速率

（1）气体燃烧速率

气体燃烧无需像固体、液体那样经过熔化、蒸发等过程，所以气体燃烧速率很快。气体的燃烧速率随物质的成分不同而异。单质气体如氢气的燃烧只需受热、氧化等过程；而化合物气体如天然气、乙炔等的燃烧则需要经过受热、分解、氧化等过程。所以，单质气体的燃烧速率要比化合物气体的快。在气体燃烧中，扩散燃烧速率取决于气体扩散速率，而混合燃烧速率则只取决于本身的化学反应速率。因此，在通常情况下，混合燃烧速率高于扩散燃烧速率。

气体的燃烧性能常以火焰传播速率来表征，火焰传播速率有时也称为燃烧速率。燃烧速率是指燃烧表面的火焰沿垂直于表面的方向向未燃烧部分传播的速率。在多数火灾或爆炸情况下，已燃和未燃气体都在运动，燃烧速率和火焰传播速率并不相同。这时的火焰传播速率等于燃烧速率和整体运动速率的和。

管道中气体的燃烧速率与管径有关。当管径小于某个小的量值时，火焰在管中不传播。若管径大于这个量值，火焰传播速率随管径的增加而加快，但当管径增加到某个量值时，火焰传播速率便不再增加，此时即为最大燃烧速率。表 5-4 列出了烃类气体在空气中的最大燃烧速率。

表 5-4　烃类气体在空气中的最大燃烧速率

气体	体积分数/%	速率/m·s⁻¹	气体	体积分数/%	速率/m·s⁻¹	气体	体积分数/%	速率/m·s⁻¹
甲烷	10.0	0.338	丙烯	5.0	0.438	苯	2.9	0.446
乙烷	6.3	0.401	1-丁烯	3.9	0.432	甲苯	2.4	0.338
丙烷	4.5	0.390	1-戊烯	3.1	0.426	邻二甲苯	2.1	0.344
正丁烷	3.5	0.379	1-己烯	2.7	0.421	1,2,3-三甲苯	1.9	0.343
正戊烷	2.9	0.385	乙炔	10.1	1.41	正丁苯	1.7	0.359
正己烷	2.5	0.368	丙炔	5.9	0.699	叔丁基苯	1.6	0.366
正庚烷	2.3	0.386	1-丁炔	4.4	0.581	环丙烷	5.0	0.495
2,3-二甲基戊烷	2.2	0.365	1-戊炔	3.5	0.529	环丁烷	3.9	0.566
2,3,4-三甲基戊烷	1.9	0.346	1-己炔	3.0	0.485	环戊烷	3.2	0.373
正癸烷	1.4	0.402	1,2-丁二烯	4.3	0.580	环己烷	2.7	0.387
乙烯	7.4	0.683	1,3-丁二烯	4.3	0.545	环己烯	2.8	0.403

（2）液体燃烧速率

液体燃烧速率取决于液体的蒸发。其燃烧速率有下面两种表示方法：

① 质量速率　质量速率指的是指每平方米可燃液体表面每小时烧掉的液体的质量，单位为 $kg \cdot m^{-2} \cdot h^{-1}$。

② 体积速率　体积速率指的是指每平方米可燃液体表面每小时烧掉的液体的体积，单位为 $m^3 \cdot m^{-2} \cdot h^{-1}$。由于液体体积等于液体表面积乘以烧掉液层高度，分子、分母上都有的面积量可以约去，只剩下分子上面的烧掉液层高度，体积速率的定义式也就简化为了每小时烧掉液层的高度，单位是 $m \cdot h^{-1}$，故此体积速率也常被称为直线速率。

液体的燃烧过程是先蒸发而后燃烧。易燃液体在常温下蒸气压就很高，因此有火星、灼热物体等靠近时便能着火。之后，火焰会很快沿液体表面蔓延。另一类液体只有在火焰或灼热物体长久作用下，使其表层受强热大量蒸发才会燃烧。故在常温下生产、使用这类液体，基本没有火灾或爆炸危险。这类液体着火后，火焰在液体表面上蔓延得也很慢。

为了维持液体燃烧，必须向液体传入大量热，使表层液体被加热并蒸发。火焰向液体传热的方式是辐射。故火焰沿液面蔓延的速率决定于液体的初温、热容、蒸发潜热以及火焰的辐射能力。表 5-5 列出了几种常见易燃液体的燃烧速率。

表 5-5　常见易燃液体的燃烧速率

| 液体 | 燃烧速率 | | 相对密度 | 液体 | 燃烧速率 | | 相对密度 |
| | 直线速率 | 质量速率 | | | 直线速率 | 质量速率 | |
	$/m \cdot h^{-1}$	$/kg \cdot m^{-2} \cdot h^{-1}$			$/m \cdot h^{-1}$	$/kg \cdot m^{-2} \cdot h^{-1}$	
甲醇	0.072	57.6	$d_{16}=0.8$	甲苯	0.1608	138.29	$d_{17}=0.86$
乙醚	0.175	125.84	$d_{15}=0.175$	航空汽油	0.126	91.98	$d_{16}=0.73$
丙酮	0.084	66.36	$d_{18}=0.79$	车用汽油	0.105	80.85	$d_{15}=0.72$
一氧化碳	0.1047	132.97	$d_{15}=1.27$	煤油	0.066	55.11	$d_{10}=0.835$
苯	0.189	165.37	$d_{16}=0.875$				

(3) 固体燃烧速率

固体燃烧速率一般要小于可燃液体和可燃气体。不同固体物质的燃烧速率有很大差异。萘及其衍生物、三硫化磷、松香等可燃固体，其燃烧过程是受热熔化、蒸发汽化、分解氧化、起火燃烧，一般速率较慢。而另外一些可燃固体，如硝基化合物、含硝化纤维素的制品等，燃烧是分解式的，燃烧剧烈，速度很快。

可燃固体的燃烧速率还取决于燃烧比表面积，即燃烧表面积与体积的比值越大，燃烧速率越大，反之，则燃烧速率越小。

5.3.3　燃烧热

在前面已经介绍过燃烧热的概念，并给出了标准燃烧热的定义。可燃物质燃烧爆炸时所达到的最高温度、最高压力和爆炸力与物质的燃烧热有关。物质的标准燃烧热数据不难从一般的物性数据手册中查阅到。

物质的燃烧热数据一般是用量热仪在常压下测得的。因为生成的水蒸气全部冷凝成水和不冷凝时，燃烧热效应的差值为水的蒸发潜热，所以燃烧热有高热值和低热值之分。高热值是指单位质量的燃料完全燃烧，生成的水蒸气全部冷凝成水时所放出的热量；而低热值是指生成的水蒸气不冷凝时所放出的热量。表 5-6 是一些可燃气体的燃烧热，高热值和低热值的燃烧热分别列出。

表 5-6　一些可燃气体的燃烧热

气体	高热值		低热值		气体	高热值		低热值	
	kJ·kg⁻¹	kJ·m⁻³	kJ·kg⁻¹	kJ·m⁻³		kJ·kg⁻¹	kJ·m⁻³	kJ·kg⁻¹	kJ·m⁻³
甲烷	55723	39861	50082	35823	丙烯	48953	87027	45773	81170
乙烷	51664	65605	47279	58158	丁烯	48367	115060	45271	107529
丙烷	50208	93722	46233	83471	乙炔	49848	57873	48112	55856
丁烷	49371	121336	45606	108366	氢	141955	12770	119482	10753
戊烷	49162	149787	45396	133888	一氧化碳	10155	12694		
乙烯	49857	62354	46631	58283	硫化氢	16778	25522	15606	24016

5.4　爆炸及其类型

5.4.1　爆炸概述

爆炸是物质发生急剧的物理、化学变化，在瞬间释放出大量能量并伴有巨大声响的过程。在爆炸过程中，爆炸物质所含能量的快速释放，变为对爆炸物质本身、爆炸产物及周围介质的压缩能或运动能。物质爆炸时，大量能量极短的时间在有限体积内突然释放并聚积，造成高温高压，对邻近介质形成急剧的压力突变并引起随后的复杂运动。爆炸介质在压力作用下，表现出不寻常的运动或机械破坏效应，以及爆炸介质受振动而产生的音响效应。

爆炸常伴随发热、发光、高压、真空、电离等现象，并且具有很大的破坏作用。爆炸的破坏作用与爆炸物质的数量和性质、爆炸时的条件以及爆炸位置等因素有关。如果爆炸发生在均匀介质的自由空间，在以爆炸点为中心的一定范围内，爆炸力的传播是均匀的，并使这个范围内的物体粉碎、飞散。

爆炸的威力是巨大的。在遍及爆炸起作用的整个区域内，有一种令物体震荡、使之松散的力量。爆炸发生时，爆炸力的冲击波最初使气压上升，随后气压下降使空气振动产生局部真空，呈现出所谓的吸收作用。由于爆炸的冲击波呈升降交替的波状气压向四周扩散，从而造成附近建筑物的震荡破坏。

化工装置、机械设备、容器等爆炸后，变成碎片飞散出去会在相当大的范围内造成危害。化工生产中因爆炸碎片造成的伤亡占很大比例。爆炸碎片的飞散距离一般可达100～500m。

爆炸气体扩散通常在爆炸的瞬间完成，对一般可燃物质不致造成火灾，而且爆炸冲击波有时能起灭火作用。但是爆炸的余热或余火，会点燃从破损设备中不断流出的可燃液体蒸气而造成火灾。

5.4.2　爆炸分类

(1) 按爆炸性质分类

① 物理爆炸　物理爆炸是指物质的物理状态发生急剧变化而引起的爆炸。例如蒸汽锅炉、压缩气体、液化气体过压等引起的爆炸，都属于物理爆炸。物质的化学成分和化学性质

在物理爆炸后均不发生变化。

②　化学爆炸　化学爆炸是指物质发生急剧化学反应，产生高温高压而引起的爆炸。物质的化学成分和化学性质在化学爆炸后均发生了质的变化。化学爆炸又可以进一步分为爆炸物分解爆炸、爆炸物与空气的混合爆炸两种类型。

爆炸物分解爆炸是爆炸物在爆炸时分解为较小的分子或其组成元素。爆炸物的组成元素中如果没有氧元素，爆炸时则不会有燃烧反应发生，爆炸所需的热量是由爆炸物本身分解产生的。属于这一类物质的有叠氮铅、乙炔银、乙炔铜、碘化氮、氯化氮等。爆炸物质中如果含有氧元素，爆炸时则往往伴有燃烧现象发生。各种氮或氯的氧化物、苦味酸即属于这一类型。爆炸性气体、蒸气或粉尘与空气的混合物爆炸，需要一定的条件，如爆炸性物质的含量或氧气含量以及激发能源等。因此其危险性较分解爆炸为低，但这类爆炸更普遍，所造成的危害也较大。

(2) 按爆炸速度分类

①　轻爆　爆炸传播速度在每秒零点几米至数米之间的爆炸过程；

②　爆炸　爆炸传播速度在每秒十米至数百米之间的爆炸过程；

③　爆轰　爆炸传播速度在每秒 1km 至数千米以上的爆炸过程。

(3) 按爆炸反应物质分类

①　纯组元可燃气体热分解爆炸　纯组元气体由于分解反应产生大量的热而引起的爆炸；

②　可燃气体混合物爆炸　可燃气体或可燃液体蒸气与助燃气体，如空气按一定比例混合，在火源的作用下引起的爆炸；

③　可燃粉尘爆炸　可燃固体的微细粉尘，以一定浓度呈悬浮状态分散在空气等助燃气体中，在引火源作用下引起的爆炸；

④　可燃液体雾滴爆炸　可燃液体在空气中被喷成雾状剧烈燃烧时引起的爆炸；

⑤　可燃蒸气云爆炸　可燃蒸气云产生于设备蒸气泄漏喷出后所形成的滞留状态。密度比空气小的气体浮于上方，反之则沉于地面，滞留于低洼处。气体随风漂移形成连续气流，与空气混合达到其爆炸极限时，在引火源作用下即可引起爆炸。

5.4.3　常见爆炸类型

5.4.3.1　气体爆炸

(1) 纯组元气体分解爆炸

具有分解爆炸特性的气体分解时可以产生相当数量的热量。摩尔分解热达到 $80\sim120kJ$ 的气体一旦引燃火焰就会蔓延开来。摩尔分解热高过上述量值的气体，能够发生很激烈的分解爆炸。在高压下容易引起分解爆炸的气体，当压力降至某个数值时，火焰便不再传播，这个压力称作该气体分解爆炸的临界压力。

高压乙炔非常危险，其分解爆炸方程为：

$$C_2H_2 \longrightarrow 2C(固) + H_2 \ +226kJ$$

分解反应火焰温度可以高达 3100℃。乙炔分解爆炸的临界压力是 0.14MPa，在这个压力以下储存乙炔就不会发生分解爆炸。此外，乙炔类化合物也同样具有分解爆炸危险，如乙烯基乙炔分解爆炸的临界压力为 0.11MPa，甲基乙炔在 20℃分解爆炸的临界压力为 0.44MPa，在 120℃则为 0.31MPa。从有关物质危险性质手册中查阅到的分解爆炸临界压力多为 20℃

的数据。

乙烯分解爆炸反应方程式为：

$$C_2H_4 \longrightarrow C(固) + CH_4 \quad +127.4kJ$$

乙烯分解爆炸所需要的能量随压力的升高而降低，若有氧化铝存在，分解爆炸则更易发生。乙烯在0℃的分解爆炸临界压力是4MPa，故在高压下加工或处理乙烯，具有与可燃气体-空气混合物同样的危险性。

氮氧化物在一定压力下也可以发生分解爆炸，按下述反应式进行：

$$N_2O \longrightarrow N_2 + 0.5O_2 \quad +81.6kJ$$
$$NO \longrightarrow 0.5N_2 + 0.5O_2 \quad +90.4kJ$$

N_2O 和 NO 的分解爆炸临界压力分别是0.25MPa和0.15MPa，在上述条件下，90%以上可以分解为 N_2 和 O_2。

环氧乙烷的分解反应式为：

$$C_2H_4O \longrightarrow CH_4 + CO \quad +134.3kJ$$
$$2C_2H_4O \longrightarrow C_2H_4 + 2CO + 2H_2 \quad +33.4kJ$$

环氧乙烷的分解爆炸临界压力为0.038MPa，故环氧乙烷有较大的爆炸危险性。在125℃时，环氧乙烷的初始压力由0.25MPa增至1.2MPa，最大爆炸压力与初压之比则由2增至5.6，可见爆炸的初始压力对终压有很大影响。

（2）混合气体爆炸

可燃气体或蒸气与空气按一定比例均匀混合，而后点燃，因为气体扩散过程在燃烧以前已经完成，燃烧速率将只取决于化学反应速率。在这种条件下，气体的燃烧就有可能达到爆炸的程度。这时的气体或蒸气与空气的混合物，称为爆炸性混合物。煤气从喷嘴喷出以后，在火焰外层与空气混合，这时的燃烧速率取决于扩散速率，所进行的是扩散燃烧。如果令煤气预先与空气混合并达到适当比例，燃烧的速率将取决于化学反应速率，比扩散燃烧速率大得多，有可能形成爆炸。可燃性混合物的爆炸和燃烧之间的区别就在于爆炸是在瞬间完成的化学反应。

在化工生产中，可燃气体或蒸气从工艺装置、设备管线泄漏到厂房中，而后空气渗入装有这种气体的设备中，都可以形成爆炸性混合物，遇到火源，便会造成爆炸事故。化工生产中所发生的爆炸事故，大都是爆炸性混合物的爆炸事故。

燃烧的链反应理论也可用于解释爆炸。爆炸性混合物与火源接触，便有活泼自由基生成而成为链反应的作用中心。爆炸混合物起火后，燃烧热和链载体都向外传播，引发邻近一层爆炸混合物的燃烧反应。而后，这一层又成为热和链载体源引发次一层爆炸混合物的燃烧反应。火焰是以一层层同心圆球面的形式向各个方向蔓延。燃烧的传播速率在距离着火点0.5~1m以内是固定的，每秒若干米或者更小一些。但以后即逐渐加速，传播速率达每秒数百米（爆炸），乃至每秒数千米（爆轰）。如果燃烧传播途中有障碍物，就会造成极大的破坏作用。

爆炸性混合物如果燃烧速率极快，在全部或部分封闭状态下，或在高压下燃烧时，可以产生一种与一般爆炸根本不同的现象，称为爆轰。爆轰的特点是，突然引发的极高的压力，通过超声速的冲击波传播，每秒可达2000~3000m以上。爆轰是在极短的时间内发生的，燃烧物质和产物以极高的速度膨胀，挤压周围的空气。化学反应所产生的能量有一部分传给压紧的空气，形成冲击波。冲击波传播速率极快，以至于物质的燃烧也落于其后，所以，它的传播并不需要物质完全燃烧，而是由其本身的能量决定的。因此，冲击波便能远离爆轰源而独立存在，并能引发所到之处其他化学品的爆炸，称为诱发爆炸，即所谓的"殉爆"。

5.4.3.2　粉尘爆炸

实际上任何可燃物质，当其由粉尘形式与空气以适当比例混合时，被热、火花、火焰点燃，都能迅速燃烧并引起严重爆炸。许多粉尘爆炸的灾难性事故的发生，都是由于忽略了上述事实。谷物、面粉、煤的粉尘以及金属粉末都有这方面的危险性。化肥、木屑、奶粉、洗衣粉、纸屑、可可粉、香料、软木塞、硫黄、硬橡胶粉、皮革和其他许多物品的加工业，时有粉尘爆炸发生。为了防止粉尘爆炸，维持清洁十分重要。所有设备都应该无粉尘泄漏。爆炸卸放口应该通至室外安全地区，卸放管道应该相当坚固，使其足以承受爆炸力。真空吸尘优于清扫，禁止应用压缩空气吹扫设备上的粉尘，以免形成粉尘云。

屋顶下裸露的管线、横梁和其他突出部分都应该避免积累粉尘。在多尘操作设置区，如果有过顶的管线或其他设施，人们往往错误地认为在其下架设平滑的顶板，就可以达到防止粉尘积累的效果。除非顶板是经过特殊设计精细安装的，否则只会增加危险。粉尘会穿过顶板沉积在管线、设施和顶板本身之上。一次震动就足以使可燃粉尘云充满整个所处空间，一个火星就可以引发粉尘爆炸。如果管线不能移装或拆除，最好是使其裸露定期除尘。

为了防止引发燃烧，在粉尘没有清理干净的区域，严禁明火、吸烟、切割或焊接等。电线应该是适于多尘气氛的，静电也必须消除。对于这类高危险性的物质，最好是在封闭系统内加工，在系统内导入适宜的惰性气体，把其中的空气置换掉。粉末冶金行业普遍采用这种方法。

5.4.3.3　熔盐池爆炸

熔盐池爆炸大多是由于管理和操作人员对熔盐池的潜在危险疏于认识引起的。机械故障、人员失误、或者两者的复合作用，都有可能导致熔盐池爆炸。现把熔盐池危险汇总如下。

① 工件预清洗或淬火后携带的水、盐池上方辅助管线上的冷凝水、屋顶的渗漏水、自动增湿器的操作用水、甚至操作人员在盐池边温热的液体食物，都有可能造成蒸气急剧发生，引发爆炸；

② 有砂眼的铸件、管道和封闭管线、中空的金属部件，当其浸入熔盐池时，其中阻塞和淤积的空气会突然剧烈膨胀，引发爆炸；

③ 硝酸盐池与毗邻渗碳池的油、炭黑、石墨、氰化物等含碳物质间的剧烈的难以控制的化学反应，都有可能诱发爆炸；

④ 过热的硝酸盐池与铝合金间的剧烈的爆发性的反应也可能引起爆炸；

⑤ 正常加热的硝酸盐池和不慎掉入池中的镁合金间会发生爆炸反应；

⑥ 落入盐池中的铝合金和池底淤积的氧化铁会发生类似于铝热焊接的反应；

⑦ 盐池设计、制造和安装的结构失误会缩短盐池的正常寿命，盐池的结构金属材料与硝酸盐会发生反应；

⑧ 温控失误会造成盐池的过热；

⑨ 大量硝酸钠的储存和管理，废硝酸盐不考虑其反应活性的处理和储存，都有一定的危险性；

⑩ 偶尔超过安全操作限的控温设定，也会有一定的危险性。

5.5　爆炸极限理论与计算

5.5.1　爆炸极限理论

可燃气体或蒸气与空气的混合物，并不是在任何组成下都可以燃烧或爆炸，而且燃烧（或爆炸）的速率也随组成而变。实验发现，当混合物中可燃气体浓度接近化学反应式的化学计量比时，燃烧最快、最剧烈。若浓度减小或增加，火焰蔓延速率则降低。当浓度低于或高于某个极限值，火焰便不再蔓延。可燃气体或蒸气与空气的混合物能使火焰蔓延的最低浓度，称为该气体或蒸气的爆炸下限（Lower Explosion Limit，LEL）；能使火焰蔓延的最高浓度则称为爆炸上限（Upper Explosion Limit，UEL）。可燃气体或蒸气与空气的混合物，若其浓度在爆炸下限以下或爆炸上限以上，便不会着火或爆炸。

爆炸极限一般用可燃气体或蒸气在混合气体中的体积百分数表示，有时也用单位体积可燃气体的质量（kg·m^{-3}）表示。混合气体浓度在爆炸下限以下时含有过量空气，由于空气的冷却作用，活化中心的消失数大于产生数，阻止了火焰的蔓延。若浓度在爆炸上限以上，含有过量的可燃气体，助燃气体不足，火焰也不能蔓延。但此时若补充空气，仍有火灾和爆炸的危险。所以浓度在爆炸上限以上的混合气体不能认为是安全的。

燃烧和爆炸从化学反应的角度看并无本质区别。当混合气体燃烧时，燃烧波面上的化学反应可表示为：

$$A+B \longrightarrow C+D \quad +Q \tag{5-1}$$

式中，A、B为反应物；C、D为产物；Q为燃烧热。A、B、C、D不一定是稳定分子，也可以是原子或自由基。化学反应前后的能量变化可用图5-3表示。初始状态Ⅰ的反应物（A+B）吸收活化能E达到活化状态Ⅱ，即可进行反应生成终止状态Ⅲ的产物（C+D），并释放出能量W，$W=Q+E$。

假定反应系统在受能源激发后，燃烧波的基本反应浓度，即反应系统单位体积的反应数为n，则单位体积放出的能量为nW。如果燃烧波连续不断，放出的能量将成为新反应的活化能。设活化概率为α（$\alpha \leqslant 1$），则第二批单位体积内得到活化的基本反应数为$\alpha nW/E$，放出的能量为$\alpha nW^2/E$。后批分子与前批分子反应时放出的能量比β定义为燃烧波传播系数，为：

$$\beta = \frac{\alpha nW^2/E}{nW} = \alpha\,\frac{W}{E} = \alpha\left[1+\frac{Q}{E}\right] \tag{5-2}$$

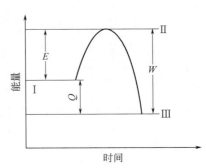

图5-3　反应过程能量变化

现在讨论β的数值。当$\beta<1$时，表示反应系统受能源激发后，放出的热量越来越少，因而引起反应的分子数也越来越少，最后反应会终止，不能形成燃烧或爆炸。当$\beta=1$时，表示反应系统受能源激发后均衡放热，有一定数量的分子持续反应。这是决定爆炸极限的条件（严格说β值略微超过1时才能形成爆炸）。当$\beta>1$时，表示放出的热量越来越多，引起反应的分子数也越来越多，从而形成爆炸。

在爆炸极限时，$\beta=1$，即：

$$\alpha\left(1+\frac{Q}{E}\right)=1 \tag{5-3}$$

假设爆炸下限 $L_{\text{下}}$（体积分数）与活化概率 α 成正比，则有 $\alpha=KL_{\text{下}}$，其中 K 为比例常数。因此：

$$\frac{1}{L_{\text{下}}}=K\left(1+\frac{Q}{E}\right) \tag{5-4}$$

当 Q 与 E 相比很大时，式（5-4）可以近似写成：

$$\frac{1}{L_{\text{下}}}=K\frac{Q}{E} \tag{5-5}$$

上式近似地表示出爆炸下限 $L_{\text{下}}$ 与燃烧热 Q 和活化能 E 之间的关系。如果各可燃气体的活化能接近于某一常数，则可大体得出：

$$L_{\text{下}}Q=\text{常数} \tag{5-6}$$

这说明爆炸下限与燃烧热近于成反比，即可燃气体分子燃烧热越大，其爆炸下限就越低。各同系物的 $L_{\text{下}}Q$ 都近于一个常数的事实支撑了上述结论的正确性。表 5-7 列出了一些可燃物质的燃烧热和爆炸极限，以及燃烧热和爆炸下限的乘积。利用爆炸下限与燃烧热的乘积成常数的关系，可以推算同系物的爆炸下限。但此法不适用于氢、乙炔、二硫化碳等少数可燃气体爆炸下限的推算。

表 5-7　一些可燃物质的燃烧热和爆炸极限

物质名称	Q /kJ·mol^{-1}	$(L_{\text{下}}\sim L_{\text{上}})$ /%	$L_{\text{下}}Q$	物质名称	Q /kJ·mol^{-1}	$(L_{\text{下}}\sim L_{\text{上}})$ /%	$L_{\text{下}}Q$
甲烷	799.1	5.0～15.0	3995.7	苯	3138.0	1.4～6.8	4426.7
乙烷	1405.8	3.2～12.4	4522.9	甲苯	3732.1	1.3～7.8	4740.5
丙烷	2025.1	2.4～9.5	4799.0	二甲苯	4343.0	1.0～6.0	4343.0
丁烷	2652.7	1.9～8.4	4932.9	环丙烷	1945.6	2.4～10.4	4669.3
异丁烷	2635.9	1.8～8.4	4744.7	环己烷	3661.0	1.3～8.3	4870.2
戊烷	3238.4	1.4～7.8	4531.3	甲基环己烷	4255.1	1.2～	4895.3
异戊烷	3263.5	1.3～	4309.5	松节油	5794.8	0.8～	4635.9
己烷	3828.4	1.3～6.9	4786.5	醋酸甲酯	1460.2	3.2～15.6	4602.4
庚烷	4451.8	1.0～6.0	4451.8	醋酸乙酯	2066.9	2.2～11.4	4506.2
辛烷	5050.1	1.0～	4799.0	醋酸丙酯	2648.5	2.1～	5430.4
壬烷	5661.0	0.8～	4698.6	异醋酸丙酯	2669.4	2.0～	5338.8
癸烷	6250.9	0.7～	4188.2	醋酸丁酯	3213.3	1.7～	5464.3
乙烯	1297.0	2.7～28.6	3564.8	醋酸戊酯	4054.1	1.1～	4460.1
丙烯	1924.6	2.0～11.1	3849.3	甲醇	623.4	6.7～36.5	4188.2
丁烯	2556.4	1.7～7.4	4347.2	乙醇	1234.3	3.3～18.9	4050.1
戊烯	3138.0	1.6～	5020.8	丙醇	1832.6	2.6～	4673.5
乙炔	1259.4	2.5～80.0	3150.6	异丙醇	1807.5	2.7～	4790.7

物质名称	Q /kJ·mol^{-1}	($L_下 \sim L_上$) /%	$L_下 Q$	物质名称	Q /kJ·mol^{-1}	($L_下 \sim L_上$) /%	$L_下 Q$
丁醇	2447.6	1.7～	4163.1	甲酸甲酯	887.0	5.1～22.7	4481.1
异丁醇	2447.6	1.7～	4160.9	甲酸乙酯	1502.1	2.7～16.4	4129.6
丙烯醇	1715.4	2.4～	4117.1	氢	238.5	4.0～74.2	954.0
戊醇	3054.3	1.2～	3635.9	一氧化碳	280.3	12.5～74.2	3502.0
异戊醇	2974.8	1.2～	3569.0	氨	318.0	15.0～27.0	4769.8
乙醛	1075.3	4.0～57.0	4267.7	吡啶	2728.0	1.8～12.4	4932.9
巴豆醛	2133.8	2.1～15.5	4522.9	硝酸乙酯	1238.5	3.8～	4707.0
糠醛	2251.0	2.1～	4727.9	亚硝酸乙酯	1280.3	3.0～50.0	3853.5
三聚乙醛	3297.0	1.3～	4284.4	环氧乙烷	1175.7	3.0～80.0	3527.1
甲乙醚	1928.8	2.0～10.1	3857.6	二硫化碳	1029.3	1.2～50.0	1284.5
二乙醚	2502.0	1.8～36.5	4627.5	硫化氢	510.4	4.3～45.5	2196.6
二乙烯醚	2380.7	1.7～27.0	4045.9	氧硫化碳	543.9	11.9～28.5	6472.6
丙酮	1652.7	2.5～12.8	4213.3	氯甲烷	640.2	8.2～18.7	5280.2
丁酮	2259.4	1.8～9.5	4087.8	氯乙烷	1234.3	4.0～14.8	4937.1
2-戊酮	2853.5	1.5～8.1	4422.5	二氯乙烯	937.2	9.7～12.8	9091.8
2-己酮	3476.9	1.2～8.0	4242.6	溴甲烷	723.8	13.5～14.5	9773.8
氰酸	644.3	5.6～40.0	3606.6	溴乙烷	1334.7	6.7～11.2	9004.0
醋酸	786.6	4.0～	3184.0				

式(5-6)中的 $L_下$ 是体积分数，文献数据大都为 20℃ 的测定数据；Q 则为摩尔燃烧热。对于烃类化合物，单位质量（每克）的燃烧热 q 大致相同。如果以 mg·L^{-1} 为单位表示爆炸下限，则记为 $L'_下$，有 $L_下 = 100 L'_下 \times \dfrac{22.4}{1000M} \times \dfrac{273+20}{273}$，于是：

$$L_下 = \frac{2.4 L'_下}{M} \tag{5-7}$$

式中，M 为可燃气体的分子量。

把式(5-7)代入式(5-6)，并考虑到 $Q = Mq$，则可得到：

$$2.4 q L'_下 = 常数 \tag{5-8}$$

可见对于烃类化合物，其 $L'_下$ 近于相同。

5.5.2 影响爆炸极限的因素

爆炸极限不是一个固定值，它受各种外界因素的影响而变化。如果掌握了外界条件变化对爆炸极限的影响，在一定条件下测得的爆炸极限值，就有着重要的参考价值。影响爆炸极限的因素主要有以下几种。

(1) 初始温度

爆炸性混合物的初始温度越高，混合物分子内能增大，燃烧反应更容易进行，则爆炸极限范围就越宽。所以，温度升高使爆炸性混合物的危险性增加。表 5-8 列出了初始温度对丙酮和煤气爆炸极限的影响。

表 5-8　初始温度对丙酮和煤气爆炸极限的影响

物质	丙酮	煤气
初始温度/℃	0 50 100	20 100 200 300 400 500 600 700
$L_下$/%	4.2 4.0 3.2	6.00 5.45 5.50 4.40 4.00 3.65 3.35 3.25
$L_上$/%	8.0 9.8 10.0	13.4 13.5 13.8 14.25 14.70 15.35 16.40 18.75

（2）初始压力

爆炸性混合物初始压力对爆炸极限影响很大。一般爆炸性混合物初始压力在增压的情况下，爆炸极限范围扩大。这是因为压力增加，分子间更为接近，碰撞概率增加，燃烧反应更容易进行，爆炸极限范围扩大。表 5-9 列出了初始压力对甲烷爆炸极限的影响。在一般情况下，随着初始压力增大，爆炸上限明显提高。在已知可燃气体中，只有一氧化碳随着初始压力的增加，爆炸极限范围缩小。

表 5-9　初始压力对甲烷爆炸极限的影响

初始压力/MPa	0.1013 5.065	1.013 12.66
$L_下$/%	5.6 5.4	5.9 5.7
$L_上$/%	14.3 29.4	17.2 45.7

初始压力降低，爆炸极限范围缩小。当初始压力降至某个定值时，爆炸上、下限重合，此时的压力称为爆炸临界压力。低于爆炸临界压力的系统不爆炸。因此在密闭容器内进行减

压操作对安全有利。

（3）惰性介质或杂质

爆炸极限是指可燃气体在空气中可能燃烧爆炸的极限浓度，此时氧的浓度大约是 21%，是一个定值。但事实上，氧气是助燃气体，如果在一个只有一定浓度的可燃气体存在的体系中逐渐充入氧气，必然存在一个能够使得火焰传播的最低氧气浓度，这个所需要的最低氧气浓度叫临界氧浓度（Limit of Oxygen Concentration，LOC），也叫最小氧浓度或最安全氧浓度，LOC 是氧气占全部物质的体积分数。

临界氧浓度是个非常重要的概念，它意味着可以通过引入惰性气体的方法来使氧的浓度低于临界氧浓度，阻止燃烧和爆炸的发生。因此，临界氧浓度的概念事实上是惰化技术的理论依据。当然，最小氧浓度与引入的惰性气体种类有关。工程上常采用的方法，是向体系里充入惰性气体（N_2、CO_2、水蒸气等）把氧的浓度稀释至临界氧浓度以下，以降低发生燃爆事故的可能，提高安全性。为了确保安全，实际运用中通常是把体系中的氧浓度控制在比临界氧浓度低 10% 左右的水平。临界氧浓度可以通过实验的方法获得，如果不能获得实验数据，可以采用公式方法估算，不过估算方法通常都会有一定的误差，且一般只适用于烃类。另外，它没有考虑惰性气体种类的影响，因此仅在缺少实验值的情况下作为参考。

爆炸性混合物中惰性气体含量增加，其爆炸极限范围缩小。当惰性气体含量增加到某一值时，混合物不再发生爆炸。惰性气体的种类不同对爆炸极限的影响亦不相同。如甲烷，氩、氦、氮、水蒸气、二氧化碳、四氯化碳对其爆炸极限的影响依次增大。再如汽油，氮气、燃烧废气、二氧化碳、氟利昂-21、氟利昂-12、氟利昂-11，对其爆炸极限的影响则依次减小。

在一般情况下，爆炸性混合物中惰性气体含量增加，对其爆炸上限的影响比对爆炸下限的影响更为显著。这是因为在爆炸性混合物中，随着惰性气体含量的增加，氧的含量相对减少，而在爆炸上限浓度下氧的含量本来已经很小，故惰性气体含量稍微增加一点，即产生很大影响，使爆炸上限剧烈下降。

对于爆炸性气体，水等杂质对其反应影响很大。如果无水，干燥的氯没有氧化功能；干燥的空气不能氧化钠或磷；干燥的氢氧混合物在 1000℃ 下也不会产生爆炸。痕量的水会急剧加速臭氧、氯氧化物等物质的分解。少量的硫化氢会大大降低水煤气及其混合物的燃点，加速其爆炸。

（4）容器的尺寸和材质

实验表明，容器管道直径越小，爆炸极限范围越小。对于同一可燃物质，管径越小，火焰蔓延速度越小。当管径（或火焰通道）小到一定程度时，火焰便不能通过。这一间距称作最大灭火间距，亦称作临界直径。当管径小于最大灭火间距时，火焰便不能通过而被熄灭。

容器大小对爆炸极限的影响也可以从器壁效应得到解释。燃烧是自由基进行一系列链反应的结果。只有自由基的产生数大于消失数时，燃烧才能继续进行。随着管道直径的减小，自由基与器壁碰撞的概率增加，有碍于新自由基的产生。当管道直径小到一定程度时，自由基消失数大于产生数，燃烧便不能继续进行。

容器材质对爆炸极限也有很大影响。如氢和氟在玻璃器皿中混合，即使在液态空气温度下，置于黑暗中也会产生爆炸。而在银制器皿中，在一般温度下才会发生反应。

（5）能源

火花能量、热表面面积、火源与混合物的接触时间等对爆炸极限均有影响。如甲烷在电压 100V、电流强度 1A 的电火花作用下，无论浓度如何都不会引起爆炸。但当电流强度增加至 2A 时，其爆炸极限为 5.9%～13.6%；3A 时为 5.85%～14.8%。对于一定浓度的爆炸性混合物，都有一个引起该混合物爆炸的最低能量。浓度不同，引爆的最低能量也不同。对于给定的爆炸性物质，各种浓度下引爆的最低能量中的最小值，称为最小引爆能量，或最小引燃能量。表 5-10 列出了部分气体的最小引爆能量。

表 5-10 部分气体的最小引爆能量

气体	浓度/%	能量/$\times 10^6$J·mol^{-1}	气体	浓度/%	能量/$\times 10^6$J·mol^{-1}
甲烷	8.50	0.280	氧化丙烯	4.97	0.190
乙烷	4.02	0.031	甲醇	12.24	0.215
丁烷	3.42	0.380	乙醛	7.72	0.376
乙烯	6.52	0.016	丙酮	4.87	1.15
丙烯	4.44	0.282	苯	2.71	0.550
乙炔	7.73	0.020	甲苯	2.27	2.50
甲基乙炔	4.97	0.152	氨	21.8	0.77
丁二烯	3.67	0.170	氢	29.2	0.019
环氧乙烷	7.72	0.105	二硫化碳	6.52	0.015

另外，光对爆炸极限也有影响。在黑暗中，氢与氯的反应十分缓慢，在光照下则会发生链反应引起爆炸。甲烷与氯的混合物，在黑暗中长时间内没有反应，但在日光照射下会发生激烈反应，两种气体比例适当则会引起爆炸。表面活性物质对某些介质也有影响。如在球形器皿中 530℃时，氢与氧无反应，但在器皿中插入石英、玻璃、铜或铁棒，则会发生爆炸。

5.5.3 爆炸极限的计算

(1) 根据化学计量浓度近似计算

爆炸性气体完全燃烧时的化学计量浓度可以用来确定链烷烃的爆炸下限，计算公式为：

$$L_{下} = 0.55C_0 \tag{5-9}$$

式中，C_0 为爆炸性气体完全燃烧时的化学计量浓度；0.55 为常数。如果空气中氧的浓度按照 20.9%计算，C_0 的计算式则为：

$$C_0 = \frac{1}{1 + \dfrac{n_0}{0.209}} \times 100 = \frac{20.9}{0.209 + n_0} \tag{5-10}$$

式中，n_0 为 1 分子可燃气体完全燃烧时所需的氧分子数。

如甲烷完全燃烧时的反应式为 $CH_4 + 2O_2 \longrightarrow CO_2 + 2H_2O$，这里 $n_0 = 2$，代入式(5-10)，并应用式(5-9)，可得 $L_{下} = 5.2$，即甲烷爆炸下限的计算值为 5.2%，与实验值 5.0%相差不超过 10%。

此法除用于链烷烃以外，也可用来估算其他有机可燃气体的爆炸下限，但当应用于氢、乙炔以及含有氮、氯、硫等有机气体时，偏差较大，不宜应用。

(2) 由爆炸下限估算爆炸上限

常压下 25℃的链烷烃在空气中的爆炸上、下限有如下关系：

$$L_{上} = 7.1 L_{下}^{0.56} \tag{5-11}$$

如果在爆炸上限附近不伴有冷火焰，上式可简化为：

$$L_{上} = 6.5\sqrt{L_{下}} \tag{5-12}$$

把上式代入式(5-9)，可得：

$$L_{上} = 4.8\sqrt{C_0} \tag{5-13}$$

（3）由分子中所含碳原子数估算爆炸极限

脂肪族烃类化合物的爆炸极限与化合物中所含碳原子数 n_c 有如下近似关系：

$$\frac{1}{L_{下}} = 0.1347n_c + 0.04343 \tag{5-14}$$

$$\frac{1}{L_{上}} = 0.01337n_c + 0.05151 \tag{5-15}$$

（4）根据闪点计算爆炸极限

闪点指的是在可燃液体表面形成的蒸气与空气的混合物，能引起瞬时燃烧的最低温度，爆炸下限表示的则是该混合物能引起燃烧的最低浓度，所以两者之间有一定的关系。易燃液体的爆炸下限可以应用闪点下该液体的蒸气压计算。计算式为：

$$L_{下} = 100p_{闪}/p_{总} \tag{5-16}$$

式中，$p_{闪}$ 为闪点下易燃液体的蒸气压；$p_{总}$ 为混合气体的总压。

（5）多组元可燃性气体混合物的爆炸极限

两组元或两组元以上可燃气体或蒸气混合物的爆炸极限，可应用各组元已知的爆炸极限按照下式求取。需要注意的是，该式仅适用于各组元间不反应、燃烧时无催化作用的可燃气体混合物。显然，如果混合气体中含有空气组分的话，那么在运用下式时，应首先将其所占的体积分数扣除后，再行计算：

$$L_m = \frac{100}{\dfrac{V_1}{L_1} + \dfrac{V_2}{L_2} + \cdots + \dfrac{V_n}{L_n}} \tag{5-17}$$

式中，L_m 为混合气体的爆炸极限，%；L_i 为 i 组元的爆炸极限，%；V_i 为扣除空气组元后 i 组元的体积分数，%；$i = 1, 2, 3, \cdots, n$。

有时也运用上述公式来近似计算含有惰性组分的可燃气体混合物的爆炸极限。此时，需将每种惰性气体与一种可燃气编为一组，将该组气体看成是"一种"可燃气体后，再通过已有的该组气体混合物的爆炸极限图，查得该可燃气体在混入了一定量的惰性组分后的"新"的爆炸极限范围，用于计算。显然，经过上述处理后的含有惰性组分的可燃气体混合物，其中的"每种"组分，都已"变为"可燃气体，惰性组分的影响已体现在某一"新"组分的爆炸极限数据中，因而可以运用式（5-17）来近似计算其爆炸极限范围。必须说明的是，运用式（5-17）来近似计算含有惰性组分的可燃气体混合物的爆炸极限是有条件的，一是惰性气体的种类不得多于可燃气体，二是要有事先测得的、混有惰性组分的该种可燃气体的爆炸极限范围图表可供查阅。

（6）可燃气体与惰性气体混合物的爆炸极限

可燃气体种类众多，其与不同的惰性气体可形成各种组合，有时难以通过已有的图表或是手册，来直接得到混有特定惰性组分的某种可燃气体混合物的爆炸极限。此时，可以应用下式来近似估算有惰性气体混入的多组元可燃气体混合物的爆炸极限：

$$L_m = L_f \times \frac{\left(1 + \dfrac{B}{1-B}\right) \times 100}{100 + L_f \dfrac{B}{1-B}} \tag{5-18}$$

式中，L_m 为含惰性气体混合物的爆炸极限，%；L_f 为混合物中可燃部分的爆炸极限，%；B 为惰性气体含量，%。对于单组元可燃气体和惰性气体混合物的爆炸极限，也可以应用上式估算，只需用该组元的爆炸极限代换上式中 L_f 即可。因为不同惰性气体的阻燃或阻爆能力不同，式（5-18）的计算结果不够准确，但仍不失为有一定参考价值。

(7) 压力下爆炸极限的计算

压力升高，物质分子浓度增大，反应加速，释放的热量增多。在常压以上时，爆炸极限多数变宽。压力对爆炸范围的影响，在已知气体中，只有一氧化碳是例外，随着压力增加而爆炸范围变小。从低碳烃化合物在氧气中爆炸上限的研究结果得知，在 $0.1 \sim 1.0 MPa$ 范围内比较准确的是以下实验式：

$$CH_4 \qquad L_上 = 56.0(p-0.9)^{0.040} \qquad\qquad (5-19)$$

$$C_2H_6 \qquad L_上 = 52.5(p-0.9)^{0.045} \qquad\qquad (5-20)$$

$$C_3H_8 \qquad L_上 = 47.7(p-0.9)^{0.042} \qquad\qquad (5-21)$$

$$C_2H_4 \qquad L_上 = 64.0(p-0.2)^{0.083} \qquad\qquad (5-22)$$

$$C_3H_6 \qquad L_上 = 43.5(p-0.2)^{0.095} \qquad\qquad (5-23)$$

式中，$L_上$ 为气体的爆炸上限，%；p 为压力，1atm（101325Pa）。

5.6 燃烧性物质的储存和运输

5.6.1 燃烧性物质概述

在化学工业中，燃烧性物质的应用非常广泛，由于缺乏或忽视必要的控制，火灾和爆炸事故不断发生。比如烯烃、芳香烃、醚和醇等都是典型的燃烧性物质，它们经化学加工制备出来后，又转用作其他更复杂物质的合成原料。同时，它们还用作交通工具或飞行器的驱动燃料或推进剂，以及各种分离过程的溶剂。为了避免或减少灾难性事故，这类物质在储存和应用前须预先评价它们的燃烧和爆炸危险。

实际上几乎所有的燃烧过程都是在氧和处于蒸气或其他微细分散状态的燃料之间进行的。固体只有加热到一定程度释放出足够量的蒸气，才能引发燃烧。在一定的温度下，液体一般比固体有更高的蒸气压，所以易燃液体比易燃固体更容易引燃。易燃气体和易燃粉尘无需熔解或蒸发而直接燃烧，所以最容易引燃。固体、液体和气体在燃烧传播速率方面也有量的差异。固体燃烧传播速率最慢，液体则相当快，气体和粉尘的传播速率最快，常能引发爆炸。

化学工业中的物料多数是易于起火并能迅速燃烧的液体。一般地，在等于或低于38℃的温度范围便能引燃的物质称为易燃性物质。温度必须加热到38℃以上才能引燃的物质则称为可燃性物质。全美消防协会应用闪点 t_f 和沸点 t_b 对易燃液体和可燃液体进行了更详细的分类，把易燃液体和可燃液体都分为三类，具体分类方法如下所示。

(1) 易燃液体

Ⅰ A 类 $t_f < 22.8℃$，$t_b < 37.8℃$

Ⅰ B 类 $t_f < 22.8℃$，$t_b \geq 37.8℃$

Ⅰ C 类 $22.8℃ \leq t_f < 37.8℃$

(2) 可燃液体

II 类 37.8℃≤t_f<60℃

IIIA 类 60℃≤t_f<93.4℃

IIIB 类 t_f≥93.4℃

在普通工业条件下易于引燃的物质被认为具有严重火险。这些物质必须储存于阴凉处，以防其蒸气与空气混合起火。储存区必须通风良好，这样，储存容器常规渗漏出的蒸气能很快稀释遇火星不至于将其点燃的程度。此外，储存区必须远离有金属切割、焊接等动火作业的火险区。对于高度易燃物质，必须与强氧化剂、易于自热的物质、爆炸品以及与空气或潮气反应放热的物质隔离储存。

氧化剂不属于燃烧性物质，但作为氧源与燃烧有着密切关系。通常空气中含有 21% 的氧，是主要的供氧源。还有许多其他物质，即使没有空气也能提供反应氧。在这些物质中，有些需要加热才能产生氧，而另外一些在室温下就能释放出大量的氧。以下各类化合物，其供氧能力应该引起特别注意：有机和无机的过氧化物；氧化物；高锰酸盐；高铼酸盐；氯酸盐；高氯酸盐；过硫酸盐；过硒酸盐；有机和无机的亚硝酸盐；有机和无机的硝酸盐；溴酸盐；高溴酸盐；碘酸盐；高碘酸盐；铬酸盐；重铬酸盐；臭氧；过硼酸盐。强氧化剂靠近低闪点液体储存是极不安全的，现在普遍赞同氧化剂和燃料隔离储存。氧化剂储存区除应该保持阴凉，通风良好，而且应该是防火的。在氧化剂储存区，普通救火设施往往不起作用。因为氧化剂本身可以供氧，灭火剂的覆盖失去效用。

5.6.2 燃烧性物质的危险性

了解燃烧过程，特别是燃烧扩散的概念，有助于对燃烧性物质危险性的理解。可燃物质的燃烧历程一般解释为，物质蒸发并被加热至自燃点，在极短的时间内以包含许多自由基的链反应的形式与氧化合。所以，燃料、氧和热构成了燃烧的三个基本要素。燃烧三要素中任意两个共存，如果没有第三要素的加入，都不会引发燃烧。因为几乎所有的活动都是在有氧的气氛中进行的，防火安全的普通做法是把燃烧性物质与所有的火源隔离。

即使很小的火焰（环境温度 20℃）在甲醇开口容器上方通过，甲醇液面上的蒸气会立即起火。在同样条件下冰醋酸和萘却不会起火。但是，如果醋酸稍微加热，产生足够量的蒸气，便会引燃。而萘则需要进一步加热才会引燃。液体和固体只有释放出足够量的蒸气或气体，与空气混合成为燃烧混合物时才会引燃。很显然，物质的挥发性是其形成燃烧混合物的决定因素。沸点和蒸气压可用来表征物质的挥发性，虽然两者根据其定义与燃烧并无直接关系。

闪点经验地且相当满意地描述了液体的燃烧性能。闪点是液面上的蒸气混合物能够引燃的最低温度。在解释闪点信息时必须考虑混合物的组成。氯代烃与低闪点的烃类物质混合，能够相当大地提高闪点，但是经过部分蒸发，不燃组分极易失去，留下的依然是低闪点组分。醇和其他极性溶剂的水溶液在低浓度下也有确定的闪点，比如，5% 乙醇水溶液的闪点为 62℃。高闪点物质的烟雾易于引燃，泡沫的起火温度要比预期的低得多。可燃物质当其温度加热至闪点以上时就变成了易燃物质，这是粗心的操作者容易忽略的事实。少量挥发性物质加入到高沸点液体，会极大地降低液体的闪点，使液体的燃烧爆炸性危险显著增加。

可燃固体粉尘具有严重的爆炸危险。微细分散状态的聚合物、金属和非金属元素，煤、谷物、糖等天然产物的粉尘，棉花的纤维都有严重的爆炸危险。化学工业中的一个典型事故案例是，一次微小的爆炸扬起了平台上积累的粉尘，引发了第二次更严重的爆炸。

易燃蒸气在空气中的浓度低于燃烧下限时，蒸气分子间的距离较大，有效碰撞次数锐减，释放出的反应热减少，而且过量的空气还吸收部分反应热，这样就不足以把没有燃烧的易燃物质引燃。当其浓度高于燃烧上限时，易燃气体过量而不能完全燃烧，也不足以把周围的易燃物质引燃。易燃气体或蒸气的燃烧范围包括燃烧上下限之间的所有浓度点。当蒸气浓度在燃烧上下限附近时，燃烧扩散很慢。当浓度接近燃烧范围的中点，特别是达到反应式的化学计量浓度时，燃烧传播速率加快，能量释放加剧。如果把易燃液体储存于封闭容器中，容器自由空间中蒸气的浓度取决于储存温度下液体的蒸气压。了解自由空间中的蒸气浓度是在燃烧范围之下、之上、还是之中，对安全管理有着重要意义。

在空气或其他氧化性气氛中，燃料只有被加热到足以诱发链反应时，燃烧才会发生。火焰、热表面和电火花是三种最常见的火源。对于任意给定的燃料-氧系统，只要火源有足够高的温度和足够多的能量，都能引发燃烧。

自燃点是指物质没有明显火源自发燃烧的最低温度。易燃混合物与热表面接触，当其温度达到自燃点时，便产生冷燃烧。冷燃烧是有机物质低温氧化伴生的可视现象。冷燃烧的反应速率随着温度和压力的升高而加速，如果是在绝热条件下，反应速率高到一定程度，冷燃烧就会转化成为失控的热爆炸。现已发现，许多以前无法解释的工业火灾和爆炸都是由于冷燃烧随后转变为热燃烧引起的。

着火点表示的是纸张、木材一类固体必须加热至能够引燃并持续燃烧的最低温度。对于一定的物质，大小、形状、纯度、湿度和空气运动影响着着火点的测定数据。焊枪和火柴的火焰，或者炉火，有足够的温度和能量点燃气体、液体或固体。在有易燃物质的区域，必须严禁明火，排除各种生火设备。

加热器或破损电灯泡的电热丝，只要能产生 2mJ 的能量，便成为有效的点火源。一些研究指出，点燃大量易燃物质所需要的电热丝的温度与电热丝的直径成反比。对于烃类蒸气以大的金属热表面作为点火源的研究结果表明，大热表面的温度要远高于文献报道的自燃点才能引发燃烧。人们用蒸气运动缺少限制和对流来解释需要较高的温度。干燥的、配置较差的轴承和密封圈会产生摩擦热。如果恰逢易燃液体、蒸气或气体的泄漏点，就有可能引发燃烧。仅有 0.2mJ 能量的电火花便能点燃易燃气体或蒸气与空气的混合物。转换开关操作或电动机整流器运行时会产生电火花，导线的偶然破损或电接地松动也会产生电火花。电焊弧则是很强的点火源。在易燃物质的应用和储存区，电气设备应该是防爆的，工房应该能够承受化学计量浓度的蒸气和空气混合物的内部爆炸，热气体的温度必须冷却到其着火点以下才能排出。

静电是潜在的点火源。在干燥气候中穿戴合成纤维织物能够产生大量的静电荷；有些绝缘体运动表面的摩擦可以产生较大的静电势。液体、气体或粉尘在流动时，会产生静电荷，并在系统中与地绝缘的金属部件中聚集，由于金属部件间静电势的差异，在其间隙中容易迸发出高能电火花，可以引燃存在的任何易燃气体或蒸气。泵送相当纯净的有机流体，产生的静电荷会聚集在接受容器中液体的表面。一些研究结果表明，高速喷射泵送易燃液体，在液面上的蒸气空间会发生爆炸。

5.6.3　燃烧性物质的储存安全

（1）储存安全的一般要求

储存容器和储存方法的确定以及燃烧性物质的操作和管理，对安全都是至关重要的。储存容器和储存方法的确定与储存物质的相态有很大关系，因此，储存安全也必须结合物质存在的相态考虑。

燃烧性气体不得与助燃物质、腐蚀性物质共同储存。如氢、乙烷、乙炔、环氧乙烷、环氧丙烷等易燃气体不得与氧、压缩空气、氧化二氮等助燃气体混合储存，否则易燃气体或助燃气体一旦泄漏，就有可能形成危险的爆炸混合物。燃烧性气体是以压缩状态储存的，与腐蚀性物质共同储存（如硝酸、硫酸等都有很强的腐蚀作用）气体容器容易受到腐蚀造成泄漏，引发燃烧和爆炸事故。易燃气体和液化石油气的储罐库，应该通风良好，远离明火区。不同类型的燃烧性气体的储存容器，不应设在同一库房，也不宜同组设置。

燃烧性液体较易挥发，其蒸气和空气以一定比例混合，会形成爆炸性混合物。故燃烧性液体应该储存于通风良好的阴凉处，并与明火保持一定距离。在易燃液体储存区内，严禁烟火。沸点低于或接近夏季最高气温的易燃液体，应储存于有降温设施的库房或储罐内。燃烧性液体受热膨胀，容易损坏盛装的容器，容器应留有不少于5％容积的空间。

燃烧性固体着火点较低，燃烧时多数都能释放出大量有毒气体。所以燃烧性固体储存库应该干燥、清凉、有隔热措施，忌阳光曝晒。燃烧性固体多属还原剂，相当多的具有毒性，燃烧性固体与氧化剂应该隔离储存，要有防毒措施。

自燃性物质有不稳定的性质，在一定的条件下会自发燃烧，可以引发其他燃烧性物质的燃烧。故自燃性物质不能与其他燃烧性物质共同储存。因灭火方法和其稳定性相抵触，自燃性物质和遇水燃烧物质不能在一起储存。自燃性物质应该储存在阴凉、通风、干燥的库房内，对存储温度也有严格的要求。遇水燃烧的物质，受潮湿作用会释放出大量易燃气体和热量，遇到酸类或氧化剂会起剧烈反应。遇水燃烧的物质不应与酸类、氧化剂共同储存，存储库房要保持干燥，对存储湿度也有严格要求。

（2）燃烧性物质的盛装容器

燃烧性物质一般盛装于容量200kg以下的容器中。从储运事故案例可以看出，多数事故是由于盛装容器自身原因造成的。根据盛装的燃烧性物质的性质，对盛装容器的种类、材质、强度和气密性都有一定的要求。只有金属容器不适宜时才允许使用有限容量的玻璃和塑料容器。工厂和实验室都倾向于使用容量20kg以下的安全罐，弹簧帽可以防止通常温度下的液体或气体的损失，但在内压增加时要适当排放降压。安全罐出口处的阻火器可以阻止火焰的进入，从而排除了内爆危险。使用塑料容器时要注意周围环境温度对其的影响，以免环境温度过热时，塑料软化或熔化造成物料的泄放或渗漏。液体燃料储存库要有防火墙和防火门，要用防爆电线，通风必须良好。燃烧性物质输送时，所有金属部件必须电接地。液体的流动或自由下落产生的静电足以达到发火的能量。

对于燃烧性物质，有桶装、袋装、箱装、瓶装、罐装等多种形式。盛装的形式和要求因盛装物料的性质而异。这里仅介绍几种常用的盛装形式。金属制桶装容器有铁桶、马口铁桶、镀锌铁桶、铅桶等，规格一般为200kg或更小的容量。金属桶要求桶形完整，桶体不倾斜、不弯曲、不锈蚀，焊缝牢固密实，桶盖应该是旋塞式的，封口要有垫圈，以保证桶口的气密性。金属桶在使用前应该进行气密性检验。耐酸坛用来盛装硝酸、硫酸、盐酸等强酸。耐酸坛表面必须光洁，无斑点、气泡、裂纹、凹凸不平或其他变形。坛体必须耐酸、耐压，经坚固烧结而成的。坛盖不得松动，可用石棉绳浸水玻璃缠绕坛盖螺丝，旋紧坛盖后用黄沙加水玻璃或耐酸水泥加石膏封口。

（3）大容量燃烧性液体储罐

储存大容量燃烧性液体采用大型储罐。储罐分地下、半地下、地上三种类型。起火乃至爆炸是燃烧性液体储罐区最主要的危险。为了储存安全，所有储罐在安装前都必须试压、检漏，储罐区要有充分的救火设施。储罐的尺寸、类型和位置，与建筑物或其他罐间的互相暴露，储存液体的闪点、容量和价值，以及物料损失中断生产的可能性，应充分考虑这些因素，确定需要采取的防火措施。

对于地下和半地下储罐，要根据储存液体的性质，选定的埋罐区的地形和地质条件，确定埋罐的最佳尺寸和地点，以及采用竖直的还是水平的储罐。埋罐选点时，还要结合同区中的建筑物、地下室、坑洞的地点，统筹考虑。罐体掩埋要足够牢固，以防洪水、暴雨以及其他可能危及罐体装配安全的事件发生。要考虑邻近工厂腐蚀性污水排放、存在腐蚀性矿渣或地下水的可能性，确有腐蚀性状况，在埋罐前就得采取必要的防腐措施。对罐要进行充分的遮盖，在灌区要建设混凝土围墙。

对于地上储罐，罐体的破裂或液面以下罐体的泄漏，极易引发严重的火灾，对邻近的社区也会造成较大的危害。为了周边的安全，储罐应该设置在比建筑物和工厂公用设备低洼的地区。为了防止火焰扩散，储罐间要有较大的间隙，要有适宜的排液设施和充分的阻液渠。

5.6.4　燃烧性物质的装卸和运输

燃烧性物质是化学工业中加工量最大、应用面最广的危险物质。这些物质由火车车厢、货运卡车经陆路，由内河中的驳船、海洋中的货轮经水路，由管道经地下中转或抵达目的地。危险物质的装卸和运输是化学加工工业中最为复杂而又重要的操作。

（1）车船运输安全

燃烧性物质经铁路、水路发货、中转或到达，应在郊区或远离市区的指定专用车站或码头装卸。装运燃烧性物质的车船，应悬挂危险货物明显标记。车船上应设有防火、防爆、防水、防日晒以及其他必要的消防设施。车船卸货后应进行必要的清洗和处理。

火车装运应按相关的危险货物运输规则办理。汽车装运应按规定的时间、指定的路线和车速行驶，停车时应与其他车辆、高压电线、明火和人口稠密处保持一定的安全距离。船舶装运，在航行和停泊期间应与其他船只、码头仓库和人烟稠密区保持一定的安全距离。

（2）管道输送安全

高压天然气、液化石油气、石油原油、汽油或其他燃料油一般采用管道输送。在美国，天然气输送管道管径略大于 1.2m，石油输送管道管径约 0.9m。从 Oklahoma 到 Chicago 的汽油输送管道管径为 1.02m。这些管道埋设于深度 0.76～0.91m 的地下，操作压力高达 8.27MPa。

为保证安全输送，在管线上应安装多功能的安全设施，如有自动报警和关闭功能的火焰检测器、自动灭火系统以及闭路电视，远程监视管道运行状况。例如在正常情况下，管道中各处的流量读数应该相同，压力读数应该保持恒定，一旦某处的读数出现变化，可以立即断定该处发生泄漏，立即采取应急措施，把损失降至最低限度。

（3）装卸操作安全

装卸的普通安全要求是安全接近车辆的顶盖，这对于顶部装卸的情形特别重要。计量、采样等操作也是如此。这样就需要架设适宜的扶梯、装卸台、跳板，车辆上要安装永久的扶手。所有燃烧性物质的装卸都要配置相应的防火、防爆消防设施。

装卸燃烧性固体，必须做到轻装、轻卸，防止撞击、滚动、重压和摩擦。气动传送系统的应用使固体卸料变得相当容易。固体物料在惰性气体中分散，通过封闭管道进入接收槽。卸料系统的主要组件包括拾取装置、传送气体的大容量鼓风机、把物料从气体中分离出的旋风分离器和阻止物料进入大气的过滤器。卸料系统的安全设施主要有高压报警和联锁关闭装置，以及防止静电的电接地设施。

燃烧性液体装卸时，液体蒸气有可能扩散至整个装卸区，因而需要有和整个装卸区配套的灭火设施。燃烧性液体车船如果采用气体压力卸料，压缩气体应该采用氮气等惰性气体。用于卸料的气体管道应该配置设定值不大于 0.14MPa 的减压阀，以及压力略高，约 0.17MPa 的排空阀。有时待卸液体需要蒸汽加热，蒸汽管道和接口必须与液罐接口匹配，避免使用软管，蒸汽压力一般不超过 0.34MPa。装卸区应配置供水管和软管，冲洗装卸时的洒落液。

5.7 爆炸性物质的储存和销毁

5.7.1 爆炸性物质概述

爆炸性物质是指在一定的温度、震动或受其他物质激发的条件下，能够在极短的时间内发生剧烈化学反应，释放出大量的气体和热量，并伴有巨大声响而爆炸的物质。爆炸性物质的爆炸反应速率极快，可在万分之一秒或更短的时间内完成。爆炸反应释放出大量的反应热，温度可达数千摄氏度，同时产生高压。爆炸反应能够产生大量的气体产物。爆炸的高温高压形成的冲击波，能够使周围的建筑物和设备受到极大破坏。

爆炸性物质引爆所需要的能量称为引爆能。爆炸性物质在高热、震动、冲击等外力作用下发生爆炸的难易程度则称为敏感度。爆炸性物质的引爆能越小，敏感度就越高。为了爆炸性物质的储存、运输和使用安全，对其敏感度应有充分的了解。影响爆炸性物质敏感度的有物质分子内部的组成和结构因素，还有温度、杂质等外部因素。

爆炸性物质爆炸力的大小、敏感度的高低，可以通过物质本身的组成和结构来解释。物质的不稳定性和分子中含有不稳定的结构基团有关。这些基团容易被活化，其化学键则很容易断裂，从而激发起爆炸反应。分子中不稳定的结构基团越活泼，数量越多，爆炸敏感度就越高。如叠氮钠中的叠氮基，三硝基苯中的硝基，都是不稳定的结构基团。再如硝基化合物中的硝基苯只有一个硝基，加热分解，不易发生爆炸；二硝基苯中有两个硝基，有爆炸性，但不敏感；三硝基苯中有三个硝基，容易发生爆炸。

爆炸性物质敏感度和温度有关。温度越高，起爆时所需的能量越小，爆炸敏感度则相应提高。爆炸性物质在储运过程中，必须远离火源，防止日光曝晒，避免温度升高，引发储运爆炸事故。杂质对爆炸敏感度也有很大影响，特别是硬度大、有尖棱的杂质，冲击能集中在尖棱上，以致产生高能中心，加速爆炸。如三硝基甲苯（TNT）在储运过程中，由于包装破裂而撒落，收集时混入砂粒，提高了爆炸敏感度，很容易引发爆炸。

爆炸性物质除对温度、摩擦、撞击敏感之外，还有遇酸分解、光照分解和与某些金属接触产生不稳定盐类等特征。雷汞［$Hg(ONC)_2$］遇浓硫酸会发生剧烈的分解而爆炸。叠氮铅遇浓硫酸或浓硝酸会引起爆炸。TNT炸药受日光照射会引起爆炸。硝铵炸药容易吸潮而变质，降低了爆炸能力甚至拒爆。硝化甘油混合炸药，储存温度过高时会自动分解，甚至发生爆炸。为了保持炸药的理化性能和爆炸能力，对不同种类的炸药，均规定有不同的保存期限。如硝化甘油混合炸药规定保存期一般不超过八个月。爆炸性物质有一种特殊的性质，就是炸药爆炸时，能够引起位于一定距离另一处的炸药也发生爆炸，这就是所谓"殉爆"。所以爆炸性物质储存时应该保持一定的安全距离。

5.7.2 爆炸性物质的储存

爆炸性物质必须储存在专用仓库内。储存条件应该是既能保证爆炸物安全，又能保证爆炸物功能完好。储存温度、储存湿度、储存期、出厂期等对爆炸物的性能都有重要的影响。爆炸性物质储存时，必须考虑上述爆炸物本身存在的状况。同时，爆炸性物质是巨大的危险源，储存时必须考虑其对周边安全的影响。所以对于储存仓库的位置，要有严格的要求。

（1）储存安全的一般要求

爆炸性物质仓库，不得同时存放性质相抵触的爆炸性物质。如起爆器材和起爆药剂不得存入已经存有爆炸性物质的仓库内；同样的，起爆器材或起爆剂仓库也不能同时存放任何爆炸性物质或爆破器材加热器。一切爆炸性物质，不得与酸、碱、盐、氧化剂以及某些金属同库储存。黑火药和其他高爆炸品也不能同库存放。

爆炸物箱堆垛不宜过高过密，堆垛高度一般不超过 1.8m，墙距不小于 0.5m，垛与垛的间距不少于 1m。这样有利于通风、装卸和出入检查。爆炸物箱要轻举轻放，严防爆炸物箱滑落至其他爆炸物箱或地面上。只能用木制或其他非金属材料制的工具开启爆炸物箱。

（2）储存仓库及其防火

爆炸性物质仓库地板应该是木材或其他不产生电火花的材料制造的。如果仓库是钢制结构或铁板覆盖，仓库则应建于地上，保证所有金属构件接地。仓库内照明应该是自然光线或防爆灯，如果采用电灯，必须是防蒸汽的，导线应该置于导线管内，开关应该设在仓库外。

对于爆炸性物质仓库，温湿度控制是一个不容忽视的安全因素。在库房内应该设置温湿度计，并设专人定时观测、记录，采用通风、保暖、吸湿等措施，夏季库温一般不超过30℃，相对湿度经常保持在 75% 以下。

仓库应该保持清洁，仓库周围不得堆放用尽的空箱和容器以及其他可燃性物质。仓库四周 8m，最好是 15m 内不得有垃圾、干草或其他可燃性物质。如果方便的话，仓库四周最好用防止杂草、灌木生长的材料覆盖。

仓库周围严禁吸烟、灯火或其他明火，不得携带火柴或其他吸烟物件接近仓库。严禁非职能人员进入仓库。

（3）储存仓库的位置和安全距离

爆炸性物质仓库禁止设在城镇、市区和居民聚居的地区，与周围建筑物、交通要道、输电输气管线应该保持一定的安全距离。爆炸性物质仓库与电站、江河堤坝、矿井、隧道等重要建筑物的距离不得小于 60m。爆炸性物质仓库与起爆器材或起爆剂仓库之间的距离，在仓库无围墙时不得小于 30m，在有围墙时不得小于 15m。表 5-11 列出了爆炸品仓库与重要建筑间的安全距离，数据摘自美国爆炸品制造者协会的爆炸品储存距离表。

表 5-11　爆炸品储存量与安全距离

储存量/kg		安全距离/m			
最小量	最大量	居民建筑物	铁路等①	公路	其他仓库
0.9	2.3	21.3	9.1	9.1	1.8
2.3	4.5	27.4	10.6	10.6	2.4
4.5	9.1	33.4	13.7	13.7	3.0
9.1	13.6	38.0	15.2	15.2	3.3
13.6	18.1	42.6	16.7	16.7	3.6
18.1	22.7	45.6	18.2	18.2	4.3
22.7	34.0	51.7	21.3	21.3	4.6
34.0	45.4	57.8	22.8	22.8	4.9
45.4	56.7	60.8	24.3	24.3	5.5
56.7	68.0	65.4	25.8	25.8	5.8
68.0	90.7	71.4	28.9	28.9	6.4
90.7	113.4	77.5	31.9	31.9	7.0
113.4	136.1	82.1	33.4	33.4	7.3
136.1	181.4	89.7	36.5	36.5	8.2
181.4	226.8	97.3	39.5	39.5	8.8
226.8	272.2	103.4	41.0	41.0	9.4
272.2	317.5	107.9	44.1	44.1	9.7
317.5	362.9	114.0	45.6	45.6	10.0
362.9	408.2	118.6	47.1	47.1	10.6
408.2	453.6	121.6	48.6	48.6	10.9
453.6	544.3	129.2	51.7	50.2	11.9
544.3	635.0	136.8	54.7	51.7	12.5
635.0	725.8	142.9	57.8	53.2	13.1
725.8	816.5	149.0	59.3	54.7	13.4
816.5	907.2	153.5	62.3	56.2	13.7
907.2	1134.0	165.7	66.9	57.8	14.9
1134.0	1360.8	176.3	71.4	59.3	15.8
1360.8	1814.4	193.0	77.5	63.8	17.6
1814.4	2268.0	208.2	83.6	68.4	18.5
2268.0	2721.6	221.9	89.7	71.4	19.8
2721.6	3175.2	234.1	94.2	74.5	20.7
3175.2	3628.8	243.2	97.3	76.0	21.9
3628.8	4082.4	253.8	101.8	77.5	22.8
4082.4	4536.0	263.0	104.9	79.0	23.7
4536.0	5443.2	266.0	112.5	82.1	24.9

① 表中的铁路等指的是铁路、输电线路和输气管线。

5.7.3　爆炸性物质的销毁

销毁的爆炸性物质，有些是本身完好但包装受到损坏，有些则由于自然老化或管理不当而变质。处理变质的爆炸性物质，常比处理良好状况的爆炸性物质更具危险性。除起爆器材和起爆剂以外的绝大多数爆炸性物质，推荐采用焚烧销毁。即使是在最适宜的条件下，焚烧时爆炸的危险总是存在的。所以，头等重要的是选择不会危及人身和财产的焚烧地点。焚烧地点与建筑物、交通要道以及任何可能会有人员暴露的地方，必须保持足够的安全距离。各类爆炸物销毁时，都应该禁绝烟火，防止爆炸物提前引燃。要仔细查看，严禁起爆剂混入待焚毁的爆炸物中。一次只能焚毁一种爆炸物，高爆炸性物质不得成箱或成垛焚毁。硝化甘油，特别是胶质硝化甘油，点火前过热会增加爆炸敏感度。每次普通硝化甘油的焚毁量不应该超过 45kg，胶质硝化甘油则不应该超过 4.5kg。

起爆器材，如雷管、电雷管和延迟电雷管等，由于老化或储存不当变质不适于应用时，应该予以销毁。这些器材如果浸泡过水，也应该销毁。管壳如果是潮湿的，干后就会出现锈迹。这样的雷管处理起来更具危险性。起爆器材最常用的处理方法是爆炸销毁。对于有引信的普通雷管，仍在原储装箱内，去掉箱盖引爆是可行的。这些雷管也可以放在一个小箱或小袋中，在地（最好是干沙土地）上，挖掘一个深度不小于 0.3m 的坑，把废雷管容器置于坑底，在其上放置一个黄色炸药（硝化甘油）包和一个完好的雷管，并用纸张仔细盖好，再用干沙或细土覆盖，而后在安全处引火起爆。每次销毁的雷管数量不得超过 100 只。每次爆炸后都要仔细检查，在爆炸范围内还有没有未爆炸的雷管。对于电雷管或延迟电雷管的销毁，必须首先在距雷管顶部 2.5cm 处剪断导线，而后按普通雷管的销毁程序进行。

有些爆炸性物质能溶于水而失去爆炸性能，销毁这些爆炸性物质的方法是把它们置于水中，使其永远失去爆炸性能。还有一些爆炸性物质，能与某些化学物质反应而分解，失去原有的爆炸性能。如起爆剂硝基重氮二酚（DDNP）有遇碱分解的特性，常用 10%～15%的碱溶液冲洗和处理。硝化甘油可以用酒精或碱液进行破坏处理。

5.8 火灾爆炸危险与防火防爆措施

火灾和爆炸事故，大多是由危险性物质的物性造成的。而化学工业需要处理多种大量的危险性物质，这类事故的多发性是化学工业的一个显著特征。火灾和爆炸的危险性取决于处理物料的种类、性质和用量，危险化学反应的发生，装置破损泄漏以及误操作的可能性等。化学工业中的火灾和爆炸事故形式多种多样，但究其原因和背景，便可以发现有共同的特点，即人的行为起着重要作用。实际上，装置的结构和性能、操作条件以及有关的人员是一个统一体，对装置没有进行正确的安全评价和综合的安全管理是事故发生的重要原因。近些年来，一些从事化工行业管理和研究的人员发现并认识到上述问题，努力寻求系统的安全管理，于是创造出了系统安全评价方法。对物料和装置进行正确的危险性评价，并以此为依据制订完善的对策，赖以对装置进行安全操作。

5.8.1 物料的火灾爆炸危险

(1) 气体

爆炸极限和自燃点是评价气体火灾爆炸危险性的主要指标。气体的爆炸极限越宽，爆炸下限越低，火灾爆炸的危险性越大。气体的自燃点越低，越容易起火，火灾爆炸的危险性就越大。此外，气体温度升高，爆炸下限降低；气体压力增加，爆炸极限变宽。所以气体的温度、压力等状态参数对火灾爆炸危险性也有一定影响。

气体的扩散性能对火灾爆炸危险性也有重要影响。可燃气体或蒸气在空气中的扩散速度越快，火焰蔓延得越快，火灾爆炸的危险性就越大。密度比空气小的可燃气体在空气中随风漂移，扩散速度比较快，火灾爆炸危险性比较大。密度比空气大的可燃气体泄漏出来，往往沉积于地表死角或低洼处，不易扩散，火灾爆炸危险性比密度较小的气体小。

（2）液体

闪点和爆炸极限是液体火灾爆炸危险性的主要指标。闪点越低，液体越容易起火燃烧，燃烧爆炸危险性越大。液体的爆炸极限与气体的类似，可以用液体蒸气在空气中爆炸的浓度范围表示。液体蒸气在空气中的浓度与液体的蒸气压有关，而蒸气压的大小是由液体的温度决定的。所以，液体爆炸极限也可以用温度极限来表示。液体爆炸的温度极限越宽，温度下限越低，火灾爆炸的危险性越大。

液体的沸点对火灾爆炸危险性也有重要的影响。液体的挥发度越大，越容易起火燃烧。而液体的沸点是液体挥发度的重要表征。液体的沸点越低，挥发度越大，火灾爆炸的危险性就越大。

液体的化学结构和分子量对火灾爆炸危险性也有一定的影响。在有机化合物中，醚、醛、酮、酯、醇、羧酸等火灾危险性依次降低。不饱和有机化合物比饱和有机化合物的火灾危险性大。有机化合物的异构体比正构体的闪点低，火灾危险性大。氯、羟基、氨基等芳烃苯环上的氢取代衍生物，火灾危险性比芳烃本身低，取代基越多，火灾危险性越低。但硝基衍生物恰恰相反，取代基越多，爆炸危险性越大。同系有机化合物，如烃或烃的含氧化合物，分子量越大，沸点越高，闪点也越高，火灾危险性越小。但是分子量大的液体，一般发热量高，蓄热条件好，自燃点低，受热容易自燃。

（3）固体

固体的火灾爆炸危险性主要取决于固体的熔点、着火点、自燃点、比表面积及热分解性能等。固体燃烧一般要在汽化状态下进行。熔点低的固体物质容易蒸发或汽化，着火点低的固体则容易起火。许多低熔点的金属有闪燃现象，其闪点大都在100℃以下。固体的自燃点越低，越容易着火。固体物质中分子间隔小，密度大，受热时蓄热条件好，所以它们的自燃点一般都低于可燃液体和可燃气体。粉状固体的自燃点比块状固体低一些，其受热自燃的危险性要大一些。

固体物质的氧化燃烧是从固体表面开始的，所以固体的比表面积越大，和空气中氧的接触机会越多，燃烧的危险性越大。许多固体化合物含有容易游离的氧原子或不稳定的单体，受热后极易分解释放出大量的气体和热量，从而引发燃烧和爆炸，如硝基化合物、硝酸酯、高氯酸盐、过氧化物等。物质的热分解温度越低，其火灾爆炸危险性就越大。

5.8.2 化学反应的火灾爆炸危险

（1）氧化反应

所有含有碳和氢的有机物质都是可燃的，特别是沸点较低的液体被认为有严重的火险。如汽油类、石蜡油类、醚类、醇类、酮类等有机化合物，都是具有火险的液体。许多燃烧性物质在常温下与空气接触就能反应释放出热量，如果热的释放速率大于消耗速率，就会引发燃烧。

在通常工业条件下易于起火的物质被认为具有严重的火险，如粉状金属、硼化氢、磷化氢等自燃性物质，闪点等于或低于28℃的液体，以及易燃气体。这些物质在加工或储存时，必须与空气隔绝，或是在较低的温度条件下。

在燃烧和爆炸条件下，所有燃烧性物质都是危险的，这不仅是由于存在将其点燃并释放出危险烟雾的足够多的热量，而且由于小的爆炸有可能扩展为易燃粉尘云，引发更大的爆炸。

（2）水敏性反应

许多物质与水、水蒸气或水溶液发生放热反应，释放出易燃或爆炸性气体。这些物质如锂、钠、钾、钙、铷、铯以上金属的合金或汞齐、氢化物、氮化物、硫化物、碳化物、硼化物、硅化物、碲化物、硒化物、砷化物、磷化物、酸酐、浓酸或浓碱。

在上述物质中，截至氢化物的八种物质，与潮气会发生程度不同的放热反应，并释放出氢气。从氮化物到磷化物的九种物质，与潮气会发生程度不同的迅速反应，并生成挥发性的、易燃的，有时是自燃或爆炸性的氢化物。酸酐、浓酸或浓碱与潮气作用只是释放出热量。

（3）酸敏性反应

许多物质与酸和酸蒸气发生放热反应，释放出氢气和其他易燃或爆炸性气体。这些物质包括前述的除酸酐和浓酸以外的水敏性物质，金属和结构合金，以及砷、硒、碲和氰化物等。

5.8.3　工艺装置的火灾爆炸危险

化工企业的火灾和爆炸事故，主要原因是对某些事物缺乏认识，例如，对危险物料的物性，对生产过程中所产生的杂质的积累，对生产规模及效果，对物料受到的环境和操作条件的影响，对装置的技术状况和操作方法的变化等事物认识不足。特别是新建或扩建的装置，当操作方法改变时，如果仍按过去的经验制定安全措施，往往会因为人为的微小失误而铸成大错。

分析化工装置的火灾和爆炸事故，主要原因可以归纳为以下五项，各项中都包含一些小的条目。

（1）装置不适当

① 高压装置中高温、低温部分材料不适当；

② 接头结构和材料不适当；

③ 有易使可燃物着火的电力装置；

④ 防静电措施不充分；

⑤ 装置开始运转时无法预料的影响。

（2）操作失误

① 阀门的误开或误关；

② 燃烧装置点火不当；

③ 违规使用明火。

（3）装置故障

① 储罐、容器、配管的破损；

② 泵和机械的故障；

③ 测量和控制仪表的故障。

（4）不停车检修

① 切断配管连接部位时发生无法控制的泄漏；

② 破损配管没有修复，在压力下降的条件下恢复运转；

③ 在加压条件下，某一物体掉到装置的脆弱部分而发生破裂；

④ 不知装置中有压力而误将配管从装置上断开。

（5）异常化学反应

① 反应物质匹配不当；

② 不正常的聚合、分解等；

③ 安全装置不合理。

在工艺装置危险性评价中，物料评价占有很重要的位置。对于有关物料，如果仅仅根据一般的文献调查和小型试验决定操作条件，或只是用热平衡确定反应的规模和效果，往往会忽略副反应和副产物。上述现象是对装置危险性没有进行全面评价的结果。火灾和爆炸事故的蔓延和扩大，问题往往出在平时操作中并无危险，但一旦遭遇紧急情况时却无应急措施的物料上。所以，目前装置危险性评价的重点是放在由于事故而爆发火灾并转而使事故扩大的危险性上。

5.8.4　防火防爆措施

把人员伤亡和财产损失降至最低限度是防火防爆的基本目的。预防发生、限制扩大、灭火熄爆是防火防爆的基本原则。对于易燃易爆物质的安全处理，以及对于引发火灾和爆炸的点火源的安全控制是防火防爆的基本内容。

5.8.4.1　易燃易爆物质的安全处理

对于易燃易爆气体混合物，应该避免在爆炸范围之内加工。可采取下列措施：

① 限制易燃气体组分的浓度在爆炸下限以下或爆炸上限以上；

② 用惰性气体取代空气；

③ 把氧气浓度降至极限值以下。

对于易燃易爆液体，加工时应该避免使其蒸气的浓度达到爆炸下限。可采取下列措施：

① 在液面之上施加惰性气体覆盖；

② 降低加工温度，保持较低的蒸气压，使其无法达到爆炸浓度。

对于易燃易爆固体，加工时应该避免暴热使其蒸气达到爆炸浓度，应该避免形成爆炸性粉尘。可采取下列措施：

① 粉碎、研磨、筛分时，施加惰性气体覆盖；

② 加工设备配置充分的降温设施，迅速移除摩擦热、撞击热；

③ 加工场所配置良好的通风设施，使易燃粉尘迅速排除不至于达到爆炸浓度。

5.8.4.2　点火源的安全控制

对于点火源的控制，在本章5.1的"燃烧三要素"中已对几种常见火源做了简单介绍，这里仅对引发火灾爆炸事故较多的几种火源做进一步的说明。

（1）明火

明火主要是指生产过程中的加热用火、维修用火及其他火源。加热易燃液体时，应尽量避免采用明火，而采用蒸汽、过热水或其他热载体加热。如果必须采用明火，设备应该严格密闭，燃烧室与设备应该隔离设置。凡是用明火加热的装置，必须与有火灾爆炸危险的装置相隔一定的距离，防止装置泄漏引起火灾。在有火灾爆炸危险的场所，不得使用普通电灯照明，必须采用防爆照明电器。

在有易燃易爆物质的工艺加工区，应该尽量避免切割和焊接作业，最好将需要动火的设备和管段拆卸至安全地点维修。进行切割和焊接作业时，应严格执行动火安全规定。在积存有易燃液体或易燃气体的管沟、下水道、渗坑内及其附近，在危险消除之前不得进行明火作业。

（2）摩擦与撞击

在化工行业中，摩擦与撞击是许多火灾和爆炸的重要原因。如机器上的轴承等转动部分摩擦发热起火；金属零件、螺钉等落入粉碎机、提升机、反应器等设备内，由于铁器和机件撞击起火；铁器工具与混凝土地面撞击产生火花等。

机器轴承要及时加油，保持润滑，并经常清除附着的可燃污垢。可能摩擦或撞击的两部分应采用不同的金属制造，摩擦或撞击时便不会产生火花。铅、铜和铝都不发生火花，而铍青铜的硬度不逊于钢。为避免撞击起火，应该使用铍青铜的或镀铜钢的工具，设备或管道容易遭受撞击的部位应该用不产生火花的材料覆盖起来。

搬运盛装易燃液体或气体的金属容器时，不要抛掷、拖拉、震动，防止互相撞击，以免产生火花。防火区严禁穿带钉子的鞋，地面应铺设不发生火花的软质材料。

（3）高温热表面

加热装置、高温物料输送管道和机泵等，其表面温度都比较高，应防止可燃物落于其上而着火。可燃物的排放口应远离高温热表面。如果高温设备和管道与可燃物装置比较接近，高温热表面应该有隔热措施。加热温度高于物料自燃点的工艺过程，应严防物料外泄或空气进入系统。

（4）电气火花

电气设备所引起的火灾爆炸事故，多由电弧、电火花、电热或漏电造成。在火灾爆炸危险场所，根据实际情况，在不至于引起运行上特殊困难的条件下，应该首先考虑把电气设备安装在危险场所以外或另室隔离。在火灾爆炸危险场所，应尽量少用携带式电气设备。

根据电气设备产生火花、电弧的情况以及电气设备表面的发热温度，对电气设备本身采取各种防爆措施，以供在火灾爆炸危险场所使用。在火灾爆炸危险场所选用电气设备时，应该根据危险场所的类别、等级和电火花形成的条件，并结合物料的危险性，选择相应的电气设备。一般是根据爆炸混合物的等级选用电气设备的。防爆电器设备所适用的级别和组别应不低于场所内爆炸性混合物的级别和组别。当场所内存在两种或两种以上的爆炸性混合物时，应按危险程度较高的级别和组别选用电气设备。

5.9　有火灾爆炸危险性物质的加工处理

为了防火防爆安全，对火灾爆炸危险性比较大的物料，应该采取安全措施。首先应考虑通过工艺改进，用危险性小的物料代替火灾爆炸危险性比较大的物料。如果不具备上述条件，则应该根据物料的燃烧爆炸性能采取相应的措施，如密闭或通风、惰性介质保护、降低物料蒸气浓度、减压操作以及其他能提高安全性的措施。

5.9.1　用难燃溶剂代替可燃溶剂

在萃取、吸收等单元操作中，采用的多为易燃有机溶剂。用燃烧性能较差的溶剂代替易燃溶剂，会显著改善操作的安全性。选择燃烧危险性较小的液体溶剂，沸点和蒸气压数据是重要依据。对于沸点高于110℃的液体溶剂，常温（约20℃）时蒸气压较低，其蒸气不足以达到爆炸浓度。如醋酸戊酯在20℃的蒸气压为（6mmHg），其蒸气浓度 c 为：

$$c = \frac{MpV}{760RT} = \frac{130 \times 6 \times 1000}{760 \times 0.083 \times 293} = 44 \text{g} \cdot \text{m}^{-3}$$

而醋酸戊酯的爆炸浓度范围为 $119 \sim 541 \text{g} \cdot \text{m}^{-3}$，常温浓度只是比爆炸下限的 1/3 略高一些。除醋酸戊酯以外，丁醇、戊醇、乙二醇、氯苯、二甲苯等都是沸点在110℃以上燃烧危险性较小的液体。

在许多情况下，可以用不燃液体代替可燃液体，这类液体有氯的甲烷及乙烯衍生物，如二氯甲烷、三氯甲烷、四氯化碳、三氯乙烯等。例如，为了溶解脂肪、油脂、树脂、沥青、橡胶以及油漆，可以用四氯化碳代替有燃烧危险的液体溶剂。

使用氯代烃时必须考虑其蒸气的毒性，以及发生火灾时可能分解释放出光气。为了防止中毒，设备必须密闭，室内不应超过规定浓度，并在发生事故时要戴防毒面具。

5.9.2　根据燃烧性物质的特性分别处理

遇空气或遇水燃烧的物质，应该隔绝空气或采取防水、防潮措施，以免燃烧或爆炸事故发生。燃烧性物质不能与性质相抵触的物质混存、混用；遇酸、碱有分解爆炸危险的物质应该防止与酸碱接触；对机械作用比较敏感的物质要轻拿轻放。燃烧性液体或气体，应该根据它们的密度考虑适宜的排污方法；根据它们的闪点、爆炸范围、扩散性等采取相应的防火防爆措施。

对于自燃性物质，在加工或储存时应该采取通风、散热、降温等措施，以防其达到自燃点，引发燃烧或爆炸。多数气体、蒸气或粉尘的自燃点都在400℃以上，在很多场合要有明火或火花才能起火，只要消除任何形式的明火，就基本达到了防火的目的。有些气体、蒸气或固体易燃物的自燃点很低，只有采取充分的降温措施，才能有效地避免自燃。有些液体如乙醚，受阳光作用能生成危险的过氧化物，对于这些液体，应采取避光措施，盛放于金属桶或深色玻璃瓶中。

有些物质能够提高易燃液体的自燃点，如在汽油中添加四乙基铅，就是为了提高汽油的自燃点。而另外一些物质，如铈、钒、铁、钴、镍的氧化物，则可以降低易燃液体的自燃点。对于这些情况应予以注意。

5.9.3 密闭和通风措施

为了防止易燃气体、蒸气或可燃粉尘泄漏与空气混合形成爆炸性混合物，设备应该密闭，特别是带压设备更需要保持密闭性。如果设备或管道密封不良，正压操作时会因可燃物泄漏使附近空气达到爆炸下限；负压操作时会因空气进入而达到可燃物的爆炸上限。开口容器、破损的铁桶、没有防护措施的玻璃瓶不得盛储易燃液体。不耐压的容器不得盛储压缩气体或加压液体，以防容器破裂造成事故。

为了保证设备的密闭性，对于危险设备和系统，应尽量少用法兰连接。输送危险液体或气体，应采用无缝管。负压操作可防止爆炸性气体逸入厂房，但在负压下操作，要特别注意设备清理打开排空阀时，不要让大量空气吸入。

加压或减压设备，在投产或定期检验时，应检查其密闭性和耐压程度。所有压缩机、液泵、导管、阀门、法兰、接头等容易漏油、漏气的机件和部位应该经常检查。填料如有损坏应立即更换。以防渗漏。操作压力必须加以限制，压力过高，轻则密闭性遭破坏，渗漏加剧；重则设备破裂，造成事故。

氧化剂如高锰酸钾、氯酸钾、铬酸钠、硝酸铵、漂白粉等粉尘加工的传动装置，密闭性能必须良好，要定期清洗传动装置，及时更换润滑剂，防止粉尘渗进变速箱与润滑油相混，由于蜗轮、蜗杆摩擦生热而引发爆炸。

即使设备密封很严，但总会有部分气体、蒸气或粉尘渗漏到室内，必须采取措施使可燃物的浓度降至最低。同时还要考虑到爆炸物的量虽然极微，但也有局部浓度达到爆炸范围的可能。完全依靠设备密闭，消除可燃物在厂房内的存在是不可能的。往往借助于通风来降低车间内空气中可燃物的浓度。通风可分为机械通风和自然通风；按换气方式也可分为排风和送风。

对于有火灾爆炸危险的厂房的通风，由于空气中含有易燃气体，所以不能循环使用。排除或输送温度超过80℃的空气、燃烧性气体或粉尘的设备，应该用非燃烧材料制成。空气中含有易燃气体或粉尘的厂房，应选用不产生火花的通风机械和调节设备。含有爆炸性粉尘的空气，在进入排风机前应进行净化，防止粉尘进入排风机。排风管道应直接通往室外安全处，排风管道不宜穿过防火墙或非燃烧材料的楼板等防火分隔物，以免发生火灾时，火势顺管道通过防火分隔物。

5.9.4 惰性介质的惰化和稀释作用

(1) 惰性气体保护作用
惰性气体反应活性较差，常用作保护气体。惰性气体保护是指用惰性气体稀释可燃气体、蒸气或粉尘的爆炸性混合物，以抑制其燃烧或爆炸。常用的惰性气体有氮气、二氧化碳、水蒸气以及卤代烃等燃烧阻滞剂。

易燃固体物料在粉碎、研磨、筛分、混合以及粉状物料输送时，应施加惰性气体保护。输送易燃液体物料的压缩气体应该选用惰性气体。易燃气体在加工过程中，应该用惰性气体作稀释剂。对于有火灾爆炸危险的工艺装置、储罐、管道等，应该配备惰性气体，以备发生危险时使用。

（2）惰性气体用量

在易燃物料的加工中，惰性气体的用量取决于系统中氧的最高允许浓度。氧的最高允许浓度值因采用不同的惰性气体而有所不同。表 5-12 列出了不同可燃物质采用二氧化碳或氮气稀释时氧的最高允许含量。

表 5-12　不同可燃物质氧的最高允许含量　　　　　　　　单位：%

可燃物质	CO_2 稀释	N_2 稀释	可燃物质	CO_2 稀释	N_2 稀释
甲烷	11.5	9.5	丁二醇	10.5	8.5
乙烷	10.5	9	丙酮	12.5	11
丙烷	11.5	9.5	苯	11	9
丁烷	11.5	9.5	一氧化碳	5	4.5
汽油	11	9	二硫化碳	8	
乙烯	9	8	氢	5	4
丙烯	11	9	煤粉	12～15	
乙醚	10.5		硫黄粉	9	
甲醇	11	8	铝粉	2.5	7
乙醇	10.5	8.5	锌粉	8	8

惰性气体的用量，可根据表 5-12 数据按下面的公式计算。

$$V_x = \frac{21-O}{O}V \qquad (5-24)$$

式中，V_x 为惰性气体用量，m^3；O 为查得的氧的最高允许含量，%；V 为设备中原有的空气（含氧 21%）容积，m^3。如果惰性气体中含有部分氧，式（5-24）则修正为

$$V_x = \frac{21-O}{O-O'}V \qquad (5-25)$$

式中，O' 为惰性气体中的氧含量，%。

从以上计算公式可以看出，不必用惰性气体取代空气中的全部氧，只要稀释到一定程度即可。惰性气体的这种功能称作惰化防爆。有些易燃气体溶解在溶剂中比在气相中稳定，这也是由于溶剂的惰化作用。比如，在总压 0.7MPa 以下时，溶解在丙酮中的乙炔比气相乙炔稳定。

5.9.5　减压操作

化工物料的干燥，许多是从湿物料中蒸发出其中的易燃溶剂。如果易燃溶剂蒸气在爆炸下限以下的浓度范围，便不会引发燃烧或爆炸。为了满足上述条件，这类物料的干燥，一般是在负压下操作。文献中的爆炸极限数据多为 20℃、0.101325MPa 下的体积分数。所以由爆炸下限不难计算出溶剂蒸气的分压，如果干燥压力在此分压以下，便不会发生燃烧或爆炸。比如，乙醚的爆炸下限为 1.7%，在爆炸下限的条件下，乙醚蒸气的分压为 0.101325MPa×1.7%，即 0.0017MPa（13mmHg）。爆炸下限下的易燃蒸气的分压即为减压操作的安全压力。

实际上在减压条件下，干燥箱中的空气完全被溶剂蒸气排除，从而消除了爆炸条件。此

时溶剂蒸气与空气比较，相对浓度很大，但单位体积的质量数却很小。减压操作应用的实质是爆炸下限下的质量浓度。

5.9.6 燃烧爆炸性物料的处理

在化学工业污水中，往往混有易燃物质或可燃物质，为了防止下水系统发生燃烧爆炸事故，对易燃或可燃物质排放必须严格控制。如果苯、汽油等有机溶剂的废液放入下水道，因为这类溶剂在水中的溶解度很小，而且密度比水小浮于水面之上，在水面上形成一层易燃蒸气。遇火引发燃烧或爆炸，随波逐流，火势会很快蔓延。

性质互相抵触的不同废水排入同一下水道，容易发生化学反应，导致事故的发生。如硫化碱废液与酸性废水排入同一下水道，会产生硫化氢，造成中毒或爆炸事故。对于输送易燃液体的管道沟，如果管理不善，易燃液外溢造成大量易燃液的积存，一旦触发火灾，后果严重。

5.10　燃烧爆炸敏感性工艺参数的控制

在化学工业生产中，工艺参数主要是指温度、压力、流量、物料配比等。严格控制工艺参数在安全限度以内，是实现安全生产的基本保证。

5.10.1 反应温度的控制

温度是化学工业生产的主要控制参数之一。各种化学反应都有其最适宜的温度范围，正确控制反应温度不但可以保证产品的质量，而且也是防火防爆所必需的。如果超温，反应物有可能分解起火，造成压力升高，甚至导致爆炸；也可能因温度过高而产生副反应，生成危险的副产物或过反应物。升温过快、过高或冷却设施发生故障，可能会引起剧烈反应，乃至冲料或爆炸。温度过低会造成反应速率减慢或停滞，温度一旦恢复正常，往往会因为未反应物料过多而使反应加剧，有可能引起爆炸。温度过低还会使某些物料冻结，造成管道堵塞或破裂，致使易燃物料泄漏引发火灾或爆炸。

（1）移出反应热

化学反应总是伴随着热效应，放出或吸收一定的热量。大多数反应，如各种有机物质的氧化反应、卤化反应、水合反应、缩合反应等都是放热反应。为了使反应在一定的温度下进行，必须从反应系统移出一定的热量，以免因过热而引发爆炸。例如，乙烯氧化制取环氧乙烷是典型的放热反应。环氧乙烷沸点低，只有 $10.7℃$，而爆炸范围极宽，$3\%\sim100\%$，没有氧气也能分解爆炸。此外，杂质存在易引发自聚放热，使温度升高；遇水发生水合反应，也释放出热量。如果反应热不及时移出，温度不断升高会使乙烯燃烧放出更多的热量，从而引发爆炸。

温度的控制可以靠传热介质的流动移走反应热来实现。移走反应热的方法有夹套冷却、内蛇管冷却或两者兼用，还有稀释剂回流冷却、惰性气体循环冷却等。还可以采用一些特殊结构的反应器或在工艺上采取一些措施，达到移走反应热控制温度的目的。例如，合成甲醇是强放热反应，必须及时移走反应热以控制反应温度，同时对废热应加以利用。可在反应器内装配热交换器，混合合成气分两路，其中一路控制流量以控制反应温度。目前，强放热反应的大型反应器，其中普遍装有废热锅炉，靠废热蒸汽带走反应热，同时废热蒸汽作为加热源可以利用。

加入其他介质，如通入水蒸气带走部分反应热，也是常用的方法。乙醇氧化制取乙醛就是采用乙醇蒸气、空气和水蒸气的混合气体，将其送入氧化炉，在催化剂作用下生成乙醛。利用水蒸气的吸热作用将多余的反应热带走。

（2）传热介质选择

传热介质，即热载体，常用的有水、水蒸气、碳氢化合物、熔盐、汞和熔融金属、烟道气等。充分了解传热介质的性质，进行正确选择，对传热过程安全十分重要。

① 避免使用性质与反应物料相抵触的介质　应尽量避免使用性质与反应物料相抵触的物质作冷却介质。例如，环氧乙烷很容易与水剧烈反应，甚至极微量的水分渗入液态环氧乙烷中，也会引发自聚放热产生爆炸。又如，金属钠遇水剧烈反应而爆炸。所以在加工过程中，这些物料的冷却介质不得用水，一般采用液体石蜡。

② 防止传热面结垢　在化学工业中，设备传热面结垢是普遍现象。传热面结垢不仅会影响传热效率，更危险的是在结垢处易形成局部过热点，造成物料分解而引发爆炸。结垢的原因有，由于水质不好而结成水垢；物料黏结在传热面上；特别是因物料聚合、缩合、凝聚、炭化而引起结垢，极具危险性。换热器内传热流体宜采用较高流速，这样既可以提高传热效率，又可以减少污垢在传热表面的沉积。

③ 传热介质使用安全　传热介质在使用过程中处于高温状态，安全问题十分重要。高温传热介质，如联苯混合物（73.5％联苯醚和26.5％联苯）在使用过程中要防止低沸点液体（如水或其他液体）进入，低沸点液体进入高温系统，会立即汽化超压而引起爆炸。传热介质运行系统不得有死角，以免容器试压时积存水或其他低沸点液体。传热介质运行系统在水压试验后，一定要有可靠的脱水措施，在运行前应进行干燥吹扫处理。

（3）热不稳定物质的处理

在化工生产过程中，对热不稳定物质的温度控制十分重要。对于热不稳定物质，要特别注意降温和隔热措施。对能生成过氧化物的物质，在加热之前应该除去。热不稳定物质的储存温度应该控制在安全限度之内。乐果原油储存温度超过55℃；1605原油与乳化剂共用一根保温管道，都曾发生过爆炸事故。对于这些热不稳定物质，在使用时应该注意同其他热源隔绝。受热后易发生分解爆炸的危险物质，如偶氮染料及其半成品重氮盐等，在反应过程中要严格控制温度，反应后必须清除反应釜壁上的剩余物。

5.10.2　物料配比和投料速率控制

（1）物料配比控制

在化工生产中，物料配比极为重要，这不仅决定着反应进程和产品质量，而且对安全也有着重要影响。例如，松香钙皂的生产，是把松香投入反应釜内，加热至240℃，缓慢加入氢氧化钙，生成目的产物和水。反应生成水在高温下变成蒸气。投入的氢氧化钙如果过量，水的生成量也相应增加，生成的水蒸气量过多而容易造成跑锅，与火源接触有可能引发燃烧。对于危险性较大的化学反应，应该特别注意物料配比关系。比如，环氧乙烷生产中乙烯和氧的反应，其浓度接近爆炸范围，尤其是在开车时催化剂活性较低，容易造成反应器出口氧浓度过高，为保证安全，应设置联锁装置，经常核查循环气的组成。

催化剂对化学反应速率影响很大，如果催化剂过量，就有可能发生危险。可燃或易燃物料与氧化剂的反应，要严格控制氧化剂的投料速率和投料量。对于能形成爆炸性混合物的生产，物料配比应严格控制在爆炸极限以外。如果工艺条件允许，可以添加水蒸气、氮气等惰性气体稀释。

(2) 投料速率控制

对于放热反应，投料速率不能超过设备的传热能力，否则，物料温度将会急剧升高，引起物料的分解、突沸，造成事故。加料时如果温度过低，往往造成物料的积累、过量，温度一旦适宜反应加剧，加之热量不能及时导出，温度和压力都会超过正常指标，导致事故。如某农药厂"保棉丰"反应釜，按工艺要求，在不低于75℃的温度下，4h内加完100kg双氧水。但由于投料温度为70℃，开始反应速率慢加之投入冷的双氧水使温度降至52℃，因此将投料速度加快，在1h20min投入双氧水80kg，造成双氧水与原油剧烈反应，反应热来不及导出而温度骤升，仅在6s内温度就升至200℃以上，使釜内物料汽化引起爆炸。

投料速度太快，除影响反应速率外，也可能造成尾气吸收不完全，引起毒性或可燃性气体外逸。如某农药厂乐果生产硫化岗位，由于投料速度太快，硫化氢尾气来不及吸收而外逸，引起中毒事故。当反应温度不正常时，首先要判明原因，不能随意采用补加反应物的办法提高反应温度，更不能采用先增加投料量而后补热的办法。

在投料过程中，值得注意的是投料顺序的问题。例如，氯化氢合成应先加氢后加氯；三氯化磷合成应先投磷后加氯；磷酸酯与甲胺反应时，应先投磷酸酯，再滴加甲胺等。反之就有可能发生爆炸。投料过少也可能引起事故。加料过少，使温度计接触不到料面，温度计显示出的不是物料的真实温度，会导致判断错误，引起事故。

5.10.3　物料成分和过反应的控制

对许多化学反应，由于反应物料中危险杂质的增加会导致副反应或过反应，引发燃烧或爆炸事故。对于化工原料和产品，纯度和成分是质量要求的重要指标，对生产和管理安全也有着重要影响。比如，乙炔和氯化氢合成氯乙烯，氯化氢中游离氯不允许超过0.005%，因为过量的游离氯与乙炔反应生成四氯乙烷会立即起火爆炸。又如在乙炔生产中，电石中含磷量不得超过0.08%，因为磷在电石中主要是以磷化钙的形式存在，磷化钙遇水生成磷化氢，遇空气燃烧，导致乙炔和空气混合物的爆炸。

反应原料气中，如果其中含有的有害气体不清除干净，在物料循环过程中会不断积累，最终会导致燃烧或爆炸等事故的发生。清除有害气体，可以采用吸收的方法，也可以在工艺上采取措施，使之无法积累。例如高压法合成甲醇，在甲醇分离器之后的气体管道上设置放空管，通过控制放空量以保证系统中有用气体的比例。这种将部分反应气体放空或进行处理的方法也可以用来防止其他爆炸性介质的积累。有时有害杂质来自未清除干净的设备。例如在六六六生产中，合成塔可能留有少量的水，通氯后水与氯反应生成次氯酸，次氯酸受光照射产生氧气，与苯混合发生爆炸。所以这类设备一定要清理干净，符合要求后才能投料。

有时在物料的储存和处理中加入一定量的稳定剂，以防止某些杂质引起事故。如氰化氢在常温下呈液态，储存时水分含量必须低于1%，置于低温密闭容器中。如果有水存在，可生成氨，作为催化剂引起聚合反应，聚合热使蒸气压力上升，导致爆炸事故的发生。为了提高氰化氢的稳定性，常加入浓度为0.001%～0.5%的硫酸、磷酸或甲酸等酸性物质作为稳定剂或吸附在活性炭上加以保存。丙烯腈具有氰基和双键，有很强的反应活性，容易发生聚合、共聚或其他反应，在有氧或氧化剂存在或接受光照的条件下，迅速聚合并放热，压力升高，引发爆炸。在储存时一般添加对苯二酚作稳定剂。

许多过反应的生成物是不稳定的，容易造成事故。所以在反应过程中要防止过反应的发生。如三氯化磷合成是把氯气通入黄磷中，产物三氯化磷沸点为75℃，很容易从反应釜中移出。但如果反应过头，则生成固体五氯化磷，100℃时才升华。五氯化磷比三氯化磷的反应活性高得多，由于黄磷的过氧化而发生爆炸的事故时有发生。苯、甲苯硝化生成硝基苯和硝基甲苯，如果发生过反应，则生成二硝基苯和二硝基甲苯，二硝基化合物不如硝基化合物稳定，在精馏时容易发生爆炸。所以，对于这一类反应，往往保留一部分未反应物，使过反应不至于发生。在某些化工过程中，要防止物料与空气中的氧反应生成不稳定的过氧化物。有些物料，如乙醚、异丙醚、四氢呋喃等，如果在蒸馏时有过氧化物存在，极易发生爆炸。

5.10.4 自动控制系统和安全保险装置

（1）自动控制系统

自动控制系统按其功能分为以下四类：自动检测系统；自动调节系统；自动操纵系统；自动信号、联锁和保护系统。自动检测系统是对机械、设备或过程进行连续检测，把检测对象的参数如温度、压力、流量、液位、物料成分等信号，由自动装置转换为数字，并显示或记录出来的系统。自动调节系统是通过自动装置的作用，使工艺参数保持在设定值的系统。自动操纵系统是对机械、设备或过程的启动、停止及交换、接通等，由自动装置进行操纵的系统。自动信号、联锁和保护系统是机械、设备或过程出现不正常情况时，会发出警报并自动采取措施，以防事故的安全系统。

化工自动化系统，大多数是对连续变化的参数，如温度、压力、流量、液位等进行自动调节。但是还有一些参数，需要按一定的时间间隔做周期性的变化。这样就需要对调节设施如阀门等做周期性的切换。上述操作一般是靠程序控制来完成的。如小氮肥的煤气发生炉，造气过程由制气循环的六个工序组成。整个过程是由气动执行机构操纵旋塞做两次正转和两次逆转90°实现的。电子控制器按工艺要求发出指令，程序控制的气动机构做二次正转和二次逆转，并且在二次回收、吹风、回收三处打开空气阀门，在其余各处关闭空气阀门，阻止空气进入气柜，防止氧含量增高而发生爆炸。

（2）信号报警、保险装置和安全联锁

在化学工业生产中，可配置信号报警装置，情况失常时发出警告，以便及时采取措施消除隐患。报警装置与测量仪表连接，用声、光或颜色示警。例如在硝化反应中，硝化器的冷

却水为负压，为了防止器壁泄漏造成事故，在冷却水排出口装有带铃的导电性测量仪，若冷却水中混有酸，电导率提高，则会响铃示警。随着化学工业的发展，警报信号系统的自动化程度不断提高。例如反应塔温度上升的自动报警系统可分为两级，急剧升温检测系统，以及与进出口流量相对应的温差检测系统。警报的传送方式按故障的轻重设置信号。

信号装置只能提醒人们注意事故正在形成或即将发生，但不能自动排除事故。而保险装置则能在危险状态下自动消除危险状态。例如氨的氧化反应是在氨和空气混合物爆炸极限边缘进行的，在气体输送管路上应该安装保险装置，以便在紧急状态下切断气体的输入。在反应过程中，空气的压力过低或氨的温度过低，都有可能使混合气体中氨的浓度提高，达到爆炸下限。在这种情况下，保险装置就会切断氨的输送，只允许空气流过，因而可以防止爆炸事故的发生。

安全联锁就是利用机械或电气控制依次接通各个仪器和设备，使之彼此发生联系，达到安全运行的目的。例如硫酸与水的混合操作，必须先把水加入设备，再注入硫酸，否则将会发生喷溅和灼伤事故。把注水阀门和注酸阀门依次联锁起来，就可以达到此目的。某些需要经常打开孔盖的带压反应容器，在开盖之前必须卸压。频繁的操作容易疏忽出现差错，如果把卸掉罐内压力和打开孔盖联锁起来，就可以安全无误。

5.11 灭火剂与灭火措施

5.11.1 灭火的原理及措施

根据燃烧三要素，只要消除可燃物或把可燃物浓度充分降低；隔绝氧气或把氧气量充分减少；把可燃物冷却至燃点以下，均可达到灭火的目的。

（1）抑制反应物接触

抑制可燃物与氧气的接触，可以减少反应热，使之小于移出的热量，把可燃物冷却到燃点以下，起到控制火灾乃至灭火的作用。水蒸气、泡沫、粉末等覆盖在燃烧物表面上，都是使可燃物与氧气脱离接触的窒息灭火方法。矿井火灾的密闭措施，则是大规模抑制与氧气接触的灭火方法。

对于固体可燃物，抑制其与氧气接触的方法除移开可燃物外，还可以将整个仓库密闭起来防止火势蔓延，也可以用挡板阻止火势扩大。对于可燃液体或蒸气的泄漏，可以关闭总阀门，切断可燃物的来源。如果关闭总阀门尚不足以抑制泄漏时，可以向排气管道排放，或转移至其他罐内，减少可燃物的供给量。对于可燃蒸气或气体，可以移走或排放，降低压力以抑制喷出量。如果是液化气，由于蒸发消耗了潜热而自身被冷却，蒸气压会自动降低。此外，容器冷却也可降低压力，所以火灾时喷水也起抑制可燃气体供给量的作用。

（2）减小反应物浓度

氧气浓度在15%以下，燃烧速度就会明显变慢。减小氧气浓度是抑制火灾的有效手段。在火灾现场，水、不燃蒸发性液体、氮气、二氧化碳以及水蒸气都有稀释降低可燃物浓度的作用。降低可燃物蒸气压或抑制其蒸发速度，均能收到降低可燃气体浓度的效果。

(3) 降低反应物温度

把火灾燃烧热排到燃烧体系之外，降低温度使燃烧速度下降，从而缩小火灾规模，最后将燃烧温度降至燃点以下，起到灭火作用。低于火灾温度的不燃性物质都有降温作用。对于灭火剂，除利用其显热外，还可利用它的蒸发潜热和分解热起降温作用。

冷却剂只有停留在燃烧体系内，才有降温作用。水的蒸发潜热较大，降温效果好，但多数情况下水易流失到燃烧体系之外，利用率不高。强化液、泡沫等可以弥补水的这个弱点。

(4) 初期灭火

火灾发生后，许多情形下火灾规模都是随时间呈指数扩大。在灾情扩大之前的初期迅速灭火，是事半功倍的明智之举。火灾扩大之前，一个人用少量的灭火剂就能扑灭的火灾称为初期火灾。初期火灾的灭火活动称为初期灭火。对于可燃液体，其灭火工作的难易取决于燃烧表面积的大小。一般把 1m² 可燃液体表面着火视为初期灭火范围。通常建筑物起火 3min 后，就会有约 10m² 的地板、7m² 的墙壁和 5m² 的天花板着火，火灾温度可达 700℃ 左右。此时已超出了初期灭火范围。

为了做到初期灭火，应彻底清查、消除能引起火灾扩大的条件。要有完善的防火计划，火灾发生时能够恰当应对。对消防器材应经常检查维护，紧急情况时能及时投入使用。

5.11.2 灭火剂及其应用

(1) 水

① 灭火作用　水是应用历史最长、范围最广、价格最廉的灭火剂。水的蒸发潜热较大，与燃烧物质接触被加热汽化吸收大量的热，使燃烧物质冷却降温，从而减弱燃烧的强度。水遇到燃烧物后汽化生成大量的蒸汽，能够阻止燃烧物与空气接触，并能稀释燃烧区的氧，使火势减弱。

对于水溶性可燃、易燃液体的火灾，如果允许用水扑救，水与可燃、易燃液体混合，可降低燃烧液体浓度以及燃烧区内可燃蒸气浓度，从而减弱燃烧强度。由水枪喷射出的加压水流，其压力可达几兆帕。高压水流强烈冲击燃烧物和火焰，会使燃烧强度显著降低。

② 灭火形式　经水泵加压由直流水枪喷出的柱状水流称作直流水；由开花水枪喷出的滴状水流称作开花水；由喷雾水枪喷出，水滴直径小于 100μm 的水流称作雾状水。直流水、开花水可用于扑救一般固体如煤炭、木制品、粮食、棉麻、橡胶、纸张等的火灾，也可用于扑救闪点高于 120℃，常温下呈半凝固态的重油火灾。雾状水大大提高了水与燃烧物的接触面积，降温快、效率高，常用于扑灭可燃粉尘、纤维状物质、谷物堆囤等固体物质的火灾，也可用于扑灭电气设备的火灾。与直流水相比，开花水和雾状水射程均较近，不适于远距离使用。

③ 注意事项　禁水性物质如碱金属和一些轻金属，以及电石、熔融状金属的火灾不能用水扑救。非水溶性，特别是密度比水小的可燃、易燃液体的火灾，原则上也不能用水扑救。直流水不能用于扑救电气设备的火灾，浓硫酸、浓硝酸场所的火灾以及可燃粉尘的火灾。原油、重油的火灾，浓硫酸、浓硝酸场所的火灾，必要时可用雾状水扑救。

（2）泡沫灭火剂

泡沫灭火剂是重要的灭火物质。多数泡沫灭火装置都是小型手提式的，对于小面积火焰覆盖极为有效。也有少数装置配置固定的管线，在紧急火灾中提供大面积的泡沫覆盖。对于密度比水小的液体火灾，泡沫灭火剂有着明显的长处。

泡沫灭火剂由发泡剂、泡沫稳定剂和其他添加剂组成。发泡剂称为基料，稳定剂或添加剂则称为辅料。泡沫灭火剂由于基料不同有多种类型，如化学泡沫灭火剂；蛋白泡沫灭火剂；水成膜泡沫灭火剂；抗溶性泡沫灭火剂；高倍数泡沫灭火剂等。

（3）干粉灭火剂

干粉灭火剂是一种干燥易于流动的粉末，又称粉末灭火剂。干粉灭火剂由能灭火的基料以及防潮剂、流动促进剂、结块防止剂等添加剂组成。一般借助于专用的灭火器或灭火设备中的气体压力将其喷出，以粉雾形式灭火。

（4）其他灭火剂

还有二氧化碳、卤代烃等灭火剂。手提式的二氧化碳灭火器适于扑灭小型火灾，而大规模的火灾则需要固定管输出的二氧化碳系统，释放出足够量的二氧化碳覆盖在燃烧物质之上。采用卤代烃灭火时应特别注意，这类物质加热至高温会释放出高毒性的分解产物。例如应用四氯化碳灭火时，光气是分解产物之一。

5.11.3 灭火器及其应用

（1）灭火器类型

根据其盛装的灭火剂种类有泡沫灭火器、干粉灭火器、二氧化碳灭火器等多种类型。根据其移动方式则有手提式灭火器、背负式灭火器、推车式灭火器等几种类型。

（2）使用与保养

泡沫灭火器使用时需要倒置稍加摇动，而后打开开关对着火焰喷出药剂。二氧化碳灭火器只需一手持喇叭筒对着火源，一手打开开关即可。四氯化碳灭火器只需打开开关液体即可喷出。而干粉灭火器只需提起圈环干粉即可喷出。

灭火器应放置在使用方便的地方，并注意有效期限。要防止喷嘴堵塞，压力或质量小于一定值时，应及时加料或充气。

（3）灭火器配置

小型灭火器配置的种类与数量，应根据火险场所险情、消防面积、有无其他消防设施等综合考虑。小型灭火器是指 10L 泡沫、8kg 干粉、5kg 二氧化碳等手提式灭火器。应根据装置所属的类别和所占的面积配置不同数量的灭火器。易发生火灾的高险地点，可适当增设较大的泡沫或干粉等推车式灭火器。

5.11.4 灭火设施

（1）水灭火装置

① 喷淋装置　喷淋装置由喷淋头、支管、干管、总管、报警阀、控制盘、水泵、重力水箱等组成。当防火对象起火后，喷淋头自动打开喷水，具有迅速控制火势或灭火的特点。

喷淋头有易熔合金锁封喷淋头和玻璃球阀喷淋头两种形式。对于前者，防火区温度达到一定值时，易熔合金熔化锁片脱落，喷口打开，水经溅水盘向四周均匀喷洒。对于后者，防火区温度达到释放温度时，玻璃球破裂，水自喷口喷出。可根据防火场所的火险情况设置喷头的释放温度和喷淋头的流量。喷淋头的安装高度为 $3.0 \sim 3.5m$，防火面积为 $7 \sim 9m^2$。

② 水幕装置　水幕装置是能喷出幕状水流的管网设备。它由水幕头、干支管、自动控制阀等构成，用于隔离冷却防火对象。每组水幕头需在与供水管连接的配管上安装自动控制装置，所控制的水幕头一般不超过 8 只。供水量应能满足全部水幕头同时开放的流量，水压应能保证最高最远的水幕头有 3m 以上的压头。

（2）泡沫灭火装置

泡沫灭火装置按发泡剂不同分为化学泡沫和空气机械泡沫装置两种类型。按泡沫发泡倍数分为低倍数、中倍数和高倍数三种类型。按设备形式分为固定式、半固定式和移动式三种类型。泡沫灭火装置一般由泡沫液罐、比例混合器、混合液管线、泡沫室、消防水泵等组成。泡沫灭火器主要用于灌区灭火。

（3）蒸汽灭火装置

蒸汽灭火装置一般由蒸汽源、蒸汽分配箱、输汽干管、蒸汽支管、配汽管等组成。把蒸汽施放到燃烧区，使氧气浓度降至一定程度，从而终止燃烧。试验得知，对于汽油、煤油、柴油、原油的灭火，燃烧区每立方米空间内水蒸气的量应不少于 $0.284kg$。经验表明，饱和蒸汽的灭火效果优于过热蒸汽。

（4）二氧化碳灭火装置

二氧化碳灭火装置一般由储气钢瓶组、配管和喷头组成。按设备形式分为固定和移动两种类型。按灭火用途分为全淹没系统和局部应用系统。二氧化碳灭火用量与可燃物料的物性、防火场所的容积和密闭性等有关。

（5）氮气灭火装置

氮气灭火装置的结构与二氧化碳灭火装置类似，适于扑灭高温高压物料的火灾。用钢瓶储存时，1kg 氮气的体积为 $0.8m^3$，灭火氮气的储备量不应少于灭火估算用量的 3 倍。

（6）干粉灭火装置

干粉是微细的固体颗粒，有碳酸氢钠、碳酸氢钾、磷酸二氢铵、尿素干粉等。密闭库房、厂房、洞室灭火干粉用量每立方米空间应不少于 $0.6kg$；易燃、可燃液体灭火干粉用量每平方米燃烧表面应不少于 $2.4kg$。空间有障碍或垂直向上喷射，干粉用量应适当增加。

（7）烟雾灭火装置

烟雾灭火装置由发烟器和浮漂两部分组成。烟雾剂盘分层装在发烟器筒体内。浮漂是借助液体浮力，使发烟器漂浮在液面上，发烟器头盖上的喷孔要高出液面 $350 \sim 370mm$。

烟雾灭火剂由硝酸钾、木炭、硫黄、三聚氰胺和碳酸氢钠组成。硝酸钾是氧化剂，木炭、硫黄和三聚氰胺是还原剂，它们在密闭系统中可维持燃烧而不需要外部供氧。碳酸氢钠作为缓燃剂，使发烟剂燃烧速度维持在适当范围内而不至于引燃或爆炸。烟雾灭火剂燃烧产物 85% 以上是二氧化碳和氮气等不燃气体。灭火时，烟雾从喷孔向四周喷出，在燃烧液面上布上一层均匀浓厚的云雾状惰性气体层，使液面与空气隔绝，同时降低可燃蒸气浓度，达到灭火目的。

1.常见火源都有哪些？应该如何防范其危险性？

2.闪燃、点燃和自燃这三种不同类型燃烧之间有何区别？其各自的特征参数又是什么？

3.物质的爆炸极限是如何定义的？哪些因素会对其产生影响？

4.在化工生产中处理具有火灾爆炸危险的物质时，通常会采取那些防范措施以其降低危险性？

5.水的灭火原理是什么？哪些物质着火时不能用水来灭火？

第6章

职业毒害与防毒措施

通常，人们将毒性物质侵入机体而导致的病理状态称为中毒。工业生产中接触到的毒物主要是化学物质，称为化学毒物或者工业毒物。由于职业原因，在生产过程中接触化学毒物而引起的中毒，常被称为职业中毒。一切旨在降低、消除这些有害化学毒物影响的防范方法或手段，均可称为防毒措施。

6.1 毒性物质及其有效剂量

6.1.1 毒性物质的来源及其毒害作用

在化学工业中，毒性物质的来源是多方面的。有的作为原料，如制造硫酸二甲酯的甲醇和硫酸；有的作为中间体或副产物，如由苯制造苯胺的中间产物以及由苯生产二硝基苯的副产物硝基苯；有的作为成品，如化肥厂的产品氨、农药厂的产品有机磷；有的作为催化剂，如生产氯乙烯的催化剂氯化汞；有的作为溶剂，如生产胶鞋用的溶剂汽油；有的作为夹杂物，如电石中的砷和磷，以及乙炔中的砷化氢和磷化氢；还有，如氯碱厂水银电解法的阴极用汞，以及氩弧焊作业中产生的臭氧和氮氧化物等，多数都是毒性物质。另外，塑料工业、橡胶工业中所用的增塑剂、防老剂、润滑剂、稳定剂、填料等，以及化学工业的废气、废液、废渣等排放物均属于工业毒性物质。对于毒物的来源作全面调查，明确主要毒物的种类及其性质，有利于解决毒性物质的污染和确定防毒措施，也有利于职业中毒的诊断。

毒性物质的毒害作用是有条件的。它涉及毒性物质的数量、存在形态以及作用环境。例如氯化钠作为普通食用盐，被认为无毒，但是如果溅到鼻黏膜上就会引起溃疡，甚至使鼻中隔穿孔。如果一次服用 200～250g，就会使人致死。又比如，氧气是人的生命得以存在的基本条件，但偏离正常浓度范围的氧气气氛，哪怕是高于正常浓度的氧环境，人体在其中如果停留超过一定时间，同样会严重影响人体的正常生理机能，有时甚至会造成不可挽回的伤害。显然，一切物质在一定的条件下均可以成为毒物。

6.1.2 毒性物质的分类

出于不同的目的，或根据不同的标准，毒性物质有许多不同的分类方法。具体应用时，可以根据需要和方便程度加以选择。比如说，如果关注的是经呼吸途径进入人体的毒物，那么就根据毒性物质可以存在的气态类型，将其分为5类：

（1）粉尘

是指如岩石、矿石、金属、煤、木材、谷物等有机或无机物质在加工、粉碎、研磨、撞击、爆破和爆裂时所产生的固体粒子。除非有静电作用，粉尘一般不絮凝。粉尘在空气中不扩散，但在重力影响下沉降。

（2）烟尘

是指熔融金属等挥发出的气态物质冷凝产生的固体粒子，常伴有化学反应（如氧化等）发生。烟尘会发生絮凝，有时会凝结。

（3）烟雾

是指气体冷凝成液体，或通过溅落、鼓泡、雾化等使液体分散而产生的悬浮液滴。

（4）蒸气

是指通常是固态或液态的物质的气体形式，通过增加压力或降低温度可使其变回原态。蒸气会发生扩散。

（5）气体

一般是指临界点以上能充满整个封闭容器空间的无定形流体。只有通过增加压力和降低温度的复合作用才能变至液态或固态。气体会发生扩散。

类似地，毒性物质如果按其生物作用分类，可分为刺激性、腐蚀性、窒息性、麻醉性、溶血性、致敏性、致癌性、致突变性、致畸胎性等九种类型。如果按其损害的系统分类，则可分为神经毒性、血液毒性、肝脏毒性、肾脏毒性、全身毒性等五种类型。有些毒性物质主要具有一种毒性作用，有些则具有多种或全身毒性作用。

对于化学、化工背景的专业人员，出于方便，常常会将毒性物质按照已有的知识结构，先简单地划分为无机毒性物质和有机毒性物质两类，然后在此基础上，再行细分，如进一步分为无机重金属毒物、无机有毒气体、有机磷毒物、有机硫毒物等。

6.1.3 毒性物质有效剂量

毒性是用来表示毒性物质的剂量与毒害作用之间关系的一个概念。在实验毒性学中，经常用到剂量-作用关系和剂量-响应关系两个概念。剂量-作用关系是指毒性物质在生物个体内所起作用与毒性物质剂量之间的关系。例如考察职业性接触铅的剂量-作用关系，可以测定厂房空气中铅的浓度与各个工人尿液中 δ-氨基乙酰丙酸不同含量之间的关系。这种考察有利于确定对敏感个体的危害。剂量-响应关系是指毒性物质在一组生物体中产生一定标准作用的个体数，即产生作用的百分率，与毒性物质剂量之间的关系。仍以职业性接触铅为例，考察剂量-响应关系，可以测定厂房空气中铅的浓度与一组工人尿液中 δ-氨基乙酰丙酸含量超过 $5mg \cdot dm^{-3}$ 的个体的百分率之间的关系。剂量-响应关系是制定毒性物质卫生标准的依据。

研究化学物质毒性时，最常用的剂量-响应关系是以试验动物的死亡作为终点，测定毒物引起动物死亡的剂量或浓度。经口服或皮肤接触进行试验时，剂量常用每 1kg 体重毒物的质量（mg），即 $mg \cdot kg^{-1}$ 来表示。目前国外已有用每 $1m^2$ 体表面积毒物的质量（mg），即 $mg \cdot m^{-2}$ 表示的趋势。吸入的浓度则用单位体积空气中的毒物量，即 $mg \cdot m^{-3}$ 表示。

常用于评价毒性物质急性、慢性毒性的指标有以下几种：

① 绝对致死剂量或浓度（LD_{100} 或 LC_{100}），是指引起全组染毒动物全部（100%）死亡的毒性物质的最小剂量或浓度；

② 半数致死剂量或浓度（LD_{50} 或 LC_{50}），是指引起全组染毒动物半数（50%）死亡的毒性物质的最小剂量或浓度；

③ 最小致死剂量或浓度（MLD 或 MLC），是指全组染毒动物中只引起个别动物死亡的毒性物质的最小剂量或浓度；

④ 最大耐受剂量或浓度（LD_0 或 LC_0），是指全组染毒动物全部存活的毒性物质的最大剂量或浓度；

⑤ 急性阈剂量或浓度（LMT_{ac}），是指一次染毒后，引起试验动物某种有害作用的毒性物质的最小剂量或浓度；

⑥ 慢性阈剂量或浓度（LMT_{cb}），是指长期多次染毒后，引起试验动物某种有害作用的毒性物质的最小剂量或浓度；

⑦ 慢性无作用剂量或浓度，是指在慢性染毒后，试验动物未出现任何有害作用的毒性物质的最大剂量或浓度。

毒性物质对试验动物产生同一作用所需要的剂量，会由于动物种属或种类、染毒的途径、毒物的剂型等条件不同而不同。除用试验动物死亡表示毒性外，还可以用机体的其他反应，如引起某种病理变化来表示。例如，上呼吸道刺激、出现麻醉以及某些体液的生物化学变化等。阈剂量或浓度表示的是能引起上述变化的毒性物质的最小剂量或浓度。于是，就有麻醉阈剂量或浓度、上呼吸道刺激阈剂量或浓度、嗅觉阈剂量或浓度等。

致死浓度和急性阈浓度之间的浓度差距，能够反映出急性中毒的危险性，差距越大，急性中毒的危险性就越小。而急性阈浓度和慢性阈浓度之间的浓度差距，则反映出慢性中毒的危险性，差距越大，慢性中毒的危险性就越大。而根据嗅觉阈或刺激阈，可估计工人能否及时发现生产环境中毒性物质的存在。

对于毒性危险分级，目前世界各国尚无统一标准。毒性物质的急性毒性危险常按 LD_{50}（吸入 2h 的结果）进行分级，美国科学院采用的就是这种方法，前面已作了介绍，这里不再赘述。

6.2　化工常见物质的毒性作用

下面简单介绍一些常见毒性物质的理化性质和毒性作用。

6.2.1 刺激性气体

(1) 氯气 (Cl₂)

黄绿色气体，密度为空气的 2.45 倍，沸点－34.6℃。易溶于水、碱溶液、二硫化碳和四氯化碳等。高压下液氯为深黄色，化学性质活泼，与一氧化碳作用可生成毒性更大的光气。

氯溶于水生成盐酸和次氯酸，产生局部刺激。主要损害上呼吸道和支气管的黏膜，引起支气管痉挛、支气管炎和支气管周围炎，严重时引起肺水肿。吸入高浓度氯后，引起迷走神经反射性心跳停止，呈"电击样"死亡。

(2) 光气 (COCl₂)

无色、有霉草气味的气体，密度为空气的 3.4 倍，沸点 8.3℃。易溶于醋酸、氯仿、苯和甲苯等。遇水可水解成盐酸和二氧化碳。

毒性比氯气大 10 倍。对上呼吸道仅有轻度刺激，但吸入后其分子中的羰基与肺组织内的蛋白质酶结合，从而干扰了细胞的正常代谢，损害细胞膜，肺泡上皮和肺毛细血管受损通透性增加，引起化学性肺炎和肺水肿。

(3) 氮氧化物 (NOₓ)

NOₓ 通常代表由不同比例的 N 和 O 组成的一类混合气体。其中 NO₂ 比较稳定，占比例最高。不易溶于水，低温下为淡黄色，室温下为棕红色。

氮氧化物较难溶于水，因而对眼和上呼吸道黏膜刺激不大。主要是进入呼吸道深部的细支气管和肺泡后，在肺泡内可阻留 80%，与水反应生成硝酸和亚硝酸，对肺组织产生强烈刺激和腐蚀作用，引起肺水肿。硝酸和亚硝酸被吸收进入血液，生成硝酸盐和亚硝酸盐，可扩张血管，引起血压下降，并与血红蛋白作用生成高铁血红蛋白，引起组织缺氧。

(4) 二氧化硫 (SO₂)

无色气体，密度为空气的 2.3 倍。加压可液化，沸点－10℃。溶于水、乙醇和乙醚。吸入呼吸道后，在黏膜湿润表面上生成亚硫酸和硫酸，产生强烈的刺激作用。大量吸入可引起喉水肿、肺水肿、声带痉挛而窒息。

(5) 氨 (NH₃)

无色气体，有强烈的刺激性气味，密度为空气的 0.5971 倍。易液化，沸点－33.5℃。溶于水、乙醇和乙醚。遇水生成氢氧化氨，呈碱性。

氨对上呼吸道有刺激和腐蚀作用，高浓度时可引起接触部位的碱性化学灼伤，组织呈溶解性坏死，并可引起呼吸道深部及肺泡损伤，发生支气管炎、肺炎和肺水肿。氨被吸收进入血液，可引起糖代谢紊乱及三羧酸循环障碍，降低细胞色素氧化酶系统的作用，导致全身组织缺氧。氨可在肝脏中解毒生成尿素。

6.2.2 窒息性气体

(1) 一氧化碳 (CO)

无色、无嗅、无刺激性气体。密度为空气的 0.968 倍，不溶于水，但可溶于氨水、乙醇、苯和醋酸。燃烧时火焰呈蓝色。

一氧化碳被吸入后，经肺泡进入血液循环。一氧化碳与血红蛋白生成碳氧血红蛋白。碳氧血红蛋白无携氧能力，又不易解离，造成全身各组织缺氧。

（2）氰化氢（HCN）

无色、具有苦杏仁味的气体，密度为空气的 0.94 倍，熔点 $-13.4℃$，沸点 26℃。溶于水、乙醇和乙醚。溶于水生成为易挥发的氢氰酸。

氰化氢与体内氧化型细胞色素氧化酶的三价铁离子有很强的亲和力，与之牢固结合后，使酶失去活性，阻碍生物氧化过程，使组织细胞不能利用氧，造成内窒息。

（3）硫化氢（H_2S）

无色、具有臭鸡蛋气味的气体，密度为空气的 1.19 倍，沸点 $-61.8℃$。溶于水、乙醇、甘油、石油溶剂。

硫化氢是既有刺激性又有窒息性的气体。硫化氢对黏膜有强烈刺激作用，而且被吸收后与氧化型细胞色素氧化酶作用，抑制酶的活性，使组织细胞发生内窒息。

6.2.3 金属及其化合物

（1）汞（Hg）

常温下为银白色液体，相对密度约为 13.55，熔点 $-38.87℃$，沸点 356.9℃。黏度小、易流动，有很强的附着力，地板、墙壁等都能吸附汞。常温下即能蒸发，温度升高，蒸发加快。不溶于水，能溶于类脂质，易溶于硝酸、热浓硫酸。能溶解多种金属，生成汞齐。

汞离子与体内的巯基、二巯基有很强的亲和力。汞与体内某些酶的活性中心巯基结合后，使酶失去活性，造成细胞损害，导致中毒。

（2）铅（Pb）

银灰色软金属，延展性强，相对密度 11.35，熔点 327℃，沸点 1620℃。加热至 $400\sim500℃$ 即有大量铅蒸气逸出，在空气中迅速氧化成氧化亚铅和氧化铅，并凝结成烟尘。不溶于稀盐酸和硫酸，能溶于硝酸、有机酸和碱液。

铅是全身性毒物，主要是影响卟啉代谢。卟啉是合成血红蛋白的主要成分，因此影响血红素的合成，产生贫血。铅可引起血管痉挛、视网膜小动脉痉挛和高血压等。铅还可作用于脑、肝等器官，发生中毒性病变。

（3）铬（Cr）

钢灰色、硬而脆的金属，相对密度约为 7.20，熔点 1900℃，沸点 2480℃。氧化缓慢、耐腐蚀。不溶于水，溶于盐酸、热硫酸。铬化合物中六价铬毒性最大。化肥工业催化剂主要原料三氧化铬，是强氧化剂，易溶于水，常以气溶胶状态存在于厂房空气中。

六价铬化合物有强刺激性和腐蚀性。铬在体内可影响氧化、还原、水解过程，可使蛋白质变性，引起核酸、核蛋白沉淀，干扰酶系统。六价铬抑制尿素酶的活性，三价铬对抗凝血活素有抑制作用。

6.2.4 有机化合物

（1）苯（C_6H_6）

具有芳香气味的无色、易挥发、易燃液体。相对密度 0.88，熔点 5.5℃，沸点 80.1℃。不溶于水，溶于乙醇、乙醚等有机溶剂。

一般认为，苯中毒是由苯的代谢产物酚引起的。酚是原浆毒物，能直接抑制造血细胞的核分裂，对骨髓中核分裂最活跃的早期活性细胞的毒性作用更明显，使造血系统受到损害。另外苯有半抗原的特性，可通过共价键与蛋白质分子结合，使蛋白质变性而具有抗原性，发生变态反应。

（2）硝基苯（$C_6H_5NO_2$）和苯胺（$C_6H_5NH_2$）

硝基苯是无色或淡黄色具有苦杏仁气味的油状液体。相对密度约为 1.20，熔点 $5.7℃$，沸点 $210.9℃$。几乎不溶于水，能与乙醇、乙醚或苯互溶。

苯胺是有特殊臭味的无色油状液体。相对密度约为 1.02，熔点 $-6.2℃$，沸点 $184.4℃$。微溶于水，可溶于乙醇、乙醚和苯等。

苯的硝基和氨基化合物进入人体后，经氧化变成硝基酚和氨基酚，使血红蛋白变成高铁血红蛋白。高铁血红蛋白失去携氧能力，引起组织缺氧。这类毒物还能导致红细胞破裂，出现溶血性贫血，也可直接引起肝、肾和膀胱等脏器的损害。

（3）有机氟化合物

有机氟化合物主要包括二氟一氯甲烷、四氟乙烯、六氟丙烯、八氟异丁烯等。这些化合物都是无色、无臭气体，密度比空气大，沸点低。有机氟化合物的中毒机理目前尚不清楚。毒气被吸入后，作用于肺脏引起肺炎、肺水肿、肺间质纤维化，并能作用于心脏引起中毒性心肌炎。

（4）有机磷农药

这类农药常见的有几十个品种，除敌百虫、乐果、亚胺硫磷等少数品种是白色固体外多数是浅黄色至棕色的油状液体。难溶或不溶于水，能溶于有机溶剂，具有大蒜样臭味。剂型有乳剂、油剂、粉剂、喷雾剂和颗粒剂等。一般在酸性溶液中稳定，在碱性溶液中易分解而失去毒性。唯有敌百虫能溶于水，遇碱液变为毒性更大的敌敌畏。

有机磷农药被吸收后迅速分布于全身，在体内与胆碱酯酶结合生成磷酰化胆碱酯酶，从而抑制酶的活性，导致神经介质乙酰胆碱不能被酶分解而积聚，引起神经紊乱。

6.3 化学物质毒性的影响因素

化学物质的毒性大小和作用特点，与物质的化学结构、物理性质、剂量或浓度、环境条件以及个体敏感程度等一系列因素有关。

6.3.1 化学结构对毒性的影响

物质的生物活性，不仅取决于其化学结构，而且与其理化性质有很大关系。而物质的理化性质也是由化学结构决定的。所以化学结构是物质毒性的决定因素。化学物质的结构和毒性之间的严格关系，目前还没有完整的规律可言。但是对于部分化合物，却存在一些类似于规律性的关系。

在有机化合物中，碳链的长度对毒性有很大影响。饱和脂肪烃类对有机体的麻醉作用随分子中碳原子数的增加而增强，如戊烷＜己烷＜庚烷等。对于醇类的毒性，高级醇、戊醇、丁醇大于丙醇、乙醇，但甲醇是例外。在碳链中若以支链取代直链，则毒性减弱。如异庚烷的麻醉作用比正庚烷小一些，2-丙醇的毒性比正丙醇小一些。如果碳链首尾相连成环，则毒性增加，如环己烷的毒性大于正己烷。

物质分子结构的饱和程度对其生物活性影响很大。不饱和程度越高，毒性就越大。例如，二碳烃类的麻醉毒性，随不饱和程度的增加而增大，乙炔＞乙烯＞乙烷。丙烯醛和 2-丁烯醛对结膜的刺激性分别大于丙醛和丁醛。环己二烯的毒性大于环己烯，环己烯的毒性又大于环己烷。

分子结构的对称性和几何异构对毒性都有一定的影响。一般认为，对称程度越高，毒性越大。如 1,2-二氯甲醚的毒性大于 1,1-二氯甲醚，1,2-二氯乙烷的毒性大于 1,1-二氯乙烷。芳香族苯环上的三种异构体的毒性次序，一般是对位＞间位＞邻位。例如，硝基酚、氯酚、甲苯胺、硝基甲苯、硝基苯胺等的异构体均有此特点。但也有例外，如邻硝基苯甲醛、邻羟基苯甲醛的毒性都大于其对位异构体。对于几何异构体的毒性，一般认为顺式异构体的毒性大于反式异构体。如顺丁烯二酸的毒性大于反丁烯二酸。

有机化合物的氢取代基团对毒性有显著影响。脂肪烃中以卤素原子取代氢原子，芳香烃中以氨基或硝基取代氢原子，苯胺中以氧、硫、羟基取代氢原子，毒性都明显增加。如氟代烯烃、氯代烯烃的毒性都大于相应的烯烃，而四氯化碳的毒性远远高于甲烷等。

在芳香烃中，若苯环上的氢原子被甲基或乙基取代，其对机体的全身毒性减弱，对黏膜的刺激性增加；若苯环上的氢原子被氨基或硝基取代，则其与血液中的血红蛋白接触后，易使正常血红蛋白中的二价铁被氧化成高价，进而形成高铁血红蛋白，影响血液正常功能的发挥。同样，如果苯乙烯环上的氢被氯取代，则该氯代衍生物的毒性作用增强，取代越多，毒性越大。具有强酸根、氢氰酸根的化合物毒性较大。芳香烃衍生物的毒性大于相同碳数的脂肪烃衍生物。而醇、酯、醛类化合物的局部刺激作用，则依序增加。

6.3.2 物理性质对毒性的影响

除化学结构外，物质的物理性质对毒性也有相当大的影响。物质的溶解性、挥发性以及分散度对毒性作用都有较大的影响。

（1）溶解性

毒性物质的溶解性越大，侵入人体并被人体组织或体液吸收的可能性就越大。如硫化砷由于溶解度较低，所以毒性较轻。氯、二氧化硫较易溶于水，能够迅速引起眼结膜和上呼吸道黏膜的损害。而光气、氮的氧化物水溶性较差，常需要经过一定的潜伏期才引起呼吸道深部的病变。氧化铅比其他铅化合物易溶于血清，更容易中毒。汞盐类比金属汞在胃肠道易被吸收。

对于不溶于水的毒性物质，有可能溶解于脂肪和类脂质中，它们虽不溶于血液，但可与中枢神经系统中的类脂质结合，从而表现出明显的麻醉作用，如苯、甲苯等。四乙基铅等脂溶性物质易渗透至含类脂质丰富的神经组织，从而引起神经组织的病变。

（2）挥发性

毒性物质在空气中的浓度与其挥发性有直接关系。物质的挥发性越大，在空气中的浓度就越大。物质的挥发性与物质本身的熔点、沸点和蒸气压有关。如溴甲烷的沸点较低，为 4.6℃，在常温下极易挥发，故易引起生产性中毒。相反，乙二醇挥发性很小，则很少发生生产性中毒。所以，有些物质本来毒性很大，但挥发性很小，实际上并不怎么危险。反之，有些物质本来毒性不大，但挥发性很大，也就具有较大危险。

（3）分散度

粉尘和烟尘颗粒的分散度越大，就越容易被吸入。在金属熔融时产生高度分散性的粉尘，发生铸造性吸入中毒就是明显的例子，如氧化锌、铜、镍等的粉尘中毒。

6.3.3　环境条件对毒性的影响

任何毒性物质只有在一定的条件下才能表现出其毒性。一般说来，物质的毒性与物质的浓度、接触的时间以及环境的温度、湿度等条件有关。

（1）**浓度和接触时间**

环境中毒性物质的浓度越高，接触的时间越长，就越容易引起中毒。在指定的时间内，毒性作用与浓度的关系因物质而异。有些毒物的毒性反应随剂量增加而加快；有些毒物的毒性反应随剂量增加，开始时变化缓慢，而后逐步加快；有些则开始时无变化，剂量增加到一定程度才出现明显的中毒反应。但是对于大多数毒物，毒性反应随剂量增加，开始时变化不明显，而后一段时间变化显著，再往后变化则又不明显。

（2）**环境温度、湿度和劳动强度**

环境温度越高，毒性物质越容易挥发，环境中毒性物质的浓度越高，越容易造成人体的中毒。环境中的湿度较大，也会增加某些毒物的作用强度。例如氯化氢、氟化氢等在高湿环境中，对人体的刺激性明显增强。

劳动强度对毒物吸收、分布、排泄都有显著影响。劳动强度大能促进皮肤充血、汗量增加，毒物的吸收速度加快。耗氧增加，对毒物所致的缺氧更敏感。同时劳动强度大能使人疲劳，抵抗力降低，毒物更容易起作用。

（3）**多种毒物的联合作用**

环境中的毒物往往不是单一品种，而是多种毒物。多种毒物联合作用的综合毒性较单一毒物的毒性，可以增强，也可以减弱。增强者称为协同作用，减弱者则称为拮抗作用。此外，生产性毒物与生活性毒物的联合作用也比较常见。如酒精可以增强铅、汞、砷、四氯化碳、甲苯、二甲苯、氨基或硝基苯、硝化甘油、氮氧化物以及硝基氯苯等的吸收能力。所以接触这类毒物的作业人员不宜饮酒。

6.3.4　个体因素对毒性的影响

在毒物种类、浓度和接触时间相同条件下，有的人没有中毒反应，而有的人却有明显的中毒反应。这完全是个体因素不同所致。毒物对人体的作用，不仅随毒物剂量和环境条件而异，而且随人的年龄、性别、中枢神经系统状态、健康状况以及对毒物的耐受性和敏感性而有所区别。

动物试验表明，猫对苯酚的敏感性大于狗，大鼠对四乙基铅的敏感性大于兔，小鼠对丙烯腈的敏感性大约比大鼠大 10 倍。即使是对于同一种动物，也会随性别、年龄、饲养条件或试验方法，特别是染毒途径的不同，而出现不同的试验结果。

一般，少年对毒物的抵抗力弱，而成年人则较强。女性对毒物的抵抗力比男性弱。需要注意的是，对于某些致敏性物质，各人的反应是不一样的。例如，接触甲苯二异氰酸酯、对苯二胺等可诱发支气管哮喘，接触二硝基氯苯、镍等可引起过敏性皮炎，常会因个体不同而有所差异，与接触量并无密切关系。耐受性对毒物作用也有很大影响。长期接触某种毒物，会提高对该毒物的耐受能力。此外，患有代谢机能障碍、肝脏或肾脏疾病的人，解毒机能大大削弱，较易中毒。如贫血患者接触铅，肝病患者接触四氯化碳、氯乙烯，肾病患者接触砷，有呼吸系统疾病的患者接触刺激性气体等，都较易中毒，而且后果要严重些。

6.4　毒性物质侵入人体途径与毒理作用

6.4.1　毒性物质侵入人体途径

毒性物质一般是经过呼吸道、消化道及皮肤接触进入人体的。职业中毒中，毒性物质主要是通过呼吸道和皮肤侵入人体的；而在生活中，毒性物质则是以呼吸道侵入为主。职业中毒时经消化道进入人体是很少的，往往是用被毒物沾染过的手取食物或吸烟，或发生意外事故毒物冲入口腔造成的。

（1）经呼吸道侵入

人体肺泡表面积为 $90\sim160m^2$，每天吸入空气 $12m^3$，约 $15kg$。空气在肺泡内流速慢，接触时间长，同时肺泡壁薄、血液丰富，这些都有利于吸收。所以呼吸道是生产性毒物侵入人体的最重要的途径。在生产环境中，即使空气中毒物含量较低，每天也会有一定量的毒物经呼吸道侵入人体。

从鼻腔至肺泡的整个呼吸道的各部分结构不同，对毒物的吸收情况也不相同。越是进入深部，表面积越大，停留时间越长，吸收量越大。固体毒物吸收量的大小，与颗粒和溶解度的大小有关。而气体毒物吸收量的大小，与肺泡组织壁两侧分压大小、呼吸深度、速度以及循环速度有关。另外，劳动强度、环境温度、环境湿度以及接触毒物的条件，对吸收量都有一定的影响。肺泡内的二氧化碳可能会增加某些毒物的溶解度，促进毒物的吸收。

（2）经皮肤侵入

有些毒物可透过无损皮肤或经毛囊的皮脂腺被吸收。经表皮进入体内的毒物需要越过三道屏障。第一道屏障是皮肤的角质层，一般分子量大于 300 的物质不易透过无损皮肤。第二道屏障是位于表皮角质层下面的连接角质层，其表皮细脆富于固醇磷脂，它能阻止水溶性物质的通过，而不能阻止脂溶性物质的通过。毒物通过该屏障后即扩散，经乳头毛细血管进入血液。第三道屏障是表皮与真皮连接处的基膜。脂溶性毒物经表皮吸收后，还要有水溶性，才能进一步扩散和吸收。所以水、脂均溶的毒物（如苯胺）易被皮肤吸收。只是脂溶而水溶极微的苯，经皮肤吸收的量较少。与脂溶性毒物共存的溶剂对毒物的吸收影响不大。

毒物经皮肤进入毛囊后，可以绕过表皮的屏障直接透过皮脂腺细胞和毛囊壁进入真皮，再从下面向表皮扩散。但这个途径不如经表皮吸收严重。电解质和某些重金属，特别是汞在紧密接触后可经过此途径被吸收。操作中如果皮肤沾染上溶剂，可促使毒物贴附于表皮并经毛囊被吸收。

某些气体毒物如果浓度较高，即使在室温条件下，也可同时通过以上两种途径被吸收。毒物通过汗腺吸收并不显著。手掌和脚掌的表皮虽有很多汗腺，但没有毛囊，毒物只能通过表皮屏障而被吸收。而这些部分表皮的角质层较厚，吸收比较困难。

如果表皮屏障的完整性遭破坏，如外伤、灼伤等，可促进毒物的吸收。潮湿也有利于皮肤吸收，特别是对于气体物质更是如此。皮肤经常沾染有机溶剂，使皮肤表面的类脂质溶解，也可促进毒物的吸收。黏膜吸收毒物的能力远比皮肤强，部分粉尘也可通过黏膜吸收进入体内。

（3）经消化道侵入

许多毒物可通过口腔进入消化道而被吸收。胃肠道的酸碱度是影响毒物吸收的重要因素。胃液是酸性，对于弱碱性物质可增加其电离，从而减少其吸收；对于弱酸性物质则有阻止其电离的作用，因而增加其吸收。脂溶性的非电解物质，能渗透过胃的上皮细胞。胃内的食物、蛋白质和黏液蛋白等，可以减少毒物的吸收。

肠道吸收最重要的影响因素是肠内的碱性环境和较大的吸收面积。弱碱性物质在胃内不易被吸收，到达小肠后即转化为非电离物质可被吸收。小肠内分布着酶系统，可使已与毒物结合的蛋白质或脂肪分解，从而释放出游离毒物促进其吸收。在小肠内物质可经过细胞壁直接渗入细胞，这种吸收方式对毒物的吸收，特别是对大分子的吸收起重要作用。制约结肠吸收的条件与小肠相同，但结肠面积小，所以其吸收比较次要。

6.4.2 毒性物质毒理作用

毒性物质进入机体后，通过各种屏障，转运到一定的系统、器官或细胞中，经代谢转化或无代谢转化，在靶器官与一定的受体或细胞成分结合，产生毒理作用。

（1）对酶系统的破坏

生化过程构成了整个生命的基础，而酶在这一过程中起着极其重要的作用。毒物的作用可使酶失活，从而破坏正常代谢过程，导致机体中毒症状的出现。

毒物作为基质的同类物，不断与之竞争同一种酶分子上的同一部位，产生竞争性抑制。比如丙二酸与乳酸是同类物，丙二酸则能抑制乳酸脱氢酶的活性。毒物还可以与酶分子上不为基质作用的部位结合，形成酶-基质-抑制剂（毒物）复合体，使之不再起反应，失去活性。如卤代乙酸与酶蛋白质的组氨酸结合，使核糖核酸酶受抑制。同时，毒物可以与辅因子或辅基产生反应或竞争，使之不能再为酶所利用。如肼、酰肼对磷酸吡哆醛依赖酶的抑制。毒物也可以与基质直接作用，如氟乙酸与三羧酸循环中的草酰乙酸作用产生氟柠檬酸，使三羧酸循环阻断。

有些酶蛋白质内的金属离子，如细胞色素氧化酶中的铁离子，可通过 $Fe^{2+} \Longrightarrow Fe^{3+}$ 进行氧化还原反应。某些毒物如氰化氢、硫化氢、一氧化碳能与铁离子结合，抑制酶的活性而使细胞窒息。酶蛋白有许多功能基团形成活性中心，如羟基、氨基、羧基等，有些毒物能与这些基团结合，抑制酶的活性。有些酶的活性中心需要金属离子作激活剂，如磷酸葡萄糖变位酶是生成和分解肝糖原的酶，需要镁离子作激活剂。如果是氟化物中毒，氟离子与镁离子作用生成镁-氟-酶的复合体，使磷酸葡萄糖变位酶失去活性。

（2）对 DNA 和 RNA 合成的干扰

脱氧核糖核酸（DNA）是细胞核的主要成分，染色体是由双股螺旋结构的 DNA 分子构成的。长链 DNA 储存了遗传信息。DNA 的信息通过信使核糖核酸（RNA）被转录，最后翻译到蛋白质中。毒物作用于 DNA 和 RNA 的合成过程，产生致突变、致畸变、致癌作用。

遗传突变是遗传物质在一定的条件下发生突然变异，产生一种表型可见的变化。化学物质使遗传物质发生突然变异，称为致突变作用。这种作用可能是在 DNA 分子上发生化学变化，从而改变了细胞的遗传特性，或造成某些遗传特性的丢失。

染色体畸变是把 DNA 中许多碱基顺序改变，造成遗传密码中碱基顺序的重排。DNA 的结构改变达到相当严重的程度，在显微镜下就可以检测出染色体结构和数量上的变化。当毒物作用于胚胎细胞，尤其是在胚胎细胞分化期，最易造成畸胎。

致癌毒物与 DNA 原发地或继发地作用，使基因物质产生结构改变。通过基因的异常激活、阻遏或抑制，诱发恶性变化，呈现致癌作用。

（3）对组织或细胞的损害

组织学检查发现，组织毒性表现为细胞变性，并伴有大量空泡形成、脂肪蓄积和组织坏死。组织毒性往往并不首先引起细胞功能如糖原含量或某些酶浓度的改变，而是直接损伤细胞结构。在肝、肾组织中，毒物的浓度总是较高，因此这些组织容易产生组织毒性反应。如溴苯在肝脏内经代谢转化为溴苯环氧化物，与肝内大分子共价结合，导致肝脏组织毒性。

凡能与机体组织成分发生反应的物质，均能对组织产生刺激或腐蚀作用。这种作用往往在机体接触部位发生。这种局部性损伤，低浓度时可表现为刺激作用，如对眼睛、呼吸道黏膜等的刺激；高浓度的强酸或强碱可导致腐蚀或坏死作用。

机体对化学物质的过敏反应是一种涉及免疫机制的变态反应。初始接触的化学物质作为抗原，诱发机体免疫系统生成细胞或体液的新蛋白质，即所谓抗体，而后再接触同种抗原则形成抗原-抗体反应。第一次接触抗原性物质，往往不产生细胞损害，但产生致敏作用，诱发机体产生抗体。再次接触抗原性物质则产生变应性过敏反应，造成细胞损害。过敏反应部位在皮肤则引起过敏性皮炎，若在呼吸道则引起过敏性哮喘等。还有其他类型的免疫反应，如溶血性贫血、肾小球肾炎等。

（4）对氧的吸收、输运的阻断作用

单纯窒息性气体如氢、氮、氩、氦、甲烷等，当它们含量很大时，使氧分压相对降低，机体呼吸时因吸收不到充足的氧气而窒息。刺激性气体造成肺水肿而使肺泡气体交换受阻。一氧化碳对血红蛋白有特殊的亲和力，一旦血红蛋白与一氧化碳结合生成碳氧血红蛋白，则失去了正常的携氧能力，造成氧的输运受阻，导致组织缺氧。硝基苯、苯胺等毒物与血红蛋白作用生成高铁血红蛋白，硫化氢与血红蛋白作用生成硫化血红蛋白，砷化氢与红细胞作用造成溶血，使血红蛋白释放。这些作用都使红细胞失去输氧功能。

6.5　物质毒性资料的应用

物质毒性资料对于把动物的试验结果转换为对人的毒性的估计，以及对于职业毒害的防治都有重要的指导意义。

6.5.1 毒性物质化学结构与分子量

（1）毒性物质化学结构

毒性物质的化学结构常可以提示毒性作用的特点和毒性的大小。例如，高浓度的脂肪族烃类、醇类、醛类和酮类化合物主要作用于中枢神经系统，表现出不同程度的麻醉作用。苯的氨基或硝基化合物、氰化物、有机磷、有机汞化合物等都具有特定的毒性作用。氰化物和有机磷化合物毒性作用迅速，但不易在体内蓄积。各种金属盐类多具有毒性。金属一般易在体内蓄积，经常表现为慢性中毒。醋酸酯是有机溶剂中毒性较低的一类化合物，常被选作高毒溶剂的代用品。

（2）毒性物质分子量

分子量与分子组成有关，因此，同类化合物的理化性质往往与分子量有关。例如异氰酸酯类化合物随分子量增大而挥发度降低，催泪作用减弱。所以在聚氨酯生产中，以分子量大的二苯基甲烷二异氰酸酯代替分子量小的 2,4-甲苯二异氰酸酯后，就可以显著降低生产中的职业毒害。

6.5.2 毒性物质的物性

毒性物质的物性决定其存在的形态、进入人体的途径，在一定程度上决定了其毒性作用。因此也是制定预防措施的重要依据。

（1）毒性物质的熔点和沸点

一般把熔点在 20℃ 以下、沸点在 165℃ 以下的物质视为挥发性物质。物质的熔点和沸点越低，就越容易挥发。对于气体、蒸气、粉尘、气溶胶，主要是防止其从呼吸道吸入。空气中毒物蒸气的浓度受空气温度的限制。某温度下毒物饱和蒸气的浓度，是该温度下空气中毒物蒸气浓度的上限。而气体和气溶胶在空气中的浓度并无温度限制。根据车间中空气的温度即可估计毒物蒸气在空气中浓度的上限。把饱和蒸气的浓度与小鼠吸入 2h 的 LD_{50} 比较，便可以判断毒物蒸气紧急吸入的危险程度。

（2）毒性物质的相对密度

毒性物质蒸气的相对密度是指其与空气的密度比。蒸气的相对密度对于吸尘装置的选择和携带风速的确定有一定参考价值。携带风速应该随粉尘相对密度的增大而增大。毒物的分子量比空气大时，其蒸气或气体的相对密度一般大于1。发生事故时，相对密度小于1的蒸气或气体容易向上和周围扩散，而相对密度大于1的则容易滞留于下方。但当空气中毒物浓度高达每立方米几百毫克（$n \times 10^2 \text{mg} \cdot \text{m}^{-3}$）时，毒物浓度的垂直梯度主要取决于垂直温差，而不取决于相对密度。因此，相对密度很大的汞蒸气在车间上方也可能存在。

（3）毒性物质的溶解度

毒物的溶解度对于了解毒物的吸收和排出有重要意义。溶于脂肪又溶于水的毒物，如大多数有机磷和有机氯化合物，极易经皮肤吸收，接触时应采取严密的皮肤保护措施。对于一些只溶于水几乎不溶于脂肪或只溶于脂肪几乎不溶于水的毒物，就不易经皮肤吸收。如果它们对皮肤没有明显的局部作用，就无须特殊的皮肤保护。

毒性物质在脂肪和水中的溶解度比称为毒性物质的油/水分配系数。油/水分配系数小于

1 的醇类化合物，机体可以吸收的量很大，经呼吸道排出的速度慢，工人脱离接触后或急性中毒后较长的时间内仍可在体内测得毒物。油/水分配系数达几十以上的化合物，如二硫化碳、苯的衍生物、氯仿、四氯化碳、二氯乙烷、三氯乙烯等，机体可以吸收的量较少，经呼吸道排出的速度快。因此，工人在脱离染毒作业环境后，体内毒物在短时间内即可排出。在急性中毒抢救时，应将患者移至新鲜空气处，有利于毒物迅速排出。

6.5.3　动物试验和毒性等级

（1）动物试验

动物的毒性试验按染毒时间可分为急性、亚急性和慢性。一般地，急性试验提供致死剂量或致死浓度；亚急性试验发现毒物的作用特点；慢性试验确定毒物的安全限度。人对多数毒物都比动物敏感，即人的中毒剂量比动物的低。

人对生物碱、钡和锌的盐类、甲醇、硝基苯等特别敏感。而多数麻醉剂对人和动物的有效作用剂量非常接近。此外，还可以按照毒性的动物种属差异，来估计对人的毒性。经验指出，如果毒物对常见的啮齿类动物，如小鼠、大鼠、兔等的毒性差别不大时，一般情况下该毒物对人和动物的毒性比较接近。如果再参考对肉食动物或杂食动物的毒性，这种估计就会更为可靠。因此，粗略估算人的中毒剂量时，可以按照比较敏感动物的试验资料，应用人的平均体重推算。

（2）毒性物质毒性分级

根据毒性大小对有毒物质进行分级，主要是为了在明确毒性危害程度的基础上，有针对性地制定不同的防范措施。剧毒和高毒类化学品需要严格保管。生产过程要尽可能密闭化、管道化、自动化，避免直接接触。生产场所应设事故通风和急救设施。接触者应有相应的个人防护用品。对于低毒和微毒类化学品，防毒措施可放宽一些，但决不可忽视必要的防护。特别是蓄积作用明显的一些毒物，急性毒性虽低，但引起慢性中毒的潜在危险则很大。所以，在制定防毒措施时，既要参考急性毒性资料，又要考虑毒物的蓄积毒性和慢性毒性。

6.6　职业中毒及其诊断过程

6.6.1　职业中毒分类

（1）急性职业中毒

是指一个工作日或更短的时间内接触高浓度毒物所引起的中毒。急性中毒发病很急，病情严重，变化较快。如果急救不及时或治疗不当，预后严重，易造成死亡或留有后遗症。

（2）慢性职业中毒

是指长时期不断接触某种较低浓度工业毒物所引起的中毒。慢性中毒发病慢，病程进展迟缓，初期病情较轻，与一般疾病难以区别，容易误诊。如果诊断不当，治疗不及时，会发展成严重的慢性中毒。

（3）**亚急性职业中毒**

是指介于急性和慢性中毒之间的职业中毒。一般是接触工业毒物一个月至六个月的时间，发病比急性中毒缓慢一些，但病程进展比慢性中毒快得多，病情较重。

（4）**亚临床型职业中毒**

是指工业毒物在人体内蓄积至一定量，对机体产生了一定损害，但在临床表现上尚无明显症状和阳性体征，则称为亚临床型职业中毒。它是职业中毒发病的前期，在此期间若能及时发现，与毒物脱离接触，并进行适当疗养和治疗，可以不发病而很快恢复正常。

6.6.2　职业中毒特点

职业中毒有明确的工业毒物职业接触史，包括接触毒物的工种、工龄，以及接触毒物的种类和方式等，都是有案可及的。职业中毒具有群发性的特点，即同车间同工种的工人接触某种工业毒物，若发现有人中毒，则可能会有多人发生中毒。职业中毒症状有特异性，即毒物会有选择地作用于某系统或某器官，出现典型的系统症状。

慢性职业中毒发病慢，从开始接触毒物到发病要持续很长一段时间，而且症状是逐渐加重。急性职业中毒发病快，接触毒物后即有一定刺激症状，随即症状消失，经过并无明显症状的潜伏期，突然发生严重症状。多数职业中毒只要能早期诊断，及时恰当治疗，都可以做到预后良好。

6.6.3　职业中毒诊断依据

职业中毒诊断要有职业史、劳动卫生调查、体格检查三方面的详细资料作为依据。

（1）**职业史**

职业史是职业中毒诊断的主要依据。职业史包括现在工种和既往工种，各工种起止年、月和专业工龄，接触毒物的种类、方式和接触剂量等。

（2）**劳动卫生调查**

劳动卫生调查包括工艺过程、生产方式、劳动环境、防毒措施、劳动组织等多方面的内容。对于工艺过程，包括其中的原料、中间体、产品以及其他毒物。对于生产方式，是敞开式还是封闭式；是连续生产还是间歇生产；是直接操作还是间接操作；以及机械化自动化程度。对于劳动环境，包括空气中毒物的平均、最低和最高浓度；以及符合最高允许浓度标准的合格率。对于防毒措施，包括防毒、排风、净化等。对于劳动组织，包括作业时间、倒班制度、轮休制度等。同时还要调查同车间、同工种职业中毒的发病情况；个人防护用品的种类和使用情况；以及个人卫生习惯等。

（3）**体格检查**

包括症状、体征和实验室检查。症状是患者本人自我感觉到的不适感。体征是医生通过望、闻、触、叩等物理检查能看到或感觉到的异常变化。实验室检查也是职业中毒诊断中不可缺少的手段。如测定尿汞、尿铅含量对汞中毒、铅中毒的诊断；测定全血胆碱酯酶活性对有机磷中毒的诊断；测定变性血红蛋白和变性珠蛋白小体，对苯的氨基硝基化合物中毒的诊断；通过 X 光片检查骨骼变化，对氟、磷中毒的诊断等。

6.6.4 职业中毒诊断过程

（1）急性职业中毒

急性职业中毒多数都是在发生事故时造成的，诊断并不困难。但在抢救急性中毒病人的同时，还应积极组织现场调查，了解引起中毒的毒物的种类和浓度。因为毒物往往不是单一的，而是混合状态的，如氮肥厂原料气中除一氧化碳外还有硫化氢等；电化厂乙炔气中往往混有砷化氢、磷化氢等。这些毒物的性质不同，中毒后的抢救治疗措施也不同。混合毒物中毒，只治疗其中某一种毒物的中毒，往往难以奏效。

许多毒物中毒都有一定的潜伏期，在潜伏期内要静心休息，注意观察。如光气、氮氧化物常在被吸入 12～24h 后突然发生中毒性肺水肿。若在潜伏期内注意休息和抗肺水肿治疗，就不至于发生肺水肿，即使发病也很轻。若在潜伏期内没有进行治疗并做剧烈活动，则发病可能很重，甚至难以抢救。对于间歇性中毒发作，应随时注意病情变化。如一氧化碳中毒治疗清醒后，经数小时或数日可能会再度出现昏迷症状等。

（2）慢性职业中毒

慢性职业中毒由于起病缓慢，病程较长，有些毒物中毒又无特异诊断指标，所以诊断时应注意鉴别诊断，谨防误诊。对于暂时难以确诊者，可进行动态观察或驱毒试验，住院观察治疗后做出诊断。

6.7 职业中毒的临床表现

毒性物质被吸收后，经血液循环分布到全身的各个器官或组织。由于毒物的理化性质及各组织的生化特点，使人的正常生理机能受到破坏，导致中毒症状。在职业中毒中，以慢性中毒为多见，而急性中毒往往只发生于事故场合，较为少见。职业中毒的危害作用，即职业中毒的临床表现，将按人体的不同系统给出。

6.7.1 呼吸系统

（1）窒息状态

定义：呼吸困难、口唇青紫直至呼吸停止。窒息状态可由呼吸道机械性阻塞导致。如氨、氯、二氧化硫等急性中毒时可引起喉痉挛和声门水肿，病情严重时，会发生呼吸道机械性阻塞而窒息死亡。窒息状态也可由呼吸抑制造成。如硫化氢等高浓度刺激性气体可引起迅速反射性呼吸抑制；麻醉性毒物以及有机磷农药等可直接抑制呼吸中枢；有机磷农药可抑制神经肌肉接头的传递功能，引起呼吸肌瘫痪等。

（2）呼吸道炎症

定义：指鼻腔、咽喉、气管、支气管、肺部的炎症。水溶性较大的刺激性气体，如氨、氯、二氧化硫、三氧化硫、铬酸、氯甲基甲醚、四氯化硅等，对局部黏膜产生强刺激性作用，引起充血或水肿。吸入刺激性气体以及镉、锰、铍等的烟尘，可引起化学性肺炎。用嘴吸汽车加油管，汽油误入呼吸道引起多为右下叶的肺炎。

（3）肺水肿

定义：肺间质和肺泡液渗出，致肺组织积液、水肿。常因吸入大量水溶性刺激性气体或蒸气所致。如氯、氨、氮氧化物、光气、硫酸二甲酯、溴甲烷、臭氧、氧化镉、羰基镍、部分有机氟化物、裂解残液释放出的蒸气等。极高浓度水溶性大的刺激性气体，如氯、氨、二氧化硫、三氧化硫、硒化氢等，重度中毒初期即可引起肺水肿。

6.7.2 神经系统

（1）中毒性脑病

定义：脑部由于中毒引起严重器质性或机能性病变。引起中毒性脑病的，是所谓亲神经性毒物。常见的有四乙基铅、有机汞、有机锡、磷化氢、铊、汽油、苯、二硫化碳、溴甲烷、环氧乙烷、三氯乙烯、甲醇及有机磷农药等。

上述毒物产生的中毒性脑病常表现为神经系统症状，如头晕、头痛、乏力、恶心、呕吐、嗜睡、视力模糊、幻视、复视、不同程度的意识障碍、昏迷、抽搐等。有的则以精神神经系统症状为主。患者有癔症样发作或类精神分裂症、躁狂症、忧郁症等。以上症状在四乙基铅、二硫化碳、有机锡急性中毒中较为多见。有的表现为植物神经系统失调，如脉搏减慢、血压和体温降低、多汗等。

（2）周围神经炎

定义：周围神经系统发生结构变化与功能障碍。如铊急性中毒，开始以四肢疼痛为主，尤其是下肢，双足着地即痛不可忍。二硫化碳、三氧化二砷急性中毒，也可出现周围神经炎，但不像铊中毒那样典型。

（3）神经衰弱综合征

定义：大脑皮质功能紊乱，兴奋与抑制过程失调。多见于慢性中毒的早期症状、某些轻度急性中毒以及中毒后的恢复期。

6.7.3 血液系统

（1）中性粒细胞减少症

定义：循环血液中的中性粒细胞减少至每立方毫米 4000 个以下。有机溶剂特别是苯，以及放射性物质等，可抑制血细胞核酸的合成，引起白细胞减少甚至粒细胞缺乏症。

（2）高铁血红蛋白症

定义：血红蛋白中的二价铁氧化为三价铁。毒物引起的血红蛋白变性以高铁血红蛋白症居多。苯胺、硝基苯、硝基甲苯、二硝基甲苯、三硝基甲苯、苯肼、硝酸盐等，它们的代谢产物具有使正常血红蛋白转化为高铁血红蛋白的毒性。急性中毒时，由于血红蛋白的变性，携氧功能受到障碍，患者常有缺氧症状，如头昏、胸闷、乏力等，甚至发生意识障碍和昏迷。

（3）再生障碍性贫血

定义：造血功能衰竭导致全血细胞减少。汞、砷、四氯化碳、苯、二硝基苯、三硝基甲苯、有机磷农药等，都可引起再生障碍性贫血。

（4）心肌损害

定义：损害心肌或使心肌对肾上腺素应激性增强而产生病变。有些毒物如锑、砷、磷、四氯化碳、有机汞农药均可引起急性心肌症状，中毒引起的严重缺氧，可引起心肌损害。

6.7.4　消化系统和泌尿系统

消化系统和泌尿系统的职业中毒包括中毒性口腔炎、中毒性急性肠胃炎、中毒性肝炎以及肾病。顾名思义，这些都是相应器官的炎症或疾患，无须另加专门的定义。

经口的汞、砷、碲、铅、有机汞等的急性中毒，可引起口腔炎症，如齿龈肿胀、出血、黏膜糜烂、牙齿松动等。这些毒物的急性中毒还可引起肠胃炎，产生严重恶心、呕吐、腹痛、腹泻等症状。剧烈呕吐和腹泻可引起失水和电解质、酸碱平衡紊乱，甚至休克。

有些毒物主要引起肝脏损害，称为亲肝性毒物。该类毒物常见的有磷、锑、氯仿、四氯化碳、硝基苯、三硝基甲苯以及一些肼类化合物等。急性中毒性肝炎有两类，一类是以全身或其他系统症状为主，肝脏损坏较轻或不明显，多为轻型无黄疸型。患者肝脏可有轻度肿大，有或无压痛，肝功能异常或伴有恶心、食欲减退等。另一类则以肝脏损坏为主，肝脏肿大，肝区痛，黄疸发展迅速，为重型或者急性或亚急性肝坏死型。

在急性中毒时，许多毒物可引起肾脏损害，尤其以汞和四氯化碳等造成的急性肾小管坏死性肾病最为严重。砷化氢急性中毒可引起严重溶血，由于组织严重缺氧和血红蛋白结晶阻塞肾小管，也可引起类似的坏死性肾病。此外，乙二醇、镉、铋、铀、铅、铊等也可引起中毒性肾病。

6.8　防止职业毒害的技术措施

6.8.1　替代或排除有毒或高毒物料

在化工生产中，原料和辅助材料应该尽量采用无毒或低毒物质。用无毒物料代替有毒物料，用低毒物料代替高毒或剧毒物料，是消除毒性物料危害的有效措施。近些年来，化工行业在这方面取得了很大进展。但是，完全用无毒物料代替有毒物料，从根本上解决毒性物料对人体的危害，还有相当大的技术难度。

在合成氨工业中，原料气的脱硫、脱碳过去一直采用砷碱法。而砷碱液中的主要成分为毒性较大的三氧化二砷。现在改为本菲尔特法脱碳和蒽醌二磺酸钠法脱硫，都取得良好效果，并彻底消除了砷的危害。

在涂料工业和防腐工程中，用锌白或氧化钛代替铅白；用云母氧化铁防锈底漆代替含大量铅的红丹底漆，从而消除了铅的职业危害。用酒精、甲苯或石油副产品抽余油代替苯溶剂；用环己基环己醇酮代替刺激性较大的环己酮等，这些溶剂或稀料的毒性要比所代替的小得多。

为了消除或减轻毒物对人体的危害，比较多地采用了上述替代的方法。如以无汞仪表代替有汞仪表；以硅整流代替汞整流等。作为载热流体，用透平油代替有毒的联苯-联苯醚；用无毒或低毒的催化剂代替有毒或高毒的催化剂等。需要注意的是，这些代替多是以低毒物代替高毒物，并不是无毒操作，仍要采取适当的防毒措施。

6.8.2　采用危害性小的工艺

选择安全的危害性小的工艺代替危害性较大的工艺，也是防止毒物危害的一项根本性措施。改变原料来源或种类，可以成为设计危害性小的工艺的出发点。如硝基苯还原制苯胺的生产过程，过去国内多采用铁粉作还原剂，过程间歇操作，能耗大，而且在铁泥废渣和废水中含有对人体危害极大的硝基苯和苯胺。现在大多采用硝基苯流态化催化氢化制苯胺新工艺，新工艺实现了过程连续化，而且大大减少了毒物对人和环境的危害。又如在环氧乙烷生产中，以乙烯直接氧化制环氧乙烷代替了用乙烯、氯气和水生成氯乙醇进而与石灰乳反应生成环氧乙烷的方法。从而消除了有毒有害原料氯和中间产物氯化氢的危害。有些原料种类的改变消除了剧毒催化剂的应用，从而使过程减少了中毒危险。如在聚氯乙烯生产中，以乙烯的氧氯化法生产氯乙烯单体，代替了乙炔和氯化氢以氯化汞为催化剂生产氯乙烯的方法；在乙醛生产中，以乙烯直接氧化制乙醛，代替了以硫酸汞为催化剂乙炔水合制乙醛的方法，两者都消除了含汞催化剂的应用，避免了汞的危害。

采用减少毒害的工艺也可以是工艺条件的变迁。如黄丹（PbO）的老式生产工艺中氧化部分为带压操作，物料捕集系统阻力大，泄漏点多；而且手工清灰，尾气直接排空，污染严重。后来生产工艺改为减压操作，控制了泄漏。尾气经洗涤后排空，洗涤水循环使用，环境的铅尘浓度大幅度降低。又如在电镀行业中，锌、铜、镉、锡、银、金等镀种，都要用氰化物作络合剂，而氰化物是剧毒物质，且用量较大。通过电镀工艺改进，采用无氰电镀，从而消除了氰化物对人体的危害。

6.8.3　密闭化、机械化、连续化措施

在化工生产中，敞开式加料、搅拌、反应、测温、取样、出料、存放等等，均会造成有毒物质的散发、外逸，毒化环境。为了控制有毒物质，使其不在生产过程中散发出来造成危害，关键在于生产设备本身的密闭化，以及生产过程各个环节的密闭化。

生产设备的密闭化，往往与减压操作和通风排毒措施互相结合使用，以提高设备密闭的效果，消除或减轻有毒物质的危害。设备的密闭化尚需辅以管道化、机械化的投料和出料，才能使设备完全密闭。对于气体、液体，多采用高位槽、管道、泵、风机等作为投料、输送设施。固体物料的投料、出料要做到密闭，存在许多困难。对于一些可熔化的固体物料，可采用液体加料法；对固体粉末，可采用软管真空投料法；也可把机械投料、出料装置密闭起来。当设备内装有机械搅拌或液下泵等转动装置时，为防止毒物散逸，必须保证转动装置的轴密封。

用机械化代替笨重的手工劳动，不仅可以减轻工人的劳动强度，而且可以减少工人与毒物的接触，从而减少了毒物对人体的危害。如以泵、压缩机、皮带、链斗等机械输送代替人工搬运；以破碎机、球磨机等机械设备代替人工破碎、球磨；以各种机械搅拌代替人工搅拌；以机械化包装代替手工包装等。

对于间歇操作，生产间断进行，需要经常配料、加料，频繁地进行调节、分离、出料、干燥、粉碎和包装，几乎所有单元操作都要靠人工进行。反应设备时而敞开时而密闭，很难做到系统密闭。尤其是对于危险性较大和使用大量有毒物料的工艺过程，操作人员会频繁接

触毒性物料，对人体的危害相当严重。采用连续化操作可以消除上述弊端。如，采用板框式压滤机进行物料过滤就是间歇操作。每压滤一次物料就得拆一次滤板、滤框，并清理安放滤布等，操作人员直接接触大量物料，并消耗大量的体力。若采用连续操作的真空吸滤机，操作人员只需观察吸滤机运转情况，调整真空度即可。所以，过程的连续化简化了操作程序，为防止有害物料泄漏、减少厂房空气中有害物料的浓度创造了条件。

6.8.4　隔离操作和自动控制

由于条件限制不能使毒物浓度降低至国家卫生标准时，可以采用隔离操作措施。隔离操作是把操作人员与生产设备隔离开来，使操作人员免受散逸出来的毒物的危害。目前，常用的隔离方法有两种，一种是将全部或个别毒害严重的生产设备放置在隔离室内，采用排风的方法，使室内呈负压状态；另一种是将操作人员的操作处放置在隔离室内，采用输送新鲜空气的方法，使室内呈正压状态。

机械化是自动化的前提。过程的自动控制可以使工人从繁重的劳动中得到解放，并且减少了工人与毒物的直接接触。如农药厂将全乳剂乐果、敌敌畏、马拉硫磷、稻瘟净等采用集中管理、自动控制。对整瓶、贴标、灌装、旋塞、拧盖等手工操作，用整瓶机、贴标机、灌装机、旋塞机、拧盖机、纸套机、装箱机、打包机代替，并实现了上述的八机一线。用升降机、铲车、集装设备等将农药成品和包装器材输送、承运，达到了机械化、自动化。包装自动流水线作业可以解决繁复、低效的包装和运输问题。降低室温可以减少农药的挥发，改善了环境条件。对于包装过程中药瓶破裂洒漏出来的液体农药，可以集中过滤处理，减少了室内空气中毒物的浓度，而且也减少了水的污染。

6.9　工业毒物的通风排毒与净化吸收

6.9.1　通风排毒措施

通风按其动力分为自然通风和机械通风；按其范围又可分为局部通风和全面通风。化工行业除尘排毒多系机械通风。这一部分将着重介绍机械通风除尘与排毒。

（1）局部通风

局部通风是指毒物比较集中，或工作人员经常活动的局部地区的通风。局部通风有局部排风，局部送风和局部送、排风三种类型。

① 局部排风　局部排风是用于减少工艺设备毒物泄漏对环境的直接影响，采用各种局部排气罩或通风橱。有害物产生时，会立即随空气排至室外。为了防止污染环境或损害风机，有害物质应经过净化、除尘或回收处理后方能向大气排放。

② 局部送风　对于厂房面积很大，工作地点比较固定的作业场所，在改善整个厂房的空气环境有困难时，可采用局部送风的方法，使工作场所的温度、湿度、清洁度等局部空气环境条件合于卫生要求。局部送风最好是设有隔离操作室，将风送入室内，以免效果不显著。距送风口三倍直径远处70%是混入的周围空气，五倍直径远处80%是混入的周围空气，

所以空气污染的程度会随操作室空间的增加而加大。

③ 局部送、排风　有时采用既有送风又有排风的通风设施，既有新鲜空气的送入，又有污染空气的排出。这样，可以在局部地区形成一片风幕，阻止有害气体进入室内。这是一种比单纯排风更有效的通风方式。

(2) 全面通风

全面通风是用大量新鲜空气将作业场所的有毒气体冲淡至符合卫生要求的通风方式。全面通风多用于毒源不固定，毒物扩散面积较大，或虽实行了局部通风，但仍有毒物散逸点的车间或场所。全面通风只适用于低毒有害气体、有害气体散发量不大或操作人员离毒源比较远的情形。全面通风不适用于产生粉尘、烟尘、烟雾的场所。

① 全面排风　为了使室内产生的有害气体尽可能不扩散到邻室或其他区域，可以在毒物集中产生区域或房间采用全面排风。使含毒空气排出，较清洁的空气从外部补充进来，从而冲淡有毒气体。

② 全面送风　全面送风既可以防止外部污染空气进入室内，又可以稀释室内原有的有害气体的浓度。这时室内处于正压，室内空气通过门窗被压出室外，减少了有害气体对室内操作人员的伤害。

③ 全面送、排风　在不少情况下，采用全面送风与全面排风相结合的通风系统。这往往用在门窗密闭、自行排风、进风比较困难的场所。

(3) 混合通风

混合通风是既有局部通风又有全面通风的通风方式。如，局部排风，室内空气是靠门窗大量补入的。在冬季大量补入冷空气，会使房间过冷，往往要采用一套空气预热的全面送风系统。

6.9.2　燃烧净化方法

将有害气体、蒸气或烟尘通过焚烧使之变为无害物质，称为燃烧净化方法。燃烧净化方法仅适用于可燃或在高温下可分解的有害气体或烟尘。燃烧净化法广泛用于碳氢化合物和有机溶剂蒸气的净化处理。这些物质在燃烧过程中被氧化为二氧化碳和水蒸气。常用的燃烧净化法有直接燃烧、热力燃烧及催化燃烧等。

(1) 直接燃烧

对于有害废气中可燃组分浓度较高的情形，可采用直接燃烧的方法做净化处理。在直接燃烧中，有害废气是作为燃料来燃烧的，燃烧温度一般在 $1100℃$ 以上。完全燃烧的产物是二氧化碳、水蒸气和氮气。

直接燃烧的条件是有害废气中可燃组分的浓度应在燃烧极限浓度范围之内。如果有害废气中可燃组分浓度高于燃烧上限，则需另外补充空气再燃烧；如果可燃组分浓度低于燃烧下限，则需补充一定数量的其他辅助燃料，以维持燃烧。

(2) 热力燃烧

热力燃烧一般用于处理可燃组分浓度较低的废气。如果有害废气的本底是空气，即含有足够的氧时，废气的一部分可作为辅助燃料的助燃气体；如果废气中的氧含量低于 16%，废气只是被焚烧的对象，而不能作为助燃气体。有害组分经燃烧氧化为二氧化碳和水蒸气。废气中可燃组分的焚烧是在一定的温度范围内，在此范围内，不同的温度有不同的净化率。

在热力燃烧中，多数物质的反应温度为 $760\sim820℃$。热力燃烧中辅助燃料的消耗量，就是把全部废气升温至反应温度所需的辅助燃料量。

热力燃烧需要辅助燃料燃烧提供热量，这就需要部分废气作为助燃气体，其余部分废气则称为旁通废气。旁通废气与高温燃气湍流混合，以达到反应温度。为了使废气完全燃烧，废气在此高温下，要有一定的驻留时间。如果把全部废气与所需辅助燃料混合，辅助燃料的燃烧热得不到充分利用。所以，务必分流出旁通废气，使之与高温燃气混合。

（3）催化燃烧

催化燃烧是用催化剂使废气中可燃组分在较低温度下氧化分解的方法。适用于含有可燃气体、蒸气的废气的净化，而不适于含有大量尘粒雾滴的废气的净化，也不适于含有催化活性较差的可燃组分的废气的净化。催化燃烧也要先将废气预热，由于反应温度较低，所需辅助燃料也较少。催化燃烧的燃烧产物与热力燃烧完全相同。

在工业上，只有铂、钯等少数几种催化剂可用于催化燃烧。催化燃烧不仅依赖于操作条件，而且依赖于催化剂的活性。在催化燃烧炉内，并不是所有的氧化反应都发生在催化剂床层，有相当一部分是发生在混合预热阶段。这两部分氧化所占的比例与废气预热温度、废气中可燃组分的物性、废气流速、催化剂活性、混合预热室的设计有关。废气中可燃有害组分在催化燃烧炉内氧化的总转化率 $x_{总}$，由上述两部分氧化的转化率 $x_{预}$ 和 $x_{催}$ 决定，可表示为：

$$x_{总}=x_{预}+x_{催}(1-x_{预})$$

应用燃烧净化方法，特别是热力燃烧法，必须考虑热量的回收利用问题。另外要注意防火、防爆及防止回火，采取相应的安全措施。如控制废气中可燃组分浓度不超过爆炸下限的 25%，安装阻火器、防爆膜等。

6.9.3 冷凝净化方法

冷凝净化法只适用于蒸气状态的有害物质，多用于回收空气中的有机溶剂蒸气。只有空气中蒸气浓度较高时，冷凝净化法才实用有效。冷凝净化法还适用于处理含大量水蒸气的高湿废气，水蒸气凝结，可有部分有害物溶于凝液中，减少了有害物的浓度。因此，冷凝净化法常用作燃烧、吸附等净化方法的前处理措施。

冷凝净化法是把蒸气从空气中冷却凝结为液体，收集起来加以利用。用冷却法把空气中的蒸气冷凝为液体，其限度是冷却温度下饱和蒸气压的浓度，而蒸气压随温度的降低而变小，蒸气浓度亦随之变小。所以，气体混合物只有冷却到其露点以下，部分蒸气才会冷凝液化。冷凝净化后，仍有冷却温度下饱和蒸气压浓度的有害蒸气残留在空气中。

冷凝净化法有直接法和间接法两种方法。直接法采用接触冷凝器，冷却剂和蒸气直接接触，冷却剂、蒸气、冷凝液混合在一起。接触冷凝器适用于含大量水蒸气的高湿废气，也多用于不回收有害物或含污冷却水不需另行处理的情况。但其用水量大，仍存在废水处理的问题。间接法采用表面冷凝器。表面冷凝器常用的有列管冷凝器、螺旋板冷凝器、淋洒式冷凝器等。表面冷凝器处理量比接触冷凝器小，但耗能小，回收的凝液也纯净。

6.9.4 吸收和吸附净化方法

吸收是在化学工业中用得较多的单元操作，在防毒技术中也有重要应用。气相混合物中的溶质不同程度地溶解于液体，从而被液体所吸收。气相混合物主要由不溶的"惰性气体"和溶质所组成，这样就可以实现气相混合物各组元的选择性溶解。液体溶剂与气相基本上不混溶，即液体挥发性较小，汽化到气相中的量很少。一个典型的例子是用水从空气中吸收氨，吸收后再用蒸馏的方法从溶液中回收溶质。废气的吸收净化，是应用吸收操作除去废气中的一种或几种有害组分，以防危害人体及污染环境。

在吸收操作中，常应用板式塔使气液更有效地接触，最普通的塔板形式是泡罩板。气体从板上的升气管上升，进入位于升气管上方的泡帽，再从泡帽边沿的槽口流出并鼓泡上升穿过流动的液体。泡罩板可以在很宽的气液流量范围高效率地操作，是一种很常用的气液接触设备，技术上也比较成熟。还有其他形式的鼓泡塔板，如筛板塔板、浮阀塔板、喷淋式塔板等。另外，填料塔也常用于气体和液体连续逆流接触的吸收过程。

吸附操作是利用多孔性的固体处理流体混合物，使其中一种或数种组分被吸附在固体表面上，达到流体中组元分离的目的。吸附分离可用于气体的干燥、溶剂蒸气的回收、清除废气中某些有害组分、产品的脱色、水的净化等。

吸附是一种固体表面现象，是在相界面的扩散过程。具有较大内表面的固体才具有吸附功能。当被吸附物的分子与固体表面分子间的作用力为分子引力时，称为物理吸附；其作用力为化学反应力时，称为化学吸附。

气体吸附可以清除空气中浓度相当低的某些有害物质，是有害物质净化回收的重要手段。有害物质的吸附净化要求吸附剂要有良好的选择性能，以达到有害物质吸附净化的目的；要有相当大的内表面积，以保证吸附剂有较大的吸附量；要有很强的再生能力，以延长吸附剂的使用寿命。常用的吸附剂有活性炭、分子筛、硅胶、各种复合吸附剂等。

思考题

1.职业中毒与一般意义上所说的中毒有何不同？应该如何防范？

2.化学物质的毒性大小和作用特点，通常与哪些因素有关？

3.苯和苯胺同为有机毒物，两者在毒性特征上有何不同？其对人体的伤害机理又是什么？

4.毒性物质会通过什么途径进入人体？进入人体后，通常又会对哪些系统造成伤害？

5.从事化工生产时，可以通过哪些措施来防范工业毒物对操作人员的危害？

第7章

化学品泄漏与扩散模型

泄漏是化工企业常见的一种事故形式，很可能引发火灾、爆炸及中毒等二次事故。本章重点介绍化工企业中常见的泄漏源及不同情况下泄漏速率的计算方法，如液体泄漏、气体或蒸气泄漏、液体闪蒸、液体蒸发等；预测泄漏出的大量易燃、易爆物质或有毒有害物质在大气环境中的迁移扩散过程，讲述如何使用中性浮力扩散模型和重气扩散模型预测泄漏气体或蒸气在大气环境中的浓度分布，并就泄漏初始动量及浮力对扩散过程的影响进行了简单的介绍，可提高对泄漏事故后果进行工程分析和判断的能力，并对化工过程进行风险分析和安全评价。

化工生产中存在着大量的危险化学品，它们在工艺过程的设备、管道、储罐等装置中往往处于流动或者存放状态，如果束缚这些化学品的装置完好无损，使其能够在所设计的工艺条件下封闭流动或者储存，即可达到安全生产；一旦束缚这些化学品的装置破损，化学品泄漏至大气中，那么这些化学品便会在空气中扩散和累积，达到一定浓度就可能引发火灾、爆炸、中毒等化学事故，尤以火灾和爆炸事故为主。三类典型的化工火灾和爆炸事故，即池火灾、蒸气云爆炸、沸腾液体扩展蒸气爆炸均是由化学品泄漏和扩散引起的。这些事故造成的人员伤亡可能小于交通事故和机械伤害，但是所造成的财产损失和环境破坏却相当巨大，而且还会危及公众对化工企业的信任感和安全感。因此需要对不同情况下化学品的泄漏量和扩散情况有所了解，以便制定相应的防范措施。下面简述一下这三类典型的化工火灾和爆炸事故。

池火灾是指在可燃物（液态或固态）的液池表面上发生的火灾。通常意义上的池火灾是指可燃物在常温下为液态发生的火灾。典型的池火灾包括在储罐、储槽等容器内的可燃液体被引燃而形成的火灾，以及泄漏的可燃液体在体积、形状限制条件下（如防火堤、沟渠、特殊地形等）汇集并形成液池后被引燃而发生的火灾；气相中的可燃液滴、雾或者气体冷凝沉降后有时也可形成液池，从而引发池火灾。泄漏的可燃液体在流动的过程中着火燃烧形成的火灾则为运动的液体火灾。池火灾的危害主要在于其高温及辐射危害。

蒸气云爆炸：发生泄漏事故时，可燃气体、蒸气或液雾与空气混合会形成可燃蒸气云，可燃蒸气云遇到火源即发生蒸气云爆炸。

沸腾液体扩展蒸气爆炸是温度高于常压沸点的加压液体突然释放并立即汽化而产生的爆炸。如果加压液体的突然释放是因为容器的突然破裂引起的，那么它实质上是一种物理性爆炸，如锅炉爆裂而导致锅炉内的过热水突然汽化。由于液体的突然释放多数是因为外部火源加热导致压力容器爆炸所致，而外部火源又会起到可燃蒸气的点火作用，因而沸腾液体扩展蒸气爆炸往往伴随有大火球的产生。因此，沸腾液体扩展蒸气爆炸往往是与火灾、爆炸等灾害序贯发生的。

可见，化工过程中的火灾和爆炸事故均与可燃液体或固体、可燃气体、可燃蒸气或液雾的泄漏有关。而不同情况下泄漏量的大小及其在大气中的扩散和累积情况会直接关乎火灾和爆炸事故的严重性，对不同情况下的泄漏情况进行定量分析或定性分析是十分必要的。因此，本章主要讨论泄漏源模型和扩散模型。泄漏源模型主要是预测在不同情况下（如开孔、断裂、管子泄漏等）的泄漏速率及一定时间内的泄漏量。针对某一具体情况可以计算得到泄漏量和泄漏速率随孔大小、压力、时间等参数的变化情况。而扩散模型则主要是预测在不同风速和气温等情况下泄漏出来的物质在空气中迁移和扩散情况及与周围空气混合后的浓度等随时间和空间的变化。

7.1 化工中常见的泄漏源

泄漏机理可分为大面积泄漏和小孔泄漏。大面积泄漏是指在短时间内有大量的物料泄漏出来，储罐的超压爆炸就属于大面积泄漏。小孔泄漏是指物料通过小孔以非常慢的速率持续泄漏，上游的条件并不因此而立即受到影响，故通常假设上游压力不变。

如图 7-1 所示为化工厂中常见的小孔泄漏的情况。对于这种泄漏，物质通常从储罐和管道上的孔洞和裂纹以及法兰、阀门和泵体的裂缝或严重破坏、断裂的管道中泄漏出来。如图 7-2 所示为物料的物理状态对泄漏过程的影响。对于存储于储罐内的气体或蒸气，裂缝导致气体或蒸气泄漏出来，对于液体，储罐内液面以下的裂缝会使液体泄漏出来；如果储罐中液体的压力大于其大气环境下沸点所对应的压力，那么由于液面以下存在裂缝，将导致泄漏的液体的一部分闪蒸为蒸气，由于液体的闪蒸，可能会形成小液滴或雾滴，并可能随风扩散开来。而液面以上的蒸气空间的裂缝能够导致蒸气流，或气液两相流的泄漏，这主要取决于物质的物理特性。

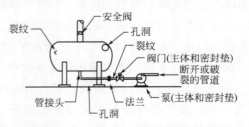

图 7-1 化工厂中常见的小孔泄漏

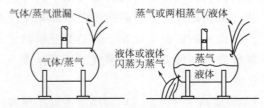

图 7-2 蒸气和液体以单相或两相状态从容器中泄漏出来

7.2 化学品泄漏模型

7.2.1 液体泄漏

(1) 通过管道上的孔洞泄漏

对于不可压缩流体，机械能守恒定律描述了与流动的液体相关的各种能量形式，如下式：

$$\frac{\Delta p}{\rho} + \frac{\Delta \bar{u}^2}{2\alpha g_c} + \frac{g}{g_c}\Delta z + F = -\frac{W_S}{m}$$

式中　p——压强，Pa（表压）；

ρ——流体密度，kg/m^3；

α——动能校正因子，无量纲，其取值为：对于层流，α 取为 0.5；对于塞流，α 取为 1；对于湍流，$\alpha \rightarrow 1$；

$\bar{u}$——流体平均速度，简称流速，m/s；

g——重力加速度，m/s^2；

g_c——重力常数（加速度×质量/力），其数值约等于 1，$m \cdot kg/(N \cdot s^2)$；

z——高于基准面的高度，m；

F——静摩擦损失，J/kg（或者 $N \cdot m/kg$）；

W_S——轴功，J；

m——质量，kg；

Δ——函数，为终止状态减去初始状态。

对于某过程单元（表压为 p_g）上的一个小孔，当液体通过其流出时，认为液体高度的变化是可以忽略的。则 $\Delta p = p_g$，$\Delta z = 0$，$W_S = 0$。裂缝中的摩擦损失可由流出系数常数 C_1 近似代替，其定义为：

$$-\frac{\Delta p}{\rho} - F = C_1^2\left(-\frac{\Delta p}{\rho}\right)$$

将以上式子代入机械能守恒式，确定从裂缝中流出的液体的平均流速为：

$$\bar{u} = C_1\sqrt{\alpha}\sqrt{\frac{2g_c p_g}{\rho}}$$

新的流出系数 C_0 定义为

$$C_0 = C_1\sqrt{\alpha}$$

若小孔的面积为 A，液体的平均流速为 $\bar{u}$，则液体通过小孔泄漏的质量流量 Q_m 为：

$$Q_m = \rho\bar{u}A = AC_0\sqrt{2\rho g_c p_g} \tag{7-1}$$

式中　p_g——系统表压，Pa。

流出系数 C_0 为：①对于锋利的小孔和雷诺数大于 30000 的情况，C_0 近似取 0.61；②对于圆滑的喷嘴，流出系数可近似取 1；③对于与容器连接的短管（即长度与直径之比小于 3），流出系数近似取 0.81；④当流出系数不知道或不能确定时，取 1.0 以使计算结果最大化。

【例 7-1】 下午 1 点，工厂的操作人员发现输送苯的管道中的压力降低了，他没有查明原因便立即将压力恢复至 7atm（表压）。下午 2:30，在管道上发现了一个直径为 0.635cm 的小孔，并立即进行了修理。试估算由此小孔流出的苯的总质量。苯的密度为 878.6kg/m³。

解: 假设在下午 1 点至 2:30 之间即 90min 内，小孔一直存在，孔洞的面积为:

$$A = \frac{\pi d^2}{4} = \frac{3.14 \times (0.635 \times 10^{-2})^2}{4} = 3.165 \times 10^{-5} \, \text{m}^2$$

苯泄漏的质量流量可由式 (7-1) 计算。对于圆滑的孔洞，C_0 近似取 0.61，$g_c \approx 1$，则

$$Q_m = A C_0 \sqrt{2\rho p_g}$$

$$= 3.165 \times 10^{-5} \times 0.61 \times \sqrt{2 \times 878.6 \times 7 \times 101325} = 0.682 \, \text{kg/s}$$

90min 共计流出苯的总质量为 $0.682 \times (90 \times 60) = 3683 \, \text{kg}$

根据式 (7-1)，对【例 7-1】中的情况计算了不同参数下泄漏的质量流量和泄漏量，结果列于表 7-1。可见，泄漏的质量流量和小孔直径及系统压力有关，其中小孔直径的影响比系统压力的影响更敏感；而一定时间内的泄漏量则与小孔直径、系统压力和泄漏时间有关。一旦发生泄漏，应该做到早发现，降低系统压力，然后尽快将泄漏处修复好，以避免大量危险化学品泄漏至大气中。

表 7-1 通过小孔的泄漏的质量流量和泄漏量与参数间的关系

泄漏时间 t/h	小孔直径 d/cm	系统表压 p_g/atm	平均泄漏的质量流量 Q_m/(kg/s)	泄漏量 /kg	泄漏时间 t/h	小孔直径 d/cm	系统表压 p_g/atm	平均泄漏的质量流量 Q_m/(kg/s)	泄漏量 /kg
1.5	0.1	7	0.02	91	6	0.6	7	0.61	13126
1.5	0.2	7	0.07	365	7	0.6	7	0.61	15314
1.5	0.3	7	0.15	820	8	0.6	7	0.61	17502
1.5	0.4	7	0.27	1458	9	0.6	7	0.61	19690
1.5	0.5	7	0.42	2279	10	0.6	7	0.61	21877
1.5	0.6	7	0.61	3282	1.5	0.6	1	0.23	1240
1.5	0.7	7	0.83	4467	1.5	0.6	2	0.32	1754
1.5	0.8	7	1.08	5834	1.5	0.6	3	0.40	2148
1.5	0.9	7	1.37	7384	1.5	0.6	4	0.46	2481
1.5	1	7	1.69	9116	1.5	0.6	5	0.51	2773
1	0.6	7	0.61	2188	1.5	0.6	6	0.56	3038
2	0.6	7	0.61	4375	1.5	0.6	7	0.61	3282
3	0.6	7	0.61	6563	1.5	0.6	8	0.65	3508
4	0.6	7	0.61	8751	1.5	0.6	9	0.69	3721
5	0.6	7	0.61	10939	1.5	0.6	10	0.73	3922

（2）通过储罐上的孔洞泄漏

对于任意几何形状的储罐，假设小孔（面积为 A）在储罐中的液面以下 h_L（h_L 为孔洞上方的液体高度）处形成，储罐中的表压为 p_g，外界压力为大气压力。假设液体为不可压缩流体，储罐中的液体流速为 0，则通过小孔流出的瞬时质量流量 Q_m 为：

$$Q_m = \rho \overline{u} A = \rho A C_0 \sqrt{2\left(\frac{p_g g_c}{\rho} + g h_L\right)} \tag{7-2}$$

随着储罐逐渐变空，液体高度减小，质量流量也随之减少。

假设液体表面上的表压 p_g 是常数（对于容器内充有惰性气体来防止爆炸，或与外界大气相通的情况下可以这样认为）。对于恒定横截面积为 A_t 的储罐，储罐中小孔以上的液体总质量为：

$$m = \rho A_t h_L \tag{7-3}$$

储罐中的质量变化率为：

$$\frac{dm}{dt} = -Q_m \tag{7-4}$$

式中，Q_m 可由式（7-2）给出。将式（7-2）和式（7-3）代入到式（7-4）中，假设储罐的横截面积和液体的密度为常数（不可压缩流体），可以得到一个描述液体高度变化的微分方程：

$$\frac{dh_L}{dt} = -\frac{C_0 A}{A_t} \sqrt{2\left(\frac{p_g g_c}{\rho} + g h_L\right)} \tag{7-5}$$

将式（7-5）重新整理，并对其从初始高度 h_L^0 到任意高度 h_L 进行积分，得到储罐中液面高度随时间的变化函数：

$$h_L = h_L^0 - \frac{C_0 A}{A_t} \sqrt{\frac{2 p_g g_c}{\rho} + 2 g h_L^0} \, t + \frac{g}{2}\left(\frac{C_0 A}{A_t} t\right)^2 \tag{7-6}$$

将式（7-6）代入到式（7-2）中，可得到任意时刻 t 所泄漏液体的质量流量：

$$Q_m = \rho C_0 A \sqrt{2\left(\frac{p_g g_c}{\rho} + g h_L^0\right)} - \frac{\rho g C_0^2 A^2}{A_t} t \tag{7-7}$$

式（7-7）右边的第一项是 $h_L = h_L^0$ 时的初始质量流量。

设 $h_L = 0$，通过求解式（7-6）可以得到容器液面降至小孔所在高度处所需要的时间：

$$t_e = \frac{1}{C_0 g}\left[\frac{A_t}{A}\right]\left[\sqrt{2\left(\frac{p_g g_c}{\rho} + g h_L^0\right)} - \sqrt{\frac{2 p_g g_c}{\rho}}\right] \tag{7-8}$$

对于任意几何形状的容器，如果小孔位于容器底部，则该容器内物料泄漏完所需的时间仍可以按照式（7-8）计算。如果容器内的压力是大气压，即 $p_g = 0$，则式（7-8）可简化为式（7-9）；该情况下如果小孔位于容器底部，则该容器内物料泄漏完所需的时间仍可以按照式（7-9）计算，此时 h_L^0 为容器内的液面高度。

$$t_e = \frac{1}{C_0 g}\left[\frac{A_t}{A}\right]\sqrt{2 g h_L^0} \tag{7-9}$$

【**例 7-2**】 圆柱形储罐，高 6.1m，直径 2.4m，里面储存物质为苯。为防止爆炸，储罐内充装有氮气，罐内表压为 1atm，且恒定不变。储罐内的液面高度为 5.2m。由于疏忽，铲车驾驶员将距离底面 1.5m 的罐壁上撞出一个直径为 2.5cm 的小孔。请估算：（1）流出多少苯；（2）苯流至漏孔高度处所需的时间；（3）苯通过小孔的最大质量流量和平均速率。该条件下苯的密度为 878.6kg/m³。

解： 储罐的面积为：

$$A_t = \frac{\pi d^2}{4} = \frac{3.14 \times 2.4^2}{4} = 4.52 \text{m}^2$$

孔洞的面积为：

$$A = \frac{3.14 \times 0.025^2}{4} = 4.9 \times 10^{-4} \text{m}^2$$

表压为：

$$p_g = 1\text{atm} = 1.013 \times 10^5 \text{Pa}$$

（1）孔洞上方苯的体积为：

$$V = A_t h_L^0 = 4.52 \times (5.2 - 1.5) = 16.724 \text{m}^3$$

这就是能够流出的苯的全部的量。

（2）苯全部流出来所需的时间，由式（7-8）给出

$$t_e = \frac{1}{C_0 g} \left(\frac{A_t}{A} \right) \left[\sqrt{2 \left[\frac{g_c p_g}{\rho} + g h_L^0 \right]} - \sqrt{2 \left[\frac{g_c p_g}{\rho} \right]} \right]$$

$$= \frac{1}{0.61 \times 9.81} \times \frac{4.52}{4.9 \times 10^{-4}} \times \left(\sqrt{\frac{2 \times 1.013 \times 10^5}{878.6} + 2 \times 9.8 \times 3.7} - \sqrt{\frac{2 \times 1.013 \times 10^5}{878.6}} \right)$$

$$= 3433\text{s} = 57.2\text{min}$$

这说明有充足的时间来阻止泄漏，或启用应急程序来减少泄漏量，避免其对环境造成不利的影响。

（3）最大的流出量发生在 $t = 0$ 即液面高度为 5.2m 时。此时液面距小孔的距离 h_L^0 为：5.2-1.5=3.7m，此时的质量流量最大，可通过式（7-2）计算：

$$Q_m = \rho A C_0 \sqrt{2 \left[\frac{g_c p_g}{\rho} + g h_L^0 \right]} = 878.6 \times 4.9 \times 10^{-4} \times 0.61 \sqrt{2 \times \left[\frac{101300}{878.6} + 9.8 \times 3.7 \right]}$$

$$= 4.6\text{kg/s}$$

苯通过小孔的平均速率：

$$16.724 \times 878.6/3433 = 4.28\text{kg/s}$$

（3）通过管道泄漏

沿管道的压力梯度是液体流动的驱动力，液体与管壁之间的摩擦力把动能转化为热能，导致液体流速减小和压力下降。不可压缩流体在管道中的流动，遵守机械能守恒定律：

$$\frac{\Delta p}{\rho} + \frac{\Delta \bar{u}^2}{2 a g_c} + \frac{g}{g_c} \Delta z + F = -\frac{W_s}{m} \tag{7-10}$$

式（7-10）中的摩擦项 F 代表由摩擦导致的机械能损失，包括流经管道长度的摩擦损失，数学表达式如下：

$$F = K_f \left(\frac{u^2}{2} \right) \tag{7-11}$$

式中 K_f——管道或管道配件导致的压差损失；

u——液体流速。

对于流经管道的液体，K_f 为：

$$K_f = \frac{4fL}{d} \tag{7-12}$$

式中　f——范宁（Fanning）摩擦系数；

　　　L——流道长度，m；

　　　d——流道直径，m。

范宁摩擦系数 f 是雷诺数 Re 和管道粗糙度的函数。表 7-2 给出了各种类型管道的粗糙度（ε）值，图 7-3 是范宁摩擦系数与雷诺数、管道相对粗糙度（ε/d 为参数）之间的关系图。

表 7-2　管道的粗糙度

管道材料	水泥覆护钢	混凝土	铸铁	镀锌铁	型钢	熟铁	玻璃	塑料
ε/mm	1～10	0.3～3	0.26	0.15	0.046	0.046	0	0

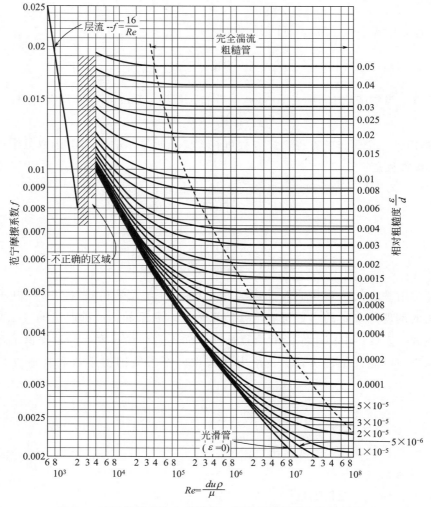

图 7-3　范宁摩擦系数与雷诺数、管道相对粗糙度之间的关系

对于层流，范宁摩擦系数由式（7-13）给出：

$$f = \frac{16}{Re} \qquad (7\text{-}13)$$

对于湍流，范宁摩擦系数可由 Colebrook 方程计算：

$$\frac{1}{\sqrt{f}} = -4\lg\left[\frac{\varepsilon}{3.7d} + \frac{1.255}{Re\sqrt{f}}\right] \qquad (7\text{-}14)$$

式（7-14）的另外一种形式，对于由范宁摩擦系数 f 来确定雷诺数是很有用的：

$$\frac{1}{Re} = \frac{\sqrt{f}}{1.255}\left[10^{-0.25/\sqrt{f}} - \frac{\varepsilon}{3.7d}\right] \qquad (7\text{-}15)$$

对于粗糙管道中完全发展的湍流，f 与雷诺数无关。在图 7-3 中可看到，在雷诺数很高处，f 接近于常数，对于这种情况，式（7-14）可简化为：

$$\frac{1}{\sqrt{f}} = 4\lg\left[3.7\,\frac{d}{\varepsilon}\right] \qquad (7\text{-}16)$$

对于光滑管道，$\varepsilon = 0$，式（7-14）可简化为：

$$\frac{1}{\sqrt{f}} = 4\lg\frac{Re\sqrt{f}}{1.255} \qquad (7\text{-}17)$$

对于光滑管道，当雷诺数 Re 小于 100000 时，布拉修斯（Blasius）方程很有用：

$$f = 0.079Re^{-1/4} \qquad (7\text{-}18)$$

Chen 提出了一个简单的方程，该方程可在图 7-3 所显示的全部雷诺数范围内，给出摩擦系数 f，该方程是：

$$\frac{1}{\sqrt{f}} = -4\lg\left[\frac{\varepsilon/d}{3.7065} - \frac{5.0452\lg A}{Re}\right] \qquad (7\text{-}19)$$

式中

$$A = \frac{(\varepsilon/d)^{1.1098}}{2.8257} + \frac{5.8506}{Re^{0.8981}}$$

对于管道附件、阀门和其他流动阻碍物，传统的方式是在式（7-12）中使用当量管长，该方法的问题是确定的当量长度与摩擦系数是有联系的。一种改进的方法是使用 2-K 方法，它在式（7-12）中使用实际的流程长度，而不是当量长度，并且提供了针对管道附件、进口和出口的更详细的方法。2-K 方法根据两个常数即雷诺数和管道内径来定义压差损失。

$$K_f = \frac{K_1}{Re} + K_\infty\left(1 + \frac{25.4}{D}\right) \qquad (7\text{-}20)$$

式中　K_f——超压位差损失（无量纲）；

K_1，K_∞——常数（无量纲）；

　　Re——雷诺数（无量纲）；

　　D——管道内径，mm。

表 7-3 列出了式（7-20）中使用的各种类型的附件和阀门中损失系数的 2-K 常数。

表 7-3 附件和阀门中损失系数的 2-K 常数

附件		附件描述	K_1	K_∞
弯头	90°	标准($r/D=1$),带螺纹	800	0.40
		标准($r/D=1$),用法兰连接/焊接	800	0.25
		长半径($r/D=1.5$),所有类型	800	0.2
		斜接($r/D=1.5$):① 焊缝(90°)	1000	1.15
		② 焊缝(45°)	800	0.35
		③ 焊缝(30°)	800	0.30
		④ 焊缝(22.5°)	800	0.27
		⑤ 焊缝(18°)	800	0.25
	45°	标准($r/D=1$),所有类型	500	0.20
		长半径($r/D=1.5$)	500	0.15
		斜接:① 焊缝(45°)	500	0.25
		② 焊缝(22.5°)	500	0.15
	180°	标准($r/D=1$),带螺纹	1000	0.60
		标准($r/D=1$),用法兰连接/焊接	1000	0.35
		长半径($r/D=1.5$),所有类型	1000	0.30
三通管	作为弯头使用	标准的,带螺纹的	500	0.70
		长半径,带螺纹的	800	0.40
		标准的,用法兰连接/焊接	800	0.80
		短分支	1000	1.00
	贯通	带螺纹的	200	0.10
		用法兰连接/焊接	150	0.50
		短分支	100	0.00
阀门	闸阀、球阀或旋塞阀	全尺寸,$\beta=1.0$	300	0.10
		缩减尺寸,$\beta=0.9$	500	0.15
		缩减尺寸,$\beta=0.8$	1000	0.25
	球心阀	标准的	1500	4.00
		斜角或 Y 形	1000	2.00
	隔膜阀	Dam(闸坝)类型	1000	2.00
	蝶形阀		800	0.25
	止回阀	提升阀	2000	10.0
		回转阀	1500	1.50
		倾斜片状阀	1000	0.50

对于管道进口和出口,为了说明动能的变化,需要对式(7-20)进行修改:

$$K_f = \frac{K_1}{Re} + K_\infty \tag{7-21}$$

对于管道进口,$K_1=160$,对于一般的进口 $K_\infty=0.50$,对于边界类型的进口,$K_\infty=0$;对于管道出口,$K_1=0$,$K_\infty=1.0$。进口和出口效应的 K 系数,通过管道的变化说明了

第 7 章 化学品泄漏与扩散模型 / **131**

动能的变化，因此在机械能中不必考虑额外的动能项。对于高雷诺数（$Re>10000$），式（7-21）中的第一项是可以忽略的，$K_f=K_\infty$；对于低雷诺数（$Re<50$），式（7-21）的第一项是占支配地位的，$K_f=K_1/Re$。式（7-21）对于孔和管道尺寸的变化也是适用的。

2-K 方法也可以用来描述液体通过孔洞的流出。液体经孔洞流出的流出系数的表达式，可由 2-K 方法确定，其结果是：

$$C_0=\frac{1}{\sqrt{1+\sum K_f}} \tag{7-22}$$

式中，$\sum K_f$ 是所有压差损失项之和，包括进口、出口、管长和附件，这些由式（7-12）、式（7-20）和式（7-21）计算。对于没有管道连接或附属储罐上的一个简单的孔，摩擦仅仅是由孔的进口和出口效应引起的。对于雷诺数大于 10000 的情况，进口的 $K_f=0.5$，出口的 $K_f=1.0$，因而，$\sum K_f=1.5$，由式（7-22），$C_0=0.63$，这与推荐值 0.61 非常接近。

流体从管道系统中流出，质量流率的求解过程如下：

① 假设管道长度、直径和类型，沿管道系统的压力和高度变化，来自泵、涡轮等对液体的输入或输出功，管道上附件的数量和类型，液体的特征（包括密度和黏度）；

② 制定初始点和终止点；

③ 确定初始点和终止处的压力和高度，确定初始点处的初始液体流速；

④ 推测终止点处的液体流速，如果认为是完全发展的湍流，则这一步不需要；

⑤ 用式（7-13）～式（7-19）确定管道的摩擦系数；

⑥ 确定管道的超压位差损失、附件的超压位差损失和进、出口效应的超压位差损失，将这些压差损失相加，使用式（7-11）计算净摩擦损失项；

⑦ 计算式（7-10）中的所有各项的值，并将其代入到方程中，如果式（7-10）中所有项之和等于零，那么计算结束，如果不等于零，返回到④重新计算；

⑧ 使用方程 $Q_m=\rho \bar{u} A$ 确定质量流量。

对于完全发展的湍流，求解是非常简单的，将已知项代入到式（7-10）中，将终止点处的速度设为变量，直接求解该速度。

【例 7-3】 含有少量有害废物的水经内径为 100mm 的型钢直管道，通过重力从某一大型储罐排出，管道长 100m，在储罐附近有一个闸式阀门，整个管道系统大多是水平的，如果储罐内的液面高于管道出口 5.8m，管道在距离储罐 33m 处发生事故性断裂，请计算自管道泄漏的速率及 15min 的泄漏量。

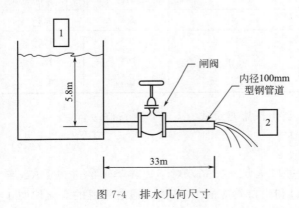

图 7-4　排水几何尺寸

解： 排泄操作如图 7-4 所示，假设可以忽略动能的变化，没有压力变化，没有轴功，应用于点 1 和 2 之间的机械能守恒 [式（7-10）] 可简化为：

$$g\Delta z+F=0$$

对于水：$\mu=1.0\times10^{-3}$Pa·s；$\rho=1000$kg/m^3

使用式（7-21）确定进、出口效应的 K 系数，闸阀的 K 系数可在表 7-3 中查得，管长的 K 系数由式（7-12）给出。

对于管道进口：$K_f = \dfrac{160}{Re} + 0.5$

对于闸阀：$K_f = \dfrac{300}{Re} + 0.10$

对于管道出口：$K_f = 1.0$

对于管长：$K_f = \dfrac{4fL}{d} = \dfrac{33 \times 4f}{0.10} = 1320f$

将 K 系数相加得：$\sum K_f = \dfrac{460}{Re} + 1320f + 1.6$

对于 $Re > 10000$，方程中的第一项很小。因此 $\sum K_f \approx 1320f + 1.60$，所以

$$F = \sum K_f \left(\dfrac{\overline{u}^2}{2} \right) = (660f + 0.80)\overline{u}^2$$

机械能守恒方程中的重力项为：

$$\dfrac{g}{g_c}\Delta z = 9.8 \times (0 - 5.8) = -56.8 \text{J/kg}$$

因为没有压力变化和轴功，机械能守恒方程式 [式（7-10）] 简化为：

$$\dfrac{\overline{u}_2^2}{2g_c} + \dfrac{g}{g_c}\Delta z + F = 0$$

求解出口速率并代入高度变化得：

$$\overline{u}_2^2 = -2g_c\left[\dfrac{g}{g_c}\Delta z + F \right] = -2 \times (-56.8 + F)$$

雷诺数为：

$$Re = \dfrac{d\overline{u}\rho}{\mu} = \dfrac{0.1 \times \overline{u} \times 1000}{1.0 \times 10^{-3}} = 1.0 \times 10^5 \overline{u}$$

对于型钢管道，由表7-2查得，$\varepsilon = 0.046\text{mm}$

$$\dfrac{\varepsilon}{d} = \dfrac{0.046}{100} = 0.00046$$

因为摩擦系数 f 和摩擦损失项 F 是雷诺数和速率的函数，所以采用试差法求解。试差法求解见表7-4。

表 7-4　试差法求解结果

u 的估值/m·s^{-1}	Re	f	F	计算得到的 $\overline{u}$ 值/m·s^{-1}
3.00	300000	0.00451	34.09	6.75
3.50	350000	0.00446	46.00	4.66
3.66	366000	0.00444	50.18	3.66

因此，从管道中流出的液体速率是3.66m/s。表7-4也显示了摩擦系数 f 随雷诺数变化很小。因此，对于粗糙管道中完全发展的湍流，可以使用式（7-16）来近似估算。

$$\dfrac{1}{\sqrt{f}} = 4\lg\left[3.7\dfrac{d}{\varepsilon} \right] \tag{7-16}$$

式（7-16）计算的摩擦系数值等于 0.0041。因此

$$F = (660f + 0.80)\overline{u}_2^2 = 3.51\overline{u}_2^2$$

代入并求解，得到：

$$\overline{u}_2^2 = -2(-56.8 + 3.51\overline{u}_2^2) = 113.6 - 7.02\overline{u}_2^2$$

$$\overline{u}_2 = 3.76\text{m/s}$$

该结果与较精确的试差法的计算结果很接近。

管道的横截面积是：$A = \dfrac{\pi d^2}{4} = \dfrac{3.14 \times 0.1^2}{4} = 0.00785\text{m}^2$

质量流量为：$Q_m = \rho \overline{u} A = 1000 \times 3.66 \times 0.00785 = 28.8\text{kg/s}$

15min 泄漏的总量为：$15 \times 28.8 \times 60 = 25920\text{kg}$

这表明，持续泄漏 15min 将会有将近 26000kg 的有害物质泄漏出来。除此以外，还有储存在阀门和断裂处之间的管道内的液体也将释放出来。因此，必须设计一套系统来限制泄漏，包括减少应急反应时间，使用直径较小的管道，或者对管道系统进行改造，增加一个阻止液体流动的控制阀等。

7.2.2 气体或蒸气泄漏

7.2.2.1 通过孔洞泄漏

对于流动着的液体来说，其动能的变化经常是可以忽略不计的，物理性质（特别是密度）是不变的，而对流动着的气体和蒸气来说，这些假设仅仅在压力变化不大（$p_1/p_2 < 2$）、流速较低（小于 0.3 倍声音在气体中的传播速度）的情况下有效。由于压力作用使气体或蒸气含有的能量在其从小孔泄漏或扩散出去时转化为动能，随着气体或蒸气经孔流出，其密度、压力和温度将会发生变化。

气体和蒸气的泄漏，可分为滞留泄漏和自由扩散泄漏。对于滞留泄漏，气体通过孔流出，摩擦损失很大，很少一部分来自气体压力的内能会转化为动能；而对于自由扩散泄漏，大部分压力能转化为动能，通常可假设为等熵过程。滞留泄漏的源模型，需要有关孔洞物理结构的详细信息，在这里不予考虑。在此仅考虑自由扩散泄漏情况，自由扩散泄漏源模型仅仅需要孔洞直径。

对于自由扩散泄漏，假设可以忽略潜能的变化，没有轴功，则质量流量的表达式为：

$$Q_m = C_0 A p_0 \sqrt{\frac{2M}{R_g T_0} \times \frac{\gamma}{\gamma-1}\left[\left(\frac{p}{p_0}\right)^{2/\gamma} - \left(\frac{p}{p_0}\right)^{(\gamma+1)/\gamma}\right]} \tag{7-23}$$

式（7-23）描述了等熵膨胀过程中任意点处的质量流量。

对于许多安全性研究，都需要确定通过小孔流出蒸气的最大流量。引起最大流量的压力比为：

$$\frac{p_{\text{choked}}}{p} = \left(\frac{2}{\gamma+1}\right)^{\gamma/(\gamma-1)} \tag{7-24}$$

式中，塞压 p_{choked} 是导致孔洞或管道流动最大流量的下游最大压力；p 为系统压力（绝压）。当下游压力小于 p_{choked} 时，以下几点是正确的：①在绝大多数情况下，在洞口处流体的流速为声速；②通过降低下游压力，不能进一步增加其流速及质量通量，它们不受下游环境影响。这种类型的流动称为塞流、临界流或声速流。

对于理想气体来说，塞压仅仅是热容比 γ 的函数见表 7-5。

表 7-5　理想气体的塞压和热容比

气　体	γ	p_{choked}
单原子	1.67	$0.487p_0$
双原子和空气	1.40	$0.528p_0$
三原子	1.32	$0.542p_0$

对于空气泄漏到大气环境（$p_{choked}=1atm$），如果上游压力比 $101.3/0.528=191.9kPa$ 大，则通过孔洞时流动将被遏止，流量达到最大化。工业生产过程中，产生塞流的情况很常见。

把式（7-24）代入式（7-23），可确定最大流量：

$$(Q_m)_{choked}=C_0Ap_0\sqrt{\frac{\gamma M}{R_g T_0}\left(\frac{2}{\gamma+1}\right)^{(\gamma+1)/(\gamma-1)}} \tag{7-25}$$

式中　M——泄漏气体或蒸气的分子量；

T_0——漏源的温度，K；

R_g——理想气体常数，为 $8.314Pa\cdot m^3/(mol\cdot K)$。

对于锋利的孔，雷诺数大于 30000 时，流出系数 C_0 取常数 0.61，然而，对于塞流，流出系数 C_0 随下游压力的下降而增加。对于塞流和 C_0 不确定的情况，推荐使用保守值 1.0，可以使计算得到的数值最大化，为最危险的情况。

各种气体的热容比 γ 值见表 7-6。

表 7-6　各种气体的热容比 γ

气体	乙炔	空气	氨	丁烷	二氧化碳	一氧化碳	氯气	乙烷	乙烯	氯化氢	氢气
热容比 $\gamma=c_p/c_V$	1.30	1.40	1.32	1.11	1.30	1.40	1.33	1.22	1.22	1.41	1.41

气体	硫化氢	甲烷	氯甲烷	天然气	一氧化氮	氮气	一氧化二氮	氧气	丙烷	丙烯	二氧化硫
热容比 $\gamma=c_p/c_V$	1.30	1.32	1.20	1.27	1.40	1.41	1.31	1.40	1.15	1.14	1.26

【例 7-4】　装有氮气的储罐上有一个 2.54mm 的小孔。储罐内的压力为 1378kPa，温度为 26.7℃，计算通过该孔泄漏的氮气质量流量。

解：由表 7-6，氮气的热容比 $\gamma=1.41$，由式（7-24）：

$$\frac{p_{choked}}{p}=\left(\frac{2}{\gamma+1}\right)^{\gamma/(\gamma-1)}=\left(\frac{2}{2.41}\right)^{1.41/0.41}=0.527$$

因此　　　　　　　　　　$p_{choked}=0.527\times(1378+101.3)=779kPa$

外界压力低于 779kPa 时将导致塞流。该例题中外界压力是大气压，所以认为塞流发生，应用式（7-25）。孔的面积是：

$$A=\frac{\pi d^2}{4}=\frac{3.14\times(2.54\times10^{-3})^2}{4}=5.06\times10^{-6}m^2$$

流出系数 C_0 假设为 1.0，同时 $p_0=(1378000+101300)=1479300Pa$，$T_0=26.7+273.156=299.86K$。

$$\left(\frac{2}{\gamma+1}\right)^{(\gamma+1)/(\gamma-1)} = \left(\frac{2}{2.41}\right)^{2.41/0.41} = 0.334$$

然后，用式（7-25）：

$$(Q_m)_{\text{choked}} = C_0 A p_0 \sqrt{\frac{\gamma M}{R_g T_0}\left(\frac{2}{\gamma+1}\right)^{(\gamma+1)/(\gamma-1)}}$$

$$= 1.0 \times 5.06 \times 10^{-6} \times 1479300 \times \sqrt{\frac{1.4 \times 1 \times 28 \times 10^{-3}}{8.314 \times 299.86} \times 0.334}$$

$$= 0.0172 \text{kg/s}$$

7.2.2.2　通过管道泄漏

气体经过管道流动的模型有绝热法和等温法。绝热情形适用于气体快速流经绝热管道，等温法适用于气体以恒定不变的温度流经非绝热管道，地下水管线就是一个很好的等温法的例子。真实气体流动介于绝热和等温之间。

对于绝热和等温情形，定义马赫数很方便，其值等于气体流速与大多数情况下声音在气体中的传播速度之比：

$$Ma = \frac{\bar{u}}{a} \tag{7-26}$$

式中，a 为声速，声速可以用热力学关系确定，对于理想气体：

$$a = \sqrt{\gamma g_c R_g T / M} \tag{7-27}$$

这说明，对于理想气体，声速仅仅是温度的函数，在 20℃ 的空气中，声速为 344m/s。

（1）绝热流动

绝热流动情况下，出口处流速低于声速，流动是由沿管道的压力梯度驱动的，当气体流经管道时，因压力下降而膨胀，膨胀导致速度增加，以及气体动能增加，动能是从气体的热能中得到的，从而导致气体温度降低。然而，在气体与管壁之间还存在着摩擦力，摩擦会使气体温度升高，因此，气体温度的增加或减少都是有可能的，这要依赖于动能和摩擦能的相对大小。

经过大量的推导，可得到

$$\frac{T_2}{T_1} = \frac{Y_1}{Y_2}$$

式中：

$$Y_i = 1 + \frac{\gamma-1}{2}Ma_i^2 \quad (i=1,2) \tag{7-28}$$

$$\frac{p_2}{p_1} = \frac{Ma_1}{Ma_2}\sqrt{\frac{Y_1}{Y_2}} \tag{7-29}$$

$$\frac{\rho_2}{\rho_1} = \frac{Ma_1}{Ma_2}\sqrt{\frac{Y_2}{Y_1}} \tag{7-30}$$

$$G = \rho \bar{u} = Ma_1 p_1 \sqrt{\frac{\gamma M}{R_g T_1}} = Ma_2 p_2 \sqrt{\frac{\gamma M}{R_g T_2}} \tag{7-31}$$

式中，G 是单位面积的质量流量。

$$\frac{\gamma+1}{2}\ln\left[\frac{Ma_2^2 Y_1}{Ma_1^2 Y_2}\right] - \left(\frac{1}{Ma_1^2} - \frac{1}{Ma_2^2}\right) + \gamma\left[\frac{4fL}{d}\right] = 0 \tag{7-32}$$

式（7-32）将马赫数与管道中的摩擦损失联系在一起，确定了各种能量的分布，可压缩性一项说明了由于气体膨胀而引起的速度变化。

使用式（7-28）～式（7-30），通过用温度和压力代替马赫数，使式（7-31）和式（7-32）转变为更方便有用的形式：

$$\frac{\gamma+1}{\gamma}\ln\left[\frac{p_1 T_2}{p_2 T_1}\right]-\frac{\gamma-1}{2\gamma}\left[\frac{p_1^2 T_2^2-p_2^2 T_1^2}{T_2-T_1}\right]\left[\frac{1}{p_1^2 T_2}-\frac{1}{p_2^2 T_1}\right]+\frac{4fL}{d}=0 \tag{7-33}$$

$$G=\sqrt{\frac{2M}{R_g}\times\frac{\gamma}{\gamma-1}\times\frac{T_2-T_1}{(T_1/p_1)^2-(T_2/p_2)^2}} \tag{7-34}$$

对大多数问题，管长（L）、内径（d）、上游温度（T_1）和压力（p_1）以及下游压力（p_2）都是已知的，计算质量流量 G 的步骤如下：

① 由表 7-2 确定管道粗糙度 ε，计算 ε/d；

② 由式（7-16）确定范宁摩擦系数 f；

③ 由式（7-33）确定 T_2；

④ 由式（7-34）计算质量流量。

对于长管或沿管程有较大压差的情况，气体流速可能接近声速，达到声速时，气体流动就称作塞流（Choked Flow），气体在管道的末端达到声速；如果上游压力增加，或者下游压力降低，管道末端的气流速率维持声速不变；如果下游压力下降到低于塞压 p_{choked}，那么通过管道的流动将保持塞流，流速不变且不依赖于下游压力，即使该压力高于周围环境压力，管道末端的压力也将维持在 p_{choked}，流出管道的气体会有一个突然的变化，即压力从 p_{choked} 变为周围环境压力。对于塞流，式（7-28）～式（7-32）可以通过设置 $Ma=1.0$ 得到简化。结果为：

$$\frac{T_{\text{choked}}}{T_1}=\frac{2Y_1}{\gamma+1} \tag{7-35}$$

$$\frac{p_{\text{choked}}}{p_1}=Ma_1\sqrt{\frac{2Y_1}{\gamma+1}} \tag{7-36}$$

$$\frac{\rho_{\text{choked}}}{\rho_1}=Ma_1\sqrt{\frac{\gamma+1}{2Y_1}} \tag{7-37}$$

$$G_{\text{choked}}=\rho\overline{\mu}=Ma_1 p_1\sqrt{\frac{\gamma M}{R_g T_1}}=p_{\text{choked}}\sqrt{\frac{\gamma M}{R_g T_{\text{choked}}}} \tag{7-38}$$

$$\frac{\gamma+1}{2}\ln\left[\frac{2Y_1}{(\gamma+1)Ma_1^2}\right]-\left[\frac{1}{Ma_1^2}-1\right]+\gamma\left(\frac{4fL}{d}\right)=0 \tag{7-39}$$

如果下游压力小于 p_{choked}，塞流就会发生。这可用式（7-36）来验证。

对于涉及塞流绝热流动的许多问题，已知管长（L）、内径（d）、上游压力（p_1）和温度（T），计算质量流量 G 的步骤如下：

① 由式（7-16）确定范宁摩擦系数 f；

② 由式（7-39）确定上游马赫数；

③ 由式（7-38）确定单位面积质量流量；

④ 由式（7-36）确认处于塞流的情况。

对于绝热管道流，式（7-35）～式（7-39）可以用前面讨论的 2-K 方法，通过将 $4fL/d$

代替为 $\sum K_f$，而得到简化。

通过定义气体膨胀系数 Y_g，可简化该过程。对于理想气体流动，声速和非声速情况下的单位面积质量流量都可以用 Darcy 公式计算：

$$G = \frac{Q_m}{A} = Y_g \sqrt{\frac{2g_c\rho_1(p_1 - p_2)}{\sum K_f}} \qquad (7\text{-}40)$$

式中　G——单位面积质量流量，$kg/(m^2 \cdot s)$；

　　Q_m——气体的质量流量，kg/s；

　　A——孔面积，m^2；

　　Y_g——气体膨胀系数，无量纲；

　　ρ_1——上游气体密度，kg/m^3；

　　p_1——上游气体压力，Pa；

　　p_2——下游气体压力，Pa；

　$\sum K_f$——压差损失项，包括管道进口和出口、管道长度和附件，无量纲。

压差损失项 $\sum K_f$ 可使用 2-K 方法得到。对于大多数气体泄漏，气体流动都是完全发展的湍流，这意味着对于管道，摩擦系数是不依赖于雷诺数的，对于附件 $K_f = K_\infty$，其求解也很直接。

式（7-40）中的气体膨胀系数 Y_g，仅取决于气体的热容比 γ 和流道中的摩擦损失项 $\sum K_f$，通过使式（7-40）与式（7-38）相等，并求解 Y_g，就可以得到塞流中气体膨胀系数的方程，结果是：

$$Y_g = Ma_1 \sqrt{\frac{\gamma \sum K_f}{2} \left[\frac{p_1}{p_1 - p_2}\right]} \qquad (7\text{-}41)$$

式中　Ma_1——上游马赫数。

确定气体膨胀系数的过程如下。首先，使用式（7-39）计算上游马赫数，必须用 $\sum K_f$ 代替 $4fL/d$，以便考虑管道和附件的影响。使用试差法求解，假设上游的马赫数，并确定所假设的值是否与方程的结果相一致。

下一步是计算压力降比值，这可以通过式（7-36）得到。如果实际值比由式（7-36）计算得到的大，那么流动就是声速流或塞流，此时由式（7-36）预测得到的压力降比值可继续用于计算。如果实际值比由式（7-36）计算得到的小，那么流动就不是声速流，此时要使用实际的压力降比值。

最后，由式（7-41）计算膨胀系数 Y_g。

一旦确定了 γ 和摩擦损失项 $\sum K_f$，确定膨胀系数的计算就可以完成了。该计算可以用式（7-41）计算得到，也可以由图 7-5 和图 7-6 中得到答案。如图 7-5 所示，压力比（$p_1 - p_2$）/p_1 随热容比 γ 略有变化，而气体膨胀系数 Y_g 随热容比 γ 变化不大，当热容比由 $\gamma = 1.2$ 变化为 $\gamma = 1.67$ 时，相对于 $\gamma = 1.4$ 时的值，Y_g 仅变化了不到 1%。图 7-6 示出了 $\gamma = 1.4$ 时的膨胀系数随超压位差损失 K_f 的变化曲线。

图 7-5 和图 7-6 中的函数值，可用方程 $\ln Y_g = A(\ln K_f)^3 + B(\ln K_f)^2 + C\ln K_f + D$ 拟合，式中 A、B、C 和 D 都是常数，其值列于表 7-7，计算结果对于给定的 K_f 变化范围内是精确的，误差在 1% 以内。

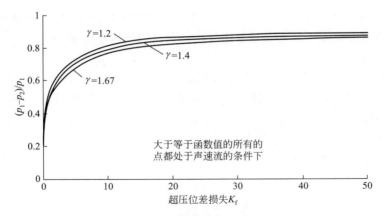

图 7-5　各种热容比下管道绝热流动的声速压力降

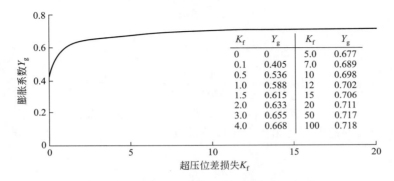

K_f	Y_g	K_f	Y_g
0	0	5.0	0.677
0.1	0.405	7.0	0.689
0.5	0.536	10	0.698
1.0	0.588	12	0.702
1.5	0.615	15	0.706
2.0	0.633	20	0.711
3.0	0.655	50	0.717
4.0	0.668	100	0.718

图 7-6　$\gamma = 1.4$ 时绝热管道流动的膨胀系数

表 7-7　膨胀系数 Y_g 和热容比与压差损失 K_f 之间的函数关系

函数值	A	B	C	D	K_f 的范围
膨胀系数 Y_g	0.0006	−0.0185	0.114	0.5304	0.1～100
热容比 $\gamma = 1.2$	0.0009	−0.0308	0.261	−0.7248	0.1～100
热容比 $\gamma = 1.4$	0.0011	−0.0302	0.238	−0.6455	0.1～300
热容比 $\gamma = 1.67$	0.0013	−0.0287	0.213	0.5633	0.1～300

计算通过管道或孔洞流出的绝热质量流量的过程如下：

① 已知：基于气体类型的 γ，管道长度、直径和类型，管道进口和出口，附件的数量和类型，整体压降，上游气体密度。

② 假设是完全发展的湍流，确定管道的摩擦系数和附件以及管道进、出口的压差损失项，计算完成后，可计算雷诺数来验证假设，将各个压差损失项相加得到 $\sum K_f$。

③ 由指定的压力降计算 $(p_1 - p_2)/p_1$，在图 7-5 中，核对该值来确定流动是否是塞流，图 7-5 中，曲线上面的区域均代表塞流。通过图 7-5 直接确定声速塞压 p_2，即从表中内插一个值，或用表 7-7 中提供的公式计算得到。

④ 由图 7-6 确定膨胀系数。读取图表中的数据，从表中内插数据或者用表 7-7 中提供的

公式计算得到。

⑤ 用式（7-40）计算质量流量。在该公式中，使用步骤③中确定声速塞压。

这种方法还可以应用于计算通过管道系统和孔洞的气体泄漏量。

（2）等温流动

对于气体在有摩擦的管道中的等温流动，假设气体流速远远低于声音在该气体中的速度。沿管程的压力梯度驱动气体流动，随着气体通过压力梯度的扩散，其流速必须增加到保持相同质量流量的大小，管子末端的压力与周围环境的压力相等，整个管道内的温度不变。

经过大量的推导，可得到：

$$T_2 = T_1 \tag{7-42}$$

$$\frac{p_2}{p_1} = \frac{Ma_1}{Ma_2} \tag{7-43}$$

$$\frac{\rho_2}{\rho_1} = \frac{Ma_1}{Ma_2} \tag{7-44}$$

$$G = \rho\bar{u} = Ma_1 p_1 \sqrt{\frac{\gamma g_c M}{R_g T}} \tag{7-45}$$

$$\underset{\text{动能}}{2\ln\frac{Ma_2}{Ma_1}} - \underset{\text{可压缩性}}{\frac{1}{\gamma}\left[\frac{1}{Ma_1^2} - \frac{1}{Ma_2^2}\right]} + \underset{\text{管道摩擦}}{\frac{4fL}{d}} = 0 \tag{7-46}$$

式（7-46）更方便的形式是用压力代替马赫数。通过使用式（7-42）~式（7-44），可以得到简化形式：

$$2\ln\frac{p_1}{p_2} - \frac{g_c M}{G^2 R_g T}(p_1^2 - p_2^2) + \frac{4fL}{d} = 0 \tag{7-47}$$

对于典型问题，已知管长（L）、内径（d）、上游和下游的压力（p_1 和 p_2），确定单位面积质量流量 G。步骤如下：

① 由式（7-16）确定范宁摩擦系数；

② 由式（7-47）计算单位面积质量流量 G。

如同绝热情形一样，气体在管道中做等温流动时，其最大流速可能不是声速。根据马赫数，最大流速下的马赫数为：

$$Ma_{\text{choked}} = \frac{1}{\sqrt{\gamma}} \tag{7-48}$$

对于等温管道中的塞流，可应用以下方程：

$$T_{\text{choked}} = T_1 \tag{7-49}$$

$$\frac{p_{\text{choked}}}{p_1} = Ma_1\sqrt{\gamma} \tag{7-50}$$

$$\frac{\rho_{\text{choked}}}{\rho_1} = Ma_1\sqrt{\gamma} \tag{7-51}$$

$$\frac{\bar{u}_{\text{choked}}}{\bar{u}_1} = \frac{1}{Ma_1\sqrt{\gamma}} \tag{7-52}$$

$$G_{\text{choked}} = \rho\bar{u} = \rho_1\bar{u}_1 = Ma_1 p_1 \sqrt{\frac{\gamma g_c M}{R_g T}} = p_{\text{choked}}\sqrt{\frac{g_c M}{R_g T}} \tag{7-53}$$

$$\ln\left(\frac{1}{\gamma Ma_1^2}\right) - \left(\frac{1}{\gamma Ma_1^2} - 1\right) + \frac{4fL}{d} = 0 \tag{7-54}$$

对于大多数典型问题，管长（L）、内径（d）、上游压力（p_1）和温度（T）都是已知的。质量通量可通过以下步骤来确定：

① 用式（7-16）确定范宁摩擦系数；

② 由式（7-54）确定 Ma_1；

③ 由式（7-53）确定单位面积质量流量。

对于通过管道的气体流动，流动是绝热的还是等温的很重要。对于这两种情形，压力下降导致气体膨胀，进而促进气体流速增加。对于绝热流动，气体的温度可能升高，也可能降低，这主要取决于摩擦项和动能项的相对大小。对于塞流，绝热塞压比等温塞压小。对于源处的温度和压力为常数的实际管道流动，实际的流量比绝热流量小，但比等温流量大。【例7-5】表明，对于管道中的流动问题，绝热流动和等温流动的差别很小。对于可压缩气体在管道的流动问题，绝热流动模型是可选的模型。

【**例 7-5**】 液态环氧乙烷储罐的上部蒸气空间，必须将氧气排除掉并冲入表压为 558kPa 的氮气以防止爆炸，容器中的氮气由表压为 1378kPa 的氮源供给，氮气被调节为 558kPa 后通过长 10m、内径为 26.6mm 的型钢管道供应给储罐，室温为 26.7℃。

由于氮气调节器失效，储罐暴露于氮源的总压力之下，为了防止储罐的破裂，必须配备泄压设备将储罐中的氮气排泄出去。在这种情况下，确定阻止储罐内压力上升所需的经泄压设备排出的氮气的最小质量流量。

假设：（1）孔的内径与管道直径相等；（2）绝热管道；（3）等温管道。请确定质量流量。判断哪个结果更接近于真实情况，应该使用哪个质量流量？

解：（1）通过孔的最大流量在塞流情况下发生。管道的横截面积是：

$$A = \frac{\pi d^2}{4} = \frac{3.14 \times (26.6 \times 10^{-3})^2}{4} = 5.55 \times 10^{-4} \, m^2$$

氮气源的绝对压力：$p_0 = 1378 + 101.3 = 1479.3$ kPa

对于双原子气体，塞压：$p_{choked} = 0.528 \times 1479.3 = 781$ kPa

由于系统与大气环境相通，该流动被认为是塞流，式（7-25）给出了最大质量流量。对于氮气，$\gamma = 1.4$，所以：

$$\left(\frac{2}{\gamma+1}\right)^{(\gamma+1)/(\gamma-1)} = \left(\frac{2}{2.4}\right)^{2.4/0.4} = 0.335$$

氮气的摩尔质量是 28g/mol。假设单元的流出系数 $C_0 = 1.0$。因此：

$$Q_m = C_0 A p_0 \sqrt{\frac{\gamma M}{R_g T_0}\left(\frac{2}{\gamma+1}\right)^{(\gamma+1)/(\gamma-1)}}$$

$$= 1.0 \times 5.55 \times 10^{-4} \times 1479.3 \times 10^3 \times \sqrt{\frac{1.4 \times 1 \times 28 \times 10^{-3}}{8.314 \times 299.85} \times 0.335}$$

$$= 1.88 \text{kg/s}$$

（2）假设是绝热塞流，对于型钢管道，由表 7-2，$\varepsilon = 0.046$mm，因此：

$$\frac{\varepsilon}{d} = \frac{0.046}{26.6} = 0.00173$$

由式（7-16）：

$$\frac{1}{\sqrt{f}} = 4\lg\left[3.7\frac{d}{\varepsilon}\right] = 4\lg(3.7/0.00173) = 13.32$$

对于氮气 $\gamma = 1.4$。上游马赫数由式（7-39）计算：

$$\frac{\gamma+1}{2}\ln\left[\frac{2Y_1}{(\gamma+1)Ma_1^2}\right] - \left[\frac{1}{Ma_1^2} - 1\right] + \gamma\left[\frac{4fL}{d}\right] = 0$$

Y_1 由式（7-28）给出，将其代入得到：

$$\frac{1.4+1}{2}\ln\left[\frac{2+(1.4-1)Ma_1^2}{(1.4+1)Ma_1^2}\right] - \left[\frac{1}{Ma_1^2} - 1\right] + 1.4\left[\frac{4\times0.00564\times10}{26.6\times10^{-3}}\right] = 0$$

$$1.2\ln\left(\frac{2+0.4Ma_1^2}{2.4Ma_1^2}\right) - \left[\frac{1}{Ma_1^2} - 1\right] + 11.87 = 0$$

通过试差法求解该方程中的 Ma_1，结果列于表 7-8。

表 7-8　试差法求解绝热塞流 Ma_1 结果

预测的 Ma_1	0.20	0.25
式子左边的值	-8.48	-0.007

根据最近一次预测的 Ma_1 值计算结果接近于零，因此由式（7-28）：

$$Y_1 = 1 + \frac{\gamma-1}{2}Ma_1^2 = 1 + \frac{1.4-1}{2}\times0.25^2 = 1.012$$

由式（7-35）和式（7-36）得：

$$\frac{T_{\text{choked}}}{T_1} = \frac{2Y_1}{\gamma+1} = \frac{2\times1.012}{1.4+1} = 0.843$$

$$T_{\text{choked}} = 0.843\times299.85 = 252\text{K}$$

$$\frac{p_{\text{choked}}}{p_1} = Ma_1\sqrt{\frac{2Y_1}{\gamma+1}} = 0.25\times\sqrt{0.843} = 0.230$$

$$p_{\text{choked}} = 0.230\times1479.3 = 340\text{kPa}$$

为确保是塞流，管道出口处的压力必须小于 340kPa，由式（7-38）计算单位面积质量流量：

$$G_{\text{choked}} = p_{\text{choked}}\sqrt{\frac{\gamma M}{R_g T_{\text{choked}}}} = 340\times10^3\times\sqrt{\frac{1.4\times28\times10^{-3}}{8.314\times252}} = 1470\text{kg}/(\text{m}^2\cdot\text{s})$$

$$Q = G_{\text{choked}}A = 1470\times5.55\times10^{-4} = 0.82\text{kg/s}$$

也可使用直接求解的简化过程，式（7-12）给出了管长的超压位差损失，摩擦系数 f 可以确定：

$$K_f = \frac{4fL}{d} = \frac{4\times0.00564\times10}{26.6\times10^{-3}} = 8.48$$

该求解过程中，仅考虑管道摩擦，忽略出口的影响。首先需要考虑的是流动是否为塞流，图 7-5（或表 7-7 中的方程）给出了声速压力比，对于 $\gamma = 1.4$ 和 $K_f = 8.48$，有：

$$\frac{p_1 - p_2}{p_1} = 0.770 \Rightarrow p_2 = 340\text{kPa}$$

由于下游压力小于 340kPa，因此流动是塞流，由图 7-6（或表 7-7）得气体膨胀系数 $Y_g =$

0.69，处于上游压力条件下的气体密度是：

$$\rho_1 = \frac{p_1 M}{R_g T} = \frac{1479.3 \times 10^3 \times 28 \times 10^{-3}}{8.314 \times 299.85} = 16.6 \text{kg/m}^3$$

将该值代入式（7-40），使用塞压确定 p_2，得到：

$$Q_m = Y_g A \sqrt{\frac{2\rho(p_1 - p_2)g_c}{\sum K_f}}$$

$$= 0.69 \times 5.55 \times 10^{-4} \sqrt{\frac{2 \times 16.6 \times (1479.3 - 340) \times 10^3}{8.48}}$$

$$= 0.81 \text{kg/s}$$

（3）对于等温流动，由方程式（7-54）给出上游的马赫数，将提供的数据代入，得到：

$$\ln\left[\frac{1}{1.4 Ma_1^2}\right] - \left[\frac{1}{1.4 Ma_1^2} - 1\right] + 8.48 = 0$$

通过试差法求解结果见表7-9。

表 7-9　试差法求解等温流动 Ma_1 结果

预测的 Ma_1	0.25	0.24	0.245	0.244
式子左边的值	0.486	−0.402	0.057	−0.035（最终结果）

由式（7-50），塞压是：

$$p_{\text{choked}} = p_1 Ma_1 \sqrt{\gamma} = 1479.3 \times 0.244 \sqrt{1.4} = 427 \text{kPa}$$

由式（7-53）计算单位面积质量流量：

$$G_{\text{choked}} = p_{\text{choked}} \sqrt{\frac{g_c M}{R_g T}} = 427 \times 10^3 \times \sqrt{\frac{28 \times 10^{-3}}{8.314 \times 299.85}}$$

$$= 1431 \text{kg/(m}^2 \cdot \text{s)}$$

$$Q_m = G_{\text{choked}} A = 1431 \times 5.55 \times 10^{-4} = 0.79 \text{kg/s}$$

计算结果总结见表7-10。

表 7-10　【例 7-5】计算结果总结

情况	p_{choked}/kPa	Q_m/kg·s^{-1}
孔	781	1.88
绝热管道	340	0.81
等温管道	427	0.79

注意：绝热和等温法得到的结果很接近，对于大多数实际情况并不能很容易地确定热传递特性，因此应选择绝热管道方法，它通常能得到较大的计算结果，适合于保守的安全设计。

7.2.3　液体闪蒸

储存温度高于其通常沸点温度的受压液体，由于闪蒸会存在很多问题，如果储罐、管道或其他盛装设备出现孔洞，部分液体会闪蒸为蒸气，有时会发生爆炸。

闪蒸发生的速度很快，其过程可假设为绝热，过热液体中的额外能量使液体蒸发，并使其温度降低到新的沸点。如果 m 是初始液体的质量，c_p 是液体的热容，T_0 是降压前液体的温度，T_b 是降压后液体的沸点，则包含在过热液体中额外的能量为：

$$Q = mc_p(T_0 - T_b) \tag{7-55}$$

该能量使液体蒸发，如果，ΔH_V 是液体的蒸发焓，蒸发的液体质量 m_V 为

$$m_V = \frac{Q}{\Delta H_V} = \frac{mc_p(T_0 - T_b)}{\Delta H_V} \tag{7-56}$$

液体蒸发比例是：

$$f_V = \frac{m_V}{m} = \frac{c_p(T_0 - T_b)}{\Delta H_V} \tag{7-57}$$

式（7-57）基于假设在 T_0 到 T_b 的温度范围内液体的物理特性不变，没有此假设时更一般的表达形式将在下面介绍。

温度 T 的变化导致的液体质量 m 的变化为：

$$dm = \frac{mc_p}{\Delta H_V} dT \tag{7-58}$$

在初始温度 T_0（液体质量为 m）与最终沸点温度 T_b（液体质量为 $m - m_V$）区间内，对式（7-58）进行积分，得到：

$$\int_{m}^{m-m_V} \frac{dm}{m} = \int_{T_0}^{T_b} \frac{mc_p}{\Delta H_V} dT \tag{7-59}$$

$$\ln\left(\frac{m - m_V}{m}\right) = -\frac{\overline{c}_p(T_0 - T_b)}{\overline{\Delta H_V}} \tag{7-60}$$

式中，$\overline{c}_p$ 和 $\overline{\Delta H_V}$ 分别是 $T_0 \sim T_b$ 温度范围内的平均热容和平均蒸发焓，求解液体蒸发比率 $f_V = m_V/m$，可得到：

$$f_V = 1 - \exp\left[-\overline{c}_p(T_0 - T_b)/\overline{\Delta H_V}\right] \tag{7-61}$$

【例 7-6】 1kg 饱和水储存在温度为 177℃ 的容器中。容器破裂，压力下降至 1atm，计算水的蒸发比例。

解：对于 100℃ 下的液体水：$c_p = 4.2$ kJ/(kg·℃)，$\Delta H_V = 2252.2$ kJ/kg，由式（7-57），有：

$$f_V = \frac{m_V}{m} = \frac{c_p(T_0 - T_b)}{\Delta H_V} = \frac{4.2 \times (177 - 100)}{2252.2} = 0.1436$$

对于包含有多种易挥发混合物质的液体，闪蒸计算非常复杂，这是由于更易挥发组分会首先闪蒸。

由于存在两相流情况，通过孔洞和管道泄漏处的闪蒸液体需要特殊考虑，即有以下几个特殊的情况需要考虑。

① 如果泄漏的流程长度很短（通过薄壁容器上的孔洞），则存在不平衡条件，以及液体没有时间在孔洞内闪蒸，液体在孔洞外闪蒸，应使用描述不可压缩流体通过孔洞流出的公式（7-1）计算。

② 如果泄漏的流程长度大于 10cm（通过管道或厚壁容器），那么就能达到平衡闪蒸条件，且流动是塞流，可假设塞压与闪蒸液体的饱和蒸气压相等，结果仅适用于储存在高于其饱和蒸气压环境下的液体，在此假设下，质量流量由式（7-62）给出：

$$Q_m = AC_0\sqrt{2\rho_f g_c(p - p^{sat})} \tag{7-62}$$

式中 A——释放面积，m²；

C_0——流出系数，无量纲；

ρ_f——液体密度，kg/m^3；

g_c——重力常数，$g_c = 1kg \cdot m/(N \cdot s^2)$；

p——储罐内压力，Pa；

p^{sat}——闪蒸液体处于周围温度情况下的饱和蒸气压，Pa。

【**例 7-7**】 液氨储存在温度为 24℃、压力为 1.4×10^6 Pa（绝压）的储罐中。一根直径为 0.0945m 的管道在距离储罐很近的地方断裂了，使闪蒸的氨漏了出来。液氨在此温度下的饱和蒸气压是 0.968×10^6 Pa，密度为 603kg/m³。计算通过该孔的质量流量（假设是平衡闪蒸）。

解： 式（7-62）适合平衡闪蒸的情况，假设流出系数取 0.61。那么

$$Q_m = AC_0\sqrt{2\rho_f g_c(p - p^{sat})}$$

$$= 0.61 \times \frac{3.14 \times 0.0945^2}{4}\sqrt{2 \times 603 \times (1.4 - 0.968) \times 10^6}$$

$$= 97.6 kg/s$$

对储存在其饱和蒸气压下的液体，$p = p^{sat}$，式（7-62）将不再有效。考虑初始静止的液体加速通过孔洞，假设动能占支配地位，忽略潜能的影响，那么质量流量为：

$$Q_m = \frac{\Delta H_v A}{v_{fg}}\sqrt{\frac{g_c}{T c_p}} \tag{7-63}$$

式中 v_{fg}——比体积，m^3/g；

ΔH_v——蒸发焓，J/kg。

c_p——热容，$J/(kg \cdot K)$。

在闪蒸蒸气喷射时会形成一些小液滴，这些小液滴很容易被风带走，离开泄漏发生处，经常假设所形成的液滴的量同闪蒸的量是相等的。

【**例 7-8**】 丙烯储存在温度为 25℃、压力为其饱和蒸气压的储罐中。储罐上有一个直径为 0.01m 的洞。请估算在此情况下，通过该洞流出的丙烯的质量流率。

$[c_p = 2180J/(kg \cdot K), \Delta H_v = 3.34 \times 10^5 J/kg, v_{fg} = 0.042m^3/kg, p^{sat} = 1.15 \times 10^6 Pa]$

解： 孔洞面积为 $A = 3.14 \times 0.01^2/4 = 7.85 \times 10^{-5} m^2$

使用式（7-63），得到

$$Q_m = \frac{\Delta H_v A}{v_{fg}}\sqrt{\frac{g_c}{T c_p}} = \frac{3.34 \times 10^5 \times 7.85 \times 10^{-5}}{0.042}\sqrt{\frac{1}{2.18 \times 10^3 \times (273.15 + 25)}}$$

$$= 0.774 kg/s$$

7.2.4 液池蒸发或沸腾

易挥发液体即饱和蒸气压高的液体蒸发较快，因此，蒸发速率被认为是饱和蒸气压的函数。实际上，对于静止空气中的蒸发，蒸发速率与饱和蒸气压和蒸气在空气中的蒸气分压的差成比例，即

$$Q_m \propto (p^{sat} - p) \tag{7-64}$$

式中 p^{sat}——液体温度下纯液体的饱和蒸气压，Pa；

p——位于液体上方静止空气中的蒸发分压，Pa。

来自蒸发液池的蒸发速率更一般的表达式如下：

$$Q_m = \frac{MKA(p^{sat} - p)}{R_g T_L}$$ (7-65)

式中 Q_m——蒸发速率，kg/s；

M——易挥发物质的分子量；

A——液池暴露面积，m^2；

K——传质系数，m/s；

R_g——理想气体常数，8.314Pa·m^3/(mol·K)；

T_L——液体的绝对温度，K。

对大多数情况，$p^{sat} \gg p$，式（7-65）可转化为：

$$Q_m = \frac{MKAp^{sat}}{R_g T_L}$$ (7-66)

用式（7-67）确定所研究物质的传质系数 K 与某种参考物质的传质系数 K_0 的比值：

$$\frac{K}{K_0} = \left(\frac{D}{D_0}\right)^{2/3}$$ (7-67)

气相扩散系数可由物质的分子量 M 估算：

$$\frac{D}{D_0} = \sqrt{\frac{M_0}{M}}$$ (7-68)

由式（7-68）和式（7-67）可得：

$$K = K_0 \left(\frac{M_0}{M}\right)^{1/3}$$ (7-69)

经常用水作为参照物质，其传质系数为 0.83cm/s。

对于液池中的液体沸腾，沸腾速率受周围环境与池中液体间的热量传递的限制，热量通过以下方式进行传递：①地面的热传导；②空气的传导与对流；③太阳辐射或（和）邻近区域的热源辐射，如火源。

沸腾初始阶段，通常由来自地面的热量传递控制，特别是对于正常沸点低于周围环境或地面温度的溢出液体更是如此。来自地面的热量传递，由如下简单的一维热量传递方程模拟：

$$q_s = \frac{k_s(T_g - T)}{(\pi \alpha_s t)^{1/2}}$$ (7-70)

式中 q_s——来自地面的热通量，W/m^2；

k_s——土壤的热导率，W/(m·K)；

T_g——土壤温度，K；

T——液池温度，K；

α_s——土壤的热扩散率，m^2/s；

t——溢出后的时间，s。

假设所有的热量都用于液体的沸腾，则沸腾速率的计算如下：

$$Q_m = \frac{q_s A}{\Delta H_V}$$ (7-71)

式中 Q_m——质量沸腾速率，kg/s；

q_s——地面向液池传递的热通量，由式（7-70）确定；

A——液池面积，m^2；

ΔH_{V}——液池中液体的汽化焓，J/kg。

随后，来自太阳的热辐射和空气的热对流起主要作用。有关液池沸腾的更详细的介绍可参考其他资料。

7.3　扩散方式及扩散模型

一些重大事故发生后，人们认识到应急计划的重要性，以及将工厂设计为毒性物质释放事故发生最少和事故后果最小化的重要性。制定应急计划需要在事故发生前预估问题所在，化学工程师必须了解毒物释放的所有可能情况，以避免释放情况的发生；以及如果发生毒物释放，能尽量减少其影响，这需要毒物释放模型。

7.2 节介绍的源模型给出了泄漏物质的流出速率、流出总量和流出状态的表达式。本节将介绍的扩散模型是用于描述泄漏物质是如何向下风向传播和扩散并达到某一浓度水平的。一旦知道了下风向的浓度，就可以使用一些准则来估算其后果或影响，从而评估其危险性。因此，毒物释放模型常被用来评估毒物释放对工厂和周围社区环境的影响。

7.3.1　扩散方式及其影响因素

物质泄漏后，会以烟羽（如图 7-7 所示）或烟团（如图 7-8 所示）两种方式在空气中传播、扩散。泄漏物质的最大浓度是在释放发生处（可能不在地面上），由于有毒物质与空气的湍流混合和扩散，其在下风向的浓度较低。

影响有毒物质在大气中扩散的因素有以下几个方面。

图 7-7　物质连续泄漏形成的典型烟羽　　　　图 7-8　物质瞬时泄漏形成的烟团

(1) 风速

随着风速的增加，图 7-7 中的烟羽会变得又长又窄，物质向下风向输送的速度变快了，但是被大量空气稀释的速度也加快了。

(2) 大气稳定度

大气稳定度与空气的垂直混合有关。白天空气温度随着高度的增加迅速下降，促使了空气的垂直运动；夜晚空气温度随高度的增加下降不多，导致较少的垂直运动。白天和夜晚的空气温度随高度的变化如图 7-9 所示，有时也会发生相反的现象。相反情况下，温度随着高度的增加而增加，导致最低限度的垂直运动，这种情况经常发生在晚间，因为热辐射导致地面迅速冷却。

大气稳定度可划分为三种类型：不稳定、中性和稳定。对于不稳定的大气情况，太阳对地面的加热要比热量散失的快，因此，地面附近的空气温度比高处的空气温度高，这在上午的早些时候可能会被观测到，这导致了大气不稳定，因为较低密度的空气位于较高密度空气的下面，这种浮力的影响增强了大气的机械湍流。对于稳定的大气情况，太阳加热地面的速度没有地面的冷却速度快，因此地面附近的温度比高处空气的温度低，这种情况是稳定的，因为较高密度的空气位于较低密度空气的下面，浮力的影响抑制了机械湍流。

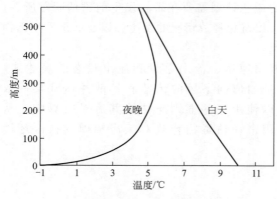

图 7-9　白天和夜晚空气温度随高度的变化　　　　图 7-10　地表情况对垂直风速梯度的影响

（3）地面条件

地面条件影响地表的机械混合和随高度而变化的风速，树木和建筑物的存在加强了这种混合，而湖泊和敞开的区域则减弱了这种混合，图 7-10 显示了不同地表情况下风速随高度的变化。

（4）泄漏位置高度

泄漏位置高度对地面浓度的影响很大，随着释放高度的增加，地面浓度降低，这是因为烟羽需要垂直扩散更长的距离，如图 7-11 所示。

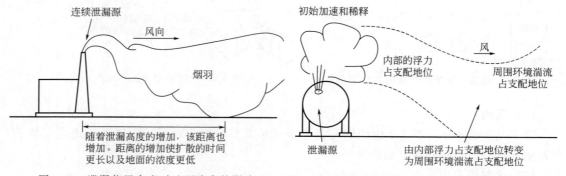

图 7-11　泄漏位置高度对地面浓度的影响　　　图 7-12　泄漏物质的初始动量和浮力对烟羽特性的影响

（5）泄漏物质的初始动量和浮力

泄漏物质的初始动量和浮力改变了泄漏的有效高度，如图 7-12 所示，高速喷射所具有的动量将气体带到高于泄漏处的地方，导致更高的有效泄漏高度。如果气体密度比空气小，那么泄漏的气体一开始具有浮力，并向上升高，如果气体密度比空气大，那么泄漏的气体开始就具有沉降力，并向地面下沉。泄漏气体的温度和分子量决定了相对于空气（分子量为28.97）的气体密度，对于所有气体，随着气体向下风向传播和同新鲜空气混合，最终将被充分稀释，并认为其具有中性浮力，此时，扩散由周围环境的湍流所支配。

7.3.2 中性浮力扩散模型

中性浮力扩散模型，用于估算泄漏发生后释放气体与空气混合，并导致混合气云具有中性浮力后下风向各处的深度，因此，这些模型适用于气体密度与空气差不多的气体的扩散。

7.3.2.1 高斯模型

经常用到两种类型的中性浮力蒸气云扩散模型，即烟羽模型和烟团模型。烟羽模型描述来自连续源释放物质的稳态浓度，烟团模型描述一定量的单一物质释放后的暂时浓度，两种模型的区别如图 7-7 和图 7-8 所示，对于烟羽模型，典型例子是气体自烟窗的连续释放，稳态烟羽在烟窗下风向形成。对于烟团模型，典型例子是由于储罐的破裂，一定量的物质突然泄漏，形成一个巨大的蒸气云团，并渐渐远离破裂处。

烟团模型能用来描述烟羽，烟羽只不过是连续释放的烟。然而，如果稳态烟羽信息是所需要的所有信息，那么建议使用烟羽模型，因为它比较容易使用，对于涉及动态烟羽的研究（如风向的变化对烟羽的影响），必须使用烟团模型。

(1) 烟羽模型

烟羽模型适用于连续源的扩散，其假设如下：①定常态，即所有的变量都不随时间而变化；②适用于密度与空气相差不多的气体的扩散（不考虑重力或浮力的作用），且在扩散过程中不发生化学反应；③扩散气体的性质与空气相同；④扩散物质达到地面时，完全反射，没有任何吸收；⑤在下风向的湍流扩散相对于移流相可忽略不计，这意味着该模型只适用于平均风速不小于1m/s的情形；⑥坐标系的 X 轴与流动方向重合，横向速度分量 V、垂直速度分量 W 均为 0；⑦假定地面水平。高斯烟羽数学模型表达式为：

$$C(x,y,z)=\frac{Q_V}{2\pi u\sigma_y\sigma_z}\mathrm{e}^{-\frac{y^2}{2\sigma_y^2}}\left(\mathrm{e}^{\frac{(z-H_r)^2}{2\sigma_z^2}}+\mathrm{e}^{\frac{(z+H_r)^2}{2\sigma_z^2}}\right) \tag{7-72}$$

式中　C——泄漏物质体积分数，%；

　　　Q_V——源的泄漏速率，m^3/s；

　　　H_r——有效源高，m；

　　　u——风速，m/s；

　x,y,z——某点坐标 m；

　σ_y,σ_z——横风向和竖直方向的扩散系数，m。

(2) 烟团模型

烟羽模型只适用于连续源或泄放时间大于或等于扩散时间的扩散，如果要研究瞬时泄放，（泄放时间小于扩散时间，如容器突然爆炸导致其内部部分介质瞬时泄放），就应用烟团模型，它应用于瞬时泄漏和部分连接泄漏源泄漏或微风（速度<1m/s）条件下，其数学表达式为：

$$C(x,y,z,t)=\frac{Q_V^*}{(2\pi)^{3/2}\sigma_x\sigma_y\sigma_z}\mathrm{e}^{-\frac{y^2}{2\sigma_y^2}}\left[\mathrm{e}^{-\frac{(z-H_r)^2}{2\sigma_z^2}}+\mathrm{e}^{-\frac{(z+H_r)^2}{2\sigma_z^2}}\right]\mathrm{e}^{-\frac{(x-ut)^2}{2\sigma_x^2}} \tag{7-73}$$

式中　　C——泄漏物质体积分数，%；

　　　Q_V^*——泄漏量，m^3；

　　　　u——风速，m/s；

　　　H_r——有效源高，m；

　　　　t——泄漏时间，s；

　x,y,z——某点坐标，m；

$\sigma_x,\sigma_y,\sigma_z$——$x,y,z$方向上的扩散系数，$m$。

7.3.2.2　扩散系数

扩散系数是大气情况及释放源下风向距离的函数，大气情况可根据六种不同的稳定度等级进行分类，见表7-11，稳定度等级依赖于风速和日照程度。白天，风速的增加导致更加稳定的大气稳定度，而在夜晚则相反。

表 7-11　Pasquill-Gifford 扩散模型的大气稳定度等级

表面风速/(m/s)	白天日照			夜间条件	
	强	适中	弱	很薄的覆盖或者>4/8 低沉的云	≤3/8 朦胧
<2	A	A~B	B	F	F
2~3	A~B	B	C	E	F
3~4	B	B~C	C	D	E
4~5	C	C~D	D	D	D
>6	C	D	D	D	D

注：1. A—极度不稳定；B—中度不稳定；C—轻微不稳定；D—中性稳定；E—轻微稳定；F—中度稳定。

2. 夜间是指日落前 1h 到破晓后 1h 这一段时间。

3. 对于白天或夜晚的多云情况以及日落前或日出后数小时的任何天气情况，不管风速有多大，都应该使用中等稳定度等级 D。

对于连续源的扩散系数 σ_y 和 σ_x，由图 7-13 和图 7-14 中给出，相应的关系式由表 7-12 给出，表 7-12 中没有给出 σ_x 的值，但是有理由认为 $\sigma_x = \sigma_y$。烟团扩散模型的扩散系数 σ_y 和 σ_z 由图 7-15 给出，方程见表 7-13。烟团的扩散系数是基于有限的数据（见表 7-13）得到的，因而不是十分精确。

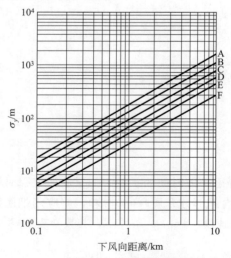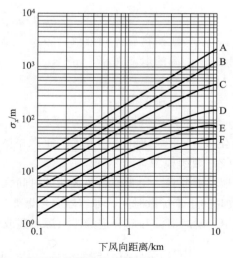

图 7-13　泄漏位于乡村时 Pasquill-Gifford 烟羽扩散模型的扩散系数

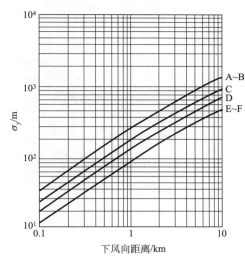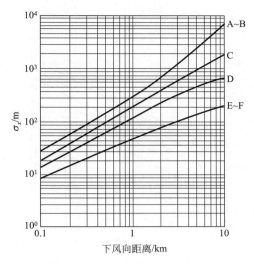

图 7-14　泄漏位于城市时 Pasquill-Gifford 烟羽扩散模型的扩散系数

表 7-12　烟羽扩散模型的扩散系数方程

Pasquill-Gifford 稳定度等级	σ_y/m	σ_z/m
乡村条件		
A	$0.22x(1+0.0001x)^{-1/2}$	$0.20x$
B	$0.16x(1+0.0001x)^{-1/2}$	$1.12x$
C	$0.11x(1+0.0001x)^{-1/2}$	$0.08x(1+0.0002x)^{-1/2}$
D	$0.08x(1+0.0001x)^{-1/2}$	$0.06x(1+0.0015x)^{-1/2}$
E	$0.05x(1+0.0001x)^{-1/2}$	$0.06x(1+0.0003x)^{-1}$
F	$0.04x(1+0.0001x)^{-1/2}$	$0.06x(1+0.0003x)^{-1}$
城市条件		
A~B	$0.32x(1+0.0004x)^{-1/2}$	$0.24x(1+0.0001x)^{1/2}$
C	$0.22x(1+0.0004x)^{-1/2}$	$0.20x$
D	$0.16x(1+0.0004x)^{-1/2}$	$0.14x(1+0.0003x)^{-1/2}$
E~F	$0.11x(1+0.0004x)$	$0.08x(1+0.0005x)^{-1/2}$

注：x 为下风向距离，m。

表 7-13　烟团扩散模型的扩散系数方程

Pasquill-Gifford 稳定度等级	σ_y/m 或 σ_x/m	σ_z/m
A	$0.18x^{0.92}$	$0.60x^{0.75}$
B	$0.14x^{0.92}$	$0.53x^{0.73}$
C	$0.10x^{0.92}$	$0.34x^{0.71}$
D	$0.06x^{0.92}$	$0.15x^{0.70}$
E	$0.04x^{0.92}$	$0.10x^{0.65}$
F	$0.02x^{0.89}$	$0.05x^{0.61}$

注：x 为下风向距离，m。

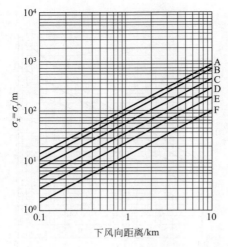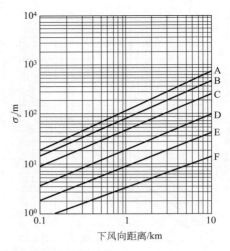

图 7-15　Pasquill-Gifford 烟团扩散模型的扩散系数

7.3.2.3　最坏时间情形

对于烟羽，最大浓度通常是在释放点处，如果释放是在高于地平面的地方发生，那么地面上的最大浓度出现在释放处下风向的某一点。

对于烟团，最大浓度通常在烟团的中心，对于释放发生在高于地平面的地方，烟团中心将平行于地面移动，并且地面上的最大浓度直接位于烟团中心的下面。对于烟团等值线，随着烟团向下风向的移动，等值线将接近于圆形，其直径一开始随着烟团向下风向的移动而增加，然后达到最大，最后将逐渐减小。

如果不知道天气条件或不能确定，那么可进行某些假设来得到一个最坏情形的结果，即估算一个最大浓度，Pasquill-Gifford 扩散方程中的天气条件可通过扩散系数和风速予以考虑，通过观察估算用的 Pasquill-Gifford 扩散方程，很明显扩散系数和风速在分母上。因此，通过选择导致最小值的扩散系数和风速的天气条件和风速，可使估算的浓度最大。通过观察图 7-13 和图 7-14，能够发现 F 稳定度等级可以产生最小的扩散系数，很明显，风速不能为零，所以必须选择一个有限值，USEPA 认为，当风速小到 1.5m/s 时，F 稳定度等级能够存在，一些风险分析家使用 2m/s 的风速。在计算中所使用的假设，必须清楚地予以说明。

7.3.2.4　高斯模型的局限性

Pasquill-Gifford 或高斯扩散仅应用于气体的中性浮力扩散，在扩散过程中，湍流混合是扩散的主要特征，它仅对距离释放源 0.1～10km 范围内的距离有效。

由高斯模型预测的浓度是时间平均值，因此，局部浓度的时间值有可能超过所预测的平均浓度值，这对于紧急反应很重要。这里介绍的模型是假设 10min 的时间平均值，实际的瞬间浓度可能会在由高斯模型计算出来的浓度与其 2 倍浓度范围内变化。

7.3.3　重气扩散模型

气体密度大于其扩散所经过的周围空气密度的气体都称为重气，主要原因是气体的分子量比空气大，或气体在释放或其他过程期间因冷却作用所导致的低温的影响。

　　某一典型的烟团释放后，可能形成具有相近于垂直和水平尺寸的气云（在泄漏源附近）。随着时间延长，烟团与周围的空气混合并将经历三个阶段：①起初烟团在重力的影响下向地面下沉，气云的直径增加而高度减少；②由于重力的驱使，气云向周围的空气侵入，开始发生大量的稀释，之后随着空气通过垂直和水平界面的进一步卷吸，气云高度增加；③充分稀释后，正常的大气湍流将超过重力作用而占支配地位，典型的高斯扩散特征便显示出来。

　　通过量纲分析和对现有的重气云扩散数据进行关联，建立了 Britter-McQuaid 模型，该模型对于瞬间或连续的地面重气释放非常适用。该模型需要给定初始气云体积、初始烟羽体积流量、释放持续时间、初始气体密度，同时还需要 10m 高度处的风速、距下风向某一点的距离和周围空气密度。模型假设释放发生在周围环境温度下且没有气溶胶或小液滴生成，结果发现大气稳定度对结果影响很小因而不作为模型中的变量考虑。由于模型拟合中大多数数据都来自于偏远且开阔的平原地区，因此，该模型不适用于地形对扩散影响很大的山区。

　　使用该模型时第一步是确定重气云模型是否适用。将初始气云浮力定义为：

$$g_0 = g(\rho_0 - \rho_a)/\rho_a \tag{7-74}$$

式中　g_0——初始浮力系数，m/s^2；

　　　　g——重力加速度，m/s^2；

　　　ρ_0——泄漏物质的初始密度，kg/m^3；

　　　ρ_a——周围环境空气的密度，kg/m^3。

　　特征源尺寸依赖于释放的类型，对于连续泄漏释放，可以按照如下定义计算。

$$D_c = \left(\frac{q_0}{u}\right)^{1/2} \tag{7-75}$$

式中　D_c——重气连续泄漏的特征源尺寸，m；

　　　q_0——重力扩散的初始烟羽体积流量，m^3/s；

　　　　u——10m 高处的风速，m/s。

　　对于瞬时泄漏释放，特征源尺寸定义为：

$$D_i = V_0^{1/3} \tag{7-76}$$

式中　D_i——重气瞬时泄漏释放的特征源尺寸，m；

　　　V_0——泄漏的重气物质的初始体积，m^3。

　　对于十分厚重的气云，需要用重气云表述的准则分两种情况，对于连续释放：

$$\left(\frac{g_0 q_0}{u^3 D_c}\right)^{1/3} \geqslant 0.15 \tag{7-77}$$

对于瞬时释放：

$$\frac{\sqrt{g_0 V_0}}{u D_i} \geqslant 0.20 \tag{7-78}$$

　　如果满足这些准则，那么图 7-16 和图 7-17 就可以用来估算泄漏点处下风向某一点的浓度，表 7-14 和表 7-15 给出了图中关系的方程。

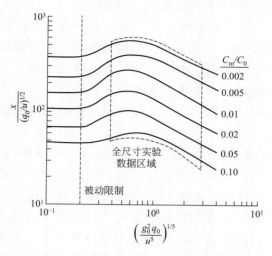

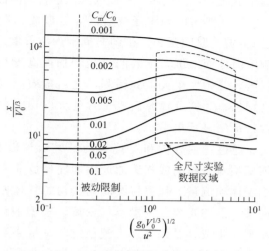

图 7-16　重气烟羽扩散的 Britter-McQuaid
关系模型

图 7-17　重气烟团扩散的 Britter-McQuaid
关系模型

表 7-14　描述图 7-16 中给出的烟羽 Britter-McQuaid 模型的关系曲线的近似方程

浓度比(C_m/C_0)	$\alpha = \lg\left(\dfrac{g_0^2 q_0}{u^5}\right)^{1/5}$ 的有效范围	$\beta = \lg\left[\dfrac{x}{(q_0/u)^{1/2}}\right]$
0.1	$\alpha \leqslant -0.55$ $-0.55 < \alpha \leqslant -0.14$ $-0.14 < \alpha \leqslant 1$	1.75 $0.24\alpha + 1.88$ $0.50\alpha + 1.78$
0.05	$\alpha \leqslant -0.68$ $-0.68 < \alpha \leqslant -0.29$ $-0.29 < \alpha \leqslant -0.18$ $-0.18 < \alpha \leqslant 1$	1.92 $0.36\alpha + 2.16$ 2.06 $0.56\alpha + 1.96$
0.02	$\alpha \leqslant -0.69$ $-0.69 < \alpha \leqslant -0.31$ $-0.31 < \alpha \leqslant -0.16$ $-0.16 < \alpha \leqslant 1$	2.08 $0.45\alpha + 2.39$ 2.25 $-0.54\alpha + 2.16$
0.01	$\alpha \leqslant -0.70$ $-0.70 < \alpha \leqslant -0.29$ $-0.29 < \alpha \leqslant -0.20$ $-0.20 < \alpha \leqslant 1$	2.25 $0.49\alpha + 2.59$ 2.45 $-0.52\alpha + 2.35$
0.005	$\alpha \leqslant -0.67$ $-0.67 < \alpha \leqslant -0.28$ $-0.28 < \alpha \leqslant -0.15$ $-0.15 < \alpha \leqslant 1$	2.4 $0.59\alpha + 2.80$ 2.63 $-0.49\alpha + 2.56$
0.002	$\alpha \leqslant -0.69$ $-0.69 < \alpha \leqslant -0.25$ $-0.25 < \alpha \leqslant -0.13$ $-0.13 < \alpha \leqslant 1$	2.6 $0.39\alpha + 2.87$ 2.77 $-0.50\alpha + 2.71$

表 7-15　描述图 7-17 中给出的烟团的 Britter-McQuaid 模型的关系曲线的近似方程

浓度比(C_m/C_0)	$\alpha=\lg\left(\dfrac{g_0 V_0^{1/3}}{u^2}\right)^{1/2}$ 的有效范围	$\beta=\lg\left(\dfrac{x}{V_0^{1/3}}\right)$
0.01	$\alpha\leqslant-0.44$ $-0.44<\alpha\leqslant0.43$ $0.43<\alpha\leqslant1$	0.70 $0.26\alpha+0.81$ 0.93
0.05	$\alpha\leqslant-0.56$ $-0.56<\alpha\leqslant0.31$ $0.31<\alpha\leqslant1.0$	0.85 $0.26\alpha+1.0$ $-0.12\alpha+1.12$
0.02	$\alpha\leqslant-0.66$ $-0.66<\alpha\leqslant0.32$ $0.32<\alpha\leqslant1$	0.95 $0.36\alpha+1.19$ $-0.26\alpha+1.38$
0.01	$\alpha\leqslant-0.71$ $-0.71<\alpha\leqslant0.37$ $0.37<\alpha\leqslant1$	1.15 $0.34\alpha+1.39$ $-0.38\alpha+1.66$
0.005	$\alpha\leqslant-0.66$ $-0.66<\alpha\leqslant0.32$ $0.32<\alpha\leqslant1$	1.48 $0.26\alpha+1.62$ $0.30\alpha+1.75$
0.002	$\alpha\leqslant0.27$ $0.27<\alpha\leqslant1$	0.70 $-0.32\alpha+1.92$
0.001	$\alpha\leqslant-0.10$ $-0.10<\alpha\leqslant1$	2.075 $-0.27\alpha+2.05$

确定释放是连续的还是瞬时的准则，可使用式（7-79）进行判断

$$\frac{uR_d}{x} \tag{7-79}$$

式中　u——10m 高处的风速，m/s；

　　　R_d——泄漏持续时间，s；

　　　x——下风向的空间距离，m。

如果该数值大于或等于 2.5，那么重气释放被认为是连续的；如果该数值小于或等于 0.6，那么释放被认为是瞬时的；如果介于两者之间，那么分别用连续模型和瞬时模型来计算浓度，并取最大浓度值作为结果。

对于非等温释放，Britter-McQuaid 模型推荐了两种稍微不同的计算方法。第一种计算方法是对初始浓度进行了修正；第二种计算方法是在泄漏源处将物质带入到周围环境温度，考虑此时的热交换而忽略热量传递的影响。对于比空气轻的气体（例如甲烷或液化天然气），第二种计算方法可能毫无意义。如果这两种方法的计算结果相差很小，那么非等温影响假设可以忽略；如果两种计算结果相差在 2 倍以内，那么就使用最大浓度为计算结果；如果两者相差很大（大于 2 倍以上），那么可选择最大浓度，并使用更加详细的方法进行更深入的研究。

Britter-McQuaid 模型是一种无量纲分析技术，它是基于由实验数据关联所建立起的相关关系，然而，由于该模型仅仅是由来自开阔平坦的平原地区的实验数据之上，因此，该模型仅适用于这种类型的释放，不能使用于山区等复杂地形的释放，它也不能解释诸如释放高度、地面粗糙度和风速的影响。

【例 7-9】 计算液化天然气（LNG）泄漏时，在下风向多远处其浓度等于燃烧下限，即 5% 的蒸气体积浓度。假设周围环境的温度和压力是 298K 和 101kPa。已知数据如下：液体泄漏速率 $0.23\mathrm{m^3/s}$；泄漏持续时间 R_d 为 174s；地面 10m 高处的风速 u 为 $10.9\mathrm{m/s}$；LNG 的密度为 $425.6\mathrm{kg/m^3}$；LNG 在其沸点 $-162℃$ 下的蒸气密度为 $1.76\mathrm{kg/m^3}$。

解：LNG 蒸气的体积泄漏速率由下式给出：

$$q_0 = 0.23 \times (425.6/1.76) = 55.6\mathrm{m^3/s}$$

周围空气密度由理想气体定律计算，结果为 $1.22\mathrm{kg/m^2}$，因此，由式（7-74）得：

$$g_0 = g\left[\frac{\rho_0 - \rho_\mathrm{a}}{\rho_\mathrm{a}}\right] = 9.8 \times \left[\frac{1.76 - 1.22}{1.22}\right] = 4.34\mathrm{m/s^2}$$

步骤 1 确定泄漏是连续的还是瞬时的？对该例题，由式（7-79），对于连续泄漏，结果必须大于 2.5，将需要的数据代入，有：

$$\frac{uR_\mathrm{d}}{x} = \frac{10.9 \times 174}{x} \geqslant 2.5$$

对于连续泄漏，有 $x \leqslant 758\mathrm{m}$，即最终的距离必须小于 758m。

步骤 2 确定是否适用重气云模型？

使用式（7-75）和式（7-77），代入数据，得到：

$$D_\mathrm{c} = \left(\frac{q_0}{u}\right)^{1/2} = \left(\frac{55.6}{10.9}\right)^{1/2} = 2.26\mathrm{m}$$

$$\left(\frac{g_0 q_0}{u^3 D_\mathrm{c}}\right)^{1/3} = \left(\frac{4.29 \times 55.6}{10.9^3 \times 2.26}\right)^{1/3} = 0.44 \geqslant 0.15$$

很明显，应该使用重气云模型。

步骤 3 校准非等温扩散的浓度。Britter-McQuaid 模型提供了考虑非等温蒸气泄漏的浓度校准方法，如果初始浓度是 C^*，那么有效浓度是：

$$C = \frac{C^*}{C^* + (1 - C^*)(T_\mathrm{a}/T_0)}$$

式中 T_a——周围环境温度，K；

T_0——泄漏源的温度，K。

甲烷在空气中的爆炸极限浓度下限为 5%，即 $C^* = 0.05$，根据以上计算 C 的方程，得出了有效浓度 C 为 0.019。

步骤 4 由图 7-16 计算无量纲特征数：

$$\left(\frac{g_0^2 q_0}{u^5}\right)^{1/5} = \left(\frac{4.34^2 \times 55.6}{10.9^5}\right)^{1/5} = 0.369$$

$$\left(\frac{q_0}{u}\right)^{1/2} = \left(\frac{55.6}{10.9}\right)^{1/2} = 2.26\mathrm{m}$$

步骤 5 用图 7-16 确定下风向距离。气体的初始浓度 C_0 是纯净的 LNG，因此 $C_0 = 1.0$，$C_\mathrm{m}/C_0 = 0.019$，由图 7-16 得：

$$\frac{x}{\left(\frac{q_0}{u}\right)^{1/2}} = 126$$

因此，$x = 2.26 \times 126 = 285\mathrm{m}$。而根据经验确定的距离是 200m。

7.3.4 释放动量和浮力的影响

图 7-12 表明，烟团或烟羽的释放特性依赖于释放的初始动量和浮力，因而初始动量和浮力改变了释放的有效高度。泄漏虽然发生在地面，但汽化液体向上口喷射的释放比没有喷射的释放具有更高的有效高度。同样，温度高于周围环境空气温度的蒸气的释放，由于浮力作用而上升，从而增加了释放的有效高度。

这两种影响通过如图 7-18 所示的典型烟囱排放得到了说明。从烟囱排放的物质具有动量，这是基于烟囱内的物质具有向上移动的速度，同时也具有浮力，因为其温度高于周围环境温度。因此，当物质从烟囱中排放出来以后，它将持续上升。随着排放物质的冷却和动量的消失，上升速度变慢，直至最后停止上升。

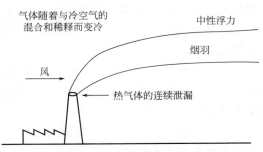

图 7-18　烟囱烟羽证明了热气体的初始浮力上升

对烟囱排放，Turner 建议使用 Holland 经验公式计算来自排放浮力和动量的额外高度：

$$\Delta H_r = \frac{\overline{u}_s d}{\overline{u}} \left[1.5 + 2.68 \times 10^{-2} pd \left(\frac{T_s - T_a}{T_s} \right) \right] \tag{7-80}$$

式中　ΔH_r——释放高度 H_r 的修正值，m；

　　　$\overline{u}_s$——烟囱内气体的排出速度，m/s；

　　　d——烟囱内径，m；

　　　$\overline{u}$——风速，m/s；

　　　p——大气压力，kPa；

　　　T_s——烟囱内气体温度，K；

　　　T_a——空气温度，K。

对于比空气重的蒸气，如果物质是在地面上方某一高度释放，那么物质最初将向地面下沉，直到其充分扩散后气云密度减小。

思考题

1.化工企业中常见的泄漏源有哪些？

2.根据泄漏机理的不同，泄漏可分为哪几种形式？试举例说明。

3.13：00，工厂的操作人员注意到输送苯的管道中的压力降低了，压力被立即恢复为 690kPa。14：30，发现了管道上一个直径为 6.35mm 的小孔并立即进行了修补。请估算流出来的苯的总质量，苯的相对密度为 0.8794。

4.圆柱形苯储罐高8m，直径3m，储罐内充装有氮气以防止爆炸，罐内表压为1个标准大气压且恒定不变，目前储罐内的液面高度为6m。由于疏忽，铲车驾驶员将离地面2m的罐壁上撞出一个直径为3cm的小孔。请估算：（1）流出来多少苯？（2）苯全部流出需要多长时间？（3）苯通过小孔的最大质量流量是多少？该条件下苯的相对密度为 0.8794。

5.一个直径为 30.48m、高为 6.096m 的储罐在离罐顶 0.6096m 以下装有原油。如果与储罐底部相连的一个直径为 152.4mm 的管道断裂并脱离了储罐,导致原油泄漏。储罐与大气相通,原油的相对密度为 0.9。如需要 30min 应急反应时间来阻止泄漏,估算原油的最大泄漏量。

6.内径为 3cm 的管道同容量为 1t 的氮气储罐断开了,如果储罐内的初始压力为 800kPa,请估算气体的最大质量流量 (kg/s)。温度为 25℃,周围环境压力为 1atm (101kPa)。

7.一个直径为 1524mm 的装有甲苯的大型敞口储罐,假设温度为 298K,压力为 1atm (101kPa),试估算该储罐中甲苯的蒸发速率。

8.气体或蒸气的扩散方式有哪几种?影响气体或蒸气扩散的因素有哪些?它们是如何影响扩散过程的?

9.一个正在燃烧的煤堆估计以 3g/s 的速度释放出氧化氮,计算下风向 3km 处由该释放源产生的氧化氮的平均浓度是多少?已知风速为 7m/s,释放发生在一个多云的夜晚,假设煤堆为地面点源。

10.垃圾焚化炉有一个有效高度为 100m 的烟囱,在一个阳光充足的白天,风速为 2m/s,在下风向径直 200m 处测得的二氧化硫浓度为 $5.0 \times 10^{-5} g/m^3$,请估算从该烟囱排放出的二氧化硫的质量流量 (g/s)。

11.硅片的制造需使用乙硼烷,某工厂使用了两瓶 250kg 的乙硼烷,假设现在瓶破裂了,乙硼烷瞬时释放了出来。请确定释放发生 15min 后蒸气云的位置和气云中心的浓度,以及气云需要运移多远和多长时间才能将最大浓度减小到 $5mg/m^3$。

第8章
化工厂设计与装置安全

化工厂设计是把一项化工过程从设想变成现实的一个重要环节，化工设计中应充分考虑安全问题，以便为后续的安全生产操作提供充足的保障。虽然化工事故多发生在化工厂运行和操作过程中，但是如果化工厂规划和设计、化工工艺设计中存在设计缺陷则会对化工安全生产有潜在的影响。设计中如果出现错误或者纰漏，将可能在操作环节导致严重后果。因此，在设计阶段应该充分考虑化工厂运行过程中可能存在的安全隐患如工艺参数偏离设计值、人员误操作、压力容器设备问题等，利用人机工程学原理、设备故障诊断技术和工艺危险状况检测、报警和修复等技术，确保在设计阶段消除在化工厂操作和运行阶段可能存在的安全隐患，并且在设计审查阶段及时发现潜在的危险因素并予以修正。

8.1 化工厂设计安全

化工厂的设计应综合考虑经济性、安全性、原材料供应和产品输送等多种因素，这里我们重点考虑从安全的角度如何进行化工厂设计。一般来说，化工厂设计分为以下几种情况：

① 新建项目设计 新产品的生产工艺设计和采用新工艺或新技术的原有产品的设计，必须由具有资质的设计单位完成。这种情况下由于没有可以借鉴的经验，需要充分考虑安全问题并进行充分论证。

② 重复建设项目设计 根据市场需要，拟对某一原有产品按照已有的工艺进行再建的生产装置，必须由具有资质的设计单位完成。这种情况下，如果是在原有产品生产的地区再建设新厂，那么就可以按照以前的设计工艺方案进行，可供借鉴的经验非常丰富，新的安全问题较少。如果在不同于原有产品生产的地区再建设新厂，尤其是在一个较远的地区建设新厂，由于新厂与旧厂的自然条件、地理条件、气候条件可能存在较大的差别，需要在原有基础上对安全问题进行充分的考虑。

③ 已有装置的改造设计 有些情况下，由于一些老装置的产品质量或产量不能满足要求，需要对旧装置进行改造和优化，这可以由企业设计单位完成，但是安全问题也需要重新

考虑和论证。

本节重点讨论的是关于新建项目和重复建设项目的设计。需要考虑工厂所在的地区、工厂性质和环境以及工厂内部组件之间的相对位置，这些因素对化工厂的安全运行至关重要，其中包括化工厂的定位、选址、布局和单元区域规划四方面的内容，这也是本章的主要内容。

8.1.1 危险和防护的一般考虑

在化工厂的定位、选址和布局中，会有各式各样的危险。为便于讨论，可以把它们划分为潜在的危险和直接的危险两种类型，也被称为一级危险和二级危险。对于一级危险，在正常条件下不会造成人身或财产的损害，只有触发事故时才会引起损伤、火灾或爆炸。

8.1.1.1 两级危险

(1) 一级危险

典型的一级危险有：

① 有易燃物质存在；
② 有热源存在；
③ 有火源存在；
④ 有富氧存在；
⑤ 有压缩物质存在；
⑥ 有毒性物质存在；
⑦ 人员失误的可能性；
⑧ 机械故障的可能性；
⑨ 人员、物料和车辆在厂区的流动；
⑩ 由于蒸气云降低能见度等。

(2) 二级危险

一级危险失去控制就会发展成为二级危险，造成对人身或财产的直接损害。二级危险有：

① 火灾；
② 爆炸；
③ 游离毒性物质的释放；
④ 跌伤；
⑤ 倒塌；
⑥ 碰撞。

8.1.1.2 三道防护线

(1) 第一道防护线

对于所有上述两级危险，可以设置三道防护线。第一道防护线是为了应对和控制一级危险，并防止二级危险的发生。第一道防护线的成功主要取决于所使用设备的精细制造工艺，如无破损、无泄漏等。另外，在工厂的布局和规划中有助于构筑第一道防护线的内容，如：

① 根据主导风的风向，把火源置于易燃物质可能释放点的上风侧；
② 为人员、物料和车辆的流动提供充分的通道。

(2) 第二道防护线

尽管设置了第一道防护线并付出了很多努力，但是仍有二级危险例如火灾发生的可能性。为了将二级危险造成的生命和财产损失降至最低程度，需要实施第二道防护线，在工厂的选址和规划方面可采取的一些步骤如下：

① 把最危险的区域与人员最常在的区域隔离开；
② 在关键位置安放灭火器材。

(3) 第三道防护线

不管预防措施如何完善，但是仍旧有人身伤害事故发生。第三道防护线是提供有效的急救和医疗设施，使受到伤害的人员得到迅速救治。最后一道防护线的意义是迅速救治未能防止住的伤害。

完成上述防护线的方法和工具中，有些可以由自然界条件提供，有些则只能由人工完成。自然界可以提供的方法包括：

① 地形　地形是规划安全时可以利用的一个因素。正如液体向下流一样，从运行工厂释放的易燃或毒性液体也是如此。可以利用地形作为安全工具排除这些泄漏的危险液体。

② 水源　巨大水量的水源在进行灭火控制时极为重要（不能用水灭火的场合除外），水供应的充足与否往往决定着灭火的成败。

③ 风向　主导风方向和最小风频也是重要的自然因素。利用这一自然条件有助于防止易燃物飘向火源，防止蒸气云或者毒性物质飘向人口密集的稠密区或穿过道路。

主导风方向和最小风频定义：

① 主导风向是一个地区出现次数比较多的风向。

② 最小风频是一个地区一年中出现次数最少的风向。

人工完成的安全手段是设置安全间距、设置围堰等物理屏障、进行危险的集中和危险的标识，可以将诸如压力储存容器等设备隔离在一个特定区域，易于确定危险区的界限，使危险区域得到重点关注；设计和配备救火系统、安全喷射器、急救设施等，以备安全急救使用。

8.1.2　化工厂的定位

考虑工厂定位，我们面对的是一个计划中的工厂和一个现实的环境，要解决的问题是把工厂建于哪个地区。一般应遵循以下 5 个原则：

① 有原料、燃料供应和产品销售的良好流通条件；

② 有储运、公用工程和生活设施等方面良好的协作环境；

③ 靠近水量充足、水质优良的水源；

④ 有便利的交通条件；

⑤ 有良好的工程地址和水文气象条件。

工厂应避免定位在下列地区：

① 易发生强度地震区域；

② 易遭受洪水、泥石流、滑坡等危险的山区；

③ 有开采价值的矿藏地区；

④ 对机场、电台等使用有影响的地区；

⑤ 国家规定的历史文物、生物保护和风景游览地区；

⑥ 城镇等人口密集的地区。

从经济性和安全性两个方面考虑，影响工业区位选择的因素很多，主要包括：

① 自然因素　原料、动力（燃料）、土地、水源等；

② 社会经济因素　政府、工人、运输和市场等。

但事实上，能够全部满足以上所有因素的地区几乎是不存在的，因此工业区位的选择还遵循主导因素原则，即主导因素影响区位选择。

根据主导因素分为：

① 原料指向型；　　　　　　　　　④ 动力指向型；

② 市场指向型；　　　　　　　　　⑤ 廉价劳动力指向型。

③ 技术指向型；

考虑化工原料和化工产品的运输过程中容易发生事故，尤其在交通条件不太好的地区，不仅运输成本高，而且运输安全性也差，因此，化工厂的定位应选择靠近化工原料的地区或者是市场需求旺盛的地区，属于原料指向型或者产品指向型定位原则。所以世界上大多数大型石化企业都建在原料产地附近或者市场需求较大的地区，就是出于原料流通经济上和安全上的考虑。如我国天津大港石化城、大庆石油化工城、乌鲁木齐石化炼油厂、兰州炼油厂、胜利油田、山东齐鲁石化城等属于原料指向型化工企业。北京燕山石化区、上海金山化工区、上海高桥石化城等属于产品指向型化工企业。

如在四川阿坝州建立大型化工厂就不太适宜，原因一是阿坝州地处环太平洋地震带（中国地震主要分布在五个区域：台湾地区、西南地区、西北地区、华北地区、东南沿海地区）；二是从地理位置上阿坝州处于海拔较高的地区（约2500m），处于河流的上游地区，其排放的废物可能会污染下游水源。

8.1.3 化工厂选址

化工厂选址是工厂相对于周围环境的定位问题。主要应考虑以下因素：

① 化工厂对所在的社区可能带来的危险，如三废排放带来的污染及可能的事故带来的危险；由于废气的排放可能会影响到下风向的居民，因此，工厂应布局在居民区最小风频的上风地带，或主导风的下风地带；考虑废液的排放可能会影响到下游居民的水源质量，应保证预期的排污方法不会污染社区的饮用水，特别要避免对渔业及海洋生物的污染，因此，污水排放口应远离水源地及河流上游；由于废渣的排放，化工厂要尽量远离居民区和农田。

② 工厂不应邻近高速公路。

③ 地形也是一个要考虑的因素，厂区最好是一片平地，不要建在山区或地势不平的区域。

④ 在考虑工厂选址时，还要考虑到周围环境及社区的发展，至少应该考虑未来50年的社区发展不会受到影响。如天津碱厂在最初建厂时期位于塘沽区的远郊，但是随着20世纪90年代塘沽区和滨海新区的发展，天津碱厂已处于塘沽区和滨海新区交界地带，周围居民楼林立，且紧邻塘沽外滩风景区，尽管他们在三废治理上投入了很大精力并与建厂初期相比在环境上有很大改观，但是天津碱厂与周围的环境还是显得非常不协调，在此情形下，该厂于2003年决定搬迁至汉沽地区，这种搬迁使得原本还可以继续使用的一些仪器设备因为搬迁不得不报废，造成巨大的浪费，而且搬迁还需要投入巨额费用。

8.1.4 化工厂布局

化工厂布局是指工厂厂区内部组件之间相对位置的定位问题。其基本任务是，结合厂区的内外条件，确定生产过程中各种机械设备的空间位置，获得合理的物流和人员的流动路线。化工厂的布局一般采用留有一定间距的区块化的方法。化工厂厂区一般分为以下六个区块：工艺装置区、罐区、公用设施区、运输装卸区、辅助生产区、管理区。在考虑化工厂布局时，主导风方向和最小风频是重要的考虑因素。对各个区块的安全要求如下。

（1）**工艺装置区**

这是工厂中最危险的区域，应遵循以下原则：

① 应离工厂边界一定的距离，避免发生事故时对厂外社区造成伤害；

② 应该集中（有助于危险的识别）而不是分散分布，但不能太拥挤；

③ 应置于主要的火源和人口密集区的下风区；

④ 应汇集这个区域的一级危险，找出毒性、易燃物质、高温、高压、火源等；找出易发生故障的机械设备；避免人员操作失误等。

这部分的安全评价因素：①过程单元间的距离；②过程单元中的因素如温度、压力、物料类型、物料量、单元中设备的类型、单元的相对投资额、救火或其他紧急操作需要的空间。

（2）**罐区**

罐区（如气柜或液体储槽）是需要特别重视的区域，因为该区域的每个容器都是巨大的能量或毒性物质的储存器，如果密封不好就会泄漏出大量毒性或易燃物质，比如 CO 气柜（水封）如有泄漏就会发生中毒事件。考虑到储罐有可能排放出大量的毒性或易燃性的物质，所以务必将其布置在工厂的下风区域并与人员、操作单元、储罐间保持尽可能远的距离，并且其分布要考虑以下 3 个因素：

① 罐与罐之间的间距；

② 罐与其他装置的间距；

③ 设置拦液堤（围堰）所需要的面积。

以上布置与储罐的两个危险因素密切相关：一是罐壳可能破裂，二是当含有水层的储罐被加热到高于水的沸点时会引起物料过沸。

罐区一般用围堰包围，防止泄漏的液体外溢。围堰高度统一定为 20 cm，其体积不小于最大储罐的体积，里面为水泥地，不允许种花草或堆放杂物。在南方雨水较多的地方要在内侧留有沟槽，用于抽取积存的雨水。

（3）**公用设施区**

公用设施区应远离工艺装置区、罐区和其他危险区，以便遇到紧急情况时仍能保证水、电、汽等的正常供应。

供给蒸汽、电的锅炉设备和配电设备可能会成为火源，应设置在易燃液体设备的上风区域。管路一定不能穿过围堰区，以免发生火灾时毁坏管路。

（4）**运输装卸区**

一般不允许铁路支线通过厂区，可以将铁路支线规划在工厂边缘地区。

原料库、成品库和装卸站等机动车辆进出频繁的设施，不得设在通过工艺装置和罐区的地带，一般设在离厂门口比较近的地方，并与居民区、公路和铁路要保持一定的安全距离。

（5）**辅助生产区**

维修车间和研究室要远离工艺装置区和罐区，且应置于工厂的上风区域，因为它是重要的火源，也是人员密集区。

废水处理装置是工厂各处流出的毒性物质或易燃物汇集的终点，应该置于工厂的下风远程区域。

（6）管理区

每个工厂都需要一些管理机构，从安全角度考虑，应设在工厂的边缘区域，并尽可能与工厂的危险区隔离。一是因为销售和供应人员必须到工厂办理业务，不必进入厂区，二是办公室人员的密度最大。

8.1.5 化工单元区域规划

化工单元区域规划是定出各单元边界内不同设备的相对物理位置，但这并非易事。因为从费用考虑，单元排列越紧密，配管、泵送和地皮不动产的费用越低，但从安全角度考虑，单元排列应比较分散，为救火或其他紧急操作留有充分的空间。下面分别讲述：

（1）基本形式选择

① 流程线状布置　按照工艺流程布置塔、槽、换热器、泵等。这适合于小型装置或比较少的大型装置。

② 分组布置　将塔、槽、换热器、泵等同类设备分组分设在各区。这适用大型装置，这是出于安全考虑，而且也便于维修。

（2）设备的平面布置

装置内的设备：

① 质量大的设备在地基最好的地方；

② 换热器尽量在地上；

③ 留出施工所需的道路和安装所需要的空间；

④ 考虑运转或维修中可能有化学危险物流出，应对泵、换热器、塔、槽等用高于 15cm 的围堰围住；

⑤ 设备与设备间的通道宽度在 0.8m 以上；

⑥ 装置内道路两个方向都是通路，不能有死路，以免发生火灾时消防车的进出；

⑦ 装置内设施应通风良好，不能有滞留气体的地方。

加热炉、换热器、泵及压缩机、塔、槽、钢结构及管架等一般置于主要设备的两端。

（3）各设备的间距和基础高度

同一区域内设备的间距应根据运转操作、维修、工艺特点等各方面的要求限定其安全间距（见表 8-1）。设备基础的地上高度，应根据该地区的洪水记录决定最低地上高度，以防发生洪水时电机浸水。

表 8-1　设备间距的一般考虑

设备名称	工艺单元-工艺单元	塔-泵	泵-换热器	压力容器-所有设备	变电室-所有设备	加热炉-塔、槽、泵、加热炉等	塔-塔
间距/m	30	4.5	4.5	23	15	15～23	$(7\sim8)d_{平均}$

（4）配管设计方面应考虑的事项

① 防泄漏设计　管线的长度应尽量短；排放口数量应尽量少。

② 软管系统的配置　对于液体物料的装卸，软管的选择和应用需格外谨慎。

③ 管线配置的安全考虑　管件和阀门配置要简单和易于识别。

（5）电器配管；仪表配管、配线

这方面的内容对于化工厂安全生产也非常重要，由仪表工程师负责设计，不属于化工专业人员负责的部分，因此不做赘述。

完成以上设计后，再利用 AutoCAD 软件按照某一比例进行平面设计，完成布局方面的安全分析，直到得到最佳平面布置为止。

8.2 化工工艺设计安全

化工工艺设计是为实现某一生产过程而提供设计制造和生产操作的依据，并为经济性评价和安全性评价提供基础。要在设计阶段做到安全，首先需要掌握化工工艺设计的基本知识和技能，遵循设计规范并借鉴相关方面的经验；其次是在设计中认真负责，杜绝因为粗心大意造成的低级错误；最后要通过第三方的安全校核进行把关。为了掌握设计的基本知识，下面简要介绍一下化工工艺设计内容及需要考虑的安全问题。

8.2.1 什么是化工工艺设计

化工工艺设计的主要任务之一是完成带控制点的工艺流程图的绘制，也称为管路与仪表流程图（Process & Instrument Diagram，PID 图）。PID 图把各个生产单元按照一定的目的要求，有机地组合在一起，形成一个完整的生产工艺过程流程图，它是描述某一生产过程的文件，显示出了主要工艺过程、主要设备、主要物流路线和控制点。

① 主要工艺过程　如反应过程：氧化、硝化等，确定反应器结构和大小；分离过程：确定分离塔结构和尺寸；

② 主要设备　反应器、塔、槽、罐、泵等的材质和强度，耐腐蚀和耐疲劳性；

③ 主要物流路线　连接各工艺过程和设备的管线，如液氨输送对管线焊接要求高；

④ 控制点　温度、压力、流量、组成等控制点，并确定其控制范围。

总体上说，PID 图包括工艺设计和设备设计。这个工作一般由研究单位提供工艺软件包给设计单位，由设计单位依据设计原则来完成；而工艺软件包的完成是在大量的实验基础上，经过从实验室到工业化的逐级放大实验验证后提出的。

8.2.2 从实验室到工业化的实验过程

（1）工艺软件包的完成

一般经历以下几个步骤：生产方法和工艺流程的选择；工艺流程设计；管路与仪表流程图（PID 图）设计；典型设备的自控流程。

（2）生产方法和工艺流程的选择

过程路线的选择是在工艺设计的最初阶段完成的。以合成氨工艺为例：

$$0.5N_2 + 1.5H_2 \Longrightarrow NH_3 \qquad \Delta H_{298}^{\ominus} = -46.22kJ \cdot mol^{-1}$$

氮气来源于空气，氢气可以从焦炭、煤、天然气、重油等原料获得。氢气的来源不同使用的工艺过程也不同，在此过程中，既要考虑到经济性，也要考虑安全性。以焦炭为原料为例，合成氨的原则工艺流程如图8-1所示。

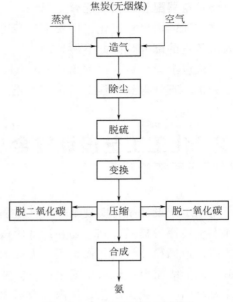

图 8-1　合成氨原则工艺流程
（以焦炭为原料）

（3）反应器设计及其安全问题

化工工艺设计是在大量计算和试验工作基础上完成的，一般要经历实验室小试→模试→中试→工业化生产等环节。而实验室小试→模试→中试研究这部分内容一般由研发单位完成。一个新的工艺设计要根据生产规模的大小来确定反应器的大小和生产能力，依次来确定其他装置的规模，如精馏塔、原料发生器等。以硫酸的生产、草酸的生产等为例说明反应器设计在整个工艺设计中的重要性。

以硫铁矿制备硫酸和草酸生产工艺过程为例可以说明反应过程在一个产品生产工艺中的重要性。其反应分别为：

以硫铁矿制备硫酸主要包括以下反应

$$4FeS_2 + 11O_2 \longrightarrow 2Fe_2O_3 + 8SO_2$$
$$2SO_2 + O_2 \longrightarrow 2SO_3$$
$$SO_3 + H_2O \longrightarrow H_2SO_4$$

一氧化碳气相催化合成草酸主要包括以下反应

$$2CO + 2C_2H_5ONO \longrightarrow (COOC_2H_5)_2 + 2NO$$
$$2C_2H_5OH + 2NO + 1/2O_2 \longrightarrow 2C_2H_5ONO + H_2O$$
$$(COOC_2H_5)_2 + 4H_2O \longrightarrow (COOH)_2 \cdot 2H_2O + 2C_2H_5OH$$

因此，通过以上例子说明，反应器设计是化工工艺设计的核心任务和瓶颈，这一任务的完成是基于大量的实验基础之上的，一般需要经历从实验室研究阶段和逐级放大实验阶段，即实验室小试→模试→中试，之后由研究单位提供工艺设计软件包，在此基础上由设计单位完成反应器及工艺设计。工业生产中的工艺安全、设备安全和操作安全问题是需要在实验室阶段和逐级放大阶段都要考虑的问题，这样才能避免在工业生产阶段发生较大的化工事故。下面就催化反应过程分析一下设计反应器在不同研发阶段需要考虑的安全问题。

1）实验室研究阶段：催化剂的用量一般为 0.01～3g（100～3000mg）

在此阶段，需要对主、副反应的热力学和动力学方面进行研究，确定适宜的工艺条件。从安全角度考虑，应对反应原料、中间产物、副产物和产物的危险性进行全面的分析，考察主、副反应及其化学平衡和反应熵随温度、压力等条件的变化，对于易燃性物质的氧化反应（如甲烷部分氧化制合成气、正丁烷氧化制顺酐等），需要考虑爆炸极限问题，以确定物料的安全浓度范围。针对易燃物质的氧化放热反应，需要考虑的原则如下：

① 考虑爆炸极限，选择小于爆炸下限的浓度范围；如正丁烷氧化制顺酐，需要选择正丁烷浓度低于 1.9%（正丁烷在空气中的爆炸极限为：1.9%～8.4%）；再如甲烷部分氧化制合成气，需要选择甲烷浓度低于 5%（甲烷在空气中爆炸极限为 5%～15%）；也可以通过加入惰性气体调节其爆炸极限浓度范围。

② 选择化学平衡常数和放热量随温度和压力等参数变化不大的参数范围。

③ 防止产生热量的累积导致温度大幅升高而产生飞温；在放大设计时要考虑足够的冷却容量。

④ 从动力学方面考虑，应该选择反应速率随温度、压力和进料浓度变化相对比较平缓的参数区域，避免将来在实际生产中，当工艺操作参数波动时出现失控现象（如温度的累积和压力激升等）而导致事故。

下面结合一些具体工艺过程进行分析。

讨论 1：合成氨工艺

$$N_2 + 3H_2 \rightleftharpoons 2NH_3$$

合成氨反应为可逆放热反应，从热力学上考虑，高压、低温有利于反应。反应热随温度和压力的变化如表 8-2 所示。可见，在一定温度和压力范围内，反应热随温度和压力变化不大。

表 8-2 不同温度和压力下纯 $3H_2$-N_2 混合气生成 $\varphi_{NH_3} = 17.6\%$
系统反应的热效应 单位：kJ/mol

p/MPa		0.1	10.1	20.2	30.4	40.5
t/℃	400	52.7	53.8	55.3	56.8	58.2
	500	54.0	54.7	55.6	56.5	57.6

过程物料危险：煤的主要危险是自燃，煤粉碎时的粉尘可能爆炸等；H_2，易燃、易爆气体，与空气混合易爆炸（4.1%～74.2%）；液氨，有毒，液氨会烧伤皮肤，与空气混合易爆炸。

工艺过程危险：高温、高压反应装置，对反应器材质和加工质量要求高；液氨输送装置，液氨有强腐蚀性，输送管线破裂易导致事故。另外，氨对铜、银、锌及其合金有强腐蚀作用，而铸铁和钢是最适于制造合成氨用设备和管道的材料。但无水氨在空气和 CO_2 存在下对钢管也有强腐蚀作用，所以为了防止碳钢发生腐蚀破坏，常在液氨中加 2% 的水。

工业上合成氨的各种工艺流程，一般以压力的高低分类：

高压法：70～100MPa，550～650℃。

中压法：450～550℃，40～60MPa；

20～40MPa；

15～20MPa。

低压法：10MPa，400～500℃。

从化学平衡和反应速率两方面考虑，提高操作压力可提高生产能力；但压力高时，对设备材质、加工制造的要求都高，但是最初开发的催化剂仅在高温下具有一定的活性，因此最初多使用高压法，由于是高压且反应温度较高，催化剂使用寿命短，所有这些都不利于安全生产。随着新型合成氨催化剂的研制开发，中压法逐渐取代了高压法，后来又开发了低压法，低压法安全程度高，但是大规模生产一般不采用此法。因此，中压法是目前世界各国普遍采用的方法。

讨论 2：合成甲醇工艺

$$CO + 2H_2 \rightleftharpoons CH_3OH$$

合成甲醇为可逆放热反应，从热力学上考虑，高压、低温有利于反应。反应热效应分析

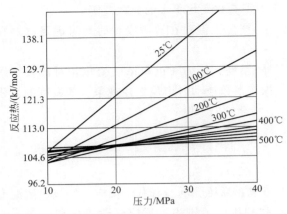

图 8-2　合成甲醇反应热随温度和压力变化图

如图 8-2 所示，可见，在温度低于 300℃ 时，反应热随温度的变化较大，属于温度敏感区域。

过程物料危险分析：H_2，易燃、易爆气体，与空气混合易爆炸（4.1%～74.2%）；CO，易燃气体，爆炸极限为 12.5%～74.2%，与空气混合能成为爆炸性混合物，漏气遇火种有燃烧爆炸危险；甲醇，有毒，易燃，有麻醉作用，对眼睛有影响，其蒸气能与空气混合形成爆炸性混合物，遇明火、高温、氧化剂有燃烧爆炸危险。

工艺及装置危险分析：此反应为可逆放热反应，温度过高，会使副反应加剧（主要是高级醇，如反应过程中会有乙醇、丁醇的生成），催化剂会发生熔结现象而使其活性下降，因此要求在反应过程中将放出的热量不断移走，以保证理想的反应状态。

高压法：400℃，30～50MPa，$ZnO-Cr_2O_3$ 催化剂。

低压法：230～250℃，5～15MPa，Cu-Zn-Cr 催化剂。

从热力学上看，低温高压对反应有利。但如果反应温度高，则必须用高压。

2）模试实验研究阶段——1 吨/年（放大 300 倍）

从安全角度考虑，这一阶段需要根据物料性质选择设备材质并进行设备的材质试验（可以将挂片放入反应器中考察其耐腐蚀情况、强度和厚度等变化情况、表面光滑度变化情况）；要考虑原料中杂质对反应及工艺的影响；通过进行故障分析对设计进行反馈。

3）中试实验——百吨级/年（放大 100 倍以上）

在这一阶段需要验证工艺过程及装置的安全性、可靠性和可操作性；应对物料的危险性、工艺过程的危险性、设备的危险性及人的危险因素等进行全面的分析，在此基础上针对装置的总的危险性、各个机器设备输送过程和维修中的危险性，提出综合的技术预防设施和手段。通过进行故障分析完成对设计的反馈，以保证生产过程中的安全。此外，还要考虑开车和停车，检修和三废处理等过程中的安全考虑。为工业化生产设计和操作提供方案。

4）工业化生产——（放大 100 倍以上）：万吨级/年

由专门的化工设计院进行设计，完成 PID 图设计，对设计的 PID 图进行安全校核分析如 HAZOP 分析。

8.2.3　装置工艺设计安全分析

装置的安全设计应该从工艺设计阶段就给予足够的重视，在工艺流程的设计中完成安全设计，如安全阀的设置、放空系统的设计、安全联锁的设计等。另外，还要考虑所有的操作工况下的安全问题，对包括开车、停车、维修、操作、人身安全、配管、仪表、故障状况、紧急停车等的安全性进行一次全面的分析。进行安全分析时，先从个别单元开始，审核单元的操作程序，设计应保证操作程序的可行性和准确性，并在 PID 图上补充作为保证操作程序正确执行及维持正常操作所必需的全部设施。当所有的单元检查完毕后，再按照整个系统的要求检查一遍，即按照系统流程从第一个单元设备开始，检查正常操作时，单元与单元之间的相互关系及影响（如操作程序、自控方案、电气的联锁等）。主要包括以下内容：

8.2.3.1 工艺安全分析

(1) 高压介质进入低压区

高压介质可能通过多种途径进入低压区而导致低压区超压，造成事故。如换热器的换热管破裂、离心机突然停车、活塞泵出口受堵（很多小型的柱塞泵可以产生 6MPa 以上的压力）等，此时要求采取泄压保护措施，以免低压侧超压而损坏。

(2) 高温介质进入低温区

由于操作程序错误或者设计考虑不周，可能发生高温介质进入低温区的现象。此时，除了应考虑设备及管线对高温的承受能力外，还应注意物料本身发生的变化，如液体蒸发成气体，物料受热后裂解、聚合或分解。这些变化往往并不是生产过程所期望的，应采取措施避免。

(3) 低温介质进入高温区

低温介质突然进入高温工作区，会使管道产生剧烈的收缩而造成振动，或者使设备和管道材料在低温下变脆而造成损坏，亦可能使物料凝固或者物料所含水分析出结冰而堵塞设备及管道，有时亦会使低温物料突然升温汽化而产生压力。水若进入热油罐，即被热油加热，直至汽化成蒸汽，体积剧增，从而把油顶出油罐而造成冒顶。所以，热油罐（油温可能超过100℃的油罐）不应采用装在罐内的蒸汽加热盘管，以免蒸汽盘管长久运行腐蚀后造成冒顶。

(4) 出现化学反应

在正常操作条件下，很多化学反应是不会发生的。但在某些特定条件下（如温度、压力在某个特定的范围内，物料混合不均匀，加料次序错误，催化剂老化等），可能导致不希望的化学反应发生。这些化学反应可能造成下列后果：

① 产生副产品　大多是由于加入的原料不纯，或者温度的转变而引起的。产生的副产品可能无商业价值，需要进行处理后才能废弃，造成生产成本加高。

② 腐蚀　很多腐蚀在低温下并不显著，但随着温度的升高，腐蚀急剧加快。在设计中应考虑由于温度超出正常操作范围而引起的腐蚀问题。

③ 反应失控　有些化学反应在一定的温度（或其他条件）下是很稳定的，但如果超出一定的范围就可能发生失控现象。设计时应确保温度等控制在预定的范围内，以免反应失控。例如，利用反应产品的热量预热反应器的进料时，反应产物、进料或者反应过程三者中的任一个温度升高，都可能产生正反馈而导致温度连续上升，使反应失控。

对于反应失控，原则上应在工艺设计和系统设计阶段采取措施来避免。即采用减少进料量、加大冷却能力的方法，或采用多段反应等措施来控制反应。在采用上述措施还不能避免反应失控时，应考虑其他的保护措施，如给反应器通入低温介质，使反应器降温；向反应器内输入易挥发的液体，通过其挥发来吸收热量；往反应器内加入阻聚剂来抑制反应速率等。

④ 爆炸　除空气或氧气进入工艺系统可能产生爆炸外，粉尘达到一定的浓度，在有氧化剂（如氯气）存在、压力和温度转变等条件下，亦可能产生爆炸。

(5) 物料本身的性质

应注意工艺过程中的一切物料，包括原料、半成品、成品、副产品、废料、催化剂、洗涤剂及其他化学品的性质，以免造成生产过程的不安全性。这些性质包括温度、压力及物料本身的状态、稳定性、毒性、辐射性、腐蚀性、燃烧性、氧化性等。

对一些比较重要设备的控制方案，例如开、停车和操作程序、联锁等都应考虑并制定严格的方案。这些设备包括加热炉、压缩机、汽轮机、反应器等。此外，除了正常操作工况外，还应研究设备的异常情况，包括产生异常工况的原因。异常工况包括压力、温度、流量、液位等完全没有或消失；其他如杂质进入工艺系统参与反应或物料成分改变等。

8.2.3.2 工艺系统安全分析

(1) 负荷情况

在设计中，不仅要考虑装置的全负荷运行，也要考虑装置的低负荷运行。当装置的生产负荷降低时，管道内物料的流速也随着降低。此时，应研究管内流动的物料是否会因此而产生沉积、凝结而导致管道堵塞。此外，在低负荷运行时，不是所有的设备都能同等程度地降低负荷，有的需要采取一些特别措施才能保证设备的正常运行，如加循环管等。

(2) 开、停车情况

应当考虑主要设备、工艺生产的非主要系统（副系统或部分生产系统）因故障或停车而产生的后果及影响，如物料可能从未停车部分流入停车部分而产生不良后果等。

对下列管道进行安全初步分析时应特别注意，如处理不妥或忽视潜在的危险性会导致生产的中断。

① 两相流管道　气液两相流管道处理不好易产生振动，液固两相流管道易产生沉积而堵塞。应采用加大弯头的曲率半径、采用特殊的管件、保持管道一定的坡度等来减少和避免管道的振动和堵塞。

② 输送易凝固物料的管道　有些物料温度降低时易凝固而堵塞管道，如石蜡、沥青、渣油等，可能需要设计伴热或者夹套管来输送，以保证物料的输送温度。有时，可能还需要设计轻油吹扫系统，以便吹扫被堵塞的管道。

③ 重力流管道　由于可提供用于克服摩擦的压头有限，因此在设计中应作一些特殊的考虑，以保证达到设计工况。

在进行系统设计时，应考虑对操作人员可能造成危害的因素，如物料的毒性、物料的腐蚀性、辐射性、操作环境的粉尘、操作环境的噪声、操作环境的通风等。因此，需要在装置内设置安全淋浴设施、洗眼器，设置通风除尘系统或者隔音罩等，以保证操作人员的安全和健康。

8.2.3.3 PID 图安全性分析

对于 PID 图的安全性分析，需要工艺设计师、仪表设计师、安全工程师、操作人员等组成的小组共同参与，目前也有寻找比较权威的第三方进行安全与风险评估的。

PID 图的安全审核一般放在 PID 图的内部审核版和发表供建设单位批准版之间。其目的是从安全的观点审查设计；确认设计中没有对安全生产考虑不周之处；确认设计符合现行标准、规范中的有关要求；对开车、停车或者事故处理所需的设备、管道、阀门、仪表在管路与仪表流程图上都有所体现；对任何尚未解决的安全问题进行研究，并寻求解决办法；记录有关资料，以备写操作手册时使用。审查过程中对管路与仪表流程图的每一项修改都必须有完整的记录，并记下修改者姓名，会后归入工程档案。

PID 图安全分析提纲如下：

(1) 操作安全分析

装置操作安全分析包括下列操作工况：第一次开车，正常开车、正常操作工况下运行和正常停车。

1) 对整个装置正常操作工况下进行安全分析，应考虑下列内容：

① 设计中对所有可能发生的不正常工况是否都已作了考虑，除了开车、停车工况外，还要考虑设备被旁通时、再生、催化剂老化、蒸汽吹扫、系统干燥、除焦和减压等工矿。

② 设计对公用工程系统的故障是否已作了充分的考虑，包括停电、冷却水故障、冷冻站故障、仪表风故障和蒸汽系统故障；装置是否有后备的公用工程系统，如备用电源、仪表风储罐等。

③ 设计中是否已采取能控制反应、避免反应失控的措施。

④ 设计中是否需要设置合适的氮气系统，氮气系统的气源是否可靠，系统配置是否合理等，应绝对避免其他气体从别的系统倒入或漏入氮气系统。

⑤ 关键设备（如阻聚剂泵）的损坏是否会造成生产事故，是否需要备用。

⑥ 所有设备在安装时所必须保证的标高要求在管路与仪表流程图上是否都已标注。

⑦ 要避免出现热油和水混合的可能，两者混合时可能使水急剧汽化而使压力急剧增加。当蒸汽用于汽提热油时，蒸汽管道在对含油设备送汽前，要有足够的预热，并在蒸汽管道上设置排出冷凝液的设施。

⑧ 应避免水或工艺介质从某一点漏到另一点而产生危险。若任意两个系统输送的介质混合时，如可能产生危险，这两个系统最好不要接在一个公用工程系统上。若无法避免，应采用双切断阀，或采用其他安全方法。

⑨ 系统内是否有高度危险物质，如乙炔、环氧乙烷，设计中是否已考虑了足够的安全措施和控制方法。

⑩ 加热介质的温度不可高于反应过程安全操作的最高允许温度，以免反应失控。

⑪ 设计是否提供了合适的取样装置，应保证取出的试样不被污染，并能适当地制止继续出料。

2) 对装置开车、停车安全分析

① 制定开车方案，考虑开、停车时可能发生何种不正常工况，用什么措施来避免和控制。

② 装置是否能方便、安全地开、停车，或者从热备用状态投入使用。

③ 在发生大事故时，装置系统内的压力能否有效地降到安全范围内，工艺物料能否控制在安全范围内。

④ 操作参数超出正常工作范围时，有无措施使参数调到安全范围内，工艺物料能否控制在安全范围内。

⑤ 操作工况不正常时，到什么极限必须采用停车措施，是否设置了必要的报警和联锁装置。

⑥ 在开、停车过程中，工艺物料与正常生产时相比，有无相的变化，是否容许。

⑦ 装置的排放和泄压系统能否满足开车、停车、热态备用、试车以及火灾时的大量非正常排放量的需要。

⑧ 装置内的各个位置在需要时能否及时得到氮气的供应，装置内公用工程软管站的布置是否合理。

⑨ 在开车和停车过程中，有无和工艺物料接触会产生危险的物质存在。

（2）配管安全分析

配管是化工装置的一个重要组成部分，起到连接各个设备、输送物料和能量的作用。随着化工装置日趋大型化，使得配管的重要性日益显著，其安全性设计是整个装置安全的核心问题之一。一定意义上可以认为管线是装置的"动脉"和"静脉"。主要考虑内容应包括配管材料的力学性能、管内物料的性质及状态、阀门型式及位置等。具体如下：

① 所有管道的材料选用是否合适，管路等级的使用是否合适。

② 管路与仪表流程图中管路等级分界线的配置是否合适，重点是接往装置外的管道、调节阀组和带检查阀的双阀组等处。

③ 当管路中介质产生反向流动时是否会产生危险。由于大部分止回阀都不能完全关严，所以，当止回阀的少量泄漏可能导致生产过程产生危险时，要采用双阀组加检查阀或特殊的密封阀来杜绝泄漏。

④ 当从低压储罐用泵向高压系统送料时，可能需要一低流量开关来控制阀门，切断流体，以杜绝倒流。

⑤ 若泵的出口无止回阀，而泵又有备用，且泵入口管上亦无其他的保护措施，则泵入口管的设计压力可能要按泵出口管考虑。

⑥ 对泵、压缩机出口管道上的止回阀，要研究其动作特点是否能很快、有效地防止介质倒流，并避免泵、压缩机及驱动机的倒转。这个动作特性对大流量尤为重要。

⑦ 当几个换热器设备或其他设备平行连接时，设计中是否采取了对称布置，以保证流量的均匀分配。

⑧ 两相流管道的设计要尽量减少产生振动和管道堵塞的可能。对两相流管道，配管专业在设计时要采取一些特殊的措施，如管架的加固等。

⑨ 当输送两种介质的管道连接时，要注意由于介质流向的不合适，可能会产生估计不到的麻烦。

⑩ 设计中要采取措施来避免由于工人误操作或换热器管束破裂而导致烃类或其他可能产生危险的物质进入蒸汽系统或其他的公用工程管道，并随公用工程系统散布到整个工厂。

⑪ 所有放空管的排放位置是否合适，排放时是否会产生危险。

⑫ 管道中是否有死端，是否可能会给装置的安全运行带来麻烦。

⑬ 汽轮机的入口蒸汽管和排气管在设计中是否考虑了合适的疏水和排凝设施。

⑭ 压缩机出口管道到洗料口是否有旁通管道，若有旁通管道，应检查是否有冷却系统。

⑮ 换热器管道和阀门的布置是否合理，在冷却水系统或者其他冷却介质系统发生故障时，换热器内能否保留一部分冷却水或冷却介质，而不致倒空。

⑯ 装置内是否有容易被堵塞的管道，设计中是否已考虑管道的防堵和清堵设施，评估管道一旦堵塞后所造成危险的可能性大小。

⑰ 设备和管道的热表面是否有合适的保温或其他措施来保护操作人员免受烫伤，未保温的热管道是否可能由于突遭雨淋而产生过大的压力。

⑱ 由于某个阀门或调节阀的误操作，是否会造成生产事故，应采用什么措施来避免此类事故。

⑲ 对绝对不允许有渗漏的（如工艺系统在除焦或催化剂再生时是不允许有空气渗入的），是否使用了特殊结构的无渗漏阀门或者双切断阀加检查阀。更可靠的办法是采用一段可拆卸的软管或短管连接，则在此段管道拆卸时就可完全避免渗漏。

⑳ 泵有故障时，物料是否能从最小流量旁通管道倒流。

㉑ 是否已设置足够的用于装置维修或事故处理的盲板和切断阀，是否能安全地对装置

进行维护、修理。单个切断阀不能保证设备与系统的完全切断，不适于需要人进入的容器的切断。双切断阀加检查阀的连接方式适用于大部分的完全切断。"8"字盲板也可达到完全切断的目的，同时也能满足检修人员进入储罐的要求。可拆卸短管适用于系统需要绝对切断之处，可防止物料混合而产生不期望的化学反应，并能满足人进入容器的需要。但设置可拆卸管段时，必须考虑管段拆卸前的泄压措施。

㉒ 为了能及时处理发生的事故，装置中是否设置了必要的遥控阀，并检查使用这些遥控阀处理事故时是否会产生新的潜在的危险。

㉓ 设备和管道是否设有合适的放空和放净阀，是否能对系统进行完全的吹扫，是否已有独立设施如阀门，用来检查设备是否已完全放净。

㉔ 对危险性物料放净时要设双阀。

㉕ 对需要锁开、锁闭或者铅封开、铅封闭的阀门必须在管路与仪表流程图上注明。

㉖ 液封处在正常生产和不正常生产时，是否都能保持正常的液封，与工艺生产过程的要求是否一致。

㉗ 重力流管道上升时，是否可能由于虹吸而把储罐排空。

㉘ 蒸汽和其他公用工程管道与工艺管道相接时，是否设有止回阀，以防止工艺物料倒流入公用工程系统。

㉙ 管道内被输送的固体物料是否可能在管道的死端、袋形、缝隙或者急剧变形处积累。

㉚ 泵、压缩机和透平的辅助管道是否和工艺管道一样进行了详细的分析和研究。

㉛ 当系统设有复杂的废热回收系统时，在开车时能否使废热回收系统通过旁路而切掉，以简化开车工况。

㉜ 装置所在地区是否要考虑严寒时管道和设备的防冻问题，特别是注意冷水管道、仪表接管、安全阀后排入大气的管道及其死端的防冻问题。整个工厂是否能在冬天进行有效的紧急停车。

㉝ 装置内的设备和管道是否设置了合适的安全阀。主要考虑下列内容：每台设备的设计压力和设计温度的选择是否恰当，是否已考虑了各种可能发生的不正常工况；各个安全阀的设计符合是否能满足安全排放时的最大流量需要；安全阀是否装在合适的位置；安全阀后管道是否可能积液，是否可能冰冻，是否已采取必要的措施来免除积液或防冻，如采用带坡管道来避免积液，采用放净和伴热来避免积液和防冻；透平排气管安全阀的排放量要满足制造厂的最大排气量要求；换热器的安全阀能否满足换热管破裂的泄压需要；一般情况下，安全阀和被保护的容器间不要设切断阀。

㉞ 放空和放净时不能把有毒的气体或者液体直接排入大气。

（3）仪表安全分析

虽然仪表设计不是化工工艺人员承担的工作，但是工艺设计者有义务为仪表专业设计人员提供一份可能影响仪表选用的各种因素表，以保证仪表设计符合工艺生产的需要，内容包括：操作环境、物料的物理及化学性质、仪表的精度要求、仪表的安装要求等。具体如下：

① 图纸上是否表示了所有必需的温度、压力和液面的报警和联锁装置（包括正常操作工况和非正常工况），它们与设备的操作极限间是否留有一定的安全裕量。

② 所有调剂阀的常开或者常闭是否都已正确标注。

③ 加热炉的燃烧系统设计中，是否考虑了加热炉安全地开车、操作、停车的仪表要求。在炉膛内，空气和燃料的混合物浓度达到爆炸极限范围内时再点火，就可能产生爆炸，

所以要设点火用长明灯。长明灯与燃料管道间要有联锁，使得在长明灯着火前打不开燃料管道的阀门。长明灯燃料气压力过低时要有报警信号，并且主燃料阀也要处于打不开的状态。当使用重油作燃料时，需要根据燃料量来调节供给的雾化蒸汽量，雾化蒸汽量压力过低时要有报警。

④ 每个换热器的冷却水出口是否设有测温设施，因为温度过高会导致结垢和腐蚀。

⑤ 冷却水回水管的高点是否设有烃含量检测设施，以检查换热器是否泄漏。

（4）紧急停车时的安全分析

在某些故障情况下，装置需要紧急停车，以保证装置的安全并减少损失。由于紧急停车的情况是无法预见的，紧急停车时可能会面临人手短缺、工作压力大等不利情况，而紧急停车又要求在短时间内对故障情况进行判断，并采取有效措施进行处理，因此容易产生操作失误。另外，紧急停车时系统内尚有大量物料仍处于生产状态中，因此，紧急停车是比较危险的。这就要求在设计环节，对可能的紧急停车做出周密考虑，如紧急停车方法是否可靠以及紧急停车后的再开车是否可行和安全，停车过程中的仪表、配管、供电等情况是否安全。

（5）维修安全分析

在设计中，应考虑装置检修的可能性和进行维修时所必需的安全设施。所有的管道都应该有阀门，使之与被检修部分断开。

（6）人身安全分析

应设立必要的设施，包括用阀门切断管道和在管道上设置盲板，在系统中设置排放、吹扫、清洗管道等装置，以防止人身接触有害物品。应设置必要的安全保护措施，如防烫设施、除尘、通风及各种消声防噪设施，还应设置救护设施如洗眼区和安全淋浴，机械转动设备需要设置紧急停车按钮等。

（7）其他安全分析

如安全阀的数量和规格、安装位置等，消防系统是否根据相关的标准和规定进行设计。

对于工艺安全校核常使用的一个方法是危险与可操作性（HAZOP）分析，这将在 8.7 介绍。

8.3 化工过程装置与设备设计安全

过程：从原材料到产品要经历一系列物理的或化学的加工处理步骤，这些加工处理步骤称为过程。

装置与设备：工艺过程是由一系列的装置、机器和设备，按一定流程方式用管道、阀门等连接起来的一个独立的密闭连续系统，再配以必要的控制仪表和设备，制造出新的化工产品的系统。典型的装置和设备包括储存设备、换热设备、塔设备、反应设备、过滤器；压缩机、泵等。

8.3.1 过程装置设计安全

8.3.1.1 设计条件的确定

设计压力和温度：设计压力一般要高出预期的最高压力 $5\% \sim 10\%$；设计温度为高出不

会引起规范许可应力减小的最高温度30℃。

对于其他条件如流体流量、泵的输出压力和输出量等，一般都加10％裕量。

设备开车或停车过程中可能出现压力急剧升高或真空现象，因此要把开、停车的情况考虑进去。

8.3.1.2 材料安全设计

(1) 确定使用条件

应考虑在正常运行、开车和停车、催化剂再生、维护以及设备检修等各种工矿下，与设备材料接触的工艺物料、蒸汽、水等公用工程辅助流体对设备材质的各种影响作用。

不同工艺条件下设备材料是否能够满足安全需要？因为工艺条件不同时，对设备材料的腐蚀性等会有所不同，有时微量组分的影响很大，如物料是否含有水会对材料造成不同程度的腐蚀。

(2) 材料的耐腐蚀性

耐腐蚀性是指装置抗腐蚀的能力，它对保证化工设备能否安全运转十分重要。化工生产中涉及的许多介质或多或少具有一些腐蚀性，它会使整个装置或某个局部区域变薄，致使装置的使用年限变短。装置局部变薄还会引起突然的泄漏或爆破，危害更大。因此，设计中选择的耐腐蚀材料或采用正确的防腐措施是提高设备耐腐蚀能力的有效手段。

在使用条件和环境下，材料的耐腐蚀性主要取决于以下因素：

① 化学亲和力小；

② 材料与环境间的能差低于某一限度，使得相互间的反应难以进行；

③ 由于材料与环境间的能差大于一定的额度，因此，在材料表面可形成稳定的化合物薄膜。

然而，在任何使用环境下都完全能耐腐蚀的材料是不存在的，也没必要使用完全能耐腐蚀的材料。只要在所使用的环境中，材料的腐蚀裕度在运行范围内即可。按照腐蚀裕度，材料的耐腐蚀性分为 A 级（低于 0.125mm/a）、B 级（0.125～1.25mm/a）、C 级（高于 1.25mm/a）三个等级。C 级材料为不适宜使用的材料。

(3) 材料的稳定性

稳定性是指装置或零部件在外力作用下维持原有形状的能力。长细杆在受压时可能突然变弯，受外压的设备也可能出现突然被压瘪的情况，从而使得设备不能正常工作。因此，装置需要足够的稳定性，以保证在受到外力作用时不会突然发生较大变形。

(4) 材料的强度、刚度和加工性

强度是指设备及其零部件抵抗外力破坏的能力。化工设备应具备足够的强度，若设备的强度不足，会引起塑性变形、撕裂甚至爆破，危害化工生产及现场工作人员的生命安全，后果极其严重。但是，也不能盲目提高强度，否则会使设备变得笨重，浪费材料，这也是不经济的。

刚度是指设备及其零部件抵抗外力作用下变形的能力。若设备在工作时，强度虽满足要求，但是在外力作用下发生较大变形，也不能保证其正常运转。例如，常压容器的壁厚，若根据强度计算的结果数值很小，那么在制造、运输及现场安装过程中会发生较大变形，因此还应根据其刚度要求来确定其壁厚。

材料的加工性是指焊接问题。另外，表示机械加工性的强度也是选材的一个指标。

（5）材料的密封性

密封性是指设备阻止介质泄漏的能力。化工设备必须具有良好的密封性，对于那些易燃、易爆、有毒的介质，若密封失效，会发生物料泄漏从而引起环境污染、中毒甚至燃烧或爆炸，造成极其严重的后果，所以必须引起足够的重视。

对于运转设备如泵和压缩机，还要求具有良好的运转平稳、低振动、低噪声、易润滑等性能。

8.3.2 典型设备设计安全

这里介绍的典型设备包括分离塔、反应器、换热器、储罐等；压力容器。

输送设备如泵和压缩机，分别用于输送液体和气体。

在化工设备中，泵和压缩机是输送液相和气相物料的动力设备，其功能类似于人体的心脏，因此对化工过程的安全生产至关重要。因此，本节主要就泵和压缩机的设计原则进行阐述。关于压力容器的设计与使用安全将在第9章叙述。

8.3.2.1 泵的安全设计和操作

（1）泵的类型

泵是输送液体的动机械，用于提升液体、输送液体或使液体增加压力，即为液体提供能量的输送设备。根据输送液体的性质不同，可选择的泵种类不同。根据泵的工作原理，可以分为三大类：容积泵、叶片泵和注射泵。容积泵又称为往复泵，叶片泵则包括离心泵和轴流泵。化工中常用的泵如下：

离心泵：化工中最常用，适用范围最广；

往复泵：主要适用于小流量、高压强的场合；

计量泵：适用于要求输液量十分准确而又便于调节的地方；

旋转泵：适用于输送黏稠的液体。

（2）泵的安全设计

① 泵的类型　根据用途、输送液体介质、流量、扬程范围确定。

② 流量和扬程　以最大流量为基础；单位质量液体通过泵所获得的能量称为扬程。

③ 要有备用泵，一般一开一备，大流量及特殊场合也可以几开一备。

④ 泵的出入口均应设置切断阀，一般采用闸阀。

⑤ 为防止离心泵未启动时物料倒流，出口处应安装止回阀。

⑥ 为便于止回阀拆卸前的泄压，止回阀上方应加装一个泄液阀。

⑦ 压力是泵安全的主要参数，在泵的出口处应安装压力表。

⑧ 通常入口比出口管径大一个等级，以便安全运行。

⑨ 为防杂物进入泵体损坏叶轮，应在泵吸入口设过滤器。

（3）泵的安全操作

以化工生产中常用且易发生故障的离心泵和往复泵为例，介绍其操作中需要注意的安全。

1）往复泵操作安全

① 泵在启动前必须进行全面检查，检查的重点是：盘根（密封填料）箱的密封性、润滑和冷却系统状况、各阀门的开关情况、泵和管线的各连接部位的密封情况等。

② 盘车数周，检查是否有异常声响或阻滞现象。

③ 具有空气室的往复泵，应保证空气室内有一定体积的气体，应及时补充损失的气体。

④ 检查各安全防护装置是否完好、齐全，各种仪表是否灵敏。

⑤ 为了保证额定的工作状态，对蒸汽泵通过调节进汽管路阀门改变双冲程数；对动力泵则通过调节原动机转数或其他装置。

⑥ 泵启动后，应检查各传动部件是否有异声，泵负荷是否过大，一切正常后方可投入使用。

⑦ 泵运转时突然出现不正常现象，应停泵检查。

⑧ 结构复杂的往复泵必须按制造厂家的操作规程进行启动、停泵和维护。

⑨ 故障处理。

2）离心泵操作安全

① 开泵前，检查泵的进排出阀门的开关情况，泵的冷却和润滑情况。压力表、温度计、流量表等是否灵敏，安全防护装置是否齐全。

② 盘车数周，检查是否有异常声响或阻滞现象。

③ 按要求进行排气和灌注。如果是输送易燃、易爆，易中毒介质的泵，在灌注、排气时，应特别注意勿使介质从排气阀内喷出。如果是易腐蚀介质，勿使介质喷到电机或其他设备上。

④ 应检查泵及管路的密封情况。

⑤ 启动泵后，检查泵的转动方向是否正确。当泵达到额定转数时，检查空负荷电流是否超高。当泵内压力达到工艺要求后，立即缓慢打开出口阀。泵开启后，关闭出口阀的时间不能超过3min。因为泵在关闭排出阀运转时，叶轮所产生的全部能量都变成热能使泵变热，时间一长有可能把泵的摩擦部位烧毁。

⑥ 停泵时，应先关闭出口阀，使泵进入空转，然后停下原动机，关闭泵入口闸；

⑦ 泵运转时，应经常检查泵的压力、流量、电流、温度等情况，应保持良好的润滑和冷却，应经常保持各连接部位、密封部位的密封性。

⑧ 如果泵突然发出异声、振动、压力下降、流量减小、电流增大等不正常情况时，应停泵检查，找出原因后再重新开泵。

⑨ 结构复杂的离心泵必须按制造厂家的要求进行启动、停泵和维护。

8.3.2.2 压缩机安全设计和操作

（1）单级活塞式压缩机的工作原理

在一些化工过程中，需要将低压气体增加到一定压力，如合成氨工艺中多种气体需要压缩到一定压力（$N_2 + H_2$，空气，变换气等）。因此，压缩机是气体增压的重要部件。下面简要介绍压缩系统过程原理。

压缩系统过程原理：气体被压缩时，会产生大量热，原因是外力对气体做了功，受压缩程度越大，则其受热程度会越高，温升也越高。理想的压缩过程：等温过程（气体不吸热，所有热量都被及时散走）和绝热过程（不散热，所有热量都被气体吸收）。

气体压缩基本上是绝热过程，压力升高后，温度也上升，压缩后的温度可由气体绝热方程式算出：

$$T_2 = T_1(p_2/p_1)^{(k-1)/k}$$

式中 T_1，p_1——压缩前的温度和压力，K，MPa；

$\quad\quad T_2$，p_2——压缩后的温度和压力，K，MPa；

$\quad\quad k$——绝热指数或多变指数，$k=C_p/C_V$。

而实际上压缩过程是介于等温和绝热过程之间的一个多变压缩过程。如果需要用一段压缩机将气体压到很高的压力，压缩比必然很大，压缩以后气体温升也很高，从而导致：

① 润滑油失去原有性质（如黏度降低，烧成炭渣等），使润滑发生困难，机件易遭损坏；

② 压缩过程接近绝热过程，增加动力消耗，使生产能力降低。

（2）双级活塞式压缩机的工作过程

最有效的冷却 $T_2'=T_1$，即 $p_1V_1=p_2V_2'$。

m 级压缩，最佳增压比为：

$$\beta=\frac{p_2}{p_1}=\frac{p_3}{p_2}=\cdots=\frac{p_m}{p_{m-1}}=\frac{p_{m+1}}{p_m}=\sqrt[m]{\frac{p_{m+1}}{p_1}}$$

所以对于压缩比较大的体系，常采用多段压缩。即将压缩机的气缸分成若干等级，并在每段压缩后，设置中间冷却器以冷却每段压缩后的高温气体。

采用多段压缩，可使压缩过程接近等温过程，既省功，又能保护压缩机正常运转。但段数越多，造价越高，所以一般以不超过 7 段为宜。一般各段压缩比不超过 4。200kgf/cm² （19.6MPa）以上的压缩，段数以 5～6 段为宜，一般压缩比分配是以使低压段比高压段大，以减少气体流动的能量损失。

（3）压缩过程中有哪些安全问题呢？

① 工艺故障　润滑油或冷却水中断。

冷却水的作用很大，用于气缸水夹套、水冷却器、循环油冷却器、水封槽等，用过的回水经过两个回水槽流入地沟。回水槽上有回水控制阀，根据回水温度来调节冷却水量。冷却水中断使压缩过程中产生的大量热量不能被带走，从而使气体温度迅速升高，导致一系列问题如润滑油炭化，润滑状况恶化，密封不好等。

② 机械故障　运动部件发热，撞击。

③ 措施　加强检查，通过看、听、摸等措施及早发现问题并予以排除。

【例 8-1】　某两级压缩、中间冷却的活塞式压缩机。每小时吸入 $p_1=0.1$MPa，$T_1=17℃$ 的空气 108.5kg，可逆多变压缩到 $p_2=6$MPa。设备各级多变指数为 1.2，试分析这个装置的工作情况，并与单级多变压缩（$k=1.2$）至同样增压比时的情况相比较。

解：单级多变压缩时排气温度为：

$$T_2=T_1\left(\frac{p_2}{p_1}\right)^{\frac{k-1}{k}}=290\times\left(\frac{6}{0.1}\right)^{\frac{1.2-1}{1.2}}=573.79\text{K}(300.79℃)$$

两级压缩时，每级的压缩比为 $(6/0.1)^{0.5}=7.75$，因此每级压缩后的出口温度为：

$$T_2=T_1\left(\frac{p_2}{p_1}\right)^{\frac{k-1}{k}}=290\times(7.75)^{\frac{1.2-1}{1.2}}=407.96\text{K}(135℃)$$

可见采用两级压缩可将出口温度控制在可接受的温度范围，而一级压缩的出口温度超出了可接受范围。

【例 8-2】　某裂解气体需自 20℃，0.105MPa 压缩到 p_2 为 3.6MPa，$k=1.228$，如采用单段压缩，则排气口温度为：$T_2=(273+20)(3.6/0.105)^{0.228/1.228}=566\text{ K}（293℃）$。

在293℃高温下，二烯烃易发生聚合生成树脂，润滑油质量恶化，影响压缩机安全运行。如采用五段压缩，则每段压缩比为2.03，每段压缩后气体经段间冷却以保持低的入口温度，从而保证出口温度不高于90～100℃。

解：按照多段压缩，每段压缩比相同，计算出每段的出口气体温度为：

多段压缩	3 段	4 段	5 段
出口温度	92℃	72℃	61℃

以上计算结果表明，采用3段压缩即可满足工艺要求。

（4）压缩机故障原因及处理方法

压缩机故障原因及处理方法列于表8-3。

表8-3　压缩机故障的原因及处理方法

故　障	原　因	处 理 方 法
轴瓦发热	轴瓦（轴承）间隙调整不好、轴承损坏	调整轴瓦（轴承）间隙、修理或更换轴瓦（轴承）
	润滑不良、润滑油脏	调整润滑油油量，清洗油龙头、油过滤网和油过滤器或更换新油
气缸温度高	冷却水量不足、冷却水温度高	加大冷却水量，降低水温
	冷却水夹套堵塞	清理冷却水夹套
	压缩比大	调整压缩比
	气缸活门坏	更换损坏的气缸活门
	活塞环坏	停车检查更换活塞环
	气缸内润滑油不足	调整注油器的注油量
	气缸拉毛	停车修理气缸套
	活塞托瓦磨损	停车重新挂托瓦
	气缸余隙量大	调整气缸余隙
轴瓦（轴承）发出不正常响声	轴承（轴瓦）松动，瓦量大	重新调整轴承（轴瓦）量
	轴承（轴瓦）损坏	更换轴承（轴瓦）
	轴承（轴瓦）润滑不良	改善润滑
气缸内发出异常响声或撞击声	气缸内带入液体，发生液击	及时排放冷却器、分离器、缓冲器内的油水，紧急停车，清除气缸内的积水
	气缸内有杂物	紧急停车，清除气缸内的杂物
	气缸余隙过小	重新调整气缸余隙
	活塞背帽松动	停车，打紧活塞背帽
	气缸润滑不良，气缸拉毛	加强润滑，修理气缸套
	活塞托瓦磨损严重	活塞重新挂托瓦或更换托瓦
	活塞环坏	更换活塞环
气缸活门发出异常声音或有倒气声	活门弹簧力太弱或坏 活门阀片坏 活门座密封口坏 活门固定螺栓松动	修理或更换活门
	活门内垫坏	更换活门内垫

故　障	原　因	处　理　方　法
某段出口压力升，而下一段压力降低	下一段气缸活门坏	更换下一段气缸活门
	下一段活塞环坏	更换下一段活塞环
	下一段气缸余隙过大	调整下一段气缸余隙
某段出口压力下降	本段气缸活门坏	更换本段气缸活门
	本段活塞环坏	更换本段活塞环
	本段近路阀、放空阀、排油水阀内漏或振开	关死上述阀门、检查、修理或更换上述阀门
	压力调节器故障	检查、修理压力调节器
吸入压力下降	入口过滤器堵塞	清理入口过滤器
	入口水封积水过多	放掉入口水封中的水
	加量过大、过猛	缓慢加量，调整负荷
	前一工序有问题	打循环，与前一工序联系
	入口压力调节器故障	修理入口压力调节器
吸入压力升高	气缸活门坏	更换气缸活门
	活塞环坏	更换活塞环
	近路阀开度太大	调整近路阀开度
	压力调节器失灵	修理压力调节器
	前一工序有问题	与前一工序联系
打气量降低	气缸活门坏	更换气缸活门
	活塞环坏	更换活塞环
	气缸余隙过大	调整气缸余隙
	吸气压力低	联系前一工序，清理入口分离器，排放入口水封积水
	各级吸气温度高	清洗冷却器、气缸水夹套，加大水量，降低水温
	各段近路、放空和排油水阀内漏或开度大	调整阀的开度、修理或更换内漏阀门
填料温度高或漏气	填料修理质量差	重新修理填料
	填料装配间隙不当	重新调整填料各部间隙量
	填料材质不对	选择符合要求的材质
	填料润滑不良	调整注油量，加强润滑
	填料冷却不良	清理填料冷却水套，加大水量
	活塞杆磨损或有疤痕	修理或更换活塞杆
中体部位发出异常声响或温度升高	十字头与活塞杆连接松动	紧固十字头与活塞杆连接螺栓
	十字头销松动	把紧十字头销的固定螺栓
	连杆小头瓦量过大或过小，小头瓦松动	调整小头瓦量或更换小头瓦
	十字头滑板松动	把紧滑板固定螺栓
	十字头滑板磨损或损坏	修理或更换十字头滑板
	中体滑道拉毛	修理中体滑道
	润滑不良	调整油量，如油脏更换新油
	十字头滑板与滑道间隙过大或过小	调整滑板间隙
	十字头跳动或跑偏	拉线、调整
	中体滑道处有异物	取出异物

故 障	原 因	处理方法
主轴箱内发出异常响声	主轴瓦、甩瓦松动	紧固主轴瓦、甩瓦固定螺栓
	主轴瓦、甩瓦量过大或过小	调整主轴瓦、甩瓦量
	主轴瓦、甩瓦损坏	更换主轴瓦、甩瓦
	主轴、连杆的窜量大	调整主轴、连杆窜量
	曲拐碰击油管或其他异物	重新排布油管、电偶管,取出异物
	主轴瓦、甩瓦润滑不良	吹通油路,加大油量,保证油质
	主轴箱回油不畅,箱内积油过多	疏通主轴箱回油管路
压缩机振动严重	气缸内油水多	及时排放油水,调整气缸内的注油量,停车、清除气缸内积水
	压缩机的地脚螺栓松动	重新调整和紧固地脚螺栓
	各段压缩比失调	调整各段压缩比
	气缸、滑道、连杆不在一条直线上	重新拉线找正
	中体或气缸的固定螺栓松动	紧固中体或气缸的固定螺栓
	设计考虑脉动不够,使缓冲器和配管不合理	应用气流脉动原理重新加设缓冲器和重新配管
	管道或附属设备固定卡或支架不牢或松动	加固管道和设备固定卡和支架

8.4 储存设备安全设计

8.4.1 储存液化气体、危险液体的装备技术安全

液化气体储罐的安全操作在很大程度上取决于设备的可靠性。设计和制造液化气体用设备,尤其是要在低温条件下操作的设备,需要有专门技能。许多国家已编制了有关储罐设计、制造和操作的专门规程。储量很大的液化气体使用余压不高的平底立式圆形储罐储存,常压储罐的操作压力主要是由液化气体的液柱静压造成的。另外,储罐与进料管和出料管的连接设计也关系到储罐的安全操作。

储存液氨广泛使用外有保温层的钢制竖式单壁储罐和壁间保温的双壁储罐。储罐内壁用能耐低温的钢材制成,内外壁间的空间填有保温材料。双壁储罐外壁的作用是保护保温层不受大气影响,内壁损坏时,储罐仍能储存液化气体;储罐内外壁间的间隔为 0.6～0.9m,壁间填装工业用珠光石——焙烧过的火山灰(密度约为 0.043kg/L)。单壁和双壁储罐应考虑余压不高(6800～9800Pa)、储存液体表面上方的气相空间保持压力在 490Pa 以下,设计条件要考虑最高和最低的大气压、承受的最大风力、强风时在背风一侧形成真空而产生的补充负荷、雪负荷和其他负荷等。双壁立式储罐在外壳上应设有添加干燥氮气用的管接头、取样阀以及当内壁漏气时排出双壁间的气体的管接头。液化气体立式等温储罐上的注入排出用管接头以及人孔均应安在储罐下部,仅高于冷却储罐液体液面处。人孔不少于两个,相对配置。通过立式储罐两壁间隔区的管接头应设有补偿器,排料管接头应能确保将储罐内液体完

全放空。

就地焊接的容器通常不经过热处理，避免产生应力。这种容器应用特种钢材制造；复杂的部件，例如人孔的筒体，在最后焊接前应经过热处理工序。每个储罐至少应安装两个安全阀，其中一个备用。安全阀应设有转换装置（联锁装置），保证有一个安全阀一直与储罐连通。内罐和外罐都要安装安全阀。外罐安全阀的作用是内罐漏气时可以排出气态物料。安全阀的通过能力应按蒸发物料的最大流量计算。立式储罐装有真空阀，防止真空度大于490Pa。储罐内高于最高液位处应设有喷雾装置，在储罐使用前用蒸发气体的方法冷却储罐。液氨在等温储罐内的储存压力一般为0.0014MPa，用压缩机排出的氨蒸气维持。为保证安全生产，安装在仓库里的一台压缩机用电传动，另一台用柴油传动。等温储罐的液氨入口处和出口处都安装有遥控操纵的截流阀，一旦发生事故，能迅速将储罐与其他管道切断。当压力升高到0.01MPa以上时，安全阀将气体排入本系统的火炬装置。为防止压力下降，储罐设有通风阀。当储罐出现真空时，通风阀开启，储罐与大气连通。储罐内氨蒸气压力下降到低于标准指标时，用截流阀停止往氨压缩机中供气态氨。

储罐内产生最高压力时，安装在仓库内的压缩机自动启动；出现最低压力时，压缩机自动切断。以柴油传动的氨压缩机是备用的。液化气体用的管道、管件、垫板、填料函和其他材料等，应考虑到储存物料的特殊物化性能和腐蚀性能。在任何情况下，可燃气体和有毒气体（氨、氯、天然气等）用的管道和管件都应符合可燃气体、有毒气体和液化气体用管道的安装和安全操作规程。根据规程要求，液化气体不允许使用铸铁管件和铸铁异形管件，所有的管件和接头均应使用钢制品。在氨介质中不允许使用铜制和铜合金制的管件和接头。管道上的法兰接头应尽量坚固，最好使用焊接管道。接触氨的镀锌零件应刷上油漆，锌在氨的水溶液中会融化。接触液氨和液氯的垫板材料可用石棉橡胶板，这种材料在操作温度下具有较高的弹性，但不宜使用橡胶垫板。

不管用什么方法储存液化气体，温度恒定是安全使用储罐的重要因素。当环境温度变化时，高压液化气体储罐内温度和压力可能剧烈波动，因环境热流所形成的蒸气会在储槽内部分冷凝，所以必须保持稳定的槽内压力。

液化气体用的容器、储罐和管道均应安设可靠的保温层，以免受环境影响。低温液化气体储罐的保温系统与其他低温物料用储槽的保温系统基本上没有区别。液氨在−33.3℃下储存，与丙烷的储存条件相似，后者在−45.5～−42.7℃下为液态产品。液化气体储罐保温层应根据液化气体的操作压力、储存温度以及周围空气在冬季和夏季的温度等条件进行计算；所有保温表面的保温层质量应当可靠地保证储罐（特别是等温储罐）和全部设备的正常操作条件。

储罐和其他设备的外表面保温层以及管道的保温层均应不透水、不燃烧，应当安装密闭罩，防止雨水渗入。密闭罩可用皱纹铝板制成，带有顶盖，可防止大气腐蚀作用。立式双壁等温储罐的罐壁和罐盖可用内壁有一部分衬矿渣棉的弹性橡胶板，两壁间的空间填充粒状珠光石，储罐底部用砌在壁间的珠光石砖保温等。使用单壁储罐时，储罐露在外面的表面要敷设可靠的防水层，防止水分渗入。泡沫玻璃砖可起防水作用，其连接处应当密闭。采用类似材料时，在保温层和容器间不允许结冰，即保温层的外保护层必须可靠密闭。为减少外部传热，防止太阳辐射，液化气体设备应漆成浅色色调，或者包一层反射力很强的抛光铝板。储罐底座的管道支架的材料及结构应按液化气体大量流出或泄出时冷却以及因储存的液化气体冷却而使基础结冰的情况选择。底座的敷设厚度和对土壤的负荷应避免出现液化气体流出或泄出时，土壤冻结膨胀而出现的不允许的下降、倾斜和损坏。

球形储罐可使用钢柱支架或不用支架安放在底座上。不用支架时，其底座是空心结构，内部有通道，整个支撑是环状的。在可压缩性强的土壤上设计和建设立式或其他大型储罐时，应仔细测定储罐附近是否会下沉，并采取相应措施。设置在地面上的液化气体常压储罐应加以防护，因为在充水和冻结时会受土壤膨胀作用的影响。在充水地区，储罐基础和土壤之间应敷设保温层和加热元件，克服土壤发生膨胀的现象。储罐必须控制加热和调节温度，美国约有 25％ 左右的液氨等温储罐都设置有这种加热系统。使用固定在桩子上的储罐时，下部钢筋混凝土板和土壤之间应设有供空气循环的空间，以防止土壤结冰。桩子埋入深度应超过冻土层深度，也可使用整体浇注混凝土底座，这种底座应有必要的强度，不怕冻结。

液化气体储槽，尤其是接近常压的储罐，不能排除形成真空的可能，而系统中形成真空装置不能防止罐壁免受挤压作用。当储罐迅速而不均匀冷却时，罐壁金属会产生很大的应力。储罐在加料前应该用氮气吹扫，再用将要储存的气态物料将氮气置换出来。储罐应冷却到操作温度再注入液化气体。液化气体通过专用喷雾装置喷入储罐，使储罐冷却。设备中的气体量和气体分布情况应确保气体全部蒸发，确保储罐金属筒体的温度均匀下降。喷射的气体量应逐渐增加，严格调节气体的流量，控制容器中的压力。当出现液位时，储罐的冷却过程即告终止。在冷凝过程中严格控制局部过冷现象，液化气体不能以气流形式送入罐内，应在储罐内喷成雾状。有时当储罐冷却时，为了防止罐壁受液化气体的作用，罐内安有钢板，接近常压的大型储罐（储存 10000～20000L 液化气体）的冷却过程一般需要好几天。在加料开始阶段，通过冷却系统开车，检查冷却系统的效率，在冷却系统正常起作用的情况下，方可将液化气体加入储罐直至安全的液位。在常压液氨储罐中不能喷水吸收气态氨，这种情况下会造成负压，真空阀也来不及动作，储罐就会在大气压的作用下被压坏。

液化气体储罐的安全运转，应注意控制储罐内的液位和压力。每个储罐都应装设两个独立的液位计（精确度不低于 0.25％）和两个压力计（精确度 0.25％～0.5％）。装卸液化气体用的管道上安装快速自动关闭装置（断流器）。

可用浮标（用软线与指示器连接）测定等温储罐内液体的液位。但液位计的零件受机械作用容易损坏，记录装置可采用差动发送器。差动发送器和二次仪表配套可以测量液柱的静压。液氨储罐和容器均装有各种液位计如浮标液位计、放射性液位计等。一般不使用计量玻璃管测量液化气体的液位。常压的液化烃类气体储罐中安装最高液位和事故液位信号的继电器。液位发送器是防爆式的。温度发送器的传感元件是在液体中浮动的部分—包括一系列测量各层液体温度的温度计。温度发送器的线路和出口都是防爆式的。安装在储罐上部和下部罐外支柱上的气动浮标液位计，可以分别反映储罐上部和下部液位的信号。当储罐内液位下降到距底部标高 500mm 和 300mm 时，下部液位计发出信号。储罐内不同高度的物料温度和罐壁温度可根据安装在储罐侧面的电阻温度计的读数来测定。

控制室内要安装遥控和调节装置，如储罐压力计和液位计（附读数记录）、液化气体进出量的测定仪表以及蒸气冷却站、联锁保护装置和遥控装置的主要参数极限值的信号仪表等。中压等温储罐和中压储罐的蒸气冷凝用压缩机装置实现自动控制。当储罐内的压力达到最高极限或最低极限时，压缩机应自动启动或关闭。为提高控制和供电的可靠程度，液化气体装有用于控制和调节仪表线路用的蓄电池，使等温储罐中气体冷凝及加压的设备（如液化气体冷凝用压缩机站）有两个供电电源。也可以使用柴油电动机发电的紧急备用发电装置。

8.4.2 呼吸阀的安全设计

呼吸阀是一种用于常压罐的安全设施，它可以保持常压罐中的压力始终处于正常状态，以降低常压储罐内挥发性液体的蒸发损失，并保护储罐免受超压或罐真空度的破坏。呼吸阀的内部结构是由一个低压安全阀（即呼气阀）和一个真空阀（呼吸气阀）组合而成的，习惯上把它称为呼吸阀。目前石油化工企业中常用的呼吸阀可分为两种基本类型：重力式呼吸阀（或称阀盘式呼吸阀）和先导式呼吸阀。当罐内压力正好等于大气压时，呼吸阀内的压力阀和真空阀的阀盘都不动作，仅靠阀座上的密封结构所具有的"吸附"效应就可保持良好的密封作用。重力式呼吸阀的结构特点是压力阀和真空阀的阀盘互不干涉、独立工作，当罐内压力升高时，呼气阀动作，向罐外排放气体，而当罐内压力降到设定的负压以下时，吸气阀动作，向罐内吸入大气。压力阀阀盘和真空阀阀盘既可并排布置，也可重叠布置，但是在任何时候，呼气阀和吸气阀不能同时处于开启状态。先导式呼吸阀的结构是由一个主阀和一个导阀组成，两阀先后动作来联合完成呼气或吸气动作。导阀借助合适的材料制成的薄膜来控制主阀的动作，由于导阀采用薄膜结构，薄膜面积大，故在很低的工作压力下，仍可以输出足够的作用力来控制主阀的动作；在导阀开启前，主阀不受控制流的作用，关闭严密，无泄漏现象；主阀的密封型式为软密封；在 API620《大型焊接低压储罐设计与建造》中推荐使用先导式呼吸阀，这样有利于达到所需的控制精度，有利于保证安全生产。其工作原理简述如下。

在正常情况下作用于主阀膜片上下的压力 p_1、p_2 和作用于导阀膜片上的压力相等，主阀膜片处于关闭状态，而导阀上的弹簧作用力大于导阀膜片向上的作用力，使导阀也处于关闭状态。

当系统压力上升达到定压值时，作用在导阀膜片上的作用力刚好超过弹簧作用力，导阀开启，封闭在主阀气室内的气体通过导管经节流孔向外排出，使主阀气室内的压力降低，此时作用于主阀膜片上下的压力 $p_1 > p_2$，使主阀膜片迅速打开，系统内超高的压力得到泄放。当系统压力降低到定压值以下时，作用在导阀膜片下方的压力小于弹簧作用力，导阀被关闭。系统内的气流通过导管进入主阀气室，使压力 $p_1 = p_2$，而由于主阀膜片上方（气室内一侧）受压面积大于阀座下方的受压面积，使两侧受力不等，从而使主阀膜片关闭而密封。

当系统处于真空状态并达到设定的真空度时，存在于主阀膜片上面气室的压力 $p_2 > p_1$，此时，气室内的气体通过导管经节流孔进入储罐，使气室压力 p_2 下降，而外部的大气压力使主阀膜片开启，并在阀内形成气流，从而解除系统真空，最后，大气压力再通过导管经节流孔进入气室使主阀关闭。

先导式呼吸阀的一个显著特点是定压范围可低于 0.0021kgf/cm^2（21.97mmH$_2$O），因此也可用于低压罐上。此外，由于该阀设计成"导阀一旦打开，主阀就完全打开；导阀一旦关闭，主阀就迅速关闭"的操作，因此在泄压时达到最大流量的超压非常小，可以忽略不计；而当阀门在吸入时，由于导阀不起作用，因此超负压的作用等同于阀盘式呼吸阀。先导式呼吸阀的不足之处是，该类呼吸阀中有些设计是当储罐压力比呼吸阀定压低时它才关闭，这无疑增大了呼吸损耗，选用时应当注意。

实际应用中呼吸阀分为以下几种基本型式。

① 标准型呼吸阀　安装在储罐上，能保持罐内压力正常，不出现超压或负压状态，但没有防冻、防火功能。

② 防冻型呼吸阀　安装在储罐上，具有防冻功能，能用于寒冷地区。

③ 防冻型防火呼吸阀　安装在储罐上，对罐内压力的保护功能同以上内容，同时又具有防冻、防火功能，能用于寒冷地区。它的防火功能是指当发生火灾事故时，安装了这种呼吸阀的储罐可以阻挡火苗窜入罐内，这相当于安装了一个阻火器。

④ 呼吸人孔　只适用于常压罐，可直接安装在人孔盖上，而且对罐内介质的要求是，在常温下基本不挥发或少量挥发但不会对环境造成污染，并且它也能保护罐内不出现超压或负压状态。

⑤ 真空稳压阀　只适用于防止储罐出现真空状态。

⑥ 泄压阀　只适用于防止储罐出现超压状态。

（1）确定呼吸量

呼吸阀的计算内容主要是确定呼吸量。呼吸量的确定需要考虑以下几个因素：

① 储罐向外输出物料时，造成储罐内压力降低，需要吸入气体保持储罐内压力平衡；

② 向储罐内注入物料时，造成储罐内压力升高，需要排出气体保持储罐内压力平衡；

③ 由于气候等因素的影响引起储罐内物料的蒸气压增大或减小，产生了呼出和吸入（通移热效应）热效应，由此热效应引起的呼吸气量见表 8-4；

表 8-4　热效应引起的呼吸气量

罐的容积 /m³	热效应引起的吸入量（适用各种闪电） /(m³/h)	热效应引起的呼出气量 /(m³/h)		罐的容积 /m³	热效应引起的吸入量（适用各种闪电） /(m³/h)	热效应引起的呼出气量 /(m³/h)	
		38℃闪点及以上的油品	38℃闪点及以下的油品			38℃闪点及以上的油品	38℃闪点及以下的油品
9.5	1.7	1.1	1.7	5564.3	877.8	538.0	877.8
16.9	2.8	1.7	2.8	6359.2	962.8	594.7	962.8
79.5	14.2	8.5	14.2	7154.4	1047.7	651.3	1047.7
159.0	28.3	15.1	28.3	7949.0	1132.7	679.6	1132.7
318.0	56.6	34.0	56.6	9538.8	1245.1	764.6	1245.1
475.1	85.0	51.0	85.0	11128.6	1359.2	764.6	1245.1
635.1	113.3	68.0	113.3	12718.4	1472.5	877.8	1472.5
794.9	141.6	85.0	141.6	14308.2	1586.7	962.8	1586.7
1589.8	283.2	169.9	283.2	15898.0	1699.0	1019.4	1699.0
2384.7	424.8	254.9	424.8	19077.6	1926.5	1161.0	1926.5
3179.7	566.3	339.8	566.3	22257.2	2123.8	1274.3	2123.8
3974.6	679.6	424.8	679.6	25436.8	2325.0	1416.8	2325.0
4769.4	792.9	481.4	792.9	28616.4	2548.5	1529.1	2548.5

注：热效应呼吸气量指在 1atm（绝压）和 15.6℃时，以空气为介质经试验测得的数据；表中未列出的储罐容量的计算值可用内差法算出。

④ 火灾时储罐受热，引起蒸发量骤增而造成的呼出气量。

前三个原因引起的呼吸称为正常呼吸量，后一个原因引起的呼吸量称为火灾呼吸量。

（2）火灾呼吸量的计算

对于不设保护措施（如喷淋、保温等）的储罐，火灾时的排气量计算可查表 8-5，该表的使用条件是 1atm（绝压）和 15.6℃。

表 8-5　火灾时紧急排气量与湿润面积的关系 ［在 1atm（绝）和 15.6℃条件下的计算值］

湿润面积 /m²	排气量 /(m³/h)	湿润面积 /m²	排气量 /(m³/h)	湿润面积 /m²	排气量 /(m³/h)	湿润面积 /m²	排气量 /(m³/h)
1.858	597.5	9.3	2973.3	32.5	8156.2	111.5	15772.3
2.787	894.8	11.2	3567.9	37.2	8834.8	130.1	16622.0
3.716	1192.1	13.0	4263.6	46.5	10024.2	148.6	17386.5
4.645	1492.3	14.9	4757.2	56.7	11100.2	167.2	18094.4
5.574	1789.6	16.7	5380.2	66.0	12119.6	186.8	18746.7
6.503	2085.1	18.6	5974.9	74.3	13082.4	229.7	19936.0
7.432	2384.3	23.2	6767.2	83.6	13960.2	260.1	21011.1
8.361	2684.4	27.9	7503.9	92.9	14838.0	260.1 以上	

对于设计压力超过 1atm（绝压）和容器的湿润表面积大于 260m² 的储罐，火灾时的总排气量可按以下公式计算。

$$CFH = 1107A^{0.82}$$

式中　CFH——排气量，ft³/h［绝压，相当于 1atm（绝）和 15.6℃时的空气排气量，1ft = 0.3048m］；

A——湿润表面积，ft²。

8.5 化工厂其他安全附属装置设计

8.5.1 阻火器安全设计

8.5.1.1 阻火器设计分析

阻火器应根据不同的火焰速度设计成不同的结构，而火焰速度又与所使用的介质种类和点火距离（点火点距阻火器之间的距离称为点火距离）有关，不同性质的气体在不同的点火距离下有不同的火焰速度。

一般情况下，应使点火距离尽可能短，这样可以降低回火火焰速度，设计出更为经济的阻火器。需要注意的是，回火距离（火焰距设置阻火器之间的距离）随着管径的增大而增大。

此外，当管道内有少许的阻碍物时（约为管道断面的 5%）或小的弯角三通时，就会加快管道内的火焰产生速度，爆炸压力也会增大，故在选择安装阻火器位置时最好要远离管道的弯角或阻碍物。

（1）开口端点火时的火焰速度

靠近管道开口端点火情况如图 8-3 所示，火焰由开口一端进入密闭的设备或管道内，这时阻火器内的火焰速度取决于可燃气体的性质和点火距离。表 8-6 给出了点火点靠近管道开口一端时几种不同性质气体的火焰速度，这些数值是在没有阻碍的光滑直管内测定的，对于管径介于 300~900mm 的管道也可参考。

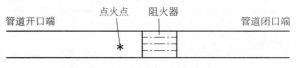

图 8-3 点火点靠近管道开口一端

丙烷和其他饱和烃及许多易燃性气体与空气混合的火焰速度可达 1768m/s，城市煤气/空气和氢气/空气的火焰速度可达 2133m/s。对于此种情况，点火距离最好不超过 10m。在某些特殊情况下需要超过 10m 时，设计的管道阻火器应能承受 3.5MPa 的压力，并设置泄爆孔。

表 8-6 几种不同性质气体的火焰速度
（点火点靠近管道开口一端，管道直径 300mm）

气体名称	点火距离/m			
	0.340	1.5	3	10
	火焰速度/(m/s)			
丙烷/空气	4.8[1]	70	100	100
乙烯/空气	30	70	152	2133[2]
城市煤气/空气	30	—	2133[2]	2133[2]
氢气/空气	—	2133[2]	2133[2]	2133[2]

① 表示点火距离小于 0.076m 时，火焰速度可取 1.2m/s。
② 爆轰火焰速度，其值可达 2133m/s。

表 8-7 几种不同性质气体的火焰速度
（点火点靠近管道闭口一端，管道直径 300mm）

气体名称	点火距离/m			
	0.340	1.5	3	10
	火焰速度/(m/s)			
丙烷/空气	33.5	116	128	149
乙烯/空气	—	—	—	2133[1]
城市煤气/空气	—	—	2133[1]	2133[1]
氢气/空气	—	—	2133[1]	

① 爆轰火焰速度，其值可达 2133m/s。

(2) 闭口端点火时的火焰速度

靠近管道闭口端点火时的火焰由闭口一端进入密闭的设备或管道内，这时阻火器内的火焰速度取决于可燃气体的性质和点火距离，表 8-7 给出了点火点靠近管道闭口一端时几种不同性质气体的火焰速度，同样，这些数值也是在没有阻碍的光滑直管内测定的，对于管径介于 300~900mm 的管道也可以参考使用。

对于这种情况，点火情况最好不超过 10m。在某些特殊情况下需要超过 10m 时，设计的管道阻火器应承受爆震所产生的压力（可能超过初始内压的 40 倍）。

8.5.1.2 阻火器阻火层的设计

应根据使用气体的组分、温度、压力、流量、压降及其安装位置来进行阻火层的设计。

(1) 熄灭直径的计算

通常通过试验得到易燃气体的熄灭直径，几种气体的标准燃烧速度和熄灭直径见表 8-8，也可以通过式（8-1）估算熄灭直径。

$$D_0 = 6.976H^{0.403} \tag{8-1}$$

式中　H——最小点火能量，mJ；

　　　D_0——熄灭直径，mm。

表 8-8   几种气体的标准燃烧速度和熄灭直径

气体名称	甲烷/空气	丙烷/空气	丁烷/空气	己烯/空气	乙烯/空气	城市煤气/空气	乙炔/空气	氢气/空气
标准燃烧速度/(m/s)	0.365	0.457	0.396	0.396	0.701	1.127	1.767	3.352
熄灭直径/mm	3.68	2.66	2.8	3.04	1.9	2.03	0.787	0.86

（2）阻火层能够阻止的最大火焰速度的计算

阻火层的有效阻止火焰速度要通过试验决定，但作为参考，波纹型、金属网型和多孔板型阻火层能够阻止的最大火焰速度可用式（8-2）进行计算。

$$v = 0.38ay/d^2 \qquad (8-2)$$

式中 v——阻火层能够阻止的最大火焰速度，m/s；

a——有效面积比（即阻火层面积与阻火层空隙面积之比）；

y——阻火层的厚度，mm；

d——孔隙直径，cm。

使用式（8-2）应注意：①d 值不超过气体熄灭直径的 50%；②对于波纹型阻火器，y 值至少为 13mm；③适用于单层金属网。

图 8-4 （a）、（b）给出了阻火层厚度与火焰速度的关系。

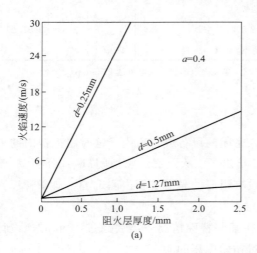 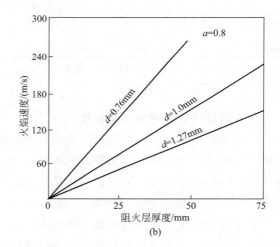

图 8-4   阻火层厚度与火焰速度的关系

（3）阻火层厚度计算

波纹型阻火器阻火层厚度与波纹高度及气体的分级有关，参见表 8-9。

表 8-9   波纹型阻火器阻火层厚度与波纹高度及气体分级的关系

气体分级	ⅡA	ⅡB	ⅡC
波纹高度/mm	0.61	0.61	0.43
阻火层厚度/mm	19	38	76

图 8-5 给出了波纹高度与压力的关系，而图 8-6 则给出了波纹高度与温度的关系。

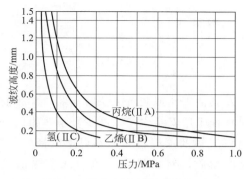

图 8-5　波纹高度与压力的关系

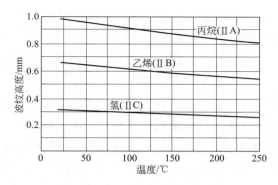

图 8-6　波纹高度与温度的关系

8.5.1.3　阻火器压力降的计算

金属网型阻火器压力降计算如下。雷诺数为

$$Re = \rho u d (1-Md)^2 / [4\mu\varepsilon(1-\varepsilon)] \tag{8-3}$$

根据以下经验公式计算。

$$N = pD_1^2 / [4h(1-\varepsilon)\rho u^2] \tag{8-4}$$

$$\lg 15N = 1.75 Re^{-0.203} \tag{8-5}$$

式中　ρ——流体密度，lb/fb³（1lb＝0.45359237kg）；

u——阻火器内流体速度，ft/s；

d——金属网丝直径，ft；

M——金属网目数；

μ——流体黏度，lbf·s/ft²（1lbf＝4.44822N）；

ε——阻火层体积空隙率，为阻火层有效空间体积与总体积之比，%；

p——金属网型阻火器压力降，inH₂O（1in H₂O＝25.4mm H₂O＝249.09Pa）；

D_1——孔隙的水力直径，in（1in＝0.0254m）；

h——金属网层厚度，in。

利用以上关系式绘制成压力降计算图（如图 8-7 所示），通常可以利用此图计算金属网型阻火器的压力降。

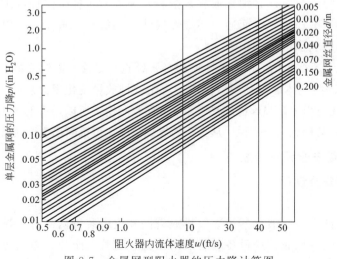

图 8-7　金属网型阻火器的压力降计算图

8.5.2 火炬系统安全设计

8.5.2.1 火炬系统

火炬是用来处理石油化工厂、炼油厂、化工厂及其他工作或装置无法收集和再加工的可燃气体和可燃有毒气体及蒸气的特殊燃烧设施，是保证工厂安全生产、减少环境污染的一项重要措施。处理的办法是设法将可燃气体和可燃有毒气体及蒸气转变为不可燃的惰性气体；将有害、有臭、有毒物质转化为无害、无臭、无毒物质，然后排空。因为低发热值大于8400kJ/m³ 左右的废气可以自行燃烧，而低发热值在 4200～8400kJ/m³ 之间的废气不能自行燃烧。因此若装置中有其他高发热值的废气，可以予以混合，使其低发热值接近 8400kJ/m³，然后将这部分废气送往火炬处理。低发热值低于 420kJ/m³ 的废气不能在火炬中安全燃烧，需补充燃烧气后作燃烧处理或采取其他特殊方法处理。

火炬系统由火炬气排放管网和火炬装置（简称火炬）组成。一般来说，各生产装置或生产单元的火炬支干管汇入火炬气总管，通过总管将火炬气送到火炬。火炬有全厂公用和单个生产装置或储运设施独用两种，火炬的主要作用如下：

① 安全输送和燃烧处理装置正常生产情况下排放出的易燃易爆气体。如生产中产生的部分废气可能直接排往火炬系统；催化剂或干燥剂再生排气、连通火炬气管网的切断阀和安全阀不严密而泄漏到火炬气排放管网的气体物料。

② 处理装置试车、开车、停车时产出的易燃易爆气体。大型石油化工企业有多个工艺装置和多个生产工序，而且其开、停车是陆续进行的。因此，在前一个装置或工序生产出来的半成品物料在后一道装置或工序中往往有一部分甚至全部不能被使用。这些半成品物料的气体不便于储存，而且绝大部分是易燃易爆的，为了保证试车、开车、停车的安全进行和减少环境污染，一般都将这部分气体排放到火炬系统。

③ 作为装置紧急事故时的安全措施。工艺装置的事故，可能是由于停水、停电、停仪表空气，生产原料的突然中断、设备故障、着火和误操作等因素造成的。当事故造成无法继续生产或者部分流程中断时，必须采取有效措施：一方面将整个流程或主要设备中的可燃气体紧急排放到火炬系统；另一方面通入不燃性气体，如氮气、蒸汽等，以保证人身和装置的安全，不使事故的影响程度继续扩大。

由此可见，火炬是石油化工厂安全生产的必要设施。尽管人们对火炬烧掉的大量可燃气体感到可惜，希望将这些气体加以利用。但由于火炬气排放量变化很大，从几乎为零到每小时几百吨，气体组成变化也很大，很难将这些气体全部回收利用，所以，目前火炬应视为生产流程的有机组成部分之一，某种意义上来说，从火炬的燃烧情况也可推断出生产装置的运转正常与否。

8.5.2.2 火炬安全设计分析

(1) 火炬系统安全设计

1) 设计范围

火炬系统的设计内容一般包括火炬气排放管网和火炬装置两部分。排放管网的设计内容包括火炬气管道、凝液回收输送设备和管道的工艺、配管、土建、电气等的设计。火炬装置的设计内容包括火炬头、火炬筒体、分液罐、水封罐、点火器、泵等设备及相应的工艺、配管、电气、电信、自控、土建、给排水、环境保护等设计。

2）设计基本原则

火炬对生产装置的安全有着很大的影响，因为火炬是"明火"，且会产生热辐射、噪声、光害和污染，其设置位置、高度、与生产装置设备及操作人员的距离等都直接影响装置的安全。火炬本身是为了保障工厂在紧急事故时的安全而设置的，但若火炬的性能不可靠，在关键过刻熄了火，就不但不能起安全作用，反而将原来有可能是分散在各处少量排放的可燃气体集中在一起大量排放，成为一个大"祸源"。如果火炬系统没有设置有效的分液罐，可燃气夹带大量可燃液体，就会造成下"火雨"。如果设计不正确，火焰燃烧的强烈热辐射不仅会损伤设备，而且会烧伤操作人员，影响人身及设备安全，并且"浓烟滚滚"的火炬也是不适合的。综上所述，对于火炬系统绝不可以认为无非一把火烧掉就完了，必须遵循有关设计规范，进行科学的计算，慎重地选择设备材质，并根据现场使用经验进行认真细致的设计。

归纳起来，对火炬的要求主要有以下几点：能稳定地燃烧，希望所设计的火炬在预定的最大气量和最小气量之间的任何气量下，在预计的气体成分变化范围内，在恶劣的气候条件中都能产生稳定的火焰；火炬系统能阻挡或分离火炬气中直径大于 $30\mu m$ 的液滴，使之不被夹带至火焰中而造成"火雨"事故；要有可靠的长明灯或其他可靠的点燃装置，做到火焰气随来随烧而不致未经燃烧即排空；燃烧要完全，使易燃和有害物质尽可能完全转变为不燃和无害物质，完全燃烧时的火焰几乎不产生烟雾，故一般称为无烟火炬，噪声也小。有人提出"无烟、无光、无声火炬"，实际上目前还很难做到，但可以使噪声尽量减小；要考虑火炬火焰所产生的热辐射对周围和地面上的设备和人员的影响，从而保证设备和人身安全；要考虑明火与其他装置及设备的安全距离；如果火炬不能彻底除去有害成分，还要考虑有害成分扩散后在周围地面，特别是下风向的聚集深度能够符合环境保护法规的要求。

（2）**系统分析**

在火炬区所限定的范围内，可以设置一座或多座火炬。火炬筒的高度由该地区的面积及允许辐射热强度决定，但高度最低应为50m。从运行和保养方面来看，设置多座火炬时，最好将其中一座火炬规定为处理正常运转时的过剩气体、废气、少量的安全阀排放气体等的常用火炬设备，而将其他火炬定为紧急时处理大量气体的紧急火炬设备，平时使用常用火炬设备处理废气即可。在将多座火炬集中到一个支架内设置时，应仅限于最大气体量的燃烧时间很短的场合。其他场合从维护的方面来看，最好在某种程度上保持火炬筒的间距，使之成为单独的火炬。但是，前面提到的酸性气体单独使用的烧嘴一般是和主烧嘴组合在一起的。下面介绍火炬的结构，火炬是由火炬烧嘴、常燃料嘴、消烟装置、防止回火装置、火炬筒及常燃烧嘴点火装置组成的。

① 火炬烧嘴　一般的形式为耐热金属（38-ss耐热铬镍铁合金、铬镍铁合金）制的圆筒型，烧嘴长度根据气体处理量而定。此外，大口径（73 cm以上）的烧嘴，最好用高纯度氧化铝烧铸成型，并对烧嘴上部内面（上部1～2m）敷设衬里。

② 常燃烧嘴　通常，常燃烧嘴几乎都是预混合和经常燃烧型，等间距地安装在火炬烧嘴上部的周围，其数量因火炬烧嘴的直径大小而异。

表8-10表示了烧嘴直径、烧嘴长度、常燃烧嘴数的关系。此外，用于常燃烧嘴的燃料气体在 LHV（低热值）$=41800kJ/m^3$（标准状态）以上时，最好组分变动不大，每个常燃烧嘴的燃料消耗量为 $209000kJ/(h \cdot 根)$ 左右。

表 8-10　烧嘴直径、烧嘴长度、常燃烧嘴数

火炬烧嘴直径/in	~20	20~40	40 以上
火炬烧嘴长度/mm	3000~4000	4000	4000 以上
常燃烧嘴数	2~3	3	4 以上

③ 消烟装置　供给燃烧所需的空气是无烟燃烧的必要条件，而对火炬烧嘴一般是边吹入蒸汽边供给空气的。近年来正在开发和使用直接对火炬烧嘴供给空气的方法，此方法是通过设置在火炬筒底部的鼓风机供给空气的，烧嘴的形状也与以前的形式稍有不同。

④ 防止回火装置　在火炬烧嘴下部大多设防止回火装置（干密封），特别是前面谈到在酸性气体或低温气体的情况下一般都不设置密封罐，所以最好设置这种密封装置。该装置是利用少量的排放气体（密封气体）来防止空气倒流向火炬筒。在型式上有迷宫型和挡板型。

⑤ 火炬筒　是指所谓的主管，在其顶部连接火炬烧嘴。火炬筒由支架或钢丝接线支撑，支撑方法要在考虑地区的面积、火炬筒的直径和高度等之后决定。

⑥ 常燃烧嘴点火装置　一般称为 FFG（点火器），是由为得到一定比例的空气和燃烧气体的混合气体而设置的压力控制阀、烧嘴及火花塞等组成。电源为直流 $100～200V$ 或者压电元件，但压电式耐潮性比较差且稍欠可靠性。FFG 最好设在能看到火炬烧嘴的地方，因此通常设置在火炬区的边界附近。

（3）火炬安全设计

① 火炬的高度和火炬区　火炬高度是根据火炬区和允许辐射热强度的关系决定的，这些关系示于 API RP 521，因此，参照该标准即可决定火炬的高度。然而，对于处理硫化氢等有害气体的火炬筒来说，其高度的决定，必须使其能满足辅助设备发生故障（灭火）时的未燃烧的有害气体的落地浓度规则，但要注意如果对应急火炬筒采用上述高度，有时是不合适的，这些方面可参照 API 手册中关于炼钢厂的废气处理——大气中的扩散部分来进行设计。

② 火炬烧嘴尺寸　一般情况下，确定火炬烧嘴尺寸时，烧嘴出口的气体流速为常用火炬 $0.2Ma$ 以下，应急火炬 $0.5Ma$ 以下，这时的压力损耗，一般在火炬喷嘴中为 $1000～3000mmH_2O$，在干密封中为 $500～1500mmH_2O$，在火炬总管中为 $1000～5000mmH_2O$，因此，决定火炬烧嘴尺寸前，必须研究整个火炬系统压力平衡和安全阀允许背压的关系。

③ 火炬总管　由于总管口径大、气体流速大等原因，火炬总管的当量长度在多数场合下，远远超过一般配管的当量长度。因此，在配管尺寸及根数、安全阀的数据表齐备时，对所有的安全阀都必须做压力平衡检查，这时使用的计算式一定是要充分考虑了压缩性的式子。

8.5.2.3　火炬系统的自动控制和安全防护

（1）火炬系统的自动控制

① 长明灯和火炬燃烧状态的监测　为了保证火炬系统的安全运转，在火炬头上设置热

电偶测温，温度达到低限时报警，现场点火器上有长明灯的燃烧状态指示灯，并从点火器上引出长期灯的开关状态信号到控制室的 DOS 系统。在控制室设置电视监视器，及时观测火炬的燃烧情况及消烟效果，可从火炬的颜色和高低等来判断火炬的燃烧程序，从火焰长度的变化也可看出火炬气流量的变化，从而也反映出有关装置的运行情况，并根据燃烧情况调节烟蒸气量。

② 蒸汽流量的控制　火炬气燃烧过程中会产生烟雾和烟尘，其主要原因是由于火炬气没有达到完全燃烧的结果。也就是在氧气不充分的条件下，烃类气体在燃烧时，从烃类分解出的炭粒不能生成 CO_2，有些烃类还可能聚合成高分子的烃类，这些炭粒和高分子的烃类在大气中遇冷形成烟雾和烟尘。因此，要想消除火炬气在燃烧中形成的烟雾，不仅要达到完全燃烧的目的，而且还要消除燃烧产物中的 CO 等有害气体。

要想得到上述目的，需要采取一些措施，其中一个常用的方法就是防止蒸汽过量，火炬由于吸入蒸汽而产生吸热作用，从而降低了火焰燃烧区温度，延长了烃类介质的氧化时间并减小了其分子量，适量的蒸汽能促进燃烧反应，从而达到无烟燃烧，但过量的蒸汽不仅浪费蒸汽，噪声也显著增加，并且还会导致火焰脉动，使燃烧不稳定甚至熄灭。为此，应尽量避免或防止蒸汽过量。在目前国内外火炬装置中，一般是根据火炬气量和火焰的发烟状态来确定蒸汽用量。操作人员按火炬气量和观测的火焰发烟状况，在控制室内遥控蒸汽流量来保持比例一定。由于当前国内对流量和组分变化幅度较大的火炬气流量测量尚存在问题，因此，主要的控制手段是通过观测火焰的状况来调节蒸汽的流量，这也是当前国外火炬装置中普遍采用的控制方式。

据资料介绍，英国针对火炬装置的特点，提出了称为"Flanscan"火焰黑烟的控制系统，它是一种调节无烟火炬头所需蒸汽量的控制系统。其原理是火焰辐射率随被燃烧气体的成分不同而有所差异，一般随着产生黑烟趋势的增大而增大。"Flanscan"系统实质上是一套附有蒸汽自动调节器的辐射率测量装置，它把火焰的辐射率作为被控变量，蒸汽量作为操纵变量，火炬气流量、组分的变化都将引起辐射率的变化。因为它们中任何一个参数变化都将反映生成烟的多少，而辐射率又恰恰与生成烟的多少有关。如果把随机的火炬气量和组分由辐射率来表示，并由它来控制喷注的蒸汽量，这样就能达到无烟燃烧的目的。系统包括有四个监视火焰的探头和一个用于校正环境温度的补偿器。这四个探头等间距布置在火炬头的周围，并连接在一起，使得不论刮什么方向的风都能得到平均信号；除探头之间连接外，电路中的通往控制单元的干线电缆应是屏蔽铜导线的双电路系统，其长度不受限制。探测头的信号被转换为标准的 4～20mA DC，并传给电子控制器，它包括一个输入和输出的指示器，一个可调放大给定器和一个自动或手动的转换器。

"Flanscan"可用于利用蒸汽消烟的任何火炬系统上，它能显著地节约蒸汽，且不需要目视去连续观测，从而实现昼夜控制。

③ 燃料气和空气流量的调节　燃料气用于引火和长明灯，空气的作用是引火。火炬装置投入运行时，首先要引燃长明灯，通过调节空气和燃料气流量比例用点火器产生火花，以便迅速可靠地引燃长明灯。长明灯的作用是用来及时点燃火炬筒中排出的火炬气，因为生产装置在正常运行过程中为了平衡生产，可能会排放部分气体。虽然生产装置的开停车是预知的，但生产装置的事故则是难以预测的，为了维持生产装置的正常运行和事故迅速排除，长明灯的燃灭是十分关键的，故设置了燃料气流量定值调节系统。燃料气管道上还设有压力检

测仪表，压力低于定值时就会报警，以便操作人员在控制室内对运行情况进行监视并采取适当措施，保证火炬装置的正常运行。

新近推广应用的火炬自动点火装置由于其技术先进，节能效果显著，正在逐步取代传统的火炬点火方式。

④ 吹扫气体的检测控制　为了防止空气进入火炬筒体内发生爆炸事故，火炬筒体内一般会通入密封气体。以前常在火炬头与火炬筒之间安装分子密封器（又称迷宫密封或曲折密封）。装置正常生产时火炬管网系统处于正压，空气侵入的可能性比较小，但当火炬气流量减小到一定值，火炬气先热后紧接着被冷却以及由于夜晚比白天的气温低时火炬气中的重组分将发生冷凝作用，有可能产生真空，引起空气从筒体顶端倒流入筒体内。有时火炬气中央带有氧气，在一定条件下将造成火炬系统内达到爆炸极限范围，此时若遇到燃着的长明灯或有其他足够能量的火源时，即会发生爆炸或产生回火。因此，火炬头出口要保持一定流量的吹扫气体，吹扫气体管道上设置压力调节阀和孔板，还设计压力检测仪表，压力低于定值时报警，保证火炬装置的正常运行。

⑤ 分液罐和水封罐的检测控制　分液罐和水封罐是火炬系统正常运行必不可少的设备，它们的运行状况也要在控制室监视，主要根据罐内介质的液位、温度、压力参数变化来判断它们的运行情况。

由分液罐里的液位控制凝液泵的开停。液位高时泵自动启动，液位低时泵自动停止。泵自动开停失灵时，当液位达到高限或低限就会报警。以便操作人员及时采取适当措施，防止事故发生。

水封罐的液位靠液流保持。水封罐的液位和温度也可在控制室内监视，在气候寒冷的天气条件下或有可能排放低温气体的情况下，为了防止水封结冰，根据温度参数自动控制通入加热蒸汽或采取其他加热措施。

⑥ 航标灯的控制　火炬的防空标志和灯光保护应按有关规定执行。航标灯的启动要求自控控制，并将其运行信号送到控制室内。

（2）安全防护

① 防止回火和爆炸　火炬系统自身就是一项安全设施，应保证其安全运转，而高架火炬系统存在的潜在危险是回火或爆炸。火炬越高空气越易进入火炬筒内，因而形成爆炸性混合物，引起回火或爆炸。采取密封是防止回火或爆炸的重要手段，它包括火炬筒体的气体密封和火炬气管道上的液封，液封大部分是用水作为密封液体。火炬筒体的密封一般采用在火炬头中设置挡板以起密封作用，也有的是在火炬头下安装阻火器及分子密封器。而火炬管道上的液封早期是采用在火炬气管道上安装阻水器来防止回火。

阻火器：在火炬气管道上设阻火器也是一个防止回火的措施。其工作原理是：易燃易爆混合气体火焰不能通过狭窄的细缝和间隙传播，因为火炬在这些缝隙中会很快地冷却到着火温度以下。国内炼油厂采用过阻火器，但是由于阻火器容易发生堵塞、被腐蚀或被烧掉，而且当火炬气排放先热后紧接着被冷却时，空气有可能通过阻火器而被倒吸入到火炬系统，因此，阻火器用于火炬系统上的效果较差，一般不宜采用。阻火器仅被推荐用于火炬气是非腐蚀的、干燥的且不含有任何可能凝结液体的情况下，显然，这种条件是很难遇见的。

② 气体密封　在火炬环境条件下，不会达到露点的无氧气体都可用作吹扫气体，如氧气、天然气、富甲烷燃烧气等都是理想的吹扫气。若吹扫气体的分子量小于 28，那么吹扫

气的体积要增加，另外，不推荐蒸汽吹扫气体，因为蒸汽冷凝时体积会缩小，这样会将空气抽入火炬系统，且蒸汽的冷凝水会留在火炬系统内，会使部分系统堵塞，存在结冰的危险，同时潮湿将加快材料的腐蚀。

③ 液封 在火炬筒体前的气体总管上设水封罐是保护上游设备和管道、防止回火和爆炸的一项常用安全措施。在有火炬气回收设施时，水封罐还作为压力控制设备，但缺点是增加了火炬气的排放阻力，排放时可能会引起水封罐周围管道的较大振动；而且在火炬气量小时，还可能会引起火焰形成脉冲，也不能起到保护火炬筒体的作用。

水封罐的水封高度应根据排放系统在正常生产时能阻止火炬回火，在事故排放时排放气体能冲破水封排入火炬所需控制的压力确定；当设有可燃性气体回放设施时，还应根据用于需要或气柜所控制的压力综合考虑确定。

④ 绝对禁止误将工艺空气排入火炬系统。

⑤ 防止烧坏火炬头 火炬在点燃的情况下，在火炬头处保持连续供应一定量的蒸汽，以便能对火炬头起冷却保护作用，即使无排放气体时，也不允许停止保护蒸汽的供应，当排放量较大时，应及时调节控制阀，加大蒸汽量。

⑥ 防止下火雨 火炬下火雨是火炬气中带液燃烧造成的，这种情况极易引起事故，尤其是火炬设在装置区内时。防止下火雨的根本方法是严格控制装置的排入，可燃液体必须经蒸发器后才允许放入火炬系统，同时严格禁止向火炬系统排放重烃液体。在设计分液罐时应保持有足够的容积，还应经常检查凝液泵入口滤网，防止杂物、聚合物堵塞泵入口，并经常检查分液罐的液位。

⑦ 防止冻堵 排放低温物料时速度不能过快，排放速度过快易造成火炬管线冷萃。特别是当分液罐和管线有水时，可造成冻堵。

⑧ 其他 火炬应避免布置在窝风地段，以利于排放物的扩散；火炬产生的热辐射、光辐射、噪声及污染物浓度应不超过有关标准规定值；高架火炬应按规定设置航标灯；厂外火炬及其附属设备应用铁丝网或围墙围起来。

(3) 安全和环保措施

工艺装置的火炬气，一般来自不平衡物料的排放、泄漏物料的排放、安全阀的排放和紧急事故的排放。由于这些排放物料是易燃、易爆的介质，因此在处理时要特别注意。火炬气回收系统是在确保火炬系统能安全排放基础上考虑增设火炬气回收装置的。要想做到既能回收火炬气，又必须确保火炬系统的安全，火炬气回收应采取以下几条措施来保证安全。

① 氧含量分析控制 火炬气中可能夹带有氧，当氧含量达到一定值时可能形成爆炸性混合气体（见表8-11）。为了防止爆炸，确保安全，在压缩机入口管线上安装连续氧含量分析仪，当氧含量高于一定值时报警，若再继续升高到另一给定值，则压缩机联锁停车，并安装临时取样口，定期分析火炬气中的氧含量，以便校对氧含量分析仪的准确性。

表 8-11　火炬气组分的爆炸极限（摩尔分数）

项目　　介质名称	H_2	CH_4	C_2H_6	C_2H_4	C_3H_8
爆炸下限/%	4.1	5.0	3.22	3.05	2.37
爆炸上限/%	74.2	35.0	12.45	28.6	9.5

② 水封系统　在火炬前的火炬总管上设置水封罐，一是作为防止火炬回火的措施；二是作为火炬气回收系统的压力控制设备，防止压缩机抽空。另外，需要将火炬头气封（分子封或液体密封）的氮气设在移动水封罐后的火炬气总管上，既保证火炬顶部气封的正常作用，又能防止回收火炬气中含有大量氮气。

③ 压力控制和温度控制　为防止压缩机抽空，在压缩机的入口管线上应设置低压报警联锁和压缩机进出口压力调节设施。为保证燃料气管网的安全，当压缩机出口压力达到一定值时压缩机进口蝶阀关闭，压缩机内部打回流，反之，当出口压力超过一定值时，压缩机联锁停车。

为保证压缩机正常运行，压缩机入口管线上设置低温报警联锁措施；压缩机出口管线上设置高温报警联锁措施；另外，压缩机还有油压、油温等联锁措施。

④ 手动控制　现场设置开停车按钮，控制室设置停车按钮，以便及时处理突发事故。保证整个系统的安全。

⑤ 防火防爆　火炬气回收设施属于甲级防火，二区防爆，因而所有现场仪表、电气设施都应选用防爆型。此外，还应考虑防雷措施；现场还要安装可燃气体检测器，及时发现可燃气体泄漏；压缩机周围要设置消防系统。

⑥ 其他安全措施　为了防止火炬气泄漏和空气窜入压缩机，影响系统的安全，压缩机设置一系列的密封措施（包括油封、氮气气封等）；此外，压缩机组的气液分离罐上设置了安全阀，压力超过安全阀的设定值时安全阀启跳，燃料气排到火炬系统。

8.6　化工设计安全校核、安全评价及环境评价

一个新建化工项目需要通过有关部门的审核，在安全评价和环境评价符合要求后方可开始建设。在化工项目建设之初，就需要确定并遵循该项目需要执行的各种设计标准和规范，这些设计标准和规范可以是国内的，也可以是国际常用的；另外，还需要提供详细的设计资料作为评价依据。

8.6.1　评价的目的

预评价的基本目的是提高建设项目（工程）劳动安全卫生管理的效率、环境效益及经济效益，确保建设项目建成后实现安全生产、使事故及危害引起的损失最少，优选有关的对策、措施和方案，提高建设项目（工程）的安全卫生水平，获得最优的安全投资效益。

预评估的主要作用为：

① 预评价作为建设项目（工程）初步设计中安全设计的主要依据，将找出本项目生产过程中固有的或潜在的主要危险、有害因素及其产生危险、危害后果的主要条件，并提出消除危险、有害因素及其主要条件的最佳技术、措施和方案，为从设计上实现建设项目的本质安全化提供服务；

② 预评价作为建设项目（工程）施工及运行阶段安全管理的主要依据，将找出本项目

施工及运行过程中固有的或潜在的主要危险、有害因素及其产生危险危害后果的主要条件，提出消除危险有害因素及其主要条件的最佳措施和方案；

③ 预评价作为建设单位安全管理的依据和条件；

④ 预评价作为建设项目（工程）行政监管部门对项目安全审批的主要依据；

⑤ 预评价作为建设项目（工程）进行安全设施"三同时"验收的主要依据；

⑥ 预评价作为各级安全生产监督管理部门和上级主管部门进行安全生产监督管理的重要依据。

8.6.2 安全评价的依据和原则

8.6.2.1 安全评价原则

① 严格执行国家、地方与行业现行有关安全方面的法律、法规和标准，保证评价的科学性与公正性；

② 采用国内外可靠、先进、适用的评价方法和技术，确保评价质量，并突出防火、防爆、防中毒等重点；

③ 从实际的经济、技术条件出发，提出有针对性的对策措施和评价结论。

8.6.2.2 安全评价依据

(1) 法律、法规

《中华人民共和国安全生产法》

《化学工业部安全生产禁令》（化学工业部令第 10 号）

《化工企业安全管理制度》（化学工业部第 247 号）

《安全生产许可证条例》（中华人民共和国国务院令第 397 号）

《化学工业设备动力管理规定》（1989.1）

《固定式压力容器安全技术监察规程》

《建设工程安全生产管理条例》

《仓库防火安全管理规则》（公安部令第 6 号）

《危险化学品安全管理条例》

《易制毒化学品管理条例》（国务院令第 445 号）

《中华人民共和国监控化学品管理条例》（1995.12）

《化学危险物品安全管理条例实施细则》（化学工业部第 677 号）

《使用有毒物品作业场所劳动保护条例》（中华人民共和国国务院令第 352 号）

(2) 标准、规范

1) 国家标准、规范

GB 18218—2009《危险化学品重大危险源辨识》

GBZ 1—2010《工业企业设计卫生标准》

GB 5083—1999《生产设备安全卫生设计总则》

GB 12801—2008《生产过程安全卫生要求总则》

GB 50187—2012《工业企业总平面设计规范》

GB 50116—2013《火灾自动报警系统设计规范》

GB 4717—2005《火灾报警控制器》

GB 50084—2001《自动喷水灭火系统设计规范》

GB 8196—2003《机械安全防护装置固定式和活动式防护装置设计与制造一般要求》

GB 12331—90《有毒作业分级》

GBZ 230—2010《职业性接触毒物危害程度分级》

GBZ 2.2—2007《工作场所有害因素职业接触限值》

GB 13960—2009《化学品分类和危险性公示通则》

GB 2893—2008《安全色》

GB 2894—2008《安全标志及其使用导则》

GB 5817—2009《粉尘作业场所危害程度分级》

GB 50034—2013《建筑照明设计标准》

2）行业标准、规范

HG 20571—2014《化工企业安全卫生设计规范》

HG/T 20559—93《化工装置工艺系统工程设计规定》

HG/T 20549.5—1998《化工装置管道布置设计技术规定》

HG 20546—2009《化工装置设备布置设计规定》

HG/T 23003—92《化工企业静电安全检查规程》

HG/T 20675—90《化工企业静电接地设计规程》

3）规范性文件

《安全评价通则》（国家安全生产监督管理总局）

《安全预评价导则》（国家安全生产监督管理总局）

（3）工程设计、批复文件

批复文件为项目审报获批的文件。工程设计文件一般包括如下内容。

① 项目基本概况；　　　　　　　　⑥ 项目总平面布置图；

② 项目建设的环境条件；　　　　　⑦ 主要原料消耗；

③ 产品方案；　　　　　　　　　　⑧ 主要生产设备；

④ 生产班次及定员；　　　　　　　⑨ 原材料、产品的储运方案；

⑤ 工程建筑工程；　　　　　　　　⑩ 公用工程方案。

（4）委托文件

其他文件。

8.6.3 环境评价依据

8.6.3.1 环境评价方面的法律、法规

① 中华人民共和国主席令［2014］第 9 号《中华人民共和国环境保护法》（2015 年 1 月 1 日施行）；

② 中华人民共和国主席令［2016］第 48 号《中华人民共和国环境影响评价法》（2016 年 9 月 1 日施行）；

③ 中华人民共和国主席令［2015］第 31 号《中华人民共和国大气污染防治法》（2016 年 1 月 1 日施行）；

④ 中华人民共和国主席令［2008］第 87 号《中华人民共和国水污染防治法》（2008 年

6月1日施行）；

⑤中华人民共和国主席令［1996］第77号《中华人民共和国环境噪声污染防治法》（1997年3月1日施行）；

⑥中华人民共和国主席令［2004］第31号《中华人民共和国固体废物污染环境防治法》（2005年4月1日施行）；

⑦中华人民共和国主席令［2016］第48号《中华人民共和国节约能源法》（2016年9月1日施行）；

⑧中华人民共和国主席令［2012］第54号《中华人民共和国清洁生产促进法》（2012年7月1日施行）。

8.6.3.2 建设项目设计依据

（1）项目可行性研究报告

1）项目概况及设计依据

①建设单位概况及性质；

②项目名称及工程技术经济指标；

③拟建项目组成；

④产品规模及产品方案；

⑤设计依据。

2）厂址概况

①自然环境概况；

②厂址地理位置；

③地表水系；

④气候气象条件。

3）环境保护措施及环境影响分析

①主要污染源及主要污染物：大气污染分析；水污染分析；固体废弃物分析；噪声分析；

②环境影响分析；

③环境保护措施及预期效果。

4）绿化设计

5）环境保护管理与检测：大气；废水；噪声

6）环保设施投资概算

7）存在的问题及解决意见

（2）建设项目环境影响分析报告

（3）环境标准和排放标准

HJ 2.1—2016《环境影响评价技术导则 总纲》

HJ 2.2—2008《环境影响评价技术导则 大气环境》

HJ/T 2.3—93《环境影响评价技术导则 地面水》

HJ 2.4—2009《环境影响评价技术导则 声环境》

HJ 610—2016《环境影响评价技术导则 地下水环境》

HJ/T 169—2004《建设项目环境风险评价技术导则》

8.7　危险与可操作性(HAZOP)分析

8.7.1　HAZOP 分析原理及技术进展

HAZOP 分析是危险（Hazard）与可操作性（Operability）分析研究的英文字母缩写。1963~1964 年间，英国帝国化学公司（ICI）在设计一个异丙基苯生产苯酚和丙酮的工厂的过程中，首次提出 HAZOP 分析方法。该公司的 Trevor Kletz 等于 1974 年在美国 AIChE Loss Prevention Symposium 上发表了关于 HAZOP 分析的第一篇论文。

HAZOP 分析的原理是它认为化工过程中的危险来源于对设计意图的偏离，如果一切按照设计意图进行生产和操作，就不会有不可承受的风险，而事实上，化工厂的装置完全按照设计意图运行的很少。因此，HAZOP 分析是研究某一参数偏离设计参数后可能导致的风险分析与评估。

8.7.2　什么是 HAZOP 分析？

HAZOP 分析是指通过分析生产运行过程中工艺状态参数的变动、操作控制中可能出现的偏差以及这些变动与偏差对系统的影响及可能导致的后果，找出出现变动和偏差的原因，明确装置或系统内及生产过程中存在的主要危险、危害因素，并针对变动与偏差的后果提出应采取的措施。

经验和一系列事故调查结果表明，传统的设计方法中对安全的考虑是不够的，容易疏漏设计缺陷，从而为后续的生产操作环节埋下隐患。原因如下：

① 设计小组注意力集中在单个设备，对工艺如何作为一个整体发挥其功能强调得不够；

② 设计人员的知识和经验范围所限；

③ 受设计时间有限、建设成本有限和人力资源有限等因素影响；

④ 用错了标准或标准不够全面；

⑤ 信息交流不够，还有一些低级的错误如笔误或简单的拷贝。

而 HAZOP 分析作为一种工艺危害分析工具，已经广泛应用于识别装置在设计和操作阶段的工艺危害，形成了 IEC 61882 等国际相关标准。一般来说，HAZOP 分析应该由一组多专业背景的人员（工艺设计师、仪表工程师、安全工程师、经验丰富的操作人员等）以会议的形式，按照 HAZOP 分析执行流程对工艺过程中可能产生的危害和可操作性的问题进行分析研究。

8.7.3　HAZOP 分析小组成员及职责

HAZOP 分析小组成员来自设计方、业主方、承包商，小组成员应具有足够的知识和经验，并回答和解决各种问题。工作组至少包括如下人员：

① 组长；　　　　　　　　　　　　⑤ 安全工程师；

② 秘书；　　　　　　　　　　　　⑥ 操作/开车人员代表；

③ 工艺工程师；　　　　　　　　　⑦ 其他专业工程师/代表。

④ 仪表工程师；

组长应由过程危险分析专家担任，应客观公正地看待问题，在 HAZOP 分析讨论中起主导作用；应鼓励和引导每位成员从不同角度和侧面参与讨论并提出问题；并引导工作组按照必要的步骤完成分析，确保工艺和装置的每个部分、每个方面都得到充分考虑，确保所分析的各项内容均依据其重要程度得到了应有的关注。

其他成员应具有相应的能力和经验，充分了解设计意图和运行方式，积极参与分析和讨论。秘书负责记录会议内容，并协助会议组组长编制 HAZOP 分析报告内容。秘书必须是经过培训的，而且能够熟悉 HAZOP 分析工作程序、方法、工程属性，能够准确理解、记录会议讨论内容。

8.7.4　HAZOP 分析步骤及分析举例

（1）HAZOP 分析

① 设计阶段的 HAZOP 审核一般可分两期开展，分别设在基础设计阶段的管道与仪表流程图（PID）批准前和重要设备下订单前，以及详细设计阶段 PID 或成套设备厂家图纸批准施工前。

② HAZOP 分析也可用于已建装置或设施的风险分析。

（2）HAZOP 分析内容

HAZOP 分析的文件资料为管道与仪表流程图（PID）和相关文件说明。它是一种风险辨识方法，用于提高已有设计工艺方案的安全性，而不能够作为改进设计的手段。首先将装置划分为若干个小的节点，然后使用一系列的参数和引导词，逐一进行审查，评估装置潜在的设计失误或误操作，以及对整个设施的影响。分析内容包括：

① 审查设计文件，对故障或误操作引起的任何偏差可能导致的危险性进行分析，考虑该危险对人员、设备及环境的各种可能影响；

② 根据风险矩阵，对偏差进行风险定级；

③ 审查已有的预防措施是否足以防止危险的发生，并将其风险降至可接收的水平；

④ 审查已有的防护措施是否足以将其风险降至可接收的水平；

⑤ 核查与其他装置之间连接界面的安全性；

⑥ 核查开/停车、生产过程、维修等环节的安全性。

（3）HAZOP 分析步骤

1）HAZOP 分析输入

在分析前必须收集的资料包括：

① 工艺流程图（PFD）；　　　　　⑤ 工艺控制说明；

② 管道与仪表流程图（PID）；　　 ⑥ 仪表控制逻辑图或因果图；

③ 设计基础；　　　　　　　　　　⑦ 总平面布置图。

④ 物料和热量平衡；

2）HAZOP 分析流程

HAZOP 分析流程如图 8-8 所示，首先对 PID 图进行节点划分，根据其设计意图，逐一完成偏差分析后，编制完成分析报告，分析清单格式如表 8-12 所示。

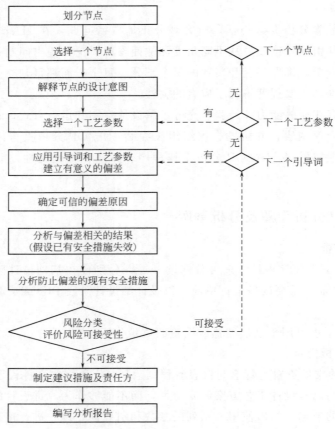

图 8-8　HAZOP 分析流程

表 8-12　分析清单格式

HAZOP 流程						
					Session No.	
节点描述					PID	
节点：						
节点描述：						
设计意图：						
设计条件						
压力：						
温度：						
偏差 （参数＋引导词）	原因	后果	已有的安全措施	建议措施	负责响应方	状态
参数＋More						
参数＋Less						
参数＋Reverse						

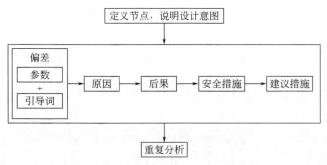

图 8-9　HAZOP 节点偏差分析框图

HAZOP 节点偏差分析如图 8-9 所示，其中一些基本概念解释如下：

① 设计意图　被分析的系统或单元按设计要求应实现的功能；

② 参数　工艺过程描述说明，如流量、压力、温度、液位、相态、组成等；

③ 引导词　典型引导词有 No/None（无）、More（多）、Less（少）、Reverse（反向）、Other than（其他）、As well as（还有）、Part of（部分）；

④ 偏差　设计意图的偏离，偏差的形式通常是"引导词＋参数"；

⑤ 原因　发生偏差的原因；

⑥ 后果　偏差所造成的结果，HAZOP 分析时假定发生偏差时已有安全措施失效；

⑦ 安全措施　为消除偏差发生的原因或减轻其后果所采取的技术和管理措施（如联锁、报警、操作规程等）。

思考题

1. 碳钢釜内处理含有盐酸的物系会有什么安全隐患？

2. 冷凝器出口比塔顶分布器矮会导致什么安全问题？

3. 一高温反应器和框架之间没有设膨胀空间会造成什么后果？

4. 一台管壳式换热器的所有折流板没有弓缺，是一个整圆，会有何问题？

5. 设备放在建筑物的屋顶，建筑高度 18m，而上下屋顶只设有一个逃生梯，上下极为不方便，出于安全考虑，应该增设什么装置？

6. 十万吨甲醇项目，变压吸附提氢工序，解析采用真空泵抽真空，设计时把与真空泵相连的进、出口管道设计反了，会有什么问题？

7. 由于设计者疏忽，门高 2000mm 写成了 200mm，会导致什么问题？

第9章

压力容器的设计与使用安全

压力容器在化工生产过程中使用广泛,由于其内部或外部承受气体或液体压力,是一类对安全性有较高要求的密封容器。随着化工和石油化工等工业的发展,压力容器的工作温度范围越来越宽,容量不断增大,而且要求耐介质腐蚀。压力容器在使用中如发生爆炸,会造成灾难性事故。为了使压力容器在确保安全的前提下达到设计先进、结构合理、易于制造、使用可靠和造价经济等目的,必须遵循有关压力容器的标准、规范和技术条件,在压力容器的设计、制造、检验和使用等方面遵循具体的规定。

压力容器可分蒸汽锅炉和非燃火压力容器两大类型。锅炉作为产生蒸汽的热力设备,在化工生产中有着重要作用。化工厂中作为提供不同品位蒸汽的锅炉用途广泛,如果锅炉设计、制造不合理,或者使用管理不当,也会导致很严重的事故。多年来锅炉的安全工作一直受到国家劳动部门的重视,相继颁发了关于锅炉安全运行的规定,收到了显著效果。但是本章不涉及蒸汽锅炉部分的内容,主要讨论非燃火压力容器的安全。

对于非燃火压力容器(以下均简称压力容器),由于在其中进行反应、分离、传热、储运等化工过程,会伴随一定的化学腐蚀和热力学环境,所处理的工艺介质多数易燃、易爆、有毒,一旦发生事故,所造成的损害要比常温常压机械设备大得多,而且易产生中毒、火灾、爆炸等次生灾害,扩大事故后果。因此,对这一类压力容器必须进行安全监察和安全管理。

9.1 压力容器概述和分类

从原料输入、经过工艺过程生产到产品产出的流程中,有时是连续的,有时是间歇的。即使是连续的,不同瞬间的流量也并非一致。为了缓冲流量变化及处理流程中的故障,要设置储存设备,也叫容器或储罐,而其中压力容器的危险性较大。在化工生产中,因为压力容器破裂造成物质泄漏而引发事故的比例较高,如 1979 年 9 月 7 日国内某电化厂的 415L 液氯钢瓶爆炸,击穿 5 个,爆炸 5 个,10200kg 液氯外泄,波及 7km 范围,59 人死亡,779 人严重中毒；1984年12月3日印度博帕尔市农药厂异氰酸甲酯储罐发生泄漏，2580人死亡，125000人中毒，5万人失明，是迄今为止化工史上最惨烈的事故。

9.1.1 压力容器安全概述

(1) 压力容器的应用特点

① 应用的广泛性 压力容器主要用于石油化工、化学工业和冶金工业等，用于完成各种工艺功能。如一个年产30万吨的乙烯装置，其中就有281台压力容器，占设备总量的35.4%；至于工厂用的液化石油气瓶、氧气钢瓶、氢气钢瓶，更是随处可见。此外，压力容器在医药、机械、采矿、航空航天、交通运输等工业部门也有广泛应用。

② 操作的复杂性 压力容器的操作条件极为复杂，有些甚至达到苛刻的地步。从-196℃低温到1000℃以上的高温；从大气压以下的真空到100MPa以上的超高压，例如加氢反应的压力可达10.5~21.0MPa；合成氨反应的压力可达10~100MPa；高压聚乙烯装置的操作压力为100MPa~200MPa。可见温度和压力变化范围相当宽泛，而且处理的介质多为易燃、易爆、有毒、腐蚀等有害物质，有数千个品种。操作条件的复杂性使压力容器从设计、制造到使用、维护都不同于一般机械设备而成为一类特殊设备。

③ 安全的高要求 压力容器的结构并不复杂，但因其承受各种静、动载荷或交变载荷，还有附加的机械或温度载荷，并且加工的物料多为有危险性的饱和液体或气体，容器一旦破裂就会卸压，导致液体蒸发或蒸汽、气体膨胀，瞬间释放出极大量的破坏能量。承压容器多为焊接结构，容易产生各种焊接缺陷，一旦检验或操作失误，易发生爆炸破裂，器内的易燃、易爆、有毒介质将向外喷泄，会造成灾难性后果。所以压力容器比一般机械设备有更高的安全要求。

另外，目前压力容器向着大容量、高参数发展，如煤气化液化装置压力容器工作压力为17.5~25MPa，工作温度为450~550℃，内直径3000~5000mm，壁厚200~400mm，质量400~2600t，因此对这类容器的工艺要求和运行可靠性要求更高。

(2) 压力容器的分类

压力容器主要用于石油、化学和冶金工业，种类繁多、形式各异。压力容器按照其工艺功能划分为反应容器、换热容器、分离容器和储运容器四个类型。

① 反应容器 主要用来完成物料的化学转化，如反应器、发生器、聚合釜、合成塔、变换炉等；

② 换热容器 主要用来完成物料和介质间的热量交换，如热交换器、冷却器、加热器、蒸发器、废热锅炉等；

③ 分离容器 主要用来完成物料基于热力学或流体力学的组元或相的分离，如分离器、过滤器、蒸馏塔、吸收塔、干燥塔、萃取器等；

④ 储运容器 主要用来完成流体物料的盛装、储存或运输，如储罐、储槽和槽车等。

承受压力负荷是压力容器的显著特征。压力容器按照其设计压力 p 的大小，可以划分为低压容器、中压容器、高压容器和超高压容器四个类型。

① 低压容器 $0.1MPa \leqslant p < 1.6MPa$；

② 中压容器 $1.6MPa \leqslant p < 10MPa$；

③ 高压容器 $10MPa \leqslant p < 100MPa$；

④ 超高压容器　$p > 100\text{MPa}$。

我国原国家劳动总局在《压力容器安全技术监察规程》中提出了压力容器的综合分类方法。压力容器按照设计压力 p 和容积 V，结合容器的工艺功能和其中物料的危险性，划分为以下三个类型：

① 第一类容器　非易燃或无毒介质的低压容器；易燃或有毒介质的低压换热容器和低压分离容器。

② 第二类容器　$pV < 196.2\text{kJ}$、剧毒介质的低压容器；易燃或有毒介质的低压反应容器和低压储运容器；内径 $< 1\text{m}$ 的低压废热锅炉；一般介质的中压容器。

③ 第三类容器　$pV \geq 196.2\text{kJ}$、剧毒介质的低压容器；内径 $\geq 1\text{m}$ 的低压废热锅炉；中压废热锅炉；$pV \geq 490.5\text{kJ}$、易燃或有毒介质的中压反应容器；$pV \geq 4905\text{kJ}$、易燃或有毒介质的低压储运容器；剧毒介质的中压容器；高压或超高压容器。

表 9-1 列出了压力容器的类别划分。

表 9-1　压力容器类别划分

压力等级 p/MPa	介质特性		气体、液化气体或最高工作温度高于常压沸点的液体									
			非易燃	无毒或微毒	易燃 pV/MJ			中度毒性 pV/MJ			高毒或剧毒 pV/MJ	
					< 0.5	$0.5\sim10$	≥ 10	< 0.5	$0.5\sim10$	> 10	< 0.2	≥ 0.2
低压 $0.1\sim1.6$	分离容器		第一类	第一类	第一类	第一类	第一类	第一类	第一类	第一类	第二类	第三类
	换热容器		第一类	第一类	第一类	第一类	第一类	第一类	第一类	第一类	第二类	第三类
	储存容器		第一类	第一类	第二类	第二类	第二类	第二类	第二类	第二类	第二类	第三类
	反应容器		第一类	第一类	第二类	第二类	第二类	第二类	第二类	第二类	第二类	第三类
	管壳废热锅炉	$< 1\text{m}$	第一类	第一类	第一类	第一类	第一类	第一类	第一类	第一类	第二类	第三类
		$\geq 1\text{m}$	第三类	第三类	第三类	第三类	第三类	第三类	第三类	第三类	第三类	第三类
中压 $1.6\sim10$	搪玻璃容器		第二类	第二类	第二类	第二类	第三类	第二类	第二类	第三类	第三类	第三类
	分离容器		第二类	第二类	第二类	第二类	第三类	第二类	第二类	第三类	第三类	第三类
	换热容器		第二类	第二类	第二类	第二类	第三类	第二类	第二类	第三类	第三类	第三类
	储存容器		第二类	第二类	第二类	第二类	第三类	第二类	第二类	第三类	第三类	第三类
	反应容器		第二类	第二类	第二类	第三类	第三类	第二类	第三类	第三类	第三类	第三类
	管壳废热锅炉		第三类	第三类	第三类	第三类	第三类	第三类	第三类	第三类	第三类	第三类
高压 $10\sim100$	分离容器		第三类	第三类	第三类	第三类	第三类	第三类	第三类	第三类	第三类	第三类
	换热容器		第三类	第三类	第三类	第三类	第三类	第三类	第三类	第三类	第三类	第三类
	储存容器		第三类	第三类	第三类	第三类	第三类	第三类	第三类	第三类	第三类	第三类
	反应容器		第三类	第三类	第三类	第三类	第三类	第三类	第三类	第三类	第三类	第三类
	管壳废热锅炉		第三类	第三类	第三类	第三类	第三类	第三类	第三类	第三类	第三类	第三类
超高压 ≥ 100	超高压容器		第三类	第三类	第三类	第三类	第三类	第三类	第三类	第三类	第三类	第三类

(3) 压力容器的安全管理

目前，压力容器管理推行的是系统工程管理方法，即把容器的研究、设计、制造、安装、操作、检验、修理、事故、报废和信息反馈各个环节作为一个系统工程加以研究。研究人与容器、容器与环境、环境与人的相互作用、相互依存关系，用信息论和控制论方法，掌握和控制容器的技术现状，防范事故，确保压力容器安全、经济地运行。

在压力容器的安全管理中，对设计资格、制造资格和安装资格的审核发证实行控制，以保证压力容器的质量。容器在使用前，使用单位应向国家或省级劳动部门办理登记手续，拟定压力容器的安全状况等级，领取压力容器使用证，严防不合格压力容器投入使用。压力容器安装后安装单位和使用单位进行交接验收时，要有当地劳动部门的参加。科学研究、信息反馈和有关人员的技能教育和培训应该贯彻于安全系统管理的始终。

压力容器的综合管理分为前半寿命周期与后半寿命周期两部分，一般称为前半生管理和后半生管理。容器前半生管理的质量保证是容器投入运行、发挥经济效益的基础，是后半生管理的先决条件和科学依据。前半生管理的任何失控都会给后半生管理带来隐患或导致容器过早失效和发生事故，而后半生管理失控同样也会发生事故。目前，实施驻厂产品安全质量监督检验，监检产品质量，审查技术资料和检查质量管理系统的运转情况，以保证压力容器前半生的质量。

压力容器在使用寿命周期内，根据容器安全状况等级确定定期检验周期并实施定期检验。根据检验结果和修复情况可重新确定在用压力容器安全状况等级，以决定容器是继续使用、监控使用、修复后使用或判废。总之，目前我国压力容器是按在用压力容器安全状况实施安全监察和安全管理的。同时实施检验单位检验资格认可和发证，以及实施在用压力容器检验员、无损检测人员和容器焊工发证，以保证在用压力容器检验质量和施焊质量，确保在用压力容器危及安全的隐患及时发现和处理，达到防患于未然的目的。

9.1.2　压力容器的操作与维护

压力容器设计的承压能力、耐蚀性能和耐高低温性能是有条件、有限度的。操作的任何失误都会使压力容器过早失效甚至酿成事故。国内外压力容器事故统计资料显示，因操作失误引发的事故占50%以上，特别是在化工新产品不断开发、容器日趋大型化、高参数和中高强钢广泛应用的条件下，更应重视因操作失误引起的压力容器事故。

(1) 压力容器工艺参数原则

压力容器的工艺规程、岗位操作法和容器的工艺参数应规定在压力容器结构强度允许的安全范围内。工艺规程和岗位操作法应控制下列内容：

① 压力容器工艺操作指标及最高工作压力、最低工作壁温；

② 操作介质的最佳配比和其中有害物质的最高允许浓度，及反应抑制剂、缓蚀剂的加入量；

③ 正常操作法、开停车操作程序，升降温、升降压的顺序及最大允许速度，压力波动允许范围及其他注意事项；

④ 运行中的巡回检查路线，检查内容、方法、周期和记录表格；

⑤ 运行中可能发生的异常现象和防治措施；

⑥ 压力容器的岗位责任制、维护要点和方法；

⑦ 压力容器停用时的封存和保养方法。

使用单位不得任意改变压力容器设计工艺参数，严防在超温、超压、过冷和强腐蚀条件下运行。操作人员必须熟知工艺规程、岗位操作法和安全技术规程，通晓容器结构和工艺流程，经理论和实际考核合格者方可上岗。

(2) 压力容器操作维护

① 应从工艺操作上制定措施，保证压力容器的安全经济运行，如为了制定完善平稳的操作规定，应通过工艺改革，适当降低工作温度和工作压力等；

② 应加强防腐蚀措施，如喷涂防腐层、加衬里，添加缓蚀剂，改进净化工艺，控制腐蚀介质含量等；

③ 根据存在缺陷的部位和性质，采用定期或状态监测手段，查明缺陷有无发展及发展程度，以便采取措施。

(3) 异常情况处理

压力容器在运行中，发现下列情况之一者，为了确保安全，应停止运行。

① 容器工作压力、工作壁温、有害物质浓度超过操作规程规定的允许值，经采取紧急措施仍不能下降时；

② 容器受压元件发生裂纹、鼓包、变形或严重泄漏等，危及安全运行时；

③ 安全附件失灵，无法保证容器安全运行时；

④ 紧固件损坏、接管断裂，难以保证安全运行时；

⑤ 容器本身、相邻容器或管道发生火灾、爆炸或有毒有害介质外逸，直接威胁容器安全运行时。

在压力容器异常情况处理时，必须克服侥幸心理和短期行为，应谨慎、全面地考虑事故的潜在性和突发性。

9.2 压力容器的设计、制造和检验

9.2.1 压力容器设计

9.2.1.1 压力容器设计的一般要求

① 设计单位资格。

② 压力容器结构。压力容器设计应该尽可能避免应力的集中或局部受力状况的恶化。受压壳体的几何形状突变或其他结构上的不连续，都会产生较高的不连续应力。因此，应该力求结构上的形状变化平缓，避免不连续性。

③ 材料的选用。材料的质量和规格应该符合国标、部标和有关的技术要求。

9.2.1.2 设计基础

(1) 设计压力和设计温度

对于非旋转容器，设计压力一般要高出操作压力 0.1MPa 或 10%；而旋转容器的设计压力则要高出预期最高压力的 5%～10%。

(2) 最小板材厚度

设计规范规定，大直径压力容器的板材厚度不应小于 $(D-2.54)/1000$，其中，D 是简体的最小直径（单位 m）。焊接结构的最小板厚度许多组织规定为 5mm 或 6mm。

（3）外压或真空

许多过程容器是在外压或真空下，或偶尔是在这些条件下操作。设计规范规定压力容器偶尔承受 0.1MPa 及其以下的外压，可以考虑不按外压进行设计。

（4）材料选择

材料在设计压力和温度下的允许应力并不需要过量的壁厚。一些材料，如铜、铝、它们的合金和铸铁都有具体的温度限度。

（5）非压力负荷

容器及其支架的设计必须与以下各项负荷匹配：容器及其内容物的重量；料盘、隔板、蛇管等内件的重量；装置、搅拌器、交换器、转筒等外件的重量；建筑物、扶梯、平台、配管等外部设施的重量；固定负载和移动负载的重量；隔离板和防火墙的重量；风力和地震负荷。除上述之外，还必须考虑支撑耳柄、环形加强肋以及热梯度的作用，这些负荷都可以引起过量的局部应力。

（6）支架

立式容器一般用立柱和耳柄支撑，有时还会用到环形槽钢或折边。对于用立柱或耳柄支撑的大型容器，应该详细考察支撑物对壳体的作用。可以有几种方式完成折边连接，比较一致的意见是，折边和壳体外径应该相同，折边和封头转向节应为平焊连接，而这种连接方法只适用于椭球形或球形封头；对于凸面或碟形封头，折边应该和底封头凸缘的外径吻合，角焊连接。

大型卧式容器常用三个或更多的鞍形托架支撑。对于铆接结构，每个铆接环缝与一个鞍形托架邻接，防止铆接缝的泄漏。设计和安装鞍形托架，可以利用封头的强度保持壳体的圆度，应用加强环也可以实现这个功能。

对于小型容器，不管是卧式的还是立式的，由于支撑附件造成的二次应力、扭矩和剪切力，其支架的设计可能会比大型容器复杂得多。

（7）封头

压力容器封头有半球形、椭球形、锥形、准球形、平板形等几种类型。在材料、直径和压力负荷都相同的条件下，前四种类型封头的壁厚按序增加，而平板形封头的壁厚还没有简单的计算关系。

半球形封头在各种类型封头中应力分布最好，而且一定的容积所需要的材料最少。但是半球形封头会使筒体产生较大的附加弯曲应力，因而只适用于直径较小、压力较低的无毒、非易燃介质的容器。

长短轴之比为 2 的椭球形封头与准球形封头比较，前者的应力分布要好一些；直径超过 1.5m、压力负荷在 1MPa 以上，前者的制造也要经济一些。与凸面形和碟形封头一样，椭球形封头的大小也是由其内径而不是由其外径来决定。

锥形封头一般是冲压，而不是滚压或旋压制造，其制造费用相当高。锥形封头常用于蒸煮或提炼容器，有时用于排除固体或浓稠物料。截头锥形封头常用作容器直径不同的两部分之间的过渡段。设计规范允许在某些情况下，可以应用无过渡转向节的锥形封头，但这些封头只能在低温、低压条件下使用。

标准折边碟形封头的碟形凸面半径应该等于或小于封头折边的外径，但凸面和折边间的过渡转向节的半径应不小于封头折边外径的 6%，而且不小于封头壁厚的三倍。

平板焊接封头除小型低压容器密封外，一般压力容器不宜采用。平板封头会把严重不连续的应力引入圆柱形壳体，如确需应用，壳体和封头应该有足够的厚度，而且要采用全焊透的焊接结构。

9.2.2 压力容器的制造和安装

压力容器的制造和安装必须由有具有资质的单位完成，遵循如下的国家标准和企业标准。

（1）国标

GB 150—2011《压力容器》

GB/T 151—2014《热交换器》

GB 18442—2011《固定式真空绝热深冷压力容器》

GB 50094—2010《球形储罐施工规范》

GB 50128—2014《立式圆筒形钢制焊接储罐施工规范》

（2）机械部

NB/T 47020—2012《压力容器法兰分类与技术条件》

NB/T 47014—2011《承压设备焊接工艺评定》

NB/T 47015—2011《压力容器焊接规程》

NB/T 47041—2014《塔式容器》

NB/T 47008—2010《承压设备用碳素钢和合金钢锻件》

NB/T 47009—2010《低温承压设备用低合金钢锻件》

NB/T 47010—2010《承压设备用不锈钢和耐热钢锻件》

NB/T 47042—2014《卧式容器》

JB 4732—1995《钢制压力容器-分析设计标准》

JB/T 4734—2002《铝制焊接容器》

JB/T 4735.1—2009《钢制焊接常压容器》

JB 4736—2002《补强圈》

JB/T 4745—2002《钛制焊接容器》

JB/T 4750—2010《制冷装置用压力容器》

JB/T 6920—1993《管壳式油冷器用换热管》

JB/T 8930—2015《冲压工艺质量控制规范》

（3）石油部

SY/T 0404—2016《加热炉安装工程施工规范》

SY/T 5262—2016《火筒式加热炉规范》

SY/T 0448—2008《油气田油气处理用钢制容器施工技术规范》

SY/T 0538—2012《管式加热炉规范》

SY/T 0441—2010《油田注汽锅炉制造安装技术规范》

SY 4081—1995《钢质球型储罐抗震鉴定技术标准》

SY 6279—2016《大型设备吊装安全规程》

SY 6444—2010《石油工程建设施工安全规程》

SY 6186—2007《石油天然气管道安全规程》

SY/T 10002—2000《结构钢管制造规范》

HG 20517—1992《钢制低压湿式气柜》

HG 20536—1993《聚四氟乙烯衬里设备》

HG 20545—1992《化学工业炉受压元件制造技术条件》

HG/T 20589—2011《化学工业炉受压元件强度计算规定》

HG 21502.1—1992《钢制立式圆筒形固定顶储罐系列》

HG 21502.2—1992《钢制立式圆筒形内浮顶储罐系列》

HG 21503—1992《钢制固定式薄管板列管换热器》

HG 21504.1—1992《玻璃钢储槽标准系列（$VN0.5\sim100\text{m}^3$）》

HG 21504.2—1992《拼装式玻璃钢储罐标准系列（$VN100\sim500\text{m}^3$）》

HG 21505—1992《组合式视镜》

HG 21506—1992《补强圈》

HG/T 3112—2011《浮头列管式石墨换热器》

HG/T 3113—1998《YKA 型圆块孔式石墨换热器》

HG/T 3117—1998《耐酸陶瓷容器》

HG/T 3124—2009《焊接金属波纹管釜用机械密封技术条件》

HG/T 3126—2009《搪玻璃蒸馏容器》

HG 3129—1998《整体多层夹紧式高压容器》

HGJ 212—1983《金属焊接结构湿式气柜施工及验收规范》

HG 20226—2015《管式炉安装工程施工及验收规范》

HG J230—1989《乙烯装置裂解炉施工及技术规定》

（4）中石化

SH 3074—2007《石油化工钢制压力容器》

SH 3075—2005《石油化工钢制压力容器材料选用规范》

SH 3512—2011《石油化工球形储罐施工技术规程》

SH 3513—2009《石油化工铝制料仓施工质量验收规范》

SH 3524—2009《石油化工静设备现场组焊技术规程》

SH 3065—2005《石油化工管式炉急弯弯管技术标准》

SH 3074—2007《石油化工钢制压力容器》

SH 3075—2009《石油化工钢制压力容器材料选用规范》

SH 3086—1998《石油化工管式炉钢结构工程及部件安装技术条件》

SH 3087—1997《石油化工管式炉耐热钢铸件技术标准》

SH/T 3114—2000《石油化工管式炉耐热铸铁件工程技术条件》

SH/T 3414—1999《石油化工钢制立式轻质油罐罐下采样器选用、检验及验收》

SH 3504—2014《石油化工隔热耐磨衬里设备和管道施工质量验收规范》

SH 3506—2007《管式炉安装工程施工及验收规范》

SH 3512—2011《石油化工球形储罐施工技术规程》

SH 3510—2011《石油化工设备混凝土基础工程施工质量验收规范》

SH 3529—2005《石油化工厂区竖向工程施工及验收规范》

SH 3530—2011《石油化工立式圆筒形钢制储罐施工技术规程》

SH 3534—2012《石油化工筑炉工程施工质量验收规范》

SH/T 3537—2009《立式圆筒形低温储罐施工技术规程》

9.2.3 压力容器检验

(1) 检验周期

压力容器的定期检验周期，可分为外部检查、内外部检验和全面检验三个类型的周期。检验周期由使用单位根据容器的技术状况和使用条件自行确定，但至少每年做一次外部检查，每三年做一次内外部检验，每六年做一次全面检验。

(2) 检验内容

① 外部检查　外部检查的主要内容是：压力容器及其配管的保温层、防腐层及设备铭牌是否完好无损；容器外表面有无裂纹、变形、腐蚀和局部鼓包；焊缝、承压元件及可拆连接部位有无泄漏；容器开孔有无漏液漏气迹象；安全附件是否完备可靠；紧固螺栓有无松动、腐蚀；设备基础和管道支撑是否适当，有无下沉、倾斜、裂纹、不能自由胀缩等不良迹象；容器运行是否符合安全技术规程。

② 内外部检验　除外部检查的各款项外，内外部检验还包括以下内容：内外表面的腐蚀、磨损情况；所有焊缝、封头过渡区、接管处、人孔附近和其他应力集中部位有无裂纹；衬里有无突起、开裂、腐蚀或其他破损；高压容器的主要紧固螺栓应进行宏观检查并做表面探伤。

③ 全面检验　全面检验除包括内外部检验的全部款项外，还应该做焊缝无损探伤和耐压试验。

(3) 压力试验

压力容器的耐压试验和气密性试验，应在内外部检验合格后进行。除非规范设计图纸要求用气体代替液体进行耐压试验，不得采用气压试验。需要进行气密性试验的压力容器，要在液压试验合格后进行。耐压试验是检验容器强度、制造工艺质量等的综合性试验，而气密性试验是为了检验容器的严密性。

如果压力容器的设计压力是 p，液压试验的压力为 $1.25p$；气压试验的压力，低压容器为 $1.20p$，中压容器为 $1.15p$。对于高压或超高压容器，不采用气压试验。气密性试验一般在设计压力下进行。

耐压试验后，压力容器无泄漏、无明显变形；返修焊缝经无损探伤检查无超标缺陷；要求测定残余变形率的，容积残变率≤10%，或径向残变率≤0.03%，即可认为压力容器耐压试验合格。

对于气密性试验，达到规定的试验压力后保持 30min，在焊缝和连接部位涂肥皂水进行试验。小型容器亦可浸于水中进行试验，无气泡即可认为合格。

9.3　高压工艺管道的安全技术管理

9.3.1　高压工艺管道概述

在化工生产中，工艺管道把不同工艺功能的机械和设备连接在一起，以完成特定的化工工艺过程，达到制取各种化工产品的目的。工艺管道与机械设备一样，伴有介质的化学环境和热力学环境，在复杂的工艺条件下运行，设计、制造、安装、检验、操作、维修的任何失误，都有可能导致管道的过早失效或发生事故。特别是高压工艺管道，由于承受高压，加上化工介质的易燃、易爆、有毒、强腐蚀和高、低温特性，一旦发生事故，就更具危险性。

高压工艺管道较为突出的危险因素是超温、超压、腐蚀、磨蚀和振动。管道的超温、超压与反应容器的操作失误或反应异常过载有关；腐蚀、磨蚀与工艺介质中腐蚀物质或杂质的含量和流体流速等有关；振动和转动机械动平衡不良与基础设计不符合规定有关，但更主要的是与管道中流体流速过高、转弯过多、截面突变等形成的激振力气流脉动有关。腐蚀、磨蚀会逐渐削弱管道和管件的结构强度，且振动易造成管道连接件的松动泄漏和疲劳断裂，即使是很小的管线、管件或阀门的泄漏或破裂，都会造成较为严重的灾害，如火灾、爆炸或中毒等。多年实践证明，高压管道事故的频率及危害性不亚于压力容器事故，必须引起充分注意。

为了防止事故，强化高压工艺管道的管理，《化学工业部设备动力管理制度》中，把高压管道列入锅炉压力容器安全监察范围，并颁发了《化工高压工艺管道维护检修规程》。高压工艺管道的管理范围为：

① 静载设计压力为 10～32MPa 的化工工艺管道和氨蒸发器、水冷排、换热器等设备和静载工作压力为 10～32MPa 的蛇管、回弯管；

② 工作介质温度－20～370℃的高压工艺管道。

9.3.2 高压工艺管道的设计、制造和安装

(1) 高压工艺管道设计

高压工艺管道的设计应由取得与高压工艺管道工作压力等级相应的、有三类压力容器设计资格的单位承担。高压工艺管道的设计必须严格遵守工艺管道有关的国家标准和规范。设计单位应向施工单位提供完整的设计文件、施工图和计算书，并由设计单位总工程师签发方为有效。

(2) 高压工艺管道制造

高压工艺管道、阀门管件和紧固件的制造必须经过省级以上主管部门鉴定和批准的有资格的单位承担。制造单位应具备下列条件：

① 有与制造高压工艺管道、阀门管件相适应的技术力量、安装设备和检验手段；

② 有健全的制造质量保证体系和质量管理制度，并能严格执行有关规范标准，确保制造质量。

制造厂对出厂的阀门、管件和紧固件应出具产品质量合格证，并对产品质量负责。

(3) 高压工艺管道安装

高压工艺管道的安装单位必须取得与高压工艺管道操作压力相应的三类压力容器现场安装资格的单位承担。拥有高压工艺管道的工厂只能承担自用高压工艺管道的修理改造安装工作。

高压工艺管道的安装修理与改造必须严格执行《工业金属管道工程施工规范》GB 50235—2010 金属管道篇、《现场设备、工业管道焊接工程施工规范》GB 50236—2011、《化工高压工艺管道维护检修规程》以及设计单位提供的设计文件和技术要求。施工单位对提供

安装的管道、阀门、管件、紧固件要认真管理和复检，严防错用或混入假冒产品。施工中要严格控制焊接质量和安装质量，并按工程验收标准向用户交工。高压工艺管道交付使用时，安装单位必须提交下列技术文件：

① 高压管道安装竣工图；

② 高压钢管检查验收记录；

③ 高压阀门试验记录；

④ 安全阀调整试验记录；

⑤ 高压管件检查验收记录；

⑥ 高压管道焊缝焊接工作记录；

⑦ 高压管道焊缝热处理及着色检验记录；

⑧ 管道系统试验记录。

试车期间，如发现高压工艺管道振动超过标准，由设计单位与安装单位共同研究，采取消振措施，消振合格后方可交工。

9.3.3 高压工艺管道操作与维护

高压工艺管道是连接机械和设备的工艺管线，应列入相应的机械和设备的操作岗位，由机械和设备操作人员统一操作和维护。操作人员必须熟悉高压工艺管道的工艺流程、工艺参数和结构。操作人员培训教育考核必须有高压工艺管道内容，考核合格者方可操作。

高压工艺管道的巡回检查应和机械设备一并进行。高压工艺管道检查时应注意以下事项：

① 机械和设备出口的工艺参数不得超过高压工艺管道设计或缺陷评定后的许用工艺参数，高压管道严禁在超温、超压、强腐蚀和强振动条件下运行；

② 检查管道、管件，阀门和紧固件有无严重腐蚀、泄漏、变形、移位和破裂以及保温层的完好程度；

③ 检查管道有无强烈振动，管与管、管与相邻件有无摩擦，管卡、吊架和支承有无松动或断裂；

④ 检查管内有无异物撞击或摩擦的声响；

⑤ 安全附件、指示仪表有无异常，发现缺陷及时报告，妥善处理，必要时停机处理。

高压工艺管道严禁下列作业：

① 严禁利用高压工艺管道作电焊机的接地线或吊装重物受力点；

② 高压管道运行中严禁带压紧固或拆卸螺栓，开停车有热紧要求者，应按设计规定热紧处理；

③ 严禁带压补焊作业；

④ 严禁热管线裸露运行；

⑤ 严禁用热管线做饭或烘干物品。

9.3.4 高压工艺管道技术检验

高压工艺管道的技术检验是掌握管道技术现状、消除缺陷、防范事故的主要手段。技术检验工作由企业锅炉压力容器检验部门或外委有检验资格的单位进行，并对其检验结论负责。高压工艺管道技术检验分外部检查、探查检验和全面检验。

9.3.4.1 外部检查

车间每季至少检查一次，企业每年至少检查一次。检查项目包括：

① 管道、管件、紧固件及阀门的防腐层、保温层是否完好，可见管表面有无缺陷；

② 管道振动情况，管与管、管与相邻物件有无摩擦；

③ 吊卡、管卡、支承的紧固和防腐情况；

④ 管道的连接法兰、接头、阀门填料、焊缝有无泄漏；

⑤ 检查管道内有无异物撞击或摩擦声。

9.3.4.2 探查检验

探查检验是针对高压工艺管道不同管系可能存在的薄弱环节，实施对症性的定点测厚及连接部位或管段的解体检查。

（1）定点测厚

测点应有足够的代表性，找出管内壁的易腐蚀部位，流体转向的易冲刷部位，制造时易拉薄的部位，使用时受力大的部位，以及根据实践经验选点，并充分考虑流体流动方式，如三通，有侧向汇流、对向汇流、侧向分流和背向分流等流动方式，流体对三通的冲刷腐蚀部位是有区别的，应对症选点。

将确定的测定位置标记在绘制的主体管段简图上，按图进行定点测厚并记录。定期分析对比测定数据，并根据分析结果决定扩大或缩小测定范围和调整测定周期。根据已获得的实测数据，研究分析高压管段在特定条件下的腐蚀、磨蚀规律，判断管道的结构强度，制定防范和改进措施。

高压工艺管道定点测厚周期应根据腐蚀、磨蚀年速率确定。腐蚀、磨蚀速率小于0.10mm/a，每四年测厚一次；0.10～0.25mm/a，每二年测厚一次；大于0.25mm/a，每半年测厚一次。

（2）解体抽查

解体抽查主要是根据管道输送的工作介质的腐蚀性能、热学环境、流体流动方式，以及管道的结构特性和振动状况等，选择可拆部位进行解体检查，并把选定部位标记在主体管道简图上。

一般应重点查明：法兰、三通、弯头、螺栓以及管口、管口壁、密封面、垫圈的腐蚀和损伤情况。同时还要抽查部件附近的支承有无松动、变形或断裂。对于全焊接高压工艺管道只能靠无损探伤抽查或修理阀门时用内窥镜扩大检查。

解体抽查可以结合机械和设备单体检修时或企业年度大修时进行，每年选检一部分。

9.3.4.3 全面检验

全面检验是结合机械和设备单体大修或年度停车大修时对高压工艺管道进行鉴定性的停机检验，以决定管道系统继续使用、限制使用、局部更换或判废。全面检验的周期为10～12年至少一次，但不得超过设计寿命之末。遇有下列情况者全面检验周期应适当缩短。

① 工作温度大于180℃的碳钢和工作温度大于250℃的合金钢的临氢管道或探查检验发现氢腐蚀倾向的管段；

② 通过探查检验发现腐蚀、磨蚀速率大于0.25mm/a，剩余腐蚀余量低于预计全面检

验时间的管道和管件，或发现有疲劳裂纹的管道和管件；

③ 使用年限超过设计寿命的管道；

④ 运行时出现超温、超压或鼓胀变形，有可能引起金属性能劣化的管段。

全面检验主要包括以下一些项目：

(1) 表面检查

表面检查是指宏观检查和表面无损探伤。宏观检查是用肉眼检查管道、管件、焊缝的表面腐蚀，以及各类损伤深度和分布，并详细记录。表面探伤主要采用磁粉探伤或着色探伤等手段检查管道管件焊缝和管头螺纹表面有无裂纹、折叠、结疤、腐蚀等缺陷。

对于全焊接高压工艺管道可利用阀门拆开时用内窥镜检查；无法进行内壁表面检查时，可用超声波或射线探伤法检查代替。

(2) 解体检查和壁厚测定

管道、管件、阀门、丝扣和螺栓、螺纹的检查，应按解体要求进行。按定点测厚选点的原则对管道、管件进行壁厚测定。对于工作温度大于180℃的碳钢和工作温度大于250℃的合金钢的临氢管道、管件和阀门，可用超声波能量法或测厚法根据能量的衰减或壁厚"增厚"来判断氢腐蚀程度。

(3) 焊缝埋藏缺陷探伤

对制造和安装时探伤等级低的、宏观检查成型不良的、有不同表面缺陷的或在运行中承受较高压力的焊缝，应用超声波探伤或射线探伤检查埋藏缺陷，抽查比例不小于待检管道焊缝总数的10%。但与机械和设备连接的第一道、口径不小于50mm的或主支管口径比不小于0.6的焊接三通的焊缝，抽查比例应不小于待检件焊缝总数的50%。

(4) 破坏性取样检验

对于使用过程中出现超温、超压有可能影响金属材料性能的或以蠕变率控制使用寿命、蠕变率接近或超过1%的，或有可能引起高温氢腐蚀或氮化的管道、管件、阀门，应进行破坏性取样检验。检验项目包括化学成分、力学性能、冲击韧性和金相组成等，根据材质劣化程度判断邻接管道是否继续使用、监控使用或报废。

高压工艺管道全面检验还包括耐压试验和气密性试验及出具评定报告。

9.4 压力容器安全附属装置设计

以压力储罐为例说明一下压力容器的结构。压力储罐包括筒体、封头、支座、开孔与接管、密封装置、安全附件。其中压力容器安全附件是压力设备安全运行的重要组成部分，包括如下部件：

检测仪表：用于指示压力容器内的工艺参数如压力表、液位计、温度计；

卸压装置：用于超压时能够自动启动排放，保持压力容器内的压力在设计的安全范围内，如安全阀、爆破片、易熔塞等；

报警装置：出现不安全因素致使容器处于危险状态时能自动发出音响或其他明显报警信号的装置，如压力报警器、温度报警器等；

流量控制装置：用于在紧急状况下控制进、出压力容器的流量从而使其处于安全状态，如紧急放空阀、单向阀、限流阀、紧急切断装置；

联锁装置：为防止操作失误而设置的控制机构，如联锁开关、联动阀等；

应急处理和安全装置：压力容器遭雷击或爆炸后一旦发生物料泄漏，通过应急装置控制外泄物料在某一区域，如喷淋冷却装置、静电消除装置、防雷击装置。

下面介绍压力容器最常用的几种安全附件及其设计。

9.4.1 压力容器常用安全附件

(1) 检测仪表

检测仪表如温度计、压力表和液位计，是为了指示压力容器内的状态而设置的。

温度计是用于指示容器内温度的仪表，在此不多赘述。

压力表应该根据容器的设计压力或最高工作压力正确选用精度级。低压设备的压力表精度级不得低于 2.5 级；中压不应低于 1.5 级；高压或超高压不应低于 1 级。为便于观察和减少视差，表盘直径不得小于 100mm。选用压力表的量程最好为最高工作压力的两倍，一般应掌握在 1.5~3 倍为宜。

液位计有多种形式，应安装在容器的便于观察并有足够照明的部位。玻璃管式液位计一般安装于高度大于 3m 的容器，但不适用于易燃或有毒的液化气容器。玻璃板式液位计适于高度小于 3m 的容器。此外，还有浮子式、浮标式、压差式等多种类型的液位计。

锅炉水位计是锅炉的主要安全附件之一。在设计和安装中，为了防止汽、水连通管阻塞出现假水位，连通管内径不得小于 18mm。每台锅炉至少应该安装两个独立的水位计。

(2) 报警或卸放装置

报警或卸放装置是当压力容器内出现超出安全限值后而设置的安全保护装置，如安全阀、爆破片、泄压装置等。

安全阀主要用于防止超压引起的物理爆炸。其特点是当压力容器在正常工作压力条件下，安全阀保持严密不漏，当容器内压力一旦超过规定值，安全阀能够自动迅速地排泄容器内的介质，使容器内压力保持在允许范围之内。安全阀排放过高压力后可自行关闭，容器和装置可以继续使用。

安全阀的选用，应该根据压力容器的工作压力、温度、介质特性来确定。压力不高的承压设备大多选用杠杆式安全阀；高压容器多半选用弹簧式安全阀。流量大、压力高的承压设备应选用全开式；介质为易燃易爆或有毒物质的应选用封闭式。选用的安全阀不管其结构和形式如何，都必须具有足够的排放能力，在超压时能把介质迅速排出，保证承压设备的压力不超过规定值。

爆破片（防爆膜）主要用于防止超压引起的化学爆炸。它是一种断裂型安全装置，具有密封性能好，泄压反应快等特点。爆破片排放过高压力后不能继续使用，容器和装置也要停止运行。

爆破片主要用于以下几种场合：有爆燃或异常反应使压力瞬间急剧上升的场合；不允许介质有任何泄漏的场合；运行产生大量沉淀或黏附物的场合。弹簧式安全阀由于惯性难以适应压力的急剧变化，各种形式的安全阀一般都有微量泄漏，而障碍物又会妨碍安全阀的正常操作，这便使得爆破片显示出其独特的功能。

爆破片一般有平板型和预拱型两种型式。相同材料制成的两种型式的爆破片的起爆压力相同，但预拱型爆破片有较高的抗疲劳能力。爆破片的设计包括材料选用、泄放面积计算、爆破片厚度的计算。爆破片一般满 6 个月或 12 个月更换一次。此外，容器超压后未破裂或正常运行中有明显变形的爆破片应立即更换。

泄压装置是一种超压保护装置。泄压装置有这样的功能：当容器在正常压力下运行时保持严密不漏，而一旦容器内压力超过限度，它就能自动、迅速、足够量地把容器内的气体排出，使容器内的压力始终保持在最高许可压力以下；同时它还有自动报警作用。在设计时设计压力应取最大值，不能太小。泄压装置按其结构型式可以分为阀型、断裂型、熔化型和组合型等几种类型。

以上报警或卸放装置中，安全阀和爆破片是最常用的附属装置。下面对其安全设计进行介绍。

9.4.2 安全阀的安全设计

9.4.2.1 概述

(1) 适用范围

在化工生产过程中，为了防止由于生产事故或非控制排泄，造成生产系统压力超过容器和管道的设计压力而发生爆炸事故，应在容器或管道上设置安全阀。选择安全阀时要考虑安全排放量。

对于安全阀的描述在国际上多遵循美国的 ASME 标准，在该标准中"安全阀"仅指用于蒸汽或气体工况的泄压设施，而用"安全泄压阀"表示包含安全阀、泄压阀、安全泄压阀在内的全部泄压设施。由于历史的原因，在中国是用"安全阀"代表了 ASME 的安全泄压阀的含义。

(2) 有关安全阀的专业名词

1) 安全阀的几何尺寸特征

① 实际排放面积　实际排放面积是实际测定的决定阀门流量的最小净面积；

② 空面积　空面积是当阀瓣在阀座上升起时，在其密封面之间形成的圆柱形或圆锥形通道面积；

③ 有效排放面积　有效排放面积不同于实际排放面积，它是介质流经安全阀的名义面积或计算面积，用于确定安全阀排放量的流量计算公式中；

④ 喷嘴面积　也称喷嘴喉部面积，是指喷嘴的最小横截面积；

⑤ 入口尺寸　除特别说明外，均指安全阀进口的公称管道尺寸；

⑥ 出口尺寸　除特别说明外，均指安全阀出口的公称管道尺寸；

⑦ 开启高度　是当安全阀排放时，阀瓣离开关闭位置的实际行程。

2) 安全阀的操作特征

① 最高操作压力　设备运行期间可能达到的最高压力；

② 背压力　安全阀出口处压力，它是附加背压力和排放背压力的总和；

③ 整定压力（或开启压力）　安全阀阀瓣在运行条件下开始升起的进口压力，在该压力下，开始有可测量的开启高度，介质呈由视觉或听觉感知的连续排放状态；

④ 排放压力　阀瓣达到规定开启高度的进口压力；

⑤ 回座压力　排放后阀瓣重新与阀座接触，即开启高度变为零时的进口压力；

⑥ 超过压力 排放压力与整定压力之差，通常用整定压力的百分数来表示；

⑦ 启闭压差 整定压力与回座压力之差，通常用整定压力的百分数来表示；

⑧ 排放背压力（也称"积聚背压"或"动背压"） 由于介质通过安全阀流入排放系统，而在阀出口处形成的压力；

⑨ 附加背压力（也称"叠加背压"或"静背压"） 安全阀动作前，在阀出口处存在的压力，它是由其他压力源在排放系统中引起的；

⑩ 冷态试验压力 是安全阀在试验台上调整到开启时的进口静压力。这个试验压力包含了对于背压和温度等工作条件的修正。

⑪ 积聚压力 在安全阀排放期间，安全阀的入口压力超出容器的最高操作压力的增值。以压力的百分数表示。

9.4.2.2 安全阀的结构形式及分类

① 重力式安全阀 利用重锤的重力控制定压的安全阀被称为重力式安全阀。当阀前静压超过安全阀的定压时，阀瓣上升以泄放被保护系统的超压；当阀前压力降到安全阀的回座压力时，可自动关闭。

② 弹簧式安全阀 通用式弹簧安全阀，为由弹簧作用的安全阀，其定压由弹簧控制，其动作特征受背压的影响。平衡式弹簧安全阀，为由弹簧作用的安全阀，其定压由弹簧控制，用活塞或波纹管减少背压对安全阀的动作性能的影响。

③ 先导式安全阀 为由导阀控制的安全阀，其定压由导阀控制，动作特性基本上不受前压的影响。导阀是控制主阀动作的辅助压力卸放阀。带导阀的安全阀又分快开式（全启）和调节式（渐启）两种；导阀又分流动式和不流动式两种。

本文所说的安全阀实际包括以上这三种压力泄放阀。

④ 微启式安全阀和全启式安全阀 微启式安全阀，当安全阀入口处的静压达到设定压力时，阀瓣位置随入口压力升高而成比例地升高，最大限度地减少排出的物料。一般用于不可压缩流体。阀瓣的最大上升高度不小于喉径的 $1/40 \sim 1/20$。

全启式安全阀，当安全阀入口处的静压达到设定压力时，阀瓣迅速上升到最大高度，最大限度地排出超压的物料。一般用于可压缩流体。阀瓣的最大上升高度不小于喉径的 $1/4$。

9.4.2.3 安全阀的选择

(1) 安全阀的选择原则

排放不可压缩流体（如水和油等液体）时，应选用微启式安全阀；排放可压缩流体（如蒸汽和其他气体）时，应选用全启式安全阀。

下列情况应选用波纹管安全阀：由于波纹管能在一定范围内防止背压变化所产生的不平衡力，因而弹簧力所平衡的压力值即为定压值；波纹管还能将导向套、弹簧和其他顶部工作部件与通过的介质断开，故当介质具有腐蚀性或易结垢，安全阀的弹簧会因此而导致工作失常时，要采用波纹管安全阀，但波纹管安全阀不适用于酚、蜡液、重石油馏分、含焦粉等介质以及往复式压缩机的场合，因为在这些应用工况下，波纹管有可能被堵塞或被损坏。

先导式安全阀，阀座密封性能好，当入口压力接近定压时，仍能保持密封；而一般的弹簧式安全阀当阀前压力超过 90% 定压时，就不能密闭。这就是说，同一容器使用先导式安全阀时，可允许比较高的工作压力，且泄漏量小，有利于安全生产和节省装置的运行费用，应优先考虑，流动式导阀由于在正常运行时，有少量介质需要连续排放，不宜用于有害介质的场合；而不流动式导阀适用于有害介质的应用。

液体膨胀用安全阀允许采用螺纹连接，但入口应为锥形管螺纹连接，一般采用入口 $DN20$，出口 $DN25$。

除液体膨胀泄压用安全阀外，石油化工生产装置一般只采用法兰连接的弹簧式安全阀或先导式安全阀。

除波纹管安全阀及用于排放水、水蒸气或空气的安全阀外，所有安全阀都要选用带封闭式弹簧罩结构。

只有介质是水蒸气或空气时，允许选用带扳手的安全阀。扳手有两种：一是开放式扳手，扳手使用时介质会从扳手处流出；另一种是封闭式扳手，介质不会从扳手处流出。

扳手的作用主要是检查安全阀阀瓣的灵活程度，有时也可用作紧急泄压。

介质温度大于 300℃，安全阀要选用带散热片的弹簧式安全阀。

软密封安全阀，采用软密封可有效地减少安全阀开启前的泄漏，比常规的硬密封更耐用，更易维修，价格也较低。只要安全阀使用温度和介质允许，就选用软密封，常用软密封材料的适用温度范围如表 9-2 所示。

表 9-2　软密封材料适用温度

材料	丁腈橡胶	氟橡胶	聚氨基甲酸酯	聚三氟氯乙烯	聚四氟乙烯	环氧树脂
温度/℃	−54～135	−54～149	−253～204	−54～204	−253～204	−54～163

由于安全阀对保护化工和石化生产装置的安全性至关重要，而安全阀产品质量的出入又较大，故在采购前要对所选用的安全阀制造厂的产品质量进行考察，选用可靠的产品。

(2) 安全阀的最小尺寸

除液体膨胀泄压安全阀外，安全阀入口最小尺寸为 $DN25$，液体膨胀泄压安全阀的最小尺寸不小于 $DN20$。

(3) 安全阀的选材

安全阀的阀体、弹簧罩的材料应同安全阀入口的配管材料一致。对某些特殊系统，如排出的液体经安全阀阀孔的节流降压后会汽化，导致温度降低的自制冷系统，应考虑选用能满足低温要求的材料，安全阀的阀瓣和喷嘴应使用耐腐蚀的 Cr-Ni 或 Ni-Cr 阀，不允许使用碳钢。碳钢阀体的安全阀，其阀杆要用锻制铬钢；奥氏体钢阀体的安全阀，阀杆用 SS316 或相当的不锈钢。

9.4.2.4　安全阀的定压、积聚压力和背压的确定

(1) 定压

安全阀的定压应不大于被保护的容器或管道的设计压力。

(2) 积聚压力

非火灾工况时，压力容器允许的最大积聚压力为设计压力的 10%。火灾工况时，压力容器允许的最大积聚压力为设计压力的 20%，管道允许的最大积聚压力为设计压力的 33%。

(3) 背压

① 通用式安全阀的允许背压值　通用式安全阀在非火灾工况使用时，动背压的值不可超过定压的 10%，在火灾工况下使用时，动背压不可超过定压的 20%。

② 波纹管平衡式安全阀　波纹管平衡式安全阀在火灾及非火灾工况下总的背压（静背压＋动背压）不高于定压值的 30% 。对于有背压的泄放系统，其安全阀的出口法兰、弹簧罩、波纹管的机械强度都应满足背压的要求。

（4）安全阀的压力工况

液体用安全阀（渐开式）阀前压力达到定压时，阀瓣开始打开，阀前压力逐渐上升，直到超过定压的 10%～33%（视使用工况而定，非火工况下的压力容器为 10%，受火工况下的压力容器为 20%，管道为 33%）。在安全阀定压等于容器或管道的设计压力时，安全阀的超压值即为积聚压力。当超过定压 25% 时，安全阀达到额定排放量。

9.4.2.5　安全阀需要排放量的计算

中国劳动部《固定式压力容器安全技术监察规程》中对计算安全阀在不同工况下的排放量有明确规定。在规定以外的内容可参见美国石油学会 API RP520 和 API RP521 的有关部分。本节所介绍的方法是考虑了工程的处理和中国有关规定的推荐方法，总的来说，与 API RP520 和 API RP521 推荐的方法一致或更安全些，同时也满足了《固定式压力容器安全技术监察规程》的要求。

关于排放量的计算这里不做详述，可参见相关参考书籍。

9.4.3　爆破片的安全设计

在化工生产过程中为了防止因火灾烘烤或操作失误造成系统压力超过设计压力而发生爆炸事故，应设置爆破片等泄压设施，以保护设备或管道系统。选择爆破片时要考虑卸放面积、厚度等。

9.4.3.1　基本概念

① 爆破片装置　由爆破片（或爆破片组件）和夹持器（或支撑圈）等装配组成的压力泄放安全装置。当爆破片两侧压力差达到预定温度下的预定值时，爆破片立即动作（破裂或脱落）泄放出压力介质。

② 爆破片　在爆破片装置中，能够因超压而迅速动作的压力敏感元件，用以封闭压力，起到控制爆破压力的作用。

③ 爆破片组件（又称组合式爆破片）　由压力敏感元件、背压托架、加强环、保护膜等两种或两种以上零件组合成的爆破片。

④ 正拱形爆破片　压力敏感元件呈正拱形，在安装时，拱的凹面处于压力系统的高压侧，动作时该元件发生拉伸破裂；正拱普通型爆破片，即压力敏感元件无需其他加工，由坯片直接成型的正拱形爆破片。正拱开裂型爆破片，即压力敏感元件由有缝（孔）的拱形片与密封膜组成的正拱形爆破片。

⑤ 反拱形爆破片　压力敏感元件呈反拱形，在安装时，拱的凹面处于压力系统的高压侧，动作时该元件发生压缩失稳，导致破裂或脱落。反拱带刀架（或鳄齿）型爆破片，即压力敏感元件失稳翻转时因触及刀刃（或鳄齿）面破裂的反拱形爆破片；反拱脱落型爆破片，即压力敏感元件失稳翻转沿支承边缘脱落，并随高压侧介质冲出的反拱形爆破片。

⑥ 刻槽型爆破片　压力敏感元件的拱面（凸面或凹面）刻有减弱槽的拱形（正拱或反拱）爆破片。在爆破片装置中，爆破片应固定位置，保证爆破片准确动作。

⑦ 支承器　用机械方式或焊接固定反拱脱落型爆破片位置，保证爆破片准确动作的环圈。

⑧ 背压　存在于爆破片装置泄放侧的静压，在泄放侧若存在其他压力源或在入口侧存在真空状态均形成背压。泄放侧压力超过入口侧压力的差值称为背压差。

⑨ 加强膜　在组合式爆破片中，与压力敏感元件边缘紧密结合，起增强边缘强度作用的环圈。

⑩ 密封膜　在组合式爆破片中，对压力敏感元件起密封作用的薄膜。

⑪ 保护膜（层）　当压力敏感元件易受腐蚀影响时，用来防止腐蚀的覆盖薄膜，或者涂（镀）层。

⑫ 爆破压力　爆破片装置在相应的爆破温度下动作时，爆破片两侧的压力差值。设计爆破压力，是指爆破片设计时由需方提出的对应于爆破温度下的爆破压力；最大（最小）设计爆破压力，是指设计爆破压力加制造范围，再加爆破压力允差的总代数和；试验爆破压力，是指爆破试验时，爆破片在爆破瞬间所测量到的实际爆破压力，测量此爆破压力的同时应测量试验爆破温度；标定爆破压力，是指经过爆破试验标定符合设计要求的爆破压力，当爆破试验合格后，其值取该批次爆破片按规定抽样数量的试验爆破压力的算术平均值。同一批次爆破片的标定爆破压力必须在商定的制造范围以内，当商定制造范围为零时，标定爆破的压力应是设计爆破压力。

⑬ 最大正常工作压力　容器在正常工作过程中，容器顶部可能达到的最大压力。

⑭ 最高压力　容器最大正常工作压力加上流程中工艺系统附加条件后，容器顶部可能达到的压力。

⑮ 爆破温度　与爆破压力相应的压力敏感元件壁的温度。

⑯ 爆破压力允差　爆破片实际的试验爆破压力相对于标定爆破压力的最大允许偏差。其值可以是正负相等的绝对值或百分数。当商定制造范围为零时，此允差即表示对设计爆破压力的最大偏差。

⑰ 泄放面积　计算爆破片装置的理论泄放量。

⑱ 泄放量（又称泄放能力）　爆破片爆破后，通过泄放面积泄放出去的压力介质流量。

9.4.3.2　爆破片设置及选用

（1）爆破片类型

爆破片分正拱形爆破片（拉伸型金属爆破片装置）和反拱形爆破片（压缩型金属爆破片装置）。按组件结构特征还可细分，见表9-3，此外还有石墨和平板型爆破片。夹持器的夹持面形式有平面和锥面两种，外接密封面形式有平面、凹凸面和榫槽面三种。

表 9-3　金属爆破片分类

型式	名称	型式	名称
正拱形	普通型 开缝型 背压托架型 加强环型 软垫型 刻槽型	反拱形	卡圈型 背压托架型 刀架型 鳄齿型 刻槽型

(2) 爆破片的设置及选用

① 独立的压力容器和（或）压力管道系统设有安全阀、爆破片装置或这两者的结合装置。

② 满足下列情况之一应优先选用爆破片：压力有可能迅速上升的；泄放介质含有颗粒、易沉淀、易结晶、易聚合和介质黏度较大者；泄放介质有强腐蚀性，使用安全阀时其价值很高；工艺介质十分昂贵或有剧毒，在工作过程中不允许有任何泄漏，应与安全阀串联使用；工作压力很低或很高时，若选用安全阀，则其制造比较困难。

③ 对于一次性使用的管路系统（如开车吹扫的管路放空系统），爆破片的破裂不影响操作和生产的场合，设置爆破片。

④ 为减少爆破片破裂后的工艺介质的损失，可与安全阀串联使用。

⑤ 作为压力容器的附加安全设施，可与安全阀并联使用，例如，爆破片用于火灾情况下的超压泄放。

⑥ 为增加异常工况（如火灾）下的泄放面积，爆破片可并联使用。

⑦ 爆破片不适用于经常超压的场合。

⑧ 爆破片不适用于温度波动很大的场合。

(3) 爆破片的泄放量和泄放面积的计算及爆破压力

根据原劳动部颁发的《TSG 21—2016 固定式压力容器安全技术监察规程》来计算压力容器的安全泄放量。这部分内容在此不做详述，可以参阅相关参考书。

(4) 指定温度下的爆破片爆破压力确定

① 标定设计压力　每一爆破片装置应有指定温度下的标定爆破压力，其值不得超过容器的设计压力。当爆破试验合格后，其值取试验爆破压力的算术平均值，爆破压力允差见表 9-4。

表 9-4　爆破压力允差

爆破片型式	制定爆破压力/MPa（G）	允许偏差
正拱形	<0.2 ≥0.2	±0.010 ±5%
反拱形	<0.3 ≥0.3	±0.015 ±5%

② 爆破片制造范围　爆破片的制造范围是设计爆破压力在制造时允许变动的压力幅度，须由供需双方协商确定。在制造范围内的标定爆破压力应符合本规定的爆破压力允差（见表9-4）。当商定制造范围为零时，则标定爆破压力应是设计爆破压力。

正拱形爆破片制造范围分为标准制造范围、1/2 标准制造范围、1/4 标准制造范围、亦可以是零。爆破片制造范围见表 9-5。

表 9-5　爆破片制造范围

设计爆破压力 /MPa（表压）	标准制造范围		1/2 标准制造范围		1/4 标准制造范围	
	上限（正）/MPa	下限（负）/MPa	上限（正）/MPa	下限（负）/MPa	上限（正）/MPa	下限（负）/MPa
0.08～0.16	0.028	0.014	0.014	0.010	0.008	0.004
0.17～0.26	0.036	0.020	0.020	0.010	0.010	0.006
0.27～0.40	0.045	0.025	0.025	0.015	0.010	0.010
0.41～0.70	0.065	0.035	0.030	0.020	0.020	0.010

设计爆破压力 /MPa(表压)	标准制造范围		1/2 标准制造范围		1/4 标准制造范围	
	上限(正)/MPa	下限(负)/MPa	上限(正)/MPa	下限(负)/MPa	上限(正)/MPa	下限(负)/MPa
0.71～1.0	0.085	0.045	0.040	0.020	0.050	0.010
1.1～1.4	0.110	0.065	0.060	0.040	0.040	0.020
1.5～2.5	0.160	0.085	0.080	0.040	0.040	0.020
2.6～3.5	0.210	0.105	0.100	0.030	0.040	0.025
3.6 及以上	6％	3％	3％	1.5％	1.5％	0.8％

反拱刀架（或刻槽）型爆破片制造范围按设计爆破压力的百分数计算，分为 10％、5％、0。爆破片的制造范围与爆破压力允差不同，前者是制造时相对于设计爆破压力的一个变动范围，而后者是试验爆破压力相对于标定爆破压力的变动范围。

③ 爆破片的设计爆破压力 为了使爆破片获得最佳的寿命，对于每一类型的爆破片设定的设备最高压力与最小标定爆破压力之比见表 9-6。

表 9-6 爆破片设定的设备最高压力与最小标定爆破压力之比

型别名称及代号	设备最高压力(表压) /最小标定爆破压力/％	型别名称及代号	设备最高压力(表压) /最小标定爆破压力/％
正拱普通平面型 LPA	70	正拱开缝锥面型 LKB	80
正拱普通锥面型 LPA	70	反拱刀架型 YD	90
正拱普通平面托架型 LPTA	70	反拱卡圈型 YQ	90
正拱普通锥面托架型 LPTB	70	反拱托架型	80
正拱开缝平面型 LKA	80		

对于新设计的压力容器，确定最高压力之后，根据所选择的爆破片型式和表 9-6 中的比值，确定爆破片的设计爆破压力。设计爆破压力 p_b＝最小标定爆破压力 p_a＋制造范围负偏差的绝对值。根据 GB 150—2011《钢制压力容器》附录 B，容器的设计压力为大于等于设计爆破压力加上制造范围正偏差。旧设备新安装爆破片，容器的设计压力和最高压力已知时，按选定爆破片的制造范围确定设计爆破压力，再确定合适的爆破片型式。

思考题

1. 压力容器可能的安全隐患是什么？
2. 压力容器常用的安全附件有哪些？安全附件的作用是什么？
3. 作为压力泄放装置，安全阀和爆破片有何区别？
4. 安全阀的选择原则？

第10章

化工厂安全操作与维护

化工生产过程涉及的危险化学品种类多、数量大，对工艺条件要求苛刻，火灾爆炸危险性大；且由于化工生产过程工艺特点不同，同一种产品往往有多种工艺路线，而每种工艺路线使用的原料和工艺条件也不尽相同。为了使学生初步认识和了解化工生产过程中的潜在危险性，实现化工生产过程中的安全操作，本章从规章制度、单元操作过程、反应过程热危险分析、典型的危险化学反应工艺、工艺变更管理等方面介绍化工操作安全方面的知识。

10.1 化工厂安全管理制度

10.1.1 制定并遵守安全生产管理制度

制定安全生产管理制度，开展安全文化建设，使大家认识到遵守规则的必要性，从而自觉遵守规则，并且每个人都应充分认识到各自所应负的安全责任范围，意识到安全是关乎你、我、他生命安全的重大事情，并予以足够的重视。危险化学品就如同猛虎野兽一般，而在人们观赏野生动物的时候有两种方式可以获得安全，一是把动物关进笼子中，另一个是把观赏者放入封闭空间中。类比来说，使化学品处于笼子中靠的是完好的设备，把操作人员放入封闭空间靠的是制度和规范。因此，我们要懂得，不遵守安全管理制度就等同于在野生动物园不把观赏者置于封闭空间，有可能会遭到动物的侵袭一样危险。

下面列举一些安全规则。

(1) 生产岗位安全操作

化工生产岗位安全操作对于保证生产安全是至关重要的。其要点如下。

① 必须严格执行工艺技术规程，遵守工艺纪律，做到"平稳运行"；

② 必须严格执行安全操作规程；

③ 控制溢料和漏料，严防"跑、冒、滴、漏"；

④ 不得随便拆除安全附件和安全联锁装置，不准随意切断声、光报警等信号；

⑤ 正确穿戴和使用个体防护用品。

（2）化工生产的十四不准

① 加强明火管理，厂区内不准吸烟；

② 生产区不准未成年人进入；

③ 上班时间不准睡觉、干私活、离岗和干与工作无关的事；

④ 在班前、班上不准喝酒；

⑤ 不准使用汽油等易燃液体擦洗设备、用具和衣物；

⑥ 不按规定穿戴劳动保护用品，不准进入生产岗位；

⑦ 安全装置不齐全的设备不准使用；

⑧ 不是自己分管的设备、工具不准动用；

⑨ 检修设备时安全措施不落实，不准开始检修；

⑩ 停机检修后的设备，未经彻底检查，不准使用；

⑪ 未办高处作业证，不带安全带，脚手架、跳板不牢，不准登高作业；

⑫ 石棉瓦上不固定好跳板，不准作业；

⑬ 未安装触电保安器的移动电动工具，不准使用；

⑭ 未取得安全作业证的职工，不准独立作业；特殊工种职工，未经取证，不准作业。

（3）生产要害岗位管理

① 凡是易燃、易爆、危险性较大的岗位，易燃、易爆、剧毒、放射性物品的仓库，贵重机械、精密仪器场所，以及生产过程中具有重大影响的关键岗位，都属于生产要害岗位。

② 要害岗位应由保卫（防火）、安全和生产技术部门共同认定，经厂长（经理）审批，并报上级有关部门备案。

③ 要害岗位人员必须具备较高的安全意识和较好的技术素质，并由企业劳资、保卫、安全部门与车间共同审定。

④ 编制要害岗位毒物周知卡和重大事故应急救援预案，并定期组织有关单位、人员演习，提高处置突发事故的能力。

⑤ 应建立、健全严格的要害岗位管理制度。凡外来人员，必须经厂主管部门审批，并在专人陪同下经登记后方可进入要害岗位。

⑥ 要害岗位施工、检修时必须编制严密的安全防范措施，并到保卫、安全部门备案。施工、检修现场要设监护人，做好安全保卫工作，认真做好详细记录。

⑦ 易燃、易爆生产区域内，禁止使用手机，禁止摄像拍照。

10.1.2 开、停车安全操作及管理

（1）开车安全操作及管理

① 正常开车执行岗位操作法。

② 较大系统开车必须编制开车方案（包括应急事故救援预案），并严格执行。

③ 开车前应严格检查下列各项内容：

a. 确认水、电、汽（气）符合开车要求，各种原料、材料、辅助材料的供应齐备；

b. 阀门开闭状态及盲板抽堵情况，保证装置流程畅通，各种机电设备及电器仪表等均处在完好状态；

c.保温、保压及清洗的设备要符合开车要求，必要时应重新置换、清洗和分析，使之合格；

d.确保安全、消防设施完好，通讯联络畅通，并通知消防、医疗卫生等有关部门；

e.其他有关事项。

各项检查合格后，按规定办理开车操作票，投料前必须进行分析验证。

④ 危险性较大的生产装置开车，相关部门人员应到现场。消防车、救护车处于备防状态。

⑤ 开车过程中应严格按开车方案中的步骤进行，严格遵守升降温、升降压和加减负荷的幅度（速率）要求。

⑥ 开车过程中要严密注意工艺的变化和设备的运行，发现异常现象应及时处理，紧急时应终止开车，严禁强行开车。

⑦ 开车过程中应保持与有关岗位和部门之间的联络。

⑧ 必要时停止一切检修作业，无关人员不准进入开车现场。

（2）停车安全操作及管理

① 正常停车按岗位操作法执行；

② 较大系统停车必须编制停车方案，并严格按停车方案中的步骤进行；

③ 系统降压、降温必须按要求的幅度（速率）并按先高压后低压的顺序进行，凡须保温、保压的设备（容器），停车后要按时记录压力、温度的变化；

④ 大型传动设备的停车，必须先停主机、后停辅机；

⑤ 设备（容器）卸压时，应对周围环境进行检查确认，要注意易燃、易爆、有毒等危险化学物品的排放和扩散，防止造成事故；

⑥ 冬季停车后，要采取防冻保温措施，注意低位、死角及水、蒸汽管线、阀门、流水器和保温伴管的情况，防止冻坏设备。

（3）紧急处理

① 发现或发生紧急情况，必须先尽最大努力妥善处理，防止事态扩大，避免人员伤亡，并及时向有关方面报告；

② 工艺及机电设备等发生异常情况时，应迅速采取措施，并通知有关岗位协调处理；必要时，按步骤紧急停车；

③ 发生停电、停水、停气（汽）时，必须采取措施，防止系统超温、超压、跑料及机电设备的损坏；

④ 发生爆炸、着火、大量泄漏等事故时，应首先切断气（物料）源，同时迅速通知相关岗位采取措施，并立即向上级报告。

10.1.3　装置的安全停车与处理

化工装置在停车过程中，要进行降温、降压、降低进料量等工作，直至切断原料、燃料的进料，然后进行设备倒空、吹扫、置换等工作。各工序和各岗位之间联系密切，如果组织不好、指挥不当、联系不周或操作失误，都将比正常运转过程中更容易发生事故。

10.1.3.1　停车前的准备工作

① 编写停车方案　在装置停车过程中，操作人员要在较短的时间内开关很多阀门和仪

表，密切注意各部位的温度、压力、流量、液位的变化，因此劳动强度大，精神紧张。虽然有操作规程，但为了避免差错，还应当结合停车检修的特点和要求，制定出"停车方案"，其主要内容应包括：停车时间、停车步骤、设备管线倒空及吹扫流程、抽堵盲系统图，还要根据具体情况制定防堵、防冻措施；对每一步骤都要有时间要求、达到的指标，并有专人负责。

② 作好检修期间的劳动组织及分工　根据每次在检修工作工作的内容，合理调配人员，分工明确。在检修期间，除派专人与施工单位配合检修外，各岗位、控制室均应有人坚守岗位。

③ 进行大修动员　在停车检修前要进行一次大检修的动员，使每个职工都明确检修的任务、进度，熟悉停开车方案，重温有关安全制度和规定，可以提高认识，为安全检修打下扎实的思想基础。

10.1.3.2　停车操作注意事项

停车方案一经确定，应严格按照停车方案确定的时间、停车步骤、工艺变化幅度，以及确认的停车操作顺序表，有秩序地进行。停车操作应注意下列事项。

① 把握好降温、降量的速度。在停车过程中，降温降量的速度不宜过快。尤其在高温条件下，温度的骤变会引起设备和管道的变形、破裂和泄漏，而易燃易爆介质的泄漏会引起着火爆炸，有毒物质泄漏会引起中毒。

② 开关阀门的操作要缓慢。尤其是在开阀门时，打开头两扣后要停片刻，使物料少量通过，观察物料畅通情况（对热物料来说，可以有一个对设备和管道的预热过程），然后再逐渐开大，直至达到要求为止。开水蒸气阀门时，开阀前应先打开排凝阀，将设备或管道内的凝液排净，关闭排凝阀后再由小到大逐渐把蒸汽阀打开，以防止蒸汽遇水造成水锤现象，产生振动而损坏设备和管道。

③ 加热炉的停炉操作应按工艺规程中规定的降温曲线逐渐减少烧嘴，并考虑到各部位火嘴熄火对炉膛降温的均匀性。

加热炉未全部熄灭或炉膛温度很高时，有引燃可燃气体危险性。此时装置不得进行排空和低点排放凝液，以免可燃气体飘进炉膛引起爆炸。

④ 高温高真空设备的停车必须先破真空，待设备内的介质温度降到自燃点以下，方可与大气相通，以防空气进入引起介质的燃爆。

⑤ 装置停车时，设备及管道内的液体物料应尽可能倒空，送出装置，可燃、有毒气体应排至火炬烧掉。对残存物料的排放，应采取相应措施，不得就地排放或排入下水道中。

10.1.3.3　抽堵盲板

化工生产中，厂际之间、装置之间、设备与设备之间都有管道相连通。停车检修的设备必须与运行系统或有物料的系统进行隔离，而这种隔离只靠阀门是不行的，因为阀门经过长期的介质冲刷、腐蚀、结垢或杂质的积存，密封性差，一旦易燃易爆、有毒、腐蚀性、高温、窒息性介质窜入检修设备中，极易导致事故发生。最保险的办法是将与检修设备相连的管道用盲板相隔离，装置开车前再将盲板抽掉。

抽堵盲板工作既有很大的危险性，又有较复杂的技术性，必须有熟悉生产工艺的人员负责，严加管理。抽堵盲板应注意以下几点：

① 根据装置的检修计划，制定抽堵盲板流程图，对需要抽堵的盲板要统一编号，注明

抽堵盲板的部位和盲板的规格，并指定专人负责作业和现场监护。对抽堵盲板的操作人和监护人要进行安全教育，交代安全措施。操作前要检查设备及管道内压力是否已降下，残液是否排净。

② 要根据管道的口径、系统压力及介质的特性，制造有足够强度的盲板。盲板应留有手柄，便于抽堵和检查。有的把盲板做成∞字型，一端为盲板，另一端是开孔的，抽堵操作方便，标志明显。8字盲板，形状像8字，一端是盲板，另一端是节流环，但直径与管道的管径相同，并不起节流的作用。8字盲板使用方便，需要隔离时使用盲板端，需要正常操作时使用节流环端，同时也可用于填补管路上盲板的安装间隙。另一个特点就是标识明显，易于辨认安装状态。

③ 加盲板的位置，应加在有物料来源的阀门后部法兰处，盲板两侧均应有垫片，并用螺栓把紧，以保持其严密性。

④ 抽堵盲板时要采取必要的安全措施，高处作业要搭设脚手架，系安全带。当系统中存在有毒介质时要佩戴防毒面具。若系统中有易燃易爆介质，抽堵盲板作业时，周围不得动火；用照明灯时，必须用电压小于36V的防爆灯；应使用铜质或其他不产生火花的器具，防止作业时产生火花；拆卸法兰螺栓时，应小心操作，防止系统内介质喷出伤人。

⑤ 做好抽堵盲板的检查登记工作。应派专人对抽堵的盲板分别逐一进行登记；并对照抽堵盲板的流程图进行检查，防止漏堵或漏抽。

10.1.3.4 置换、吹扫和清洗

为了保证检修动火和罐内作业的安全，检修前要对设备内的易燃易爆、有毒气体进行置换；对易燃、有毒液体需要在倒空后用惰性气体吹扫；积附在器壁上的易燃、有毒介质的残渣、油垢或沉积物要进行认真的清理，必要时要人工刮铲、热水煮洗等；对酸碱等腐蚀性液体及经过酸洗或碱洗过的设备，则应进行中和处理。

(1) 置换

对易燃、有毒气体的置换，大多采用蒸汽、氮气等惰性气体为置换介质，也可采用注水排气法，将易燃、有毒气体排出。对用惰性气体置换过的设备，若需进罐作业，还必须用空气将惰性气体置换掉，以防止窒息。根据置换和被置换介质密度的不同，选择确定置换和被置换介质的进出口和取样部位。若置换介质的密度大于被置换介质的密度，应由设备和管道的最低点进入置换介质，由最高点排出被置换介质，取样点宜设置在顶部及易产生死角的部位。反之，则改变其方向，以免置换不彻底。

用注水排气法置换气体时，一定要保证设备内充满水，以确保将被置换气体全部排出。置换出的易燃、有毒气体，应排至火炬或安全场所。

置换后应对设备内的气体进行分析，检测易燃易爆气体浓度和含氧量，至合格为止，氧含量≥18%，可燃气体浓度≤0.2%为合格。

(2) 吹扫

对设备和管道内没有排净的易燃有毒液体，一般采用以蒸汽或惰性气体进行吹扫的方法来清除，这种方法也叫扫线。

吹扫作业时的注意事项如下：

① 吹扫时要注意选择吹扫介质。炼油装置的瓦斯线、高温管线以及闪点低于130℃的油管线和装置内物料爆炸下限的设备、管线，不得用压缩空气吹扫。空气容易与这类物料混合成为爆炸性混合物，吹扫过程中易产生静电火花或其他明火，发生着火爆炸事故。

② 吹扫时阀门开度应小，稍停片刻，使吹扫介质少量通过，注意观察畅通情况。采用蒸汽作为吹扫介质时，有时需用胶皮软管，胶皮软管要绑牢，同时要检查胶皮软管承受压力情况，禁止这类临时性吹扫作业使用的胶管用于中压蒸汽。

③ 设有流量计的管线，为防止吹扫蒸汽流速过大及管内带有铁渣、锈、垢，损坏计量仪表内部构件，一般经由副线吹扫。

④ 机泵出口管线上的压力表阀门要全部关闭，防止吹扫时发生水击把压力表震坏。压缩机系统倒空置换原则，以低压到中压再到高压的次序进行，先倒净一段，如未达到目的而压力不足时，可由二、三段补压倒空，然后依次倒空，最后将高压气体排入火炬。

⑤ 管壳式换热器、冷凝器在用蒸汽吹扫时，必须分段处理，并要放空泄压，防止液体汽化，造成设备超压损坏。

⑥ 吹扫时要按系统逐次进行，再把所有管线（包括支路）都吹到，不能留死角。吹扫完应先关闭吹扫管线阀门，后停汽，防止被吹扫介质倒流。

⑦ 精馏塔系统倒空吹扫，应先从塔顶回流罐、回流泵倒液、关阀，然后倒塔釜、再沸器、中间再沸器液体，保持塔压一段时间，待盘板积存的液体全部流净后，由塔釜再次倒空放压。塔、容器及冷换设备吹扫之后，还要通过蒸汽在最低点排空，直到蒸汽中不带油为止，最后停汽，打开低点放空阀排空，要保证设备打开后无油、无瓦斯，确保检修动火安全。

⑧ 对低温生产装置，考虑到复工开车系统内对露点指标控制很严格，所以不采用蒸汽吹扫，而要用氮气分片集中吹扫，最好用干燥后的氮气进行吹扫置换。

⑨ 吹扫采用本装置自产蒸汽，应首先检查蒸汽中是否带油。装置内油、汽、水等有互窜的可能，一旦发现互窜，蒸汽就不能用来灭火或吹扫。

⑩ 吹扫作业应该根据停车方案中规定的吹扫流程图，按管段号和设备位号逐一进行，并填写登记表。在登记表上注明管段号，设备位号、吹扫压力、进气点、排放点、负责人等。

⑪ 吹扫结束时应先关闭物料阀，再停气，以防止管路系统介质倒回。设备和管道吹扫完毕并分析合格后，应及时加盲板与运行系统隔离。

（3）清洗

对置换和吹扫都无法清除的油垢和沉积物，应用蒸汽、热水、溶剂、洗涤剂或酸、碱来清洗，有的还需人工铲除。这些油垢和残渣若铲除不彻底，即使在动火前分析设备内可燃气体含量合格，然而动火时由于油垢、残渣受热分解出易燃气体，也可能导致着火爆炸。清洗的方法和注意事项如下：

① 水洗　水洗适用于对水溶性物质的清洗。常用的方法是将设备内罐满水，浸渍一段时间。如有搅拌或徨泵则更好，使水在设备内流动，这样既可节省时间，又能清洗彻底。

② 水煮　冷水难溶的物质可加满水后用蒸汽煮。此法可以把吸附在垫圈中的物料清洗干净，防止垫圈中的吸附物在动火时受热挥发，造成燃爆。有些不溶于水的油类物质，经热水煮后，可能化成小液滴而悬浮在热水中随水放出。此法可以重复多次，也可在水中放入适量的碱或洗涤剂，开动搅拌器加热清洗，但搪玻璃设备不可用碱液清洗，金属设备也应注意减少腐蚀。

③ 蒸汽冲　对不溶于水、常温下不易汽化的黏稠物料，可以用蒸汽冲的办法进行清洗。要注意蒸汽压力不宜过高，喷射速度不宜太快，防止由于摩擦产生静电。需要注意蒸汽冲过

的设备还应用热水煮洗。

④ 化学清洗　对设备、管道内不溶于水的油垢、水垢、铁锈及盐类沉积物，可用化学清洗的方法除去。常用的碱洗法，除了用氢氧化钠溶液外，还可以用磷酸氢钠、碳酸氢钠并加适量的表面活性剂，在适当的温度下进行清洗。

⑤ 酸洗　是用盐酸加缓蚀剂清洗，对不锈钢及其他合金钢则用柠檬酸等有机酸清洗。有些物料的残渣可用溶剂（例如乙醇、甲醇等）清洗。

10.1.3.5　装置环境安全标准

通过各种处理工作，生产车间在设备交付检修前，必须对装置环境进行分析，达到下列标准。

① 在设备内检修、动火时，氧含量应为 $19\%\sim21\%$，燃烧爆炸物质浓度应低于安全值，有毒物质浓度应低于最高容许浓度；

② 设备外壁检修、动火时，设备内部的可燃气体含量应低于安全值；

③ 检修场地水井、沟，应清理干净，加盖砂封，设备管道内无余压、无灼烫物、无沉淀物；

④ 设备、管道物料排空后，加水冲洗、再用氮气、空气置换至设备内可燃物含量合格，氧含量在 $19\%\sim21\%$。

10.1.4　开、停车过程中的置换过程安全考虑

在开车过程中，常常需要将装置内的空气置换为系统气体，此时如果直接用系统气体置换则有可能存在一定的安全隐患；而在停车过程中，则需要将装置内的物料置换为空气，此时若直接用空气转换也会有一定安全隐患，尤其是当系统中的气体为易燃气体时隐患更大。因此可采用惰性气体置换，这被称为惰化技术。惰化技术是工程上常采用的方法，即向体系里充入惰性气体（N_2、CO_2、水蒸气或雾等）的办法把氧的浓度稀释至临界氧浓度以下，以降低发生燃爆事故的可能性，提高安全性。常使用的惰性气体种类为：氮气、二氧化碳、水蒸气等。惰化技术的理论依据是可燃性图。

10.1.4.1　可燃性图

可燃性图是用燃料、氧气和惰性气体组成的三维图，可描述可燃物质的燃烧性。可燃区域是空气线、UFL（燃烧上限）线、（燃烧下限）LFL 线、LOC（临界氧浓度）和化学计量线围成的区域。

化学计量线是 $100z/(1+z)$ 在氧气轴上的交点与顶点之间相连的直线。其中 z 是 1mol 燃料完全燃烧需要氧气的物质的量。对于甲烷，$z=2$，则 $100z/(1+z)=67$。

LOC 值可以由实验测得或者通过一些经验式估算得到。表 10-1 列出了一些物质的 LOC 值。可见，引入不同的惰性气体介质，燃料的 LOC 值也不同，如甲烷的 LOC 值在引入 N_2 的情况下为 12%，在引入 CO_2 的情况下为 14.5%。

甲烷的可燃性图如图 10-1 所示。在开车过程中，通常需要将系统中的空气置换为纯甲烷，此时若直接通入甲烷气体，那么组成会沿着空气线变化直至甲烷组成为 100%，这样的话会穿越可燃区域，有燃烧爆炸的危险。同样，在停车过程中，如果直接通入空气置换纯甲烷气体也会穿过可燃区域。因此，比较安全的做法是在开车过程中，先通入 N_2 将空气置换出来，再通入甲烷气体，这样即可不经过可燃区域；同理，停车过程中，先通入 N_2 置换其中的甲烷气体后，再通入空气。

表 10-1　一些物质的 LOC 值　　　　　　　单位:%（体积分数）

气体或者蒸气	N₂/空气	CO₂/空气	气体或者蒸气	N₂/空气	CO₂/空气
甲烷	12	14.5	煤油	10(150℃)	13(150℃)
乙烷	11	13.5	JP-1 燃料	10.5(150℃)	14(150℃)
丙烷	11.5	14.5	JP-3 燃料	12	14.5
正丁烷	12	14.5	JP-4 燃料	11.5	14.5
异丁烷	12	15	天然气	12	14.5
正戊烷	12	14.5	氯代正丁烷	14	—
异戊烷	12	14.5		12(100℃)	—
正己烷	12	14.5	二氯甲烷	19(30℃)	—
正庚烷	11.5	14.5		17(100℃)	—
乙烯	10	11.5	二氯乙烷	13	—
丙烯	11.5	14		11.5(100℃)	—
1-丁烯	11.5	14	三氯乙烷	14	—
异丁烯	12	15	三氯乙烯	9(100℃)	—
丁二烯	10.5	13	丙酮	11.5	14
3-甲基-1-丁烯	11.5	14	叔丁醇	NA	16.5(150℃)
苯	11.4	14	二硫化碳	5	7.5
甲苯	9.5	—	一氧化碳	5.5	5.5
苯乙烯	9.0	—	乙醇	10.5	13
乙烯	9.0	—	2-乙基丁醇	9.5(150℃)	—
乙烯基甲苯	9.0	—	乙醚	10.5	13
二乙苯	8.5	—	氢气	5	5.2
环丙烷	11.5	14	硫化氢	7.5	11.5
汽油			甲酸异丁酯	12.5	15
(73/100)	12	15	甲醇	10	12
(100/130)	12	15	乙酸甲酯	11	13.5
(115/145)	12	14.5			

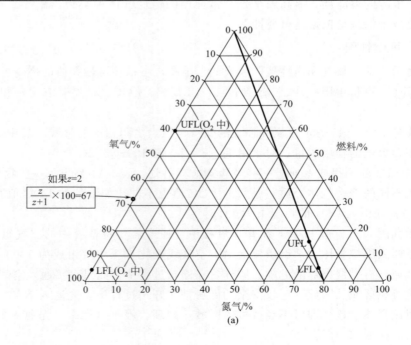

(a)

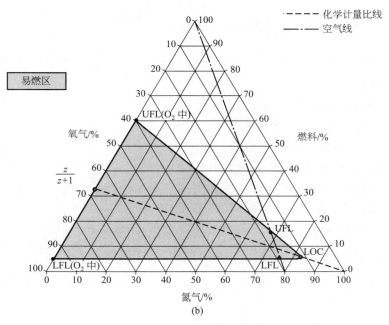

图 10-1　甲烷的可燃性

10.1.4.2　惰化置换技术

惰化置换技术包括：真空惰化；高压惰化；真空-高压结合惰化；吹扫惰化；虹吸惰化技术。

(1) 真空惰化

如图 10-2 所示，一般是对可燃气体初始浓度为 y_0、初始压力为常压 p_H 的容器进行抽真空至压力 p_L，再充入惰性气体至压力恢复为 p_H，为一次循环；继续重复以上步骤至容器内可燃气体浓度达到预定值。置换 j 次以后，容器内的可燃气体浓度 y_j 和使用的 N_2 量为：

$$y_j = y_0 \left(\frac{n_L}{n_H} \right)^j = y_0 \left(\frac{p_L}{p_H} \right)^j$$

$$\Delta n_{N_2} = j(p_H - p_L) \frac{V}{R_g T}$$

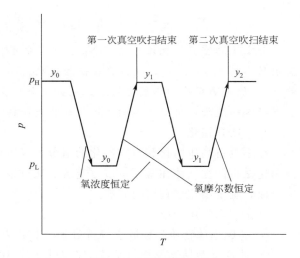

图 10-2　真空惰化示意

【例 10-1】　一个体积为 $1m^3$ 的常压储罐装满空气（25℃），采用抽真空的方法将系统压力降至 20mmHg，再充入 N_2 恢复至常压，反复多次后将其置换至氧气浓度低于 1ppm（10^{-6}）。计算至少需要多少次抽真空操作和 N_2 置换？需要的 N_2 量是多少？

解： $y_0 = 0.21$，$y_f = 1 \times 10^{-6}$，$p_H = 1atm$，

$p_L = 20/760 = 0.026atm$，那么 $y_j = y_0 (p_L/p_H)^j$，即

$$10^{-6}=0.21 \times (0.026)^j$$

计算得到 $j=3.37$，也就是说需要 4 次即可。

$$\Delta n_{N_2}=4 \times (1-0.026) \times \frac{1000}{0.08206 \times 298.15}=159.2mol=4.45kg$$

（2）高压惰化

如图 10-3 所示，使用压力 p_H（绝压）的高压惰性气体，向可燃气体初始浓度为 y_0、初始压力为常压 p_L 的容器内冲入高压惰性气体至压力为 p_H，再放空至常压 p_L 为一次循环；继续重复以上步骤至容器内可燃气体浓度达到预定值。置换 j 次以后，容器内的可燃气体浓度 y_j 和使用的 N_2 量为：

$$y_j=y_0\left(\frac{n_L}{n_H}\right)^j=y_0\left(\frac{p_L}{p_H}\right)^j$$

$$\Delta n_{N_2}=j(p_H-p_L)\frac{V}{R_g T}$$

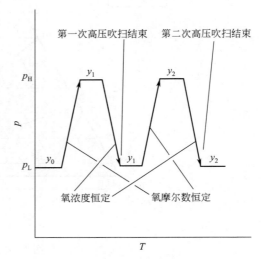

图 10-3 高压惰化示意

【例 10-2】 一个体积为 $1m^3$ 的常压储罐装满空气（25℃），采用绝压为 6.5atm 的 N_2 将其置换至氧气浓度低于 1ppm。计算至少需要多少次高压 N_2 置换操作？需要的 N_2 量是多少？与上述真空置换比较一下。

解： $y_j=10^{-6}=0.21 \times (1/6.5)^j$，那么 $j=6.6$ 即至少需要 7 次高压 N_2 冲洗。

$$N_2 \text{ 用量}=7 \times (6.5-1) \times \frac{1000}{0.08206 \times 298}=1574.4mol=44.1kg$$

与上述真空置换相比，高压 N_2 置换需要 44.1kg N_2，且需要置换的次数较多；而真空置换只需要 4.45kg N_2，置换次数仅为 4 次。尽管高压吹扫比真空置换需要更多次数和更多的 N_2，但是高压吹扫一般更快速，也更安全。真空置换需要的装置繁琐，且有时会出现将装置抽瘪的危险，所以可能的情况下，优先选择高压置换。

（3）吹扫惰化

在不具备高压惰化和真空惰化的情况下或者设备不耐压的场合，可以采用吹扫惰化。吹扫惰化是将惰性气体在常压下以一定流量通过系统，将系统中的气体置换出来，通过分析气体组成，确定惰化过程何时完成。

惰化技术常用于以下场合：

① 易燃固体物质的粉碎、筛选处理及其粉末输送时，采用惰性气体进行覆盖保护；

② 处理可燃易爆的物料系统，在进料前，用惰性气体进行置换，以排除系统中原有的气体，防止形成爆炸性混合物；

③ 易燃液体利用惰性气体充压输送；

④ 在有爆炸性危险的生产场所，对有引起火灾危险的电器、仪表等采用充氮正压保护；

⑤ 含有易燃易爆系统的大型装置检修动火前，使用惰性气体进行吹扫置换。

10.1.5　化工装置检修

（1）化工装置检修分类
化工装置和设备的检修可分为计划内检修和计划外检修。

① 计划内检修　计划内检修指企业根据设备管理、使用的经验以及设备状况，制定设备检修计划，对设备进行有组织、有准备、有安排的检修。根据检修内容、周期和要求的不同，计划检修又可分为大修、中修、小修。由于装置为设备、机器、公用工程的综合体，因此装置检修比单台设备（或机器）检修要复杂得多。

② 计划外检修　计划外检修又称故障检修或者事故检修，它是指在生产过程中突然发生故障或事故，必须进行不停车或停车检修。这种检修事先难以预料，无法安排检修计划，而且要求检修时间比较短，检修质量高，检修的环境及工况复杂，故难度相当大。当然计划外检修随着日常的保养、检测管理技术和预测技术的不断完善和发展，必然会日趋减少，但在目前的化工生产中，仍然是不可避免的。

（2）化工装置检修的特点
化工生产装置检修与其他行业的检修相比，具有复杂性、频繁性、危险性大的特点。

化工检修的复杂性：由于化工生产装置中使用的化工设备、机械、仪表、管道、阀门等，种类多，数量大，结构和性能各异，而检修中由于受到环境、气候场地的限制，有些要在露天作业，有些要在设备内作业，有些要在地坑或井下作业，有时还要上、中、下立体交叉作业。并且检修内容多、工期紧、工种多，所有这些都意味着化工装置检修的复杂性。

化工检修的频繁性：所谓频繁是指计划检修、计划外检修的次数多；化工生产的复杂性，再加上数量繁多的化工生产装置，这就决定了化工检修的频繁性。

化工检修的危险性：化工生产的危险性决定了化工检修的危险性，再加上化工生产装置和设备复杂，化工设备和管道中的物质大多具有易燃、易爆、有毒等特点，检修作业又离不开动火、动土、限定空间等作业，客观上具备了发生火灾、爆炸、中毒、化学灼伤、高处坠落、物体打击等事故的条件。

为了确保检修人员在检修工作中的安全，要求从事检修作业的人员具有丰富的知识和技术，熟悉和掌握不同设备的结构、性能和特点。

（3）检修前的安全要求
① 外来检修施工单位应具有国家规定的相应资质，并在其等级许可范围内开展检修施工业务。

② 在签订设备检修合同时，应同时签订安全管理协议。

③ 根据设备检修项目的要求，检修施工单位应制定设备检修方案，检修方案应经设备使用单位审核。检修方案中应有安全技术措施，并明确检修项目安全负责人。检修施工单位应指定专人负责整个检修作业过程的具体安全工作。

④ 检修前，设备使用单位应对参加检修作业的人员进行安全教育，安全教育主要包括以下内容：有关检修作业的安全规章制度；检修作业现场和检修过程中存在的危险因素和可能出现的问题及相应对策；检修作业过程中所使用的个体防护器具的使用方法及使用注意事项；相关事故案例和经验、教训。

⑤ 检修现场应根据 GB 2894 的规定设立相应的安全标志。

⑥ 检修项目负责人应组织检修作业人员到现场进行检修方案交底。

⑦ 检修前施工单位要做到检修组织落实、检修人员落实和检修安全措施落实。

⑧ 当设备检修涉及高处、动火、动土、断路、吊装、抽堵盲板、受限空间等作业时，须遵守以下规范：

AQ 3025—2008《化学品生产单位高处作业安全规范》；

AQ 3022—2008《化学品生产单位动火作业安全规范》；

AQ 3023—2008《化学品生产单位动土作业安全规范》；

AQ 3024—2008《化学品生产单位断路作业安全规范》；

AQ 3021—2008《化学品生产单位吊装作业安全规范》；

AQ 3027—2008《化学品生产单位盲板抽堵作业安全规范》；

AQ 3028—2008《化学品生产单位受限空间作业安全规范》。

⑨ 临时用电应办理用电手续，并按规定安装和架设。

⑩ 设备使用单位负责设备的隔绝、清洗、置换，合格后交出。

⑪ 检修项目负责人应与设备使用单位负责人共同检查，确认设备、工艺处理等满足检修安全要求。

⑫ 应对检修作业使用的脚手架、起重机械、电气焊用具、手持电动工具等各种工器具进行检查；手持式、移动式电气工器具应配有漏电保护装置。凡不符合作业安全要求的工器具不得使用。

⑬ 对检修设备上的电器电源，应采取可靠的断电措施，确认无电后在电源开关处设置安全警示标牌或加锁。

⑭ 对检修作业使用的气体防护器材、消防器材、通信设备、照明设备等应安排专人检查，并保证完好。

⑮ 对检修现场的梯子、栏杆、平台、箅子板、盖板等进行检查，确保安全。

⑯ 对有腐蚀性介质的检修场所应备有人员应急用冲洗水源和相应防护用品。

⑰ 对检修现场存在的可能危及安全的坑、井、沟、孔洞等应采取有效防护措施，设置警告标志，夜间应设警示红灯。

⑱ 应将检修现场影响检修安全的物品清理干净。

⑲ 应检查、清理检修现场的消防通道、行车通道，保证畅通。

⑳ 需夜间检修的作业场所，应设满足要求的照明装置。

㉑ 检修场所涉及的放射源，应事先采取相应的处置措施，使其处于安全状态。

（4）检修作业中的安全要求

① 参加检修作业的人员应按规定正确穿戴劳动保护用品。

② 检修作业人员应遵守本工种安全技术操作规程。

③ 从事特种作业的检修人员应持有特种作业操作证。

④ 多工种、多层次交叉作业时，应统一协调，采取相应的防护措施。

⑤ 从事有放射性物质的检修作业时，应通知现场有关操作、检修人员避让，确认好安全防护间距，按照国家有关规定设置明显的警示标志，并设专人监护。

⑥ 夜间检修作业及特殊天气的检修作业，须安排专人进行安全监护。

⑦ 当生产装置出现异常情况可能危及检修人员安全时，设备使用单位应立即通知检修

人员停止作业，迅速撤离作业场所。经处理，异常情况排除且确认安全后，检修人员方可恢复作业。

（5）检修结束后的安全要求

① 因检修需要而拆移的盖板、箅子板、扶手、栏杆、防护罩等安全设施应恢复其安全使用功能；

② 检修所用的工器具、脚手架、临时电源、临时照明设备等应及时撤离现场；

③ 检修完工后所留下的废料、杂物、垃圾、油污等应清理干净。

在检修过程中，安全检查人员要到现场巡回检查，检查各检修现场是否认真执行安全检修的各项规定，发现问题要及时纠正、解决。如有严重违章者，安全检查人员有权令其停止作业，并用统计表的形式公布各单位安全工作的情况、违章次数，进行安全检修评比。

10.2 化工厂单元操作安全

化工厂中所有产品的生产过程均是由多个不同的单元操作（主要是化工生产过程中的物理过程）和化学反应过程组合而成，而单元操作的设备费和操作费一般可占到80%～90%，可见单元操作在化工生产中占有多么重要的地位。因此，化工厂安全操作中单元操作的安全至关重要，下面简要介绍一下不同单元操作的安全技术措施。

10.2.1 物料输送

在化工生产过程中，经常需要将原材料、中间产品、最终产品以及副产品或废弃物从一个工序输送到另一个工序，这个过程就是物料输送。根据输送物料的形态不同（粉态、液态、气态等），要采取的输送设备也是不同的，所要求的安全技术也不同。其安全技术措施如下：

（1）固体物料和粉状物料输送

① 人的行为　对输送设备进行润滑加油和清扫工作，这是操作者致伤的主要机会。防止措施是按操作规程要求进行维护，规范劳保穿戴、女员工要避免长头发外露。

② 设备对操作者造成严重危险的部位　皮带同皮带轮、齿轮与齿轮、齿轮与链带相吻合的部位，对这些部位要按规范要求加装防护装置并严禁随意拆卸。

③ 防止堵塞　防止固体物料在供料处、转弯处、有偏错或焊缝突起等障碍处黏附管壁，最终造成管路堵塞；输料管径突然扩大或物料在输送状态下突然停车时，也容易造成堵塞。

④ 防止静电和粉尘爆炸　固体物料与管壁或皮带发生摩擦会产生静电，因此管道和设备要有可靠的接地，注意除尘，防止静电引起燃烧或粉尘爆炸。

（2）液态物料输送

① 正确使用并开启输送所使用的泵，防止发生意外；

② 输送可燃液体时，管内流速不应大于安全流速，管道要有可靠的接地和跨接措施，

防止静电引起燃烧；

③ 填料函的松紧适度，运行系统轴承有良好的润滑，以免轴承过热燃烧；

④ 联轴节处要安装防护罩，防止电机的高速运转绞伤。

（3）气态物料输送

气体与液体的不同之处是，气体具有可压缩性，在其输送过程中有压力、体积和温度的变化，因此，安全上应主要考虑在操作条件下气体的燃烧爆炸危险性。

10.2.2　熔融和干燥

10.2.2.1　熔融

是指温度升高时，分子热运动的动能增大，导致结晶破坏，物质由晶相变为液相的过程。其安全技术措施有：

（1）熔融物料的危险性质

熔融过程的碱，可使蛋白质变为胶状碱蛋白的化合物，又可使脂肪变为胶状皂化物质，所以碱灼伤比酸具有更强的渗透能力，且深入组织较快，因此碱灼伤要比酸灼伤更为严重。

（2）熔融物的杂质

碱和硫酸盐中含有无机盐杂质，应尽量除去。否则，其无机盐杂质不熔融而呈块状残留于反应物内，块状杂质阻碍反应物质的混合，并能使局部过热、烧焦，致使熔融物喷出烧伤操作人员，因此必须经常去除杂质。

（3）物质的黏稠程度

为使熔融物具有较好的流动性，可用水将碱适当稀释，当氢氧化钠或氢氧化钾有水存在时，其熔点就显著降低，从而可以使熔融过程在危险性较小的低温下进行。

（4）碱熔设备

熔融过程是在150～350℃下进行的，一般采用烟道气加热，也可采用油浴或金属浴加热，如果使用煤气加热，应注意煤气的泄漏可能会引起爆炸或中毒。对于加压熔融的操作设备，应安装压力表、安全阀和排放装置。

10.2.2.2　干燥

按加热方式分为对流干燥、传导干燥、辐射式和介电加热式，其安全技术措施如下：

（1）对流干燥

① 严格控制干燥温度　为防止出现局部过热造成物料分解以及易燃蒸气逸出或粉尘逸出，引起燃烧爆炸，干燥操作时要严格控制温度。

② 严格控制干燥气流速度　在对流干燥中，由于物料相互运动发生碰撞、摩擦易产生静电，容易引起干燥过程所产生的易燃气体和粉尘与空气混合发生爆炸。因此，干燥操作时应严格控制干燥气流速度，并安装设置良好的接地装置。

③ 严格控制有害杂质　对于干燥物料中可能含有自燃点很低或其他有害杂质，在干燥前应彻底清除，防止在干燥前发生危险。

④ 定期清理死角积料　为防止积料长时间受热发生变化引起事故，应定期对干燥设备中的死角进行清理；清理应在停车状态下进行，并按检修要求进行安全清理。

（2）传导干燥

传导干燥设备主要有滚筒干燥器和真空干燥器。

1）滚筒干燥器操作注意事项

① 要适当调整刮刀与筒壁间隙，牢牢固定刮刀，防止产生撞击火花；

② 用烟道气加热的干燥过程中，应注意加热均匀，不可断料，不可中途停止运转。

2）真空干燥注意事项

① 真空干燥适合干燥易燃、易爆的物料；

② 真空条件下，易燃液体蒸发速度快，干燥温度可适当控制低一些，防止由于高温引起物料局部过热和分解；

③ 真空条件下，一定要先降低温度才能通入空气，以免引起火灾爆炸。

10.2.3 蒸发和蒸馏

10.2.3.1 蒸发

借加热作用使溶液中所含溶剂不断汽化、不断被除去，以提高溶液中溶质浓度或使溶质析出，使挥发性溶剂与不挥发性溶质分离的物理操作过程。其安全技术措施为：

① 对腐蚀性溶液的蒸发处理　有的设备需要采用特种钢材制造。

② 对热敏性物质处理　防止热敏性物质分解，采用真空蒸发的方法，降低蒸发温度，或使溶液在蒸发器里停留时间和与加热面接触时间尽量短，可采用单程循环、高速蒸发。

③ 严格控制蒸发温度　操作中要按工艺要求严格控制蒸发温度，防止结晶、沉淀和污垢的产生，因此对加热部分需经常清洗。

④ 保证蒸发器内液位　一旦蒸发器内溶液被蒸干，应停止供热，待冷却后，再加料开始操作。

10.2.3.2 蒸馏

蒸馏是借液体混合物各组分挥发度的不同，使其分离为纯组分的操作，它广泛用于化工生产中。可分为真空蒸馏、常压蒸馏、加压蒸馏。

（1）真空蒸馏（减压蒸馏）

真空蒸馏是一种比较安全的蒸馏方法。对于沸点较高而在高温下蒸馏时又能引起分解、爆炸或聚合的物质，采用真空蒸馏较为合适。其安全技术措施：

① 保证系统密闭　蒸馏过程中，一旦吸入空气，很容易引起燃烧爆炸事故。因此，减压（真空）蒸馏系统所用的真空泵应安装单向阀，防止突然停泵造成空气倒吸入设备。

② 保证开车的安全　减压（真空）蒸馏系统开车时，应先开真空泵，然后开塔顶冷却水，最后开再沸蒸汽。否则，液体会被吸入真空泵，可能引起冲料，引起爆炸。

③ 保证停车的安全　减压（真空）蒸馏系统停车时，应先冷却，然后通入氮气吹扫置换，再停真空泵。

（2）常压蒸馏

主要用于分离中等挥发度（沸点 100℃ 左右）的液体。其安全技术措施为：

① 正确选择再沸热源　蒸馏操作一般不采用明火作热源，应采用水蒸气或过热水蒸气较为安全。

② 注意防腐和密闭　为防止易燃液体或蒸气泄漏，引起火灾爆炸，应保证系统的密闭性；对于蒸馏有腐蚀性的液体，应防止塔壁、塔板等被腐蚀，以免引起泄漏。

③ 防止冷却水漏入塔内　对于高温蒸馏系统，一定要防止塔顶冷凝器的冷却水突然漏入蒸馏塔内。

④ 防止堵塔　常压蒸馏操作中，还应防止因液体所含高沸物或聚合物凝结造成塔塞，使塔压升高引起爆炸。

⑤ 保证塔顶冷凝　塔顶冷凝器中的冷却水不能中断。否则，未凝易燃蒸气逸出可能引起燃烧。

（3）加压蒸馏

对于常压下沸点低于30℃的液体，应采用加压蒸馏操作。常压操作的安全要求也适用于加压蒸馏。加压蒸馏的缺点是：气体或蒸气更容易从装置的不严密处泄漏，极易造成燃烧、中毒的危险。其安全技术措施：

① 严格地进行气密性和耐压试验检查，并应安装安全阀、温度和压力调节、控制装置。

② 防静电和雷。对不易导电液体，应将蒸馏设备、管道良好接地。室外蒸馏塔应安装避雷装置。

③ 在石油产品的蒸馏中，应将安全阀的排气管与火炬系统相接，安全阀起跳即可将物料排入火炬烧掉。

④ 保证系统密闭。加压操作中，气体或蒸气容易向外泄漏，设备必须保证很好的密闭性。

⑤ 严格控制压力和温度。为防止冲料等事故发生，必须严格控制蒸馏压力和温度，并应安装安全阀。

10.2.3.3　蒸发及蒸馏的热源

安全技术措施如下。

（1）直接火加热

直接火加热温度不易控制，可能造成局部过热烧坏设备，由于加热不均匀易引起易燃液体蒸气的燃烧爆炸。

（2）水蒸气、热水加热

对于易燃、易爆物质，采用水蒸气或热水加热是比较安全的。用水蒸气或热水加热时，应定期检查蒸汽夹套和管道的耐压强度，并应装设压力计和安全阀，以免容器或管道炸裂。

（3）载体加热

载体加热中所用载体种类很多，通常应用的有油类、联苯、二苯醚、无机盐等。使用有机载热体可使加热均匀，并能获得较高的温度。

使用有机载热体加热的方法有：

① 用直接火通过充油夹套进行加热；

② 最有实用价值的是使用联苯和二苯醚的低熔点混合物，即二苯混合物（二苯醚73.5%，联苯26.5%）作为载热体进行加热；

③ 使用无机载热体加热；

④ 电加热：电加热比较安全，且易控制和调节温度，一旦发生事故，可迅速切断电源。采用电炉加热易燃物质时，应采用封闭式电炉，电炉丝与被加热的器壁应有良好的绝缘，以防短路击穿器壁，使设备内易燃物质漏出，从而产生气体或蒸气导致着火、爆炸。

10.2.4　冷却、冷凝和冷冻

10.2.4.1　冷却和冷凝

冷却与冷凝过程广泛应用于化工生产中反应产物后处理和分离过程。冷却与冷凝的区别仅在于有无相变，操作基本是一样的。其安全技术措施有：

① 根据被冷却物料的温度、压力、理化性质及工艺条件，正确选择冷却设备和冷却剂；

② 开车前必须首先清除冷凝器中的积液，再打开冷却水，然后才能通入高温物料；

③ 对于腐蚀性物料的冷却，要选用耐腐蚀材料的冷却设备；

④ 排空保护，为保证不凝性可燃气体安全排空，可充氮保护；

⑤ 严格注意冷却设备的密闭性，不允许物料窜入冷却剂中，也不允许冷却剂窜入被冷却的物料中（特别是酸性气体）；

⑥ 冷却冷凝介质不能中断，冷却冷凝过程中，冷却剂不能中断，以冷却水控制温度时，最好采用自动调节装置；

⑦ 检修冷凝、冷却器，应彻底清洗、置换，切勿带料焊接。

10.2.4.2　冷冻

冷冻操作的实质是不断地由低温物体（被冷冻物）取出热量并传给高温物质（水或空气），以使被冷冻的物料温度降低。热量由低温物体到高温物体这一传递过程由冷冻剂来实现。

(1) 冷冻剂使用安全技术措施

1) 氨

适用范围：氨适用于温度范围为-65～10℃的大、中型制冷机中。

优点：①氨在大气压下沸点为-33.5℃，冷凝压力不高，它的汽化潜热和单位质量冷冻能力均远超过其他冷冻剂，因此所需氨的循环量小，操作压力低；②与润滑油不互溶、对铁、铜无腐蚀作用；③价格便宜，易得到；④一旦泄漏易觉察。

缺点：①氨有毒、有强烈的刺激性和可燃性，与空气混合时有爆炸危险；②当氨中有水时，对铜或铜合金有腐蚀作用。

注意：氨压缩机里不能使用铜及其合金的零件。

2) 氟利昂

适用范围：过去一直使用在电冰箱一类的制冷装置。

优点：①氟利昂无味不燃，同空气混合无爆炸危险，②对金属无腐蚀。

缺点：①汽化潜热比氨小，用量大、循环量大、实际消耗大；②价格昂贵；③因对大气臭氧层的破坏作用而被国际社会禁用。

3) 二氧化碳

适用范围：船舶冷冻装置中广泛使用。

优点：①单位体积制冷能力最大；②密度大、无毒、无腐蚀、使用安全。

缺点：二氧化碳冷凝时操作压力过高，一般为 6000～8000kPa；蒸气压力不能低于30kPa，否则二氧化碳将固态化。

4）碳氢化合物

适用范围：在石油化学工业中，常用乙烯、丙烯为冷冻剂进行裂解气的深冷分离。

优点：①凝固点低；②无臭，丙烷无毒；③对金属不腐蚀，且蒸发温度范围较宽。

缺点：①具有可燃、易爆性；②乙烷、乙烯、丙烯有毒。

（2）载冷体

用来将制冷装置的蒸发器中所产生的冷量传递给被冷却物体的媒介物质或中间物质。

1）水

适用范围：在空调系统中被广泛应用。

优点：①比热容大；②腐蚀性小、不燃烧、不爆炸、化学性能稳定等。

缺点：水的凝固点为0℃，因而只能用作蒸发温度为0℃以上的制冷循环，故在空调系统中被广泛应用。

2）盐水溶液（冷冻盐水）

适用范围：用作中低温制冷系统的载冷体，其中用得最广的是氯化钠水溶液，氯化钠水溶液一般适用于食品工业的制冷操作中。冻结温度取决于其浓度，浓度增大则冻结温度下降。而当操作温度达到或接近冻结温度时，制冷系统的管道、设备将发生冻结现象，严重影响设备的正常运行。因此，需要合理选择盐水溶液浓度，以使冻结温度低于操作温度，一般使盐水溶液冻结温度比系统中制冷剂蒸发温度低10～13℃。

使用冷冻盐水作载冷体注意事项：

① 所用冷冻盐水的浓度应较所需的浓度大，否则有冻结现象产生，使蒸发器蛇管外壁结冰，严重影响冷冻机的正常操作；

② 一般采用封闭式盐水系统，并在盐水中加入少量的铬酸钠、重铬酸钠或其他缓蚀剂，以减缓腐蚀作用；

③ 使用时应尽量先除去盐水中的杂质（如硫酸钠等），这样也可大大减少盐水的腐蚀性。

3）有机溶液

适用范围：有机载冷体的凝固点都低，适用于低温装置。

有机溶液一般无腐蚀性、无毒，化学性质比较稳定。如乙二醇、丙三醇溶液，甲醇、乙醇、三氯乙烯、二氯甲烷等均可作为载冷体。

（3）冷冻机

一般常用的压缩冷冻机由压缩机、冷凝器、蒸发器与膨胀阀四个基本部分组成，在使用氨冷冻压缩机时应注意：

① 采用不发生火花的电气设备；

② 在压缩机出口方向，应在气缸与排气阀间设一个能使氨气通到吸入管的安全装置，以防压力超高；

③ 易于污染空气的油分离器应设于室外，压缩机要采用低温不冻结且不与氨发生化学反应的润滑油；

④ 制冷系统压缩机、冷凝器、蒸发器以及管路系统，应注意其耐压程度和气密性，防止设备、管路产生裂纹。同时要加强安全阀、压力表等安全装置的检查、维护；

⑤ 制冷系统因发生事故或停电而紧急停车时，应注意被冷物料的排空处理；

⑥ 装有冷料的设备及容器，应注意其低温材质的选择，防止低温脆裂。

10.2.5 筛分和过滤

10.2.5.1 筛分

在化工生产中，将固体原材料、产品进行颗粒分级，而这种分级一般是通过筛选办法实现的。筛选按其固体颗粒度（块度）分级，选取符合工艺要求的粒度，这个操作过程称为筛分。其安全技术措施有：

① 筛分过程中，粉尘如有可燃性，须注意因碰撞和静电而引起的粉尘燃烧爆炸；若粉尘具有毒性、吸水性或腐蚀性，须注意呼吸器官及皮肤的保护，以防引起中毒或皮肤伤害；

② 要加强检查，注意筛网的磨损和筛孔堵塞、卡料，以防筛网损坏和混料；

③ 筛分操作是大量扬尘过程，在不妨碍操作、检查的前提下，应将其筛分设备最大限度地进行密闭；

④ 筛分设备的运转部分应加防护罩以防绞伤人体；

⑤ 振动筛会产生大量噪声，应采用隔离等消声措施。

10.2.5.2 过滤

在生产中将悬浮液中的液体与悬浮固体颗粒有效的分离，一般采用过滤方法。过滤操作是使悬浮液在重力、真空、加压及离心力作用下，通过多孔物料层，而将固体截留下来的方法。其安全技术措施有：

（1）加压过滤

最常用的是板框压滤机。操作时应注意几点：

① 当压滤机散发有害和爆炸性气体时，要采用密闭式过滤机，并以压缩空气或惰性气体保持压力；取滤渣时，应先放释压力，否则会发生事故。

② 防静电　为防静电，压滤机应有良好的接地装置。

③ 做好个人防护　卸渣和装卸板框如需要人力操作，作业时应注意做好个人防护，避免发生接触伤害等。

（2）真空过滤

① 防静电　抽滤开始时，滤速要慢，经过一段时间后，再慢慢提高滤速。真空过滤机应有良好的接地装置。

② 防止滤液蒸气进入真空系统　在真空泵前应设置蒸气冷凝回收装置。

（3）离心过滤

最常用的是三足离心机。操作时应注意：

① 腐蚀性物料处理　不应采用铜制转鼓，而应采用钢质衬铝或衬硬橡胶的转鼓。

② 注意离心机选材与安装　转鼓、盖子、外壳及底座应使用韧性材料，对于负荷轻的转鼓（50kg以内），可用铜制造。安装时应用工字钢或槽钢制成金属骨架，并注意内外壁间隙以及转鼓与刮刀的间隙。

③ 防止剧烈振动　离心机过滤操作中，当负荷不均匀时会发生剧烈振动，造成轴承磨损、转鼓撞击外壳而引发事故，因此设备应有减振装置。

④ 限制转鼓转速　以防止转鼓承受高压而引起爆炸。在有爆炸危险的生产中，最好不使用离心机而采用转鼓式、带式真空过滤机。

⑤ 防止杂物落入　当离心机无盖时，工具和其他杂物容易落入其中，并可能以高速飞

出，造成人员伤害；有盖时应与离心机启动联锁。

⑥ 严禁不停车清理　不停车或未停稳进行器壁清理，工具会脱手飞出，使人致伤。

（4）连续式过滤机

连续式过滤机循环周期短，能自动洗涤和自动卸料，其过滤速度较间歇式过滤机高，且操作人员脱离与有毒物料的接触，因而较为安全。故连续式过滤比间歇式过滤安全。

（5）间隙式过滤机

间歇式过滤机由于卸料、装合过滤机、加料等各项辅助操作的经常重复，所以较连续式过滤周期长，且操作人员劳动强度大，直接接触毒物，因此不安全。

10.2.6　粉碎和混合

（1）粉碎

化工生产中，采用固体物料作反应原料或催化剂，为增大表面积，经常要进行固体粉碎或研磨操作。将大块物料变成小块物料的操作称为粉碎，将小块变成粉末的操作称为研磨。其安全技术措施有：

① 系统密闭、通风。粉碎研磨设备必须要做好密闭工作，同时操作环境要保持良好的通风，必要时可装设喷淋设备。

② 系统的惰性保护。为确保易燃易爆物质粉碎研磨过程的安全，密闭的研磨系统内应通入惰性气体进行保护。

③ 系统内摩擦。对于进行可燃、易燃物质粉碎研磨的设备，应有可靠的接地和防爆装置，要保持设备良好的润滑状态、防止摩擦生热和产生静电，引起粉尘燃烧爆炸。

④ 运转中的破碎机严禁检查、清理、调节、检修。

⑤ 破碎装置周围的过道宽度必须大于 1m；操作台必须坚固，操作台与地面高度 1.5～2.0m，台周边应设高 1m 安全护栏；破碎机加料口在与地面一般平齐或低于地面不到 1mm 的位置均应设安全格子。

⑥ 为防止金属物件落入破碎装置，必须装设磁性分离器。

⑦ 可燃物研磨后，应先冷却，再装桶，以防发热引起燃烧。

（2）混合

两种以上物料相互分散而达到温度、浓度以及组成一致的操作称为混合。混合分液态与液态物料混合、固态与液态物料混合和固态与固态物料的混合，而固态混合分为粉末、散粒的混合。其安全技术措施有：

① 根据物料性质（如腐蚀性、易燃易爆性、粒度、黏度等）正确选用设备。

② 桨叶强度与转速。桨叶强度要高，安装要牢固，桨叶的长度不能过长，搅拌转速不能随意提高，否则容易导致电机超负荷、桨叶折断以及物料飞溅等事故。

③ 设备密闭。对于混合能产生易燃易爆或有毒物质的过程，混合设备应保证很好的密闭，并充入惰性气体进行保护。

④ 防静电。对于混合易燃、可燃粉尘的设备，应有很好的接地装置，并应在设备上安装爆破片。

⑤ 搅拌突然停止。由于负荷过大导致电机烧坏或突然停电造成的搅拌停止，会导致物料局部过热，引发事故。

⑥ 混合设备不允许落入金属物件，以防卡住叶片，烧毁电机。

⑦ 设置超负荷停车装置。

⑧ 检修安全。机械搅拌设备检修时，应切断电源并在电闸处明示或派专人看守。

10.3 化学反应工艺操作安全

10.3.1 国家首批重点监管的 18 种化工工艺

化工工艺过程的根本目的和特点就是通过物质转化制备新的物质，一般包括原料处理、化学反应和产品精制过程。其中原料处理和产品精制过程一般需要一系列单元操作如物料粉碎与筛分、输送、精馏、萃取等来完成，这些过程均需要在特定的设备中、在一定的条件下完成所要求的化学的和物理的转变。处于不同单元、不同运行模式（间歇、半间歇、连续）以及不同内外部激励条件下的物料的行为是不一样的，其安全特点也是千差万别。但是，毫无疑问，这些过程大多是物理过程，即没有新物质的生成，而反应过程是所有化工单元中风险最大的单元之一。在反应过程中，存在着诸多潜在的危险源，可以引起中毒、火灾和爆炸等安全事故。国家安全生产监督管理总局分两批编制的《重点监管危险化工工艺目录》和《重点监管危险化工工艺安全控制要求、重点监管参数及推荐的控制方案》列出了光气及光气化工艺、电解工艺、氯化工艺、硝化工艺、合成氨工艺、裂解工艺、氟化工艺、加氢工艺、重氮化工艺、氧化工艺、过氧化工艺、胺基化工艺、磺化工艺、聚合工艺、烷基化工艺、新型煤化工工艺、电石生产工艺、偶氮化工艺 18 类危险化工工艺。针对每种工艺的安全控制要求、重点监控参数及推荐的控制方案等可以查阅相关书籍，这里不做赘述。

10.3.2 化学反应过程危险分析

与上一节介绍的单元操作过程安全特点不同的是，反应过程中随着时间和空间位置的变化，可变化参数和因素更多，尤其对于放热反应，一些参数的变化可能导致温度上升和反应失控，从而使得化工设备因为超出其安全负荷而造成物料的泄漏，引发危险事故。本节针对反应过程的危险和评估进行如下分析。

10.3.2.1 化学反应过程热危险分析

化学反应过程的热危险分析不仅涉及热风险评估的理论、方法及实验技术，涉及目标反应（Desired Reactions）在不同类型反应器中按不同温度控制模式进行反应的热释放过程以及工业规模情况下使反应受控的技术，还涉及目标反应失控后导致物料体系的分解（称为二次分解反应）及其控制技术等。以下主要介绍化工过程热风险评估的基本概念、基本理论以及评估方法与程序。

（1）化学反应的热效应

1）反应热

精细化工行业中的大部分化学反应是放热的。一旦发生事故，能量的释放量与潜在的损失有着直接的关系。因此，反应热是其中的一个关键数据，这些数据是工业规模下进行化学反应热风险评估的依据。用于反应热的参数有：摩尔反应焓 ΔH_r（$kJ \cdot mol^{-1}$）、比反应热 Q_r'（$kJ \cdot kg^{-1}$）。比反应热是与安全有关的具有重要实用价值的参数。比反应热和摩尔反应焓的关系如下：

$$Q_r' = \rho^{-1} c(-\Delta H_r) \tag{10-1}$$

式中，ρ 为反应物的密度，$kg \cdot m^{-3}$；c 为反应物的浓度，$mol \cdot m^{-3}$；ΔH_r 为摩尔反应焓，$kJ \cdot mol^{-1}$。

反应热取决于反应物的浓度 c。反应焓随着操作条件的不同会在很大范围内变化。例如，根据磺化剂的种类和浓度的不同，磺化反应的反应焓是 $-60 \sim -150 kJ \cdot mol^{-1}$。因此，建议尽可能根据实际条件测量反应热。

2）分解热

分解热通常比一般的反应热数值大，但比燃烧热低。

分解产物往往未知或者不易确定，这意味着很难由标准生成焓估算分解热。

3）热容与比热容

热容 c_p，$J \cdot K^{-1}$；比热容 c_p'，$kJ \cdot kg^{-1} \cdot K^{-1}$。

相对而言，水的比热容较高，无机化合物的比热容较低，有机化合物比较适中；混合物的比热容可以根据混合规则由不同化合物的比热容估算得到；比热容随着温度升高而增加。它的变化通常用多项式（维里方程，Virial Equation）来描述：

$$c_p'(T) = c_{p0}'(1 + aT + bT^2 + \cdots) \tag{10-2}$$

对于凝聚相物质，比热容随温度的变化较小。此外，当出现疑义或出于安全考虑，比热容应当取较低值，这样温度效应可以忽略。并且通常采用在较低工艺温度下的热容值进行绝热温升的计算。

4）绝热温升

绝热温升是指反应体系不与外界交换能量，此时，反应所释放的全部能量均用来提高体系自身的温度。因此，温升与释放的能量成正比。利用绝热温升来评估失控反应的严重度是一个比较直观的方法，也是比较常用的判据。

$$\Delta T_{ad} = \frac{(-\Delta H_r) c_{A0}}{\rho c_p'} = \frac{Q_r'}{c_p'} \tag{10-3}$$

式中 ΔT_{ad}——绝热温升，K；

$\quad\quad c_{A0}$——物料 A 的初始浓度，$kg \cdot mol^{-3}$；

$\quad\quad Q_r'$——比反应热，$kJ \cdot kg^{-1}$。

式（10-3）的中间项强调指出绝热温升是反应物浓度和摩尔反应焓的函数，因此，它取决于工艺条件，尤其是加料方式和物料浓度。而且式中右边项涉及比反应热，因此，对量热实验的结果进行解释时，必须考虑其工艺条件，尤其是物料浓度。

值得说明的是，很多情况下，目标反应的热效应远远低于产物热分解的热效应，这是放热反应的潜在危险。从表 10-2 可以清楚地看到，目标反应本身可能并没有多大危险，但产物的分解反应却可能产生显著后果。例如反应过程中温度过高，溶剂蒸发可能导致的二次效应使反应容器中的压力增加，随后有可能发生容器破裂并形成可以爆炸的蒸气云，如果蒸气云被点燃，会导致严重的室内爆炸，而对于这种情形的风险必须加以评估。

表 10-2　目标反应与分解反应的反应热及绝热温升

反　　　应	目标反应	分解反应
比反应热	100kJ/kg	2000kJ/kg
绝热温升	50K	1000K
每千克反应混合物导致甲醇汽化的质量	0.1kg	1.8kg
转化为机械势能，相当于把 1kg 物体举起的高度	10km	200km
转化为机械动能，相当于把 1kg 物体加速到的速度	0.45km/s (1.5Ma)	2km/s (6.7Ma)

（2）压力效应

1）化学反应发生失控后的破坏作用常常与压力效应有关。导致反应器压力升高的因素主要有以下几个方面：

① 目标反应过程中产生的气体产物，例如脱羧反应形成的 CO_2 等。

② 二次分解反应常常产生小分子的分解产物，这些物质常呈气态，从而造成容器内的压力增加。分解反应常伴随高能量的释放，温度升高导致反应混合物的高温分解，在此情况下，热失控总是伴随着压力增长。

③ 反应（含目标反应及二次分解反应）过程中低沸点组分挥发形成的蒸气。这些低沸点组分可能是反应过程中的溶剂，也可能是反应物，例如甲苯磺化反应过程中的甲苯。

2）压力评估

① 气体释放　利用理想气体定律近似估算压力和气体量：

$$V = \frac{nRT}{p}$$

② 蒸气压　随着温度升高，反应物料的蒸气压也增加。压力可以通过 Clausius- Clapeyron 定律进行估算，该定律将压力与温度、蒸发焓联系了起来：

$$\ln \frac{p}{p_0} = \frac{-\Delta H_V}{R} \left[\frac{1}{T} - \frac{1}{T_0} \right] \tag{10-4}$$

经验法则（Rule of Thumb）：温度每升高 20K，蒸气压增加一倍。

③ 溶剂蒸发量　溶剂蒸发量可以由反应热或分解热来计算

$$M_V = \frac{Q_r}{-\Delta H'_V} = \frac{M_r O'_r}{-\Delta H'_V} \tag{10-5}$$

冷却系统失效后，反应释放能量的一部分用来将反应物料加热到沸点，其余部分的能量将用于物料蒸发。溶剂蒸发量可以由到沸点 T_b 的温差来计算：

$$M_V = \left[1 - \frac{T_b - T_0}{\Delta T_{ad}} \right] \frac{Q_r}{\Delta H'_V} \tag{10-6}$$

式中采用的蒸发热（焓）就是蒸发的比焓 $\Delta H'_V (kJ \cdot kg^{-1})$。这些方程只给出了静态参数——溶剂蒸发量的计算，并没有给出蒸气流率的信息，而这关系到工艺的动力学参数，即反应速率。这方面的计算内容在此不做详述，需参考相关书籍。

（3）热平衡方面的基本概念

化工热力学中规定放热为负、吸热为正。这里从实用性及安全原因出发考虑热平衡，规定所有导致温度升高的影响因素都为正。下面首先介绍反应器热平衡中的不同表达项，然后介绍热平衡的简化表达式。

1）热生成

放热速率 q_{rx} 与摩尔反应焓和反应速率 r_A 成正比：

$$q_{rx}=(-r_A)V(-\Delta H_r) \tag{10-7}$$

对反应器安全来说，热生成非常重要，因为控制反应放热是反应器安全的关键。对于简单的 n 级反应，反应速率可以表示成：

$$-r_A=k_0e^{-E/RT}c_{A0}^n(1-X)^n \tag{10-8}$$

式中，X 为反应转化率。

所以，放热速率为：

$$q_{rx}=k_0e^{-E/RT}c_{A0}^n(1-X)^nV(-\Delta H_r) \tag{10-9}$$

由式（10-9）可以看出：

① 反应的放热速率是温度的指数函数。

② 放热速率与体积成正比，故随含反应物质容器的线尺寸的立方值（L^3）而变化。

③ 放热速率是转化率的函数。在连续反应器中，放热速率不随时间而变化。在连续搅拌釜（槽）式反应器（Continuous Stirred Tank Reactor，CSTR）中，放热速率为常数，不随位置变化而变化；在连续管式反应器（Tubular Reactor）中放热速率随位置变化而变化。在非连续反应器（间歇反应）中，放热速率会随时间发生变化。

2）热移出

反应介质和载热体之间的热交换，存在几种可能的途径：热辐射、热传导、强制或自然热对流。这里只考虑对流，通过强制对流中载热体通过反应器壁面的热交换量 q_{ex} 与传热面积 A 及传热驱动力（载热体与反应介质的温差）成正比，比例系数就是综合传热系数 U。如果反应混合物的物理化学性质发生显著变化，综合传热系数 U 也将发生变化，将会成为时间的函数；另外，热传递特性通常是温度的函数，反应物料的黏度变化将起主导作用。

$$q_{ex}=UA(T_c-T_r) \tag{10-10}$$

式中，T_c 为冷却温度；T_r 为反应温度。由式（10-10）可以看出，热移出是温度（差）的线性函数，且与热交换面积成正比，因此它正比于设备线尺寸的平方值（L^2），这意味着当反应器尺寸必须改变时（如工艺放大），热移出能力的增加（L^2）远不及热生成速率（L^3）。因此，对于较大的反应器来说，热平衡问题是比较严重的问题。

比表面积即热交换面积/反应器体积；比冷却能力定义为反应器内物料与冷却介质温差为1℃时，冷却系统对单位质量物料的冷却能力。表 10-3 列出了不同规模反应器的比表面积和比冷却能力，可见，从实验室规模按比例放大到生产规模时，反应器的比冷却能力（Specific Cooling Capacity）大约相差两个数量级，这对实际应用很重要，因为在实验室规模中没有发现放热效应，并不意味着在更大规模的情况下反应是安全的。实验室规模情况下，冷却能力可能高达 $1000W \cdot kg^{-1}$，而生产规模时大约只有 $20\sim50W \cdot kg^{-1}$。这也意味着反应热只能由量热设备测试获得，而不能仅仅根据反应介质和冷却介质的温差来推算得到。

容器比冷却能力的计算条件：将容器承装介质至公称容积，其综合传热系数为 $300W \cdot m^{-2} \cdot K^{-1}$，密度为 $1000kg \cdot m^{-3}$，反应器内物料与冷却介质的温差为 50K。

表 10-3　不同规模反应器的比表面积和比冷却能力

规模	反应器体积 /m³	热交换面积 /m²	比表面积 /m⁻¹	比冷却能力 /W·kg⁻¹·K⁻¹	典型的冷却能力 /W·kg⁻¹
研究实验	0.0001	0.01	100	30	1500
实验室规模	0.001	0.03	30	9	450
中试规模	0.1	1	10	3	150
生产规模	1	3	3	0.9	45
生产规模	10	13.5	1.35	0.4	20

3）热累积

热累积体现了体系能量随温度的变化：

$$q_{ac} = \frac{d\sum_i (M_i c'_p T_i)}{dt} = \sum_i \left[\frac{dM_i}{dt} c'_p T_i \right] + \sum_i \left[M_i c'_p \frac{dT_i}{dt} \right] \tag{10-11}$$

计算总的热累积时，要考虑到体系每一个组成部分，既要考虑反应物料也要考虑设备。因此，至少反应器或容器这些与反应体系直接接触部分的比热容是必须要考虑的。实际计算中分以下几种情况考虑：

对于非连续反应器，热积累可以用如下考虑质量或容积的表达式来表述：

$$q_{ac} = M_r c'_p \frac{dT_r}{dt} = \rho V c'_p \frac{dT_r}{dt} \tag{10-12}$$

由于热累积源于产热速率和移热速率的不同（前者大于后者），导致反应器内物料温度的变化。因此，如果热交换不能精确平衡反应的放热速率，温度将发生如下变化：

$$\frac{dT_r}{dt} = \frac{q_{rx} - q_{ex}}{\sum_i M_i c'_p} \tag{10-13}$$

式（10-12）及式（10-13）中，i 表示反应物料的各组分和反应器本身。

然而实际过程中，相比于反应物料的热容，搅拌釜式反应器的比热容常常可以忽略。例如，对于一个 $10m^3$ 的反应器，其比热容大约为总热容的 1%。另外，忽略反应器的比热容会导致更保守的评估结果，这对安全评估而言是个好的做法。然而，对于某些特定的应用场合，容器的比热容是必须要考虑的，如连续反应器，尤其是管式反应器，反应器本身的比热容被有意识地用来增加总热容，并通过这样的设计来实现反应器操作安全。

4）物料流动引起的对流热交换

在连续体系中，加料时原料的入口温度并不总是和反应器出口温度相同，反应器进料温度（T_0）和出料温度（T_f）之间的温差会导致物料间的对流热交换。热流与比热容、体积流率（$\dot{v}$）成正比：

$$q_{ex} = \rho \dot{v} c'_p \Delta T = \rho \dot{v} c'_p (T_f - T_0) \tag{10-14}$$

5）加料引起的显热

如果原料入口温度（T_{fd}）与反应器内物料温度（T_r）不同，那么进料的热效应必须在热平衡的计算中予以考虑。这个效应被称为"加料显热（Sensible Heat）"。此效应在半间歇反应器中尤其重要。如果反应器和原料之间温差大，且/或加料速率很高，加料引起的显热可能会起主导作用，而显热明显有助于反应器冷却。在这种情况下，一旦停止进料可能导致反应器内温度的突然升高，这一点对量热测试也很重要，必须进行适当的修正。

$$q_{fd} = \dot{m}_{fd} c'_{p\,fd} (T_{fd} - T_r) \tag{10-15}$$

6）搅拌装置

搅拌器产生的机械能耗散转变成黏性摩擦能，最终转变为热能。大多数情况下，相对于化学反应释放的热量，这可忽略不计。然而，对于黏性较大的反应物料（如聚合反应），这点必须在热平衡中考虑。当反应物料存放在一个带搅拌的容器中时，搅拌器的能耗（转变为体系的热能）可能会很重要。它可以由式（10-16）估算：

$$q_s = Ne\rho n^3 d_s^5 \tag{10-16}$$

计算搅拌器产生的热能，必须知道其功率数（湍流数、牛顿数，Power Number，Ne）、搅拌器的几何形状和参数。

7）热散失

出于安全原因（如设备的热表面）和经济原因（如设备的热散失），工业反应器都是隔热的。然而，在温度较高时，热散失（Heat Loss）可能变得比较重要。热散失的计算可能很繁琐枯燥，因为热散失通常要考虑辐射热散失和自然对流热散失。如果需要对其进行估算，可用比热散失系数的简化表达式进行计算：

$$q_{loss} = \alpha (T_{amb} - T_r) \tag{10-17}$$

式中，T_{amb} 为环境温度。

由表 10-4 中数据可见，工业反应器和实验室设备的热散失可能相差 2 个数量级，这就解释了为什么放热化学反应在小规模实验中发现不了其热效应，而在大规模设备中却可能变得很危险。

表 10-4　工业反应器和实验室设备的典型热散失比较

设备名称	比热散失系数 α /W·kg^{-1}·K^{-1}	冷却半衰期 $t_{1/2}/h$	设备名称	比热散失系数 α /W·kg^{-1}·K^{-1}	冷却半衰期 $t_{1/2}/h$
2.5m² 反应器	0.054	14.7	10mL 试管	5.91	0.117
5m² 反应器	0.027	30.1	100mL 玻璃烧杯	3.68	0.188
12.7m² 反应器	0.020	40.8	DSC-DTA	0.5~5	—
25m² 反应器	0.005	161.2	1L 杜瓦瓶	0.018	43.3

考虑到上述所有因素，可建立如下的热平衡方程：

$$q_{ac} = q_r + q_{ex} + q_{fd} + q_s + q_{loss} \tag{10-18}$$

然而，在大多数情况下，只包括上式右边前两项的简化热平衡表达式对于安全问题来说已经足够了。考虑一种简化热平衡，忽略如搅拌器带来的热输入或热散失之类的因素，则间歇反应器的热平衡可写成：

$$q_{ac} = q_r - q_{ex} \Rightarrow \rho V c'_p \frac{dT_r}{dt} = (-r_A)V(-\Delta H_r) - UA(T_r - T_c) \tag{10-19}$$

对一个 n 级反应，着重考虑温度随时间的变化，于是：

$$\frac{dT_r}{dt} = \Delta T_{ad} \frac{-r_A}{c_{A0}} - \frac{UA}{\rho V c'_p}(T_r - T_c) \tag{10-20}$$

式中，对应于一定转化率的绝热温升为：

$$\Delta T_{ad} = \frac{(-\Delta H_r)c_{A0}X_A}{\rho c'_p} \tag{10-21}$$

$\dfrac{UA}{\rho V c'_p}$ 为反应器热时间常数的倒数，利用该时间常数可以方便地估算出反应器从室温升温到工艺温度（加热时间）以及从工艺温度降温到室温（冷却时间）所需要的时间。

（4）反应失控

反应失控即反应系统因反应放热而使温度升高，在经过一个"放热反应加速-温度再升高"，以至超过了反应器冷却能力的控制极限、形成恶性循环后，反应物或产物分解、生成大量气体、压力急剧升高，最后导致喷料、反应器破坏、甚至燃烧和爆炸的现象。这种反应失控的危险不仅可以发生在反应器里，而且也可能发生在其他的操作单元、甚至储存过程中。

1）热爆炸

若冷却系统的冷却能力低于反应的热生成速率，反应体系的温度将升高。温度越高，反应速率越大，使热生成速率进一步加大。因为放热反应的放热量随温度呈指数增加，而反应器的冷却能力随着温度只是线性增加，于是冷却能力不足，温度进一步升高，最终发展成反应失控或热爆炸。

2）Semenov 热温图（强放热、零级反应假设）

图 10-4 中，S 和 I 代表平衡点。交点 S 是一个稳定工作点，而 I 代表一个不稳定的工作点。C 点对应于临界热平衡。冷却系统温度称作临界温度 $T_{c,crit}$。当冷却介质温度大于 $T_{c,crit}$ 时，冷却线与放热曲线没有交点，热平衡方程无解，失控无可避免。

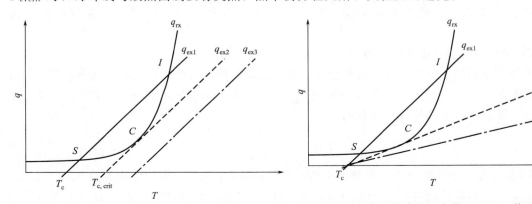

图 10-4　Semenov 热温图　　　图 10-5　高参数敏感性反应器 Semenov 热温图

3）参数敏感性

参数敏感性，即操作参数的一个小的变化导致状态由受控变为失控。例如，若反应器在临界温度 $T_{c,crit}$ 下运行，临界温度的微小增量就会导致失控状态；综合传热系数 U 的变化（热交换系统存在污垢、反应器内壁结皮或固体物沉淀的情况下）也会产生类似的结果；同样，传热面积 A 也会出现类似的变化。即使在操作参数如 U、A 和 T_c 发生很小变化时，也有可能产生由稳定状态到不稳定状态的"切换"。如图 10-5 所示，其后果就是反应器稳定性对这些参数具有潜在的高敏感性，实际操作时反应器很难控制。

化学反应器的稳定性评估需要了解反应器的热平衡知识，从这个角度来说，临界温度的概念很有用。

4）临界温度 $T_{c,crit}$

如果反应器运行时的冷却介质温度接近其临界温度，冷却介质温度的微小变化就有可能会导致超过临界（Over-Critical）的热平衡，从而发展为失控状态。因此，为了评估操作条件的稳定性，了解反应器运行时冷却介质温度是否远离或接近临界温度是很重要的。

零级反应的情形，其放热速率表示为温度的函数，见图10-6。

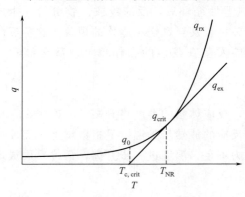

图10-6　Semenov热温图——临界温度 $T_{c,crit}$

经过推导，可以得到临界温度的差值（即临界温差 ΔT_{crit}）

$$\Delta T_{crit} = T_{NR} - T_{c,crit} = \frac{RT_{NR}^2}{E} \qquad (10\text{-}22)$$

临界温差实际上是保证反应器稳定所需的最低温度差（反应体系温度与冷却介质温度之间的差值）。所以，在一个给定的反应器（指该反应器的热交换系数 U 与 A、冷却介质温度 T_0 等参数已知）中进行特定的反应（指该反应的热力学参数 Q_r 及动力学参数 k_0、E 已知），只有当反应体系温度与冷却介质温度之间的差值大于临界温差时，才能保持反应体系（由化学反应与反应器构成的体系）稳定。反之，如果需要对反应体系的稳定性进行评估，必须知道两方面的参数：反应的热力学、动力学参数和反应器冷却系统的热交换参数。

5）绝热条件下热爆炸形成时间

失控反应的另一个重要参数就是绝热条件下热爆炸的形成时间，或称为绝热条件下最大反应速率到达时间（Time to Maximum Rate under Adiabatic Conditions，TMR_{ad}）。考虑绝热条件下零级反应的热爆炸形成时间为：

$$TMR_{ad} = \frac{c_p' R T_0^2}{q_0' E} \qquad (10\text{-}23)$$

TMR_{ad} 是一个反应动力学参数的函数，如果初始条件 T_0 下反应的比放热速率 q_0' 已知，且知道反应物料的比热容 c_p' 和反应活化能 E，那么 TMR_{ad} 可以计算得到。由于 q_0' 是温度的指数函数，所以 TMR_{ad} 随温度呈指数关系降低，且随活化能的增加而降低。

$$TMR_{ad} = \frac{c_p' R T^2}{q_0' \exp\left[-\dfrac{E}{R}\left(\dfrac{1}{T} - \dfrac{1}{T_0}\right)\right] E} \qquad (10\text{-}24)$$

6）绝热诱导期为24h时引发温度

进行工艺热风险评估时，还需要用到一个很重要的参数即绝热诱导期为24h时的引发温度 T_{D24}，该参数常常作为制定工艺温度的一个重要依据。在式（10-24）中，绝热诱导期随温度呈指数关系降低（见图10-7）。一旦通过实验测试等方法得到绝热诱导期与温度的关系，可以由图解或求解有关方程获得。

10.3.2.2 化学反应热风险的评估方法

(1) 热风险

① 从传统意义上说，风险被定义为潜在事故的严重度和发生可能性的乘积。因此，风险评估必须既评估其严重度又评估其可能性。问题是："对于特定的化学反应或工艺，其固有热风险的严重度和可能性到底是什么含义？"

② 化学反应的热风险就是由反应失控及其相关后果（如引发失控反应）带来的风险。为此，必须搞清楚一个反应怎样由正常过程"切换"到失控状态。

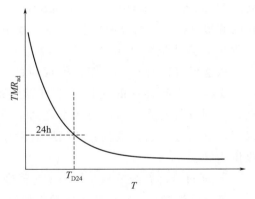

图 10-7　TMR_{ad} 与温度的变化关系

③ 进行化学反应热风险评估，需要掌握热爆炸理论和风险评估的概念。这意味着为了进行严重度和发生可能性的评估，必须对事故情形包括其触发条件及导致的后果进行辨识、描述。通过定义和描述事故的引发条件和导致结果，来对其严重度和发生可能性进行评估。

④ 对于热风险，最糟糕的情况是发生反应器冷却失效，或通常认为的反应物料或物质处于绝热状态。这里考虑冷却失效的情形。

(2) 冷却失效模型

下面以一个放热间歇反应为例来说明失控情形时化学反应体系的行为（如图 10-8 所示）。经典的评估程序如下：在室温下将反应物加入反应器，在搅拌状态下加热到反应温度，然后使其保持在反应停留时间和产率都经过优化的水平上。反应完成后，冷却并清空反应器（图 10-8 中虚线）。

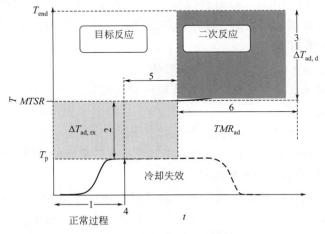

图 10-8　合成反应过程中反应温度变化图

此模型由 R. Gygax 提出。假定反应器处于反应温度 T_p 时发生冷却失效（图 10-8 中点4）。在发生故障的瞬间，如果未反应的物料仍存在于反应器中，则继续进行的反应将导致温度升高。此温升取决于未反应物料的量，即取决于工艺操作条件。当温度达到合成反应的最高温度 MTSR（Maximum Temperature of the Synthesis Reaction）时，有可能引发反应物料的分解（称为二次分解反应），而二次分解反应放热会导致温度的进一步上升（图 10-8 中阶段 6），到达最终温度 T_{end}。

从这里可以看到，由于目标反应的失控，有可能会引发一个二次反应，而目标反应与二次反应之间存在的这种差别可以使评估工作简化，因为两个反应事实上是分开的，允许分别进行研究，但需要注意这两个反应又是由 MTSR 联系在一起的。因此需要考虑以下六个关键问题，这些关键问题有助于建立失控模型，并对确定风险评估所需的参数提供指导。

① 通过冷却系统是否能控制工艺温度？

正常操作时，必须保证足够的冷却能力来控制反应器的温度，从而控制反应历程，工艺研发阶段必须考虑到这个问题。为了确保反应的热量控制，冷却系统必须具有足够的冷却能力，以移出反应器内释放的能量。需特别注意反应物料可能出现的黏性变化问题（如聚合反应），以及反应器壁面可能出现的积垢问题。另一个必须满足的条件是反应器应于动态稳定性区内运行。所需数据：反应的放热速率 q_{rx} 和反应器的冷却能力 q_{ex}，可以通过反应量热得到这些数据。

② 目标反应失控后体系温度会达到什么样的水平？

这个问题需要研究反应物的转化率和时间的函数关系，以确定未转化反应物的累积度。由此可以得到合成反应的最高温度 MTSR：

$$MTSR = T_p + X_{ac}\Delta T_{ad,rx} \tag{10-25}$$

解决方法：反应量热仪测试目标反应的反应热，并确定绝热温升。对放热速率进行积分确定热转化率和热累积 X_{ac}，累积度也可以通过相关数据的分析得到。

③ 二次反应失控后温度将达到什么样的水平？

MTSR 高于设定的工艺温度，有可能触发二次反应。而不受控制的二次反应将导致进一步的失控。由二次反应的热数据可计算绝热温升，并确定从 MTSR 开始到达的最终温度 T_{end}（表示失控的可能后果）：

$$T_{end} = MTSR + \Delta T_{ad,d} \tag{10-26}$$

解决方法：由量热法（如 DSC、Calvet 量热和绝热量热等）获得二次反应的热数据并进行热稳定性的研究。

④ 什么时刻发生冷却失效会导致最严重的后果？

因为发生冷却失效的时间不定，必须假定其发生在最糟糕的瞬间，即物料累积达到最大和/或反应混合物的热稳定性最差的时候。

解决方法：对合成反应和二次反应有充分了解。通过反应量热获取物料累积方面的信息，同时组合采用 DSC、Calvet 量热和绝热量热来研究热稳定性问题。

⑤ 目标反应发生失控有多快？

从工艺温度开始到达 MTSR 需要经过一定的时间，但是，工业反应器常常在目标反应速率很快的温度下运行。因此，高于正常工艺温度之后，温度升高将导致反应的明显加速。故大多数情况下，使目标反应失控的时间很短。目标反应失控的持续时间可通过反应的初始放热速率来估算：

$$TMR_{ad,rx} = \frac{c'_p RT_p^2}{q'_{T_p} E_{rx}}$$ （10-27）

⑥ 从 $MTSR$ 开始，分解反应失控有多快？

运用绝热条件下最大反应速率到达时间可以进行估算：

$$TMR_{ad,d} = \frac{c'_p RT_{MTSR}^2}{q'_{T_{MTSR}} E_d}$$ （10-28）

以上六个关键问题说明了了解工艺热风险知识的重要性。从某种意义上说，它体现了工艺热风险分析和建立冷却失效模型的系统方法。一旦模型建立，即可对工艺热风险进行实际评估，这需要评估准则。下面介绍严重度和可能性的评估准则。

(3) 严重度评估准则

精细化工行业的大多数反应是放热的。反应失控的后果与释放的能量（反应热）有关，而绝热温升与反应热成正比。所以，可以用绝热温升来作为评估严重度的判据。

绝热温升可以用目标反应（或分解反应）的比反应热 Q' 除以比热容得到：

$$\Delta T_{ad} = \frac{Q'}{c'_p}$$

作为初步近似，可以采用下列比热容参数进行估算：水，4.2；有机液体，1.8；无机酸，1.3；通常也可以采用很易记住的值 2.0 进行初步估算。单位：$kJ \cdot kg^{-1} \cdot K^{-1}$。

如果温升很高，反应混合物中一些组分可能蒸发或分解产生气态化合物，因此，体系压力将会增加。这可能导致容器破裂和其他严重破坏。

精细化工行业中，通常使用苏黎世保险公司提出的四等级判据（见表 10-5）来判断严重度（苏黎世危险性分析法 Zurich Hazard Analysis，ZHA）。

表 10-5　失控反应严重度的评估准则

简化的三等级分类	扩展的四等级分类	$\Delta T / K$	Q' 的数量级/$kJ \cdot kg^{-1}$
高的（high）	灾难性的（catastrophic）	＞400	＞800
	危险的（critical）	200～400	400～800
中等的（medium）	中等的（medium）	50～200	100～400
低的（low）	可忽略的（negligible）	＜50 且无压力	＜100

(4) 可能性评估准则

目前还没有可以对事故发生可能性进行直接定量的方法，或者说还没有能直接对工艺热风险领域中的失控反应发生可能性进行定量的方法。

如图 10-9 所示为两个案例的失控曲线，从中可以发现这两个案例中失控反应发生可能性的差别还是很大的，显然案例 2 比案例 1 引发二次分解失控的可能性更大。因此，尽管不容易对可能性进行定量，但至少可以半定量化地对其进行比较。如表 10-6 所示，可以利用时间尺度（Time-Scale）可对事故发生的可能性进行评估，根据 TMR_{ad} 将事故发生分为三级，如果在冷却失效后有足够的时间在失控变得剧烈之前采取应急措施，则发生失控的可能性就降低了。

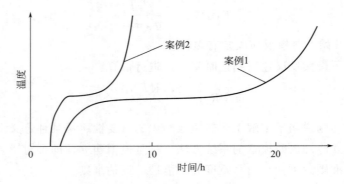

图 10-9　评价可能性的时间尺度示例

表 10-6　失控反应发生可能性评估——ZHA 法提出的六等级判据

简化的三等级分类	扩展的六等级分类	TMR_{ad}/h
高的(high)	频繁发生的(frequent)	<1
	很可能发生的(probable)	1～8
中的(medium)	偶尔发生的(occasional)	7～24
低的(low)	很少发生的(seldom)	24～50
	极少发生的(remote)	50～100
	几乎不可能发生的(almost impossible)	>100

需要注意的是，这种分级评价准则仅适合于反应过程，而不适用于储存过程。

10.3.2.3　评估参数的实验获取

(1) 量热仪的运行模式

大多数量热仪都可以在不同的温度控制模式下运行。常用的温控模式有：

① 等温模式（Isothermal Mode），采用适当的方法调节环境温度从而使样品温度保持恒定。这种模式的优点是可以在测试过程中消除温度效应，不出现反应速率的指数变化，直接获得反应的转化率。缺点是如果只单独进行一个实验不能得到有关温度效应的信息，如果需要得到这样的信息，必须在不同的温度下进行一系列这样的实验。

② 动态模式（Dynamic Mode），样品温度在给定温度范围内呈线性（扫描）变化。这类实验能够在较宽的温度范围内显示热量变化情况，且可以缩短测试时间。这种方法非常适合反应放热情况的初步测试。对于动力学研究，温度和转化率的影响是重叠的。因此，对于动力学问题的研究还需要采用更复杂的评估技术。

③ 绝热模式（Adiabatic Mode），样品温度源于自身的热效应。这种方法可直接得到热失控曲线，但是测试结果必须利用热修正系数进行修正，因为样品释放的热量有一部分用来升高样品池温度。

(2) 几种常用的量热设备

1）反应量热仪

以 Mettler Toledo 公司的反应量热仪（RC1）为例，说明反应量热仪的工作原理。该型量热仪（见图 10-10）以实际工艺生产的间歇、半间歇反应釜为真实模型，可在实际工艺条件的基础上模拟化学工艺过程的具体过程及详细步骤，并能准确的监控和测量化学反应的过程参量，例如温度、压力、加料速率、混合过程、反应热流、热传递数据等。所得出的结果可较好地放大至实际工厂的生产条件。其工作原理见图 10-10。

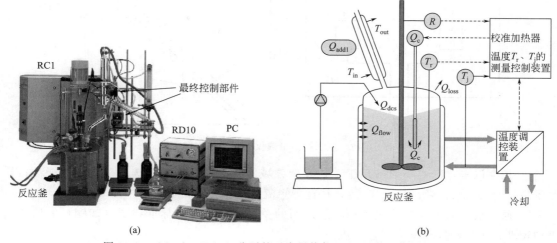

图 10-10　Mettler Toledo 公司的反应量热仪 (a) 及其工作原理 (b)

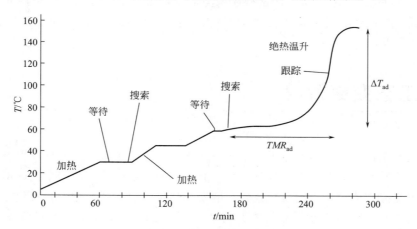

图 10-11　HWS 模式的加速度量热仪获得的典型温度曲线

2）绝热量热仪

① 加速度量热仪是一种绝热量热仪，其绝热性不是通过隔热而是通过调整炉膛温度，使其始终与所测得的样品池（也称样品球）外表面热电偶的温度一致来控制热散失。因此，在样品池与环境间不存在温度梯度，也就没有热流动。测试时，样品置于 $10cm^3$ 的钛质球形样品池 S 中，试样量为 1～10g。

② 两种工作模式为加热-等待-搜索（Heating-Waiting-Seeking，HWS）模式（见图 10-11）和等温老化（Thermal Aging）模式（样品被直接加热到预定的初始温度，在此温度下仪器检测如上所述的热效应）。

③ 观察其自反应放热速度是否超过设定值（通常为 0.02℃·min^{-1}）。

3）差示扫描量热仪（DSC）

① 差示扫描量热仪原理及典型图例见图 10-12。测量原理是：不采用加热补偿的方法（老原理），而允许样品坩埚和参比坩埚之间存在温度差，记录温度差，并以温度差-时间或

温度差-温度关系作图。

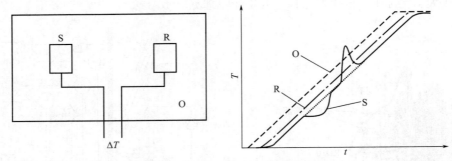

图 10-12　差示扫描量热仪原理及典型图例

② 长期以来，DSC一直应用于工艺安全领域。其优点在于：筛选实验；多功能性；样品量少（3～20mg，微量热仪技术），接近理想流；能获得定量数据。

③ 通过校准来确定放热速率和温差之间的关系。通常利用标准物质（如铟）的熔化焓进行校准，包括温度校准和量热校准。

④ 需要注意的是，由于DSC测试样品量为毫克量级，温度控制大多采用非等温、非绝热的动态模式，样品池、升温速率等因素对测试结果影响大，所以，DSC的测试结果不能直接应用于工程实际。

10.4　工艺变更管理

在实际生产中，应该严格按照工艺设计条件进行操作。不管因为何种原因需要变更工艺条件如改变工艺操作参数或工艺步骤时，必须充分论证变更后的工艺安全性，不能随意增加进料量或者改变操作程序，否则易导致较大的安全隐患。据统计，化工和石化行业的不少灾难性事故都是由于不恰当地改变工艺技术或设施而造成的，大约80%的过程安全事故都可以追溯到"不适当的变更"。

一般来说变更的种类有：

① 工艺变更；　　　　　　　　　　⑤ 人员变更；
② 设备变更；　　　　　　　　　　⑥ 组织变更；
③ 规程变更；　　　　　　　　　　⑦ 法律、法规变更。
④ 基础设施变更；

以上所有的变更在执行之前都需要进行正确评估和论证，以确保变更引入的危险都能够被识别、分析并得到控制，以确保过程工业安全。经过论证后的变更确定后，需要对员工进行培训。

10.4.1　工艺和设备变更管理

（1）变更管理的适用情况
新、改、扩建项目实施过程中应进行变更管理。

（2）变更类型

变更应实施分类管理，基本类型包括工艺设备变更、微小变更和同类替换。

1）工艺设备变更

是指涉及工艺技术、设备设施、工艺参数等超出现有设计范围的改变（如压力等级改变、压力报警值改变等）。

工艺设备变更范围主要包括：

① 生产能力的改变；

② 物料的改变（包括成分比例的变化）；

③ 化学药剂和催化剂的改变；

④ 设备、设施负荷的改变；

⑤ 工艺设备设计依据的改变；

⑥ 设备和工具的改变或改进；

⑦ 工艺参数的改变（如温度、流量、压力等）；

⑧ 安全报警设定值的改变；

⑨ 仪表控制系统及逻辑的改变；

⑩ 软件系统的改变；

⑪ 安全装置及安全联锁的改变；

⑫ 非标准的（或临时性的）维修；

⑬ 操作规程的改变；

⑭ 试验及测试操作；

⑮ 设备、原材料供货商的改变；

⑯ 运输路线的改变；

⑰ 装置布局改变；

⑱ 产品质量改变；

⑲ 设计和安装过程的改变；

⑳ 其他。

2）同类替换

是指符合原设计规格的更换。

3）微小变更

是指影响较小，不造成任何工艺参数、设计参数等的改变，但又不是同类替换的变更，即"在现有设计范围内的改变"。

10.4.2 变更申请、审批

① 变更申请人应初步判断变更类型、影响因素、范围等情况，按分类做好实施变更前的各项准备工作，提出变更申请；

② 变更申请人应充分考虑健康安全环境影响，并确认是否需要工艺危害分析。对需要做工艺危害分析的，分析结果应经过审核批准；

③ 变更应实施分级管理。应根据变更影响范围的大小以及所需调配资源的多少，决定变更审批权限。在满足所有相关工艺安全管理要求的情况下批准人或授权批准人方能批准；

④ 公司专业部门组织的工艺设备变更由公司业务主管部门审批。二级单位组织的工艺设备变更由二级单位审批，微小变更由三级单位负责审批；

⑤ 变更申请审批内容：

a. 变更目的；

b. 变更涉及的相关技术资料；

c. 变更内容；

d. 健康安全环境的影响（确认是否需要工艺危害分析，如需要，应提交符合工艺危害分析管理要求且经批准的工艺危害分析报告）；

　　e. 涉及操作规程修改的，审批时应提交修改后的操作规程；

　　f. 对人员培训和沟通的要求；

　　g. 变更的限制条件（如时间期限、物料数量等）；

　　h. 强制性批准和授权要求。

　　⑥ 变更申请应经相关的工艺技术、安全环保人员审查通过后，由技术负责人审核和变更批准人批准。

10.4.3　变更实施

　　① 变更应严格按照变更审批确定的内容和范围实施，主管部门应对变更过程实施跟踪。

　　② 变更实施若涉及作业许可，应办理安全作业许可票，具体执行《作业许可管理规定》。

　　③ 变更实施若涉及启动前安全检查，应进行启动前安全检查，具体执行《启动前安全检查管理规定》。

　　④ 相关部门和单位应确保变更涉及的所有工艺安全相关资料以及操作规程都得到适当的审查、修改或更新。

　　⑤ 完成变更的工艺、设备在运行前，应对变更影响或涉及的如下人员进行培训或沟通。

　　a. 变更所在区域的人员，如维修人员、操作人员等；

　　b. 变更管理涉及的人员，如设备管理人员、培训人员等；

　　c. 承包商和（或）供应商；

　　d. 外来人员；

　　e. 相邻装置（单位）或社区的人员；

　　f. 其他相关的人员。

　　⑥ 必要时，主管部门和单位应针对变更制定培训计划，培训内容包括变更目的、作用、程序、变更内容，变更中可能的风险和影响，以及同类事故案例。

　　⑦ 变更所在区域或单位应建立变更工作文件、记录，以便做好变更过程的信息沟通。典型的工作文件和记录包括变更管理程序、变更申请审批表、风险评估记录、变更登记表以及工艺设备变更验收报告等。

10.4.4　变更结束

　　变更实施完成后，主管部门和单位应对变更是否符合规定内容，以及是否达到预期目的进行验证，提交工艺设备变更验收报告，并完成以下工作：

　　① 所有与变更相关的工艺技术信息都已更新；

　　② 规定了期限的变更，期满后应恢复变更前状况；

　　③ 试验结果已记录在案；

　　④ 确认变更结果；

　　⑤ 变更实施过程的相关文件归档。

1. 减压蒸馏和加压蒸馏时应注意哪些安全问题？减压蒸馏时应遵循怎样的操作程序？
2. 熔融和干燥过程应分别注意哪些问题？其潜在的危险性有哪些？
3. 破碎和混合作业中分别存在哪些潜在危险？
4. 氨氧化生产硝酸工艺过程的潜在危险是什么？如何对这些危险进行控制？
5. 简述硝化反应过程的危险性及防范措施？
6. 氯化工艺过程的潜在危险性有哪些？如何防范？
7. 氧化过程具有哪些潜在的危险性？相应的安全措施是什么？

第11章

化工事故调查与案例分析

本章的目的是了解化工事故调查的程序和步骤，通过一些具体事故案例加强化工安全方面的管理经验和技术技能。

11.1 化工事故调查的目的和意义

生命是宝贵的，健康是重要的，不可能也不希望每个员工都去亲身体验事故之后才去重视安全，那样做不仅要付出代价，而且可能是很惨痛的代价。希望能够通过对化工事故的调查与分析，获得事故发生的原因，从中得到启发，使员工间接体验事故，获得安全生产常识。这对预防类似事故的发生、保护生命财产的安全有很大意义。

化工事故中燃烧、爆炸和中毒事故的危害较大。在燃烧和爆炸的工艺技术领域，人们的认识往往滞后于灾难性事件。例如1880年在英国伦敦，一条地下污水管道沼气泄漏引发火灾，使人类首次观察到了燃烧波的作用。在这之前，人们普遍认为燃烧的传播并不比在本生灯的内焰中观察到的快多少。随后不久提出的在20世纪才得到验证的一种理论阐明了燃烧波的本质。在之后的70年中，虽然有往复内燃机、喷气发动机和火箭的开发，加之两次世界大战的促进，但人们对燃烧过程的认识仍然停留在对无约束的蒸气云爆炸知之甚少的阶段。比如，对于1967年发生在美国Louisiana州、1968年发生在荷兰Rotterdam港附近、1974年发生在英国Flixborough地区的蒸气云爆炸，至今还没有令人满意的解释。

对于燃烧和爆炸的本质和机理可以通过实验获得，但是燃烧和爆炸实验是破坏性试验，这种实验不仅耗资巨大、也有很多安全问题要充分考虑，况且燃烧和爆炸事故属于不可控过程，因此，可控的燃烧和爆炸实验与燃烧爆炸事故之间也不能等同。尤其是规模很大的燃烧和爆炸事故，其再生实验耗费巨大，所以，必须从已发生事故的调查中尽可能得到最大量的有价值的信息。即使是对不很严重的事故，也提倡进行详尽调查，形成调研报告并对其经验进行广泛推广。而人们往往倾向于重视较大灾难中显现出来的教训，而忽视从小事故中得到的教训，对那些基于实验事实或实验数据的纯理论预测，人们的反应则更加冷淡，这种态度是不可取的。

第一次世界大战时，人们已经熟知硝酸铵的爆炸性质，但那时对于硝酸铵储存和应用中的许多严重问题，并没有人给予足够的关注。1922年在德国，6000t硝酸铵炸药爆炸，毁灭了Oppau镇，使1100人丧生。这次事件之后人们才发现，大量的硝酸铵化肥在室外堆垛存放，硝酸铵暴露在风雨中，会结成一层固体硬壳，在装运前就转化成了采石惯用的炸药。这些事故的发生引起了人们对于硝酸铵储存和应用中安全问题的重视，尽管如此，后来硝酸铵爆炸事故还是屡有发生，这说明仅仅思想上重视是不够的，必须有合理的措施保证其安全。

对于缺乏经验的人来说，所有事故都似乎是梦幻般地一刹那发生的。这造成了生命和财产的巨大损失。人们通过分析事故和反思认识到，事故的发生是有其必然性和偶然性的。婴儿在不断跌倒中学会了走路，类似的，化学加工工业在经历了过去的许多灾难后，如今已经变得更加安全了一些，这是基于从经验中不断学习，增加安全知识和技能的结果。无疑通过对事故进行调查，获得经验教训并对此加以广泛推广，发挥了重要作用。从这个角度上说，对事故调查的意义远远超越了事故本身，它不但可以避免同类事故的发生，而且可以提供燃烧和爆炸作用的许多有价值的信息，有助于人类对于燃烧和爆炸本质的探索和认识。正所谓吃一堑，长一智，通过对事故的调查可以了解燃烧和爆炸过程及原因，从事故中汲取经验教训，学习和增长安全知识和技能。

11.2　化工事故调查程序

对于任何事故的调查，在确定事故致因之前，都必须尽可能多地收集证据。人们常根据过去的经验推测事故的致因，但这种推测不能作为事故调查的结论。仍然需要广泛地收集证据，包括一些特别容易被忽略的证据，通过对证据的分析对推测进行严格检验，尽可能恰如其分地还原事实经过。一般来说，正规的调查程序必须包括以下七个步骤：

（1）调查授权

调查授权是指调查者从上一级领导那里接受调查任务，在这一阶段，调查者得到的只是事故调查的总体指令和笼统的事故描述，还不会涉及事故发生的细节调查。但调查授权是后续调查的第一步，须由被授权的部门进行调查，这样做的好处是：

① 可尽量避免发生的次生灾害危及调查人员；

② 可最大程度保护现场并力求还原现场；

③ 避免在调查结果明了之前出现一些不合实际的报道，有时新闻部门第一时间赶赴现场采访但被拒绝，这是正确的，应该是获得授权的专业人员到现场勘查，待调查结果明确后再召集新闻部门介入进行报道。

（2）事故初步了解

这一阶段的主要工作是了解事故的全貌、大致经过和缘由等。在这一阶段，调查者是从高远处观察事故，对事故还不会有中肯和恰当的评价。这一阶段只需很短的时间就能完成。

(3) 事故前实际情况调查

对于调查者来说,工程设计图纸是很有价值的信息源,发生事故前的值班记录和照片影像也是重要的信息源。从以上信息可以了解到设备和物料的状况。这一阶段需要了解工厂的设备、工程设计图纸、工艺过程和有关物料的情况。

(4) 事故损坏检查

事故损坏检查的最初目的是找到事故的原发区。对于一些重大灾害事故,也需要考虑次生作用。对于爆炸事故,爆炸断片区和远离爆炸源的冲击波的作用,都有可能成为事故有价值的证据。因此在没有发生任何扰动的时候,应该把这些证据拍照记录下来。有些其他的存疑项,要做标记后存放起来,留作以后核查。应该仔细考察爆炸废墟以确定损坏的程度,不能心存侥幸忽略暂时还无法解释的任何现象。

(5) 证人探访

目击者的证据很有价值。除现场人员外,目睹事发的公众人物的证据也很重要。应该尽量在证人间还没有议论事故之前完成对证人的探访。尽管有时目击者的证据是矛盾的,仍然需要记录下来,留待借助技术资料分析鉴定。

(6) 研究和分析

1)燃烧分析

损坏分布可以提供火源区域的有力证据。木器燃烧持续的时间最长,炭化的程度也最深。假如火焰是连带燃烧的经典扩散型的,经验指出,木材炭化 2.5cm 需要 40min。如果从救火者那里了解到灭火的时间,就可以尝试从炭化的测定确定火源区域。对于气体或蒸气迅速释放的火炬火焰的情形,木器的炭化速率要更快一些。

火灾后容器的状况可以提供燃烧时间长短的有价值的证据。任何容器暴露在火焰中,液面之上的容器壁涂层都会爆皮,所装载的液体则可以防止容器壁油漆涂层的损坏。如果容器内原来的液面是已知的,火灾后的液面结合容器的上述特征可以检查出来,从而不难确定液体的蒸发量和蒸发热。对于重灾非火炬燃烧的情形,如果容器是直立的并被火焰所包围,容器壁润湿面单位面积的最大传热速率确定为 $17W \cdot cm^{-2}$。这样,根据热平衡就可以近似估算出燃烧的最小可能暴露时间。

化工厂的多数火灾火温不超过 1000℃,易燃液体和易燃固体的燃烧温度相近。除去高扰动火焰刷排逸出的射流气体或蒸气的燃烧,很少遇到特别高的燃烧温度。纯铜的熔点是 1080℃,虽然铜导线由于表面氧化会被损耗掉,但是在一般情况下纯铜能够承受燃烧的作用。铜合金,如黄铜和青铜,其熔点在 800~1000℃ 之间,通常在火灾中会熔化,火灾后会有铜合金液滴不引人注目地粘附在其他金属表面上。如果在导体上发现纯铜液滴,这表明在火灾中有电流通过,强化了燃烧的热量。仅有火焰作用时,即使局部温度超过了纯铜的熔点,纯铜通常会被损耗掉而不会产生液滴。纯铜液滴以及纯铜导体由于在电弧焰中蒸发而产生凹痕。这些证据与火灾或爆炸的原始火源之间不一定有密切联系。但是如果有电流通过,电流在燃烧的早期由于电缆熔断而被切断,这时,纯铜液滴和纯铜导体上的电弧焰凹痕,则成为火源区的有力证据。

铁和钢的熔点在 1300~1500℃ 之间,在火灾中一般不会熔化。但结构钢制件的熔点在 550~600℃ 之间,强度会严重恶化,产生惊人的扭曲变形。结构钢制件扭曲变形现象在火灾中随处可见,在火灾调查中意义不大。

2）爆炸分析

① 爆炸作用表现模式　多种因素影响着内压增加容器破裂的方式。除去与静负荷有关的强度因素外，容器壁的状况甚至比内压增加速率起更重要的作用。在静负荷超量的极限情形，压力下凝聚相的爆轰会产生脆性破裂。对于气体爆燃比较缓慢的情形，断裂的方式则是纯粹弹性的，与物理过压产生静负荷的破裂方式类似。然而，在爆燃断裂瞬间之后，压力仍继续上升，所以爆燃往往比静负荷的情形产生更多的碎片。容器内缓慢的加压过程，最初会产生经典的弹性断裂，继而会裂口，最后会加速至脆性断裂。所以，找到初始断裂点是重要的。对于脆性破裂的情形，容器断片的断口标记会指回到初始点。对于绝大多数弹性破裂的情形，初始点通常都是在容器最薄的地方附近。

② 物理过压　有些容器，如锅炉或被火焰包围的其他密封容器，由于物理过压而破裂是常见的事情。过压中的压力指的是气压或者是液压。液压过压产生的发射物比气压过压产生的发射物要少。对于物理过压，破裂的起始点往往在容器潜在的薄弱点处。

③ 单一容积系统气相爆炸　如果易燃气体混合物在一个加工容器中，如一个罐或室中燃烧，燃烧过程会使压力不断升高，最后会引起器壁爆裂。对于单一的容器，火焰扩散通常是亚声速的。爆炸应力总是均匀分布的，而破裂模式则与物理过压产生的破裂模式类似。容器会在其薄弱点破裂，这可能是由于容器中某处的砂眼或夹层中的燃烧所致，但是从破裂模式无法推断出砂眼或火源的位置。这个原则同样适用于单一容器内的爆炸。

④ 复合容积系统气相爆炸　当气相爆炸在互相连通的容器内扩散时，最严重的损坏总是发生在远离火源处。火焰从一个容器传播至下一个容器时被加速，从而压力升高的速率和破坏强度会相应增加。类似地，复合容积系统中的粉尘爆炸，最严重的损坏也是发生在远离初始火源处。在气体爆炸中，压力的堆积造成连通容积系统惊人的破坏，甚至会导致爆轰；依据上述机理，容器承受的压力会突然增至通常过程压力的 100 倍以上。而单一容器的爆炸，压力很少超过初始压力的 10 倍。在有多个明显分隔间的建筑物中发生的爆炸，会非常剧烈，主要原因是爆炸的复合容积作用。如果分隔间起火导致爆炸，火焰会在建筑物内迅速传播，由于叠加作用，压力会很快达到超乎人们想象的极大值。

⑤ 气体爆轰　气体爆轰通常发生在管道或高径比较大的容器内，最大损坏也发生在远离火源处。化工厂气体爆轰最显著的特征是，爆轰本身会突然改变方向。在沿着爆轰波传播线的许多孤立点上，会发现爆裂和普通过压的证据。爆轰产生爆裂是纵向的，所以管道的断片往往是长条形的。爆轰破裂会延伸到很远的距离.而简单的过压或爆燃产生的破裂，长度很少超过几倍管径的距离。

⑥ 爆炸性凝聚相反应　气体爆轰就局部作用而言，很难与凝聚相爆轰区别开来。一般来说，后者能够产生更加局域化的作用，破损的方位反映出凝聚相爆炸物在较低水平累积的倾向。可能发生的凝聚相爆炸可以通过过程考虑消除。然而必须牢记，许多种类的氧化剂，如硝酸、硝酸盐、氯酸盐、液氧、氮氧化物等，与有机物质混合，都会生成敏感的、强烈的凝聚相爆炸物。

⑦ 无约束蒸气云爆炸　近些年来，有多宗无约束的蒸气-空气云燃烧导致压力效应的事故。这些巨大爆炸损害的分析，对于确定蒸气释放源或火源位置没有直接的意义。目前，还没有把爆炸量级与燃烧类型或程度关联起来的统一的理论。因为这种规模的实验工作耗费惊人，所以必须从偶发事故中尽可能多地得到实际信息，把这些信息与现有的知识联系，做出一些假想或推测。

3）火源分析

如果燃烧或爆炸的始发区被证实，最先起火的物质也就显而易见了，这可以提供火源特征的某些启示。如果木制品、纺织品、隔板或其他某些固体物质最先起火，因为小电火花只能点燃气体或蒸气与空气的混合物，火源必然比小电火花携带更多的能量。对于上述情况，引发一场火灾的初始点火源的识别比气相起火要容易得多。一般来说，固体物质起火，需要点火源持续一些时间，而能够点燃气体混合物的静电释放只有几分之一秒。电动机或电缆的电力故障、隔板上的易燃液体玷污液以及人员的活动，是化工厂火灾的普通原因。虽然已经证明，除非高于空气的氧浓度，燃着的香烟一般不能点燃汽油蒸气，但是如果把未熄火的香烟头丢在能够阴燃的垫托上，却能引发燃烧。随着阴燃过程的加速，稍后物质就会迸发出火焰。焊接和切割的火花，其引火能力超过了人们的想象，如果这些火花被怀疑是火灾或爆炸的起因，应该考虑模拟实验，而且不应该忽略高浓度氧的作用可能。

初始火源的确定常被认为是所有调查的最终目的。对于火灾的情形，很可能是这样的。但对于偶发的气相爆炸事故，通常无法确认点火源。空气突然进入蒸馏装置常引发爆炸，这表明杂质或金属表面长期对烃类物质暴露而处于还原态，一旦对大气中的氧暴露就会形成局部热点，易于起火。

(7) 调查分析和报告准备

随着证据的收集，必须考虑进一步的研究。如果试样需要化学分析，则应该尽快进行。另一方面，对于某些特定的试验，为了保证试验的真实性，只有证据收集全后才能进行。对于需要长期试验的情形，调查者需等至试验完成后才能得到工作结论。

报告的形式因写作模式而异。但所有的报告都应该做到，让读者能够从事前情况逐步深入事故，从事故证据逐步过渡到逻辑结论。正文内容过多会分散读者对主要问题的注意力，次要内容应该归入附录中。对于大型事故的调查报告，推荐采用主件和附件的正式呈文形式撰写。

步骤（1）、步骤（2）和步骤（3）应该循序进行。步骤（4）、步骤（5）和步骤（6）不需要排定任何特别的顺序，可以同时分别进行。随着调查的进展，就可以开始步骤（7）的工作。前面步骤的进一步信息，应该不断补充进去。

11.3　化工事故调查报告内容

化工事故调查报告内容包括主件和附件，具体包括如下内容：

① 工厂地形图；

② 厂房配置图；

③ 主要产品、产量；

④ 工序、工艺流程图；

⑤ 平时和事故当天的操作状况；

⑥ 当天的气象条件、状况；

⑦ 事故发生前状况、经过、事故概要；

⑧ 目击者提供的证言；

⑨ 当事者的服装、携带的工具；

⑩ 事故后的紧急处置和灾害情况；

⑪ 现场的照片和示意图；

⑫ 有关设备的设计图纸和配置；

⑬ 原材料、产品的危险特性和检测报告。

11.4 化工事故案例分析

为了能够从一些以鲜血和生命为代价的事故中汲取教训，使这些事故成为前车之鉴，预防类似的事故重复发生，在此列举了一些事故案例，对案例的事故经过、事故原因、责任分析、教训及防范措施进行介绍。希望能够以科学的态度，从理论上探讨事故起因，提出防止类似事故发生的对策。

11.4.1 火灾事故案例

【案例1】山东赫达股份有限公司"9.12"爆燃事故

2010年9月12日，山东赫达股份有限公司发生爆燃事故，造成2人重伤，2人轻伤，直接经济损失约230余万元。

(1) 事故经过

山东赫达股份有限公司位于淄博市周村区王村镇王村，主要从事纤维素醚系列产品、PAC精制棉、压力容器制造等产品的生产和销售，其中纤维素醚系列产品，产量为6000t/a，纤维素醚项目始建于2000年。

2010年9月12日11时10分左右，山东赫达股份有限公司化工厂纤维素醚生产装置一车间南厂房在脱绒作业开始约1h后，脱绒釜罐体下部封头焊缝处突然开裂（开裂长度120cm，宽度1cm），造成物料（含有易燃溶剂异丙醇、甲苯、环氧丙烷等）泄漏，车间人员闻到刺鼻异味后立即撤离并通过电话向生产厂长报告了事故情况，由于泄漏过程中产生静电，引起车间爆燃。南厂房爆燃物击碎北厂房窗户，落入北厂房东侧可燃物（纤维素醚及其包装物）上引发火灾，北厂房员工迅速撤离并组织救援，10min后发现火势无法控制，救援人员全部撤离北厂房，北厂房东侧发生火灾爆炸，2h后消防车赶到将火扑灭。事故造成2人重伤，2人轻伤。

(2) 事故原因

① 据调查分析，事故发生的直接原因是：纤维素醚生产装置无正规设计，脱绒釜罐体选用不锈钢材质，在长期高温环境、酸性条件和氯离子的作用下发生晶间腐蚀，造成罐体下部封头焊缝强度降低，发生焊缝开裂，物料喷出，产生静电，引起爆燃。

② 事故发生的间接原因是：企业未对脱绒釜罐体的检验检测做出明确规定，罐体外包有保温材料，检验检测方法不当，未能及时发现脱绒釜晶间腐蚀现象，也未能从工艺技术角度分析出不锈钢材质的脱绒釜发生晶间腐蚀的可能性；生产装置设计图纸不符合国家规定，图纸载明的设计单位无公章和设计人员签字，未注明脱绒釜材质要求，存在设计缺陷；脱绒釜操作工在脱绒过程中升气阀门开度不足，存在超过工艺规程允许范围（0.05MPa以下）的现象，致使釜内压力上升，加速了脱绒釜下部封头焊缝的开裂。安全现状评价报告中对脱绒工序危险有害分析不到位，未提及脱绒釜存在晶间腐蚀的危险因素。

(3) 防范措施

① 进一步完善建设项目安全许可工作，严格按照"三同时"要求，落实各项规范要求，

设计、施工、试生产等各个阶段应严格按规范执行。

② 严格按照规范、标准要求开展日常设备的监督检验工作，及时发现设备腐蚀等隐患。

③ 严格按照技术规范进行操作，严禁超过工艺规程允许范围运行。

④ 进一步规范安全评价单位的评价工作，提高安全评价报告质量，切实为企业提供安全保障。

【案例 2】淄博中轩生化有限公司"6.16"火灾事故

2008 年 6 月 16 日 16 时 30 分左右，淄博中轩生化有限公司黄原胶技改项目提取岗位一台离心机在试车过程中发生闪爆，并引起火灾，造成 7 人受伤，直接经济损失 12 万元。

(1) 事故经过

淄博中轩生化有限公司位于临淄区东外环路中段，主要产品黄原胶。该公司 6000t/a 黄原胶技改项目于 2007 年 7 月 5 日取得设立和安全设施设计审查手续，2007 年 12 月 21 日取得试生产方案备案告知书。事发时正处于试生产阶段。

(2) 事故原因

① 离心机供货技术人员违反离心机操作规程，对检修的离心机各进出口没有加装盲板隔开，也没有进行二氧化碳置换，造成离心机内的乙醇可燃气体聚集，且对检修的离心机搅笼与外包筒筒壁间隙没有调整到位，违规开动离心机进行单机试车，致使离心机搅笼与外包筒筒壁摩擦起火，是导致事故发生的直接原因。

② 淄博中轩生化有限公司存在以下问题：未设置安全生产管理机构；未落实设备检修管理规定、未制定检修方案、未执行检修操作规程、未落实对外来人员入厂安全培训教育；主要负责人未履行安全生产管理职责，未督促、检查本单位的安全生产工作，这是导致事故发生的间接原因。

(3) 防范措施

① 企业应严格按照《山东省化工建设项目安全试车工作规范》，规范试生产环节的工作程序，落实试生产前和试生产过程中的各项安全措施，确保试生产环节的安全。

② 企业主体应责任落实，企业内部严格开展培训教育；严格执行化工安全生产 41 条禁令；认真组织学习《化工企业安全生产禁令》和《化工企业安全生产禁令教育读本》，提高员工的安全意识，不断提高安全管理水平。

③ 借鉴国外大公司的先进经验，积极探索应用危险与可操作性分析（HAZOP）等技术，提高化工生产装置潜在风险辨识能力。

④ 逐步拓展行业的专业技术培训。建立企业异常活动报告制度，突出异常活动（检、维修作业、停复产、开停车、试生产、废弃物料处理和废旧装置拆除）等重点环节监管制度。

11.4.2 爆炸事故案例

【案例 3】河北省赵县克尔公司 2.28 爆炸事故

河北省赵县克尔化工有限公司（以下简称克尔公司）成立于 2005 年 2 月，位于石家庄市赵县工业区（生物产业园）内，该公司年产 10000t 噁二嗪、1500t 2-氯-5-氯甲基吡啶、1500t 西林钠、1000t N-氰基乙亚胺酸乙酯。项目分三期建设，一期工程建设一车间（硝酸胍）、二车间（硝基胍）及相应配套设施。一期工程分别于 2009 年 7 月 13 日、2010 年 1 月

15 日、7 月 13 日通过安全审查、安全设施设计审查、竣工验收。2010 年 9 月取得危险化学品生产企业安全生产许可证，未取得工业产品生产许可证。自投产以来，公司经营状况良好，2011 年实现销售收入 2.6 亿元，利润 1.07 亿元，上缴税金 815 万元。

（1）事故经过

2012 年 2 月 28 日 8 时 40 分左右，1 号反应釜底部保温放料球阀的伴热导热油软管连接处发生泄漏自燃着火，当班工人使用灭火器紧急扑灭火情。其后 20 多分钟内，又发生 3～4 次同样火情，均被当班工人扑灭。9 时 4 分许，1 号反应釜突然爆炸，爆炸所产生的高强度冲击波以及高温、高速飞行的金属碎片瞬间引爆堆放在 1 号反应釜附近的硝酸胍，引起次生爆炸，造成 25 人死亡、4 人失踪、46 人受伤，直接经济损失 4459 万元。经计算，事故爆炸当量相当于 6.05t TNT。

（2）生产工艺流程

硝酸胍生产为釜式间歇操作，生产原料为硝酸铵和双氰胺，其生产工艺为：硝酸铵和双氰胺以一定配比在反应釜内混合加热熔融，在常压、175～210℃条件下，经反应生成硝酸胍熔融物，再经冷却、切片，制得产品硝酸胍。反应分两步进行，反应方程式为：

① $(NH_2CN)_2 + NH_4NO_3 \rightleftharpoons NH_2C(NH)NHC(NH)NH_2 \cdot HNO_3 \quad -Q$

② $NH_2C(NH)NHC(NH)NH_2 \cdot HNO_3 + NH_4NO_3 \rightleftharpoons 2NHC(NH_2)_2 \cdot HNO_3 \quad +Q$

总反应为：$(NH_2CN)_2 + 2NH_4NO_3 \rightleftharpoons 2NHC(NH_2)_2 \cdot HNO_3 \quad +Q$

（3）事故原因

硝酸铵、硝酸胍均属强氧化剂。硝酸铵是国家安全生产监督管理总局公布的首批重点监管的危险化学品，遇火时能助长火势；与可燃物粉末混合，能发生激烈反应而爆炸；受强烈振动或急剧加热时，可发生爆炸。硝酸胍受热、接触明火或受到摩擦、振动、撞击时可发生爆炸；加热至 150℃时，发生分解并爆炸。

经初步调查分析，事故直接原因是：河北克尔公司一车间的 1 号反应釜底部放料阀（用导热油伴热）处导热油泄漏着火，造成釜内反应产物硝酸胍和未反应的硝酸铵局部受热，急剧分解发生爆炸，继而引发存放在周边的硝酸胍和硝酸铵爆炸。另外，河北克尔公司在没有进行安全风险评估的情况下，擅自改变生产原料、改造导热油系统，将导热油最高控制系统温度从 210℃提高到 255℃，车间管理人员和操作人员的专业水平较低，包括车间主任在内的绝大部分员工对化工生产的特点认识不足、理解不透，处理异常情况能力低，不能适应化工安全生产的需要。这些都是导致事故发生的间接原因。

（4）防范措施

① 提高装置的本质安全水平，如增加装置的自动化程度，对反应温度这一主要参数进行有效、快捷的检测和控制；加料、出料、冷却等作业尽量以机械化取代人工操作，减少现场操作人员。

② 工厂布局要合理，车间之间的厂房有足够的安全间距，避免某一车间爆炸后波及另一车间，减少损失。

③ 严格企业安全管理制度和实施，变更管理按照规定进行。未经安全论证的情况下不能轻易变更工艺参数。

④ 提高车间管理人员、操作人员的专业水平。定期对员工改进技术和安全培训。

⑤ 提高企业的安全文化建设和管理水平，对安全隐患进行排查治理，消除安全隐患。

【案例 4】山东德齐龙化工集团有限公司 "7.11" 爆炸事故

（1）事故经过

2007 年 7 月 11 日 23 时 50 分，山东省德州市平原县德齐龙化工集团有限公司一分厂 16 万吨/年氨醇、25 万吨/年尿素改扩建项目试车过程中发生爆炸事故，造成 9 人死亡、1 人受伤。

事故发生在一分厂 16 万吨/年氨醇改扩建生产线试车过程中，该生产线由造气、脱硫、脱碳、净化、压缩、合成等工艺单元组成，发生爆炸的是压缩工序 2 号压缩机七段出口管线。该公司一分厂 16 万吨/年氨醇、25 万吨/年尿素生产线，于 2007 年 6 月开始单机试车，7 月 5 日单机调试完毕，由企业内部组织项目验收。7 月 10 日 2 号压缩机单机调试、空气试压（试压至 18MPa）、二氧化碳置换完毕。7 月 11 日 15 时 30 分，开始正式投料，先开 2 号压缩机组，引入工艺气体（N_2、H_2 混合气体），逐级向 2 号压缩机七段（工作压力 24MPa）送气试车。23 时 50 分，2 号压缩机七段出口管线突然发生爆炸，气体泄漏引发大火，造成 8 人当场死亡，一人因大面积烧伤抢救无效于 14 日凌晨 0 时 10 分死亡，一人轻伤。事故还造成部分厂房顶棚坍塌和仪表盘烧毁。

经调查，事故发生时先后发生两次爆炸。经对事故现场进行勘查和分析，一处爆炸点是在 2 号压缩机七段出口油水分离器之后、第一角阀前 1m 处的管线，另一处爆炸点是在 2 号压缩机七段出口两个角阀之间的管线（第一角阀处于关闭状态，第二角阀处于开启状态）。

（2）**事故原因**

1）事故发生的直接原因

经初步分析判断，排除了化学爆炸和压缩机出口超压的可能，爆炸为物理爆炸。事故发生的直接原因是 2 号压缩机七段出口管线存在强度不够、焊接质量差、管线使用前没有试压等严重问题，导致事故的发生。

2）事故发生的间接原因

① 建设项目未经安全审查。该公司将 16 万吨/年氨醇、25 万吨/年尿素改扩建项目（总投资 9724 万元），拆分为"化肥一厂造气、压缩工序技术改造项目（投资 4868 万元）"和"化肥一厂合成氨及尿素生产技术改造项目（投资 4856 万元）"两个项目，分别于 2006 年 4 月 26 日和 5 月 30 日向山东省德州市经济委员会备案后即开工建设，未向当地安全监管部门申请建设项目设立安全审查，属违规建设项目。

② 建设项目工程管理混乱。该项目无统一设计，仅根据可行性研究报告就组织项目建设，有的单元采取设计、制造、安装整体招标，有的单元采取企业自行设计、市场采购、委托施工方式，有的直接按旧图纸组织施工。与事故有关的 2 号压缩机没有按照《建设工程质量管理条例》有关规定选择具有资质的施工、安装单位进行施工和安装。试车前没有制定周密的试车方案，高压管线投用前没有经过水压试验。

③ 拒不执行安全监管部门停止施工和停止试车的监管指令。2007 年 1 月，德州市和平原县安全监管部门发现该公司未经建设项目安全设立许可后，责令其停止项目建设，该公司才开始补办危险化学品建设项目安全许可手续，但没有停止项目建设。7 月 7 日，由德州市安全监管局组织专家组对该项目进行了安全设立许可审查，明确提出该项目的平面布置和部分装置之间距离不符合要求，责令企业抓紧整改，但企业在未进行整改、未经允许的情况下，擅自进行试车，试车过程中发生了爆炸。

（3）防范措施

① 汲取事故教训，建立和健全工程管理、物资供应、材料出入库、特种设备管理、工艺管理等各项管理制度。

② 基础建设要按程序进行，接受国家监督，杜绝无证设计、无证施工。

③ 对本次事故所在的改扩建项目中的压力管道，要由有资质的设计单位对其重新进行复核；对所有焊口进行射线探伤检查，对不合格焊口由具备相应资质的施工单位进行返修；对所有使用旧管线的部位拆除更换；要查清管线、弯头的来源，对来源不清的管线、弯头应更换；对所有钢管、弯头进行硬度检验，发现硬度异常的管件应更换；分段进行水压试验以校验其强度。

④ 新建、改建、扩建危险化学品生产、储存装置和设施等建设项目，其安全设施应严格执行"三同时"的规定，依法向发改、经贸、环保、建设、消防、安监、质监等部门申报有关情况，办理有关手续，手续不全或环评、安评中提出的隐患、问题没整改的，不得开工建设。

⑤ 新的生产装置建成后，要制定周密细致的开车试生产方案，开车试生产方案要报安监部门备案。同时，制定应急救援预案，采取有效救援措施，尽量减少现场无关作业人员，一旦发生意外，最大限度地降低各种损失。

11.4.3　中毒事故案例

【案例5】河南濮阳中原大化集团有限责任公司中毒窒息事故

（1）事故经过

大化集团公司前身是河南省中原化肥厂，主要产品为：合成氨30万吨/年、尿素52万吨/年、复合肥30万吨/年、三聚氰胺6万吨/年等。

其中，年产30万吨甲醇项目的施工建设由中国化学工程第十一建设公司、中国石化集团第四建设公司和河南省第二建设公司共同承包。中国化学工程第十一建设公司又将该工程气化装置15单元设备内件安装转包给山东华显安装建设有限公司。

2008年2月23日上午8时左右，山东华显安装建设有限公司安排对气化装置的煤灰过滤器（S1504）内部进行除锈作业。在没有对作业设备进行有效隔离、没有对作业容器内氧含量进行分析、没有办理进入受限空间作业许可证的情况下，作业人员进入煤灰过滤器进行作业，约10点30分左右，1名作业人员窒息晕倒坠落作业容器底部，在施救过程中另外3名作业人员相继窒息晕倒在作业容器内。随后赶来的救援人员在向该煤灰过滤器中注入空气后，将4名受伤人员救出，其中3人经抢救无效死亡，1人经抢救脱离生命危险。

（2）事故原因

事故发生的直接原因是，煤灰过滤器（S1504）下部与煤灰储罐（V1505）连接管线上有一膨胀节，膨胀节设有吹扫氮气管线。2月22日装置外购液氮汽化用于磨煤机单机试车。液氮用完后，氮气储罐（V3052，容积为200m³）中仍有0.9MPa的压力。2月23日在调试氮气储罐（V3052）的控制系统时，连接管线上的电磁阀误动作打开，使氮气储罐内氮气串入煤灰过滤器（S1504）下部膨胀节吹扫氮气管线，由于该吹扫氮气管线的两个阀门中的一个没有关闭，另一个因阀内存有施工遗留杂物而关闭不严，氮气窜入煤灰过滤器中，导致煤灰过滤器内氧含量迅速减少，造成正在进行除锈作业的人员窒息晕倒。由于盲目施救，导致伤亡扩大。

事故暴露出的问题：

这是一起典型的危险化学品建设项目因试车过程安全管理不严，严重违反安全作业规程引发的较大事故，暴露出当前危险化学品建设项目施工和生产准备过程中安全管理还存在明显的管理不到位的问题。

① 施工单位山东华显安装建设有限公司安全意识淡薄，安全管理松弛，严重违章作业。该公司对装置引入氮气后进入设备作业的风险认识不够，在安排煤灰过滤器（S1504）内部除锈作业前，没有对作业设备进行有效隔离，没有对作业容器内氧含量进行分析，没有办理进入受限空间作业许可证，没有制定应急预案。在作业人员遇险后，盲目施救，使事故进一步扩大。

② 大化集团公司安全管理制度和安全管理责任不落实。大化集团公司在年产 30 万吨甲醇建设项目试车引入氮气后，防止氮气窒息的安全管理措施不落实，没有严格界定引入氮气的范围，采取可靠的措施与周围系统隔离；装置引入氮气后对施工单位进入设备内部作业要求和安全把关不严，试车调试组织不严密、不科学，仪表调试安全措施不落实。

③ 从业人员安全意识淡薄的现象仍然十分严重。作业人员严重违章作业、施救人员在没有佩戴防护用具情况下冒险施救，导致事故发生及人员伤亡扩大。

另外，事故还暴露出危险化学品建设项目施工层层转包的问题。

（3）防范措施

① 制定完善的安全生产责任制、安全生产管理制度、安全操作规程，并严格落实和执行；

② 深入开展作业过程的风险分析工作，加强现场安全管理；

③ 作业现场配备必要的检测仪器和救援防护设备，对有危害的场所要检测，查明真相，正确选择、带好个人防护用具并加强监护；

④ 加强员工的安全教育培训，全面提高员工的安全意识和技术水平；

⑤ 制定事故应急救援预案，并定期培训和演练。

【案例6】山东阿斯德化工有限公司 "8.6" 一氧化碳中毒事故

（1）事故经过

2007 年 8 月 6 日上午 9 时许，肥城市新世纪建筑安装工程公司 2 名工人在对肥城阿斯德化工有限公司煤气车间 5♯造气炉进行修补作业时，由于煤气炉四周炉壁内积存的煤气（一氧化碳）释出，导致 2 人一氧化碳中毒，造成 1 人死亡，1 人受伤。肥城市新世纪建筑安装工程有限公司成立于 1986 年 12 月，2003 年改制为民营企业，公司注册资金 600 万元，具有房屋建筑工程三级施工资质。可承担防腐保温工程施工。肥城阿斯德化工有限公司是综合化工企业，成立于 1994 年 3 月，主导产品是甲酸、甲胺、甲醇、甲酸钙等。当日，施工队在未办理任何安全作业手续、未通知设备所在车间的情况下，安排施工人员进入 5♯造气炉底部耐火段进行修补作业，作业过程中，由于煤气炉四周炉壁渗透的一氧化碳释放，导致事故发生。

（2）事故原因

肥城市新世纪建筑安装工程有限公司施工队，未办理任何安全作业手续、未通知设备所在车间，安排施工人员进入肥城阿斯德化工有限公司煤气车间 5♯造气炉底部耐火段进行修补作业，作业过程中，由于煤气炉四周炉壁渗透的一氧化碳释放，导致一氧化碳中毒，是该起事故的直接原因。企业未与外来施工队伍签订安全协议，对外来施工队伍管理不严，是事故发生的间接原因。

（3）防范措施

① 深入开展检维修作业过程的风险分析工作，严格执行检维修作业的票证管理制度，加强现场安全管理；

② 制定完善的安全生产责任制、安全生产管理制度、安全操作规程，并严格落实和执行；

③ 加强员工的安全教育培训，全面提高员工的安全意识和技术水平；

④ 制定事故应急救援预案，并定期培训和演练；

⑤ 检维修现场配备必要的检测仪器和救援防护设备，对有危害的场所要检测，查明真相，正确选择、带好个人防护用具并加强监护。

【案例7】苯中毒事故案例

（1）事故经过

2001 年 7 月 12 日 17 时左右，某建筑工地防水工史某（男，29 岁）与班长（男，46 岁）2 人在未佩戴任何防护用品的情况下进入一个 7m×4m×8m 的地下坑内，在坑的东侧底部 2m，面积约为 2m×2m 的小池进行防水作业，另一名工人马某在地面守候。约 19 时许，班长晕倒在防水作业池内，史某奋力将班长推到池口后便失去知觉倒在池底。马某见状，迅速报告公司负责人。约 20 时，经向坑内吹氧，抢救人员陆续将 2 名中毒人员救至地面。经急救中心医生现场诊断，史某已死亡。班长经救治脱离危险。

（2）事故原因

对该地下坑防水池底部、中部、池口空气进行监测分析，并对施工现场使用的 L-401 胶黏剂和 JS 复合防水涂料进行了定性定量分析。发现 L-401 胶黏剂桶口饱和气中，苯占 58.5%、甲苯占 8.3%。JS 复合防水涂料中醋酸乙烯酯占 78.1%。事故现场经吹氧后 2h，防水池底部空气中苯浓度范围仍达 17.9～36.8mg/m³，平均 23.9mg/m³，其他部位均可检出一定量的苯。估计事发时现场空气中苯的浓度可能会更高。

（3）防范措施

1）作为企业，在使用含苯（包括甲苯、二甲苯）化学品时，应通过下列方法，消除、减少和控制工作场所化学品产生的危害：

① 选用无毒或低毒的化学替代品。

② 选用可将危害消除或减少到最低程度的技术。

③ 采用能消除或降低危害的工程控制措施（如隔离、密封等）。

④ 采用能减少或消除危害的作业制度和作业时间。

⑤ 采取其他的劳动安全卫生措施。

2）对接触苯（甲苯、二甲苯）的工作场所应定期进行检测和评估，对检测和评估结果应建立档案。作业人员接触的化学品浓度不得高于国家规定的标准；暂时没有规定的，使用车间应在保证安全作业的情况下使用。

3）在工作场所应设有急救设施，并提供应急处理的方法。

4）使用单位应将化学品的有关安全卫生资料向职工公开，教育职工识别安全标签、了解安全技术说明书、掌握必要的应急处理方法和自救措施，并经常对职工进行工作场所安全使用化学品的教育和培训。

以上安全事故案例分析可为化工安全生产提供经验。美国化工安全署对于所发生的化工事故进行了详细的调查与分析，并模拟还原事故的现场和过程，是非常生动的化工安全方面的反面教材，具体可在其网站 http：//www.csb.gov 上查阅。

参考文献

［1］ 全国危险化学品管理标准化技术委员会，中国标准出版社.危险化学品标准汇编-安全生产卷.北京：中国标准出版社，2016.

［2］ 蒋军成.危险化学品安全技术与管理.北京：化学工业出版社，2009.

［3］ 方文林.危险化学品基础管理.北京：中国石化出版社，2015.

［4］ 陈会明，张静.化学品安全管理战略与政策.北京：化学工业出版社，2012.

［5］ 程春生，魏振云，秦福涛.化工风险控制与安全生产.北京：化学工业出版社，2014.

［6］ 赵劲松，陈网桦，鲁毅.化工过程安全.北京：化学工业出版社，2015.

［7］ 葛晓军，周厚云，梁缙.化工生产安全技术.北京：化学工业出版社，2008.

［8］ 陈美宝，王文和.危险化学品安全基础知识.北京：中国劳动社会保障出版社，2010.

［9］ 崔政斌，赵海波.危险化学品企业隐患排查治理.北京：化学工业出版社，2016.

［10］ 张金钟，关永臣.化肥企业安全技术管理.北京：化学工业出版社，1991.

［11］ 冯肇瑞，杨有启.化工安全技术手册.北京：化学工业出版社，1993.

［12］ 道化学公司火灾、爆炸危险指数评价方法.第7版.北京：中国化工安全卫生技术协会，1997.

［13］ 许文.化工安全工程概论.北京：化学工业出版社，2008.

［14］ 蒋军成.化工安全.北京：中国劳动社会保障出版社，2008.

［15］ ［美］丹尼尔 A 克劳尔等.化工过程安全理论及应用.蒋军成，潘旭海译.北京：化学工业出版社，2006.

［16］ 毕明树等.化工安全工程.北京：化学工业出版社，2014.

［17］ 蔡凤英等.化工安全工程.北京：科学出版社，2009.

［18］ 王凯全等.化工安全工程学.北京：中国石化出版社，2007.

［19］ 崔克清，张礼敬，陶刚.化工安全设计.北京：化学工业出版社，2004.

［20］ 崔克清.化工安全技术.北京：化学工业出版社，1983.

［21］ 王志文，高忠白，邱清宇.压力容器安全技术及事故分析.北京：中国劳动出版社，1993.

［22］ 朱开宏，袁渭康.化学反应工程分析.北京：高等教育出版社，2002.

［23］ 陈卫航，钟委，梁天水.化工安全概论.北京：化学工业出版社，2016.